清华大学化学类教材

仪器分析
（第 2 版）

刘密新 罗国安 张新荣 童爱军 编著

清华大学出版社

北京

内 容 简 介

本书是在清华大学出版社1991年出版的《仪器分析》的基础上,重新审定编写而成的。全书共分10章,包括电化学分析法、原子发射光谱法、原子吸收光谱法、紫外-可见吸收光谱法、红外光谱法、核磁共振波谱分析、气相色谱法、液相色谱法、质谱分析法和其他仪器分析方法。作为其他分析方法介绍的有X荧光光谱法、电子能谱法、感应耦合等离子体质谱法和激光拉曼光谱法。本书对以上各种仪器分析方法的基本原理、仪器结构、实验方法和技术以及实际应用都作了比较详细的介绍。

经专家审查后,本书已列为北京市精品教材。

本书可供大专院校有关专业作为教学用书和参考书,也可供有关专业技术人员和分析工作者参考。

版权所有,翻印必究。举报:010-62782989,beiqinquan@tup.tsinghua.edu.cn。

图书在版编目(CIP)数据

仪器分析/刘密新等编著. —2版. —北京:清华大学出版社,2002.8(2023.8重印)
ISBN 978-7-302-05421-4

Ⅰ. 仪… Ⅱ. 刘… Ⅲ. 仪器分析 Ⅳ. O657

中国版本图书馆CIP数据核字(2007)第014659号

责任编辑:柳 萍
责任印制:沈 露

出版发行:清华大学出版社
网　　址:http://www.tup.com.cn, http://www.wqbook.com
地　　址:北京清华大学学研大厦A座　　　邮　编:100084
社 总 机:010-83470000　　　　　　　　　邮　购:010-62786544
投稿与读者服务:010-62776969, c-service@tup.tsinghua.edu.cn
质量反馈:010-62772015, zhiliang@tup.tsinghua.edu.cn
印 装 者:三河市人民印务有限公司
经　　销:全国新华书店
开　　本:170mm×230mm　　印张:24.75　　字　数:508千字
版　　次:2002年8月第2版　　　　　　　　印　次:2023年8月第21次印刷
定　　价:69.90元

产品编号:005421-08

第 2 版前言

1983年我们曾编写过《现代仪器分析》教材,由清华大学出版社出版,该书发行之后,受到广大读者的欢迎与好评。1986年,国家教委发布了理科化学专业仪器分析教学大纲,根据教学大纲规定的内容,1991年我们又编写了《仪器分析》一书。10年过去了,在这10年中,仪器分析学科发生了很大的变化,很多仪器已经相当普及;出现了很多新的仪器;仪器的应用领域大大扩展。为了体现这些变化,我们对1991年版的《仪器分析》进行了改写。编写《仪器分析》第2版的主要思路是减少常用的中小型仪器的篇幅,增加大中型仪器的内容,以适应目前分析仪器的发展状况。新版内容主要变化如下:将原有电化学部分合并为一章,压缩了部分内容,增加了生物电化学内容;液相色谱法独立成为一章,并包括有毛细管电泳的内容;在其他仪器分析方法一章中,增加了 ICP-MS 一节,删去了光声光谱法和顺磁共振,并且把拉曼光谱法调整到该章中;在各章中尽量体现新的仪器和新的分析方法。全书共分10章,涉及17种分析仪器。

1991年版的《仪器分析》的作者是邓勃、宁永成、刘密新。邓勃教授已经退休,根据本人意愿,不再参加第2版的编写工作,第2版由刘密新(1章的1.1～1.3节,9章和10章的10.1～10.3节)、罗国安(7章、8章),张新荣(2章、3章),童爱军(4章、5章、10章的10.4节)、宁永成(6章)、冯军(1章的1.2,1.4节)共同完成,并由刘密新负责统编。参加本书审阅工作的有邓勃教授(1,2,3章)、宁永成教授(5章)、陈培榕教授(7,8章)、李隆弟教授(4章)。清华大学出版社对本书的出版给予了大力的支持,在此一并表示感谢。

限于编者的水平与经验,书中难免存在缺点或错误,恳请各位专家与读者提出批评与指正。

作 者
2001年12月于清华大学

目 录

1 电化学分析法 ········· 1
  1.1 电化学分析法的基础知识 ········· 1
    1.1.1 化学电池 ········· 1
    1.1.2 电极电位 ········· 2
    1.1.3 电极的极化 ········· 6
  1.2 电位分析法 ········· 7
    1.2.1 参比电极 ········· 7
    1.2.2 指示电极 ········· 8
    1.2.3 电位法测量仪器 ········· 14
    1.2.4 电位分析法 ········· 15
  1.3 电质量分析法和库仑分析法 ········· 18
    1.3.1 电质量分析法 ········· 18
    1.3.2 库仑分析法 ········· 21
  1.4 伏安分析法 ········· 24
    1.4.1 极谱分析法 ········· 25
    1.4.2 循环伏安分析法 ········· 35
    1.4.3 电流型生物传感器 ········· 37
  习题 ········· 39
  参考文献 ········· 40

2 原子发射光谱法 ········· 41
  2.1 概述 ········· 41
  2.2 理论 ········· 42
    2.2.1 原子光谱的产生 ········· 42
    2.2.2 原子谱线的强度 ········· 45

2.3 仪器 ··· 47
　　　　2.3.1 主要部件的性能与作用 ·· 47
　　　　2.3.2 原子发射光谱仪的类型 ·· 63
　　2.4 分析方法 ··· 66
　　　　2.4.1 定性分析 ·· 66
　　　　2.4.2 半定量分析 ··· 67
　　　　2.4.3 定量分析 ·· 68
　　2.5 原子发射光谱的干扰与校正 ··· 69
　　　　2.5.1 光谱干扰 ·· 69
　　　　2.5.2 非光谱干扰 ··· 70
　习题 ··· 72
　参考文献 ·· 73

3 原子吸收光谱法 ·· 74
　3.1 概述 ·· 74
　3.2 理论 ·· 75
　　　　3.2.1 原子吸收光谱的产生 ·· 75
　　　　3.2.2 原子吸收光谱的谱线轮廓 ···································· 75
　　　　3.2.3 积分吸收与峰值吸收 ·· 77
　　　　3.2.4 原子吸收测量的基本关系式 ································· 77
　3.3 原子吸收光谱仪 ·· 79
　　　　3.3.1 光源 ··· 79
　　　　3.3.2 原子化器 ··· 81
　　　　3.3.3 分光器 ·· 83
　　　　3.3.4 检测系统 ··· 84
　3.4 干扰效应及其消除方法 ·· 84
　　　　3.4.1 干扰效应 ··· 84
　　　　3.4.2 背景校正方法 ··· 85
　3.5 原子吸收光谱分析的实验技术 ····································· 89
　　　　3.5.1 测定条件的选择 ·· 89
　　　　3.5.2 分析方法 ··· 91
　3.6 原子荧光光谱分析法 ·· 91
　　　　3.6.1 原子荧光光谱的产生及其类型 ······························ 92
　　　　3.6.2 原子荧光测量的基本关系式 ································· 93

  3.6.3 原子荧光分析仪器 ……………………………………………………… 93
  3.6.4 原子荧光光谱分析的应用 ……………………………………………… 94
 习题 ……………………………………………………………………………………… 94
 参考文献 ………………………………………………………………………………… 95

4 紫外-可见吸收光谱法 …………………………………………………………………… 96
 4.1 概述 ……………………………………………………………………………… 96
 4.2 紫外-可见吸收光谱的产生 ……………………………………………………… 97
  4.2.1 分子结构与紫外-可见吸收光谱 ………………………………………… 97
  4.2.2 影响紫外-可见吸收光谱的因素 ………………………………………… 101
 4.3 吸收定律 ………………………………………………………………………… 104
  4.3.1 吸收定律 ………………………………………………………………… 104
  4.3.2 吸收定律的适用性 ……………………………………………………… 106
 4.4 紫外-可见分光光度计 …………………………………………………………… 109
  4.4.1 紫外-可见分光光度计的基本结构 ……………………………………… 109
  4.4.2 紫外-可见分光光度计的工作原理 ……………………………………… 111
  4.4.3 分光光度计的校正 ……………………………………………………… 113
 4.5 分光光度测定方法 ……………………………………………………………… 114
  4.5.1 单组分定量测定 ………………………………………………………… 114
  4.5.2 多组分混合物中各组分的同时测定 …………………………………… 116
  4.5.3 分光光度滴定 …………………………………………………………… 116
  4.5.4 差示分光光度法 ………………………………………………………… 117
  4.5.5 导数分光光度法 ………………………………………………………… 118
  4.5.6 双波长分光光度法 ……………………………………………………… 119
 4.6 紫外-可见分光光度法的应用 …………………………………………………… 120
  4.6.1 定性分析 ………………………………………………………………… 120
  4.6.2 定量分析 ………………………………………………………………… 121
  4.6.3 平衡常数的测定 ………………………………………………………… 121
  4.6.4 配合物结合比的测定 …………………………………………………… 123
 4.7 分子荧光、磷光和化学发光 …………………………………………………… 125
  4.7.1 荧光和磷光的产生 ……………………………………………………… 126
  4.7.2 发光参数 ………………………………………………………………… 128
  4.7.3 影响物质发光的因素 …………………………………………………… 130
  4.7.4 荧光定量关系式 ………………………………………………………… 133

        4.7.5 荧光和磷光分析仪器 ………………………………………………………… 133
        4.7.6 荧光和磷光分析的应用 ………………………………………………………… 134
        4.7.7 化学发光简介 ………………………………………………………………… 135
    习题 ……………………………………………………………………………………… 136
    参考文献 ………………………………………………………………………………… 137

5 红外光谱法 ………………………………………………………………………………… 138
    5.1 概述 ……………………………………………………………………………… 138
        5.1.1 红外光谱法概述 ……………………………………………………………… 138
        5.1.2 红外光谱区域及其应用 ……………………………………………………… 138
    5.2 红外吸收的基本原理 …………………………………………………………… 139
        5.2.1 双原子分子振动的机械模型——谐振子振动 ……………………………… 140
        5.2.2 振动的量子力学处理 ………………………………………………………… 141
        5.2.3 分子振动方式与振动数 ……………………………………………………… 143
        5.2.4 振动耦合 ……………………………………………………………………… 145
    5.3 红外光谱仪 ………………………………………………………………………… 146
        5.3.1 红外光谱仪的组成 …………………………………………………………… 146
        5.3.2 色散型红外光谱仪 …………………………………………………………… 147
        5.3.3 傅里叶变换红外光谱仪 ……………………………………………………… 148
        5.3.4 红外光谱测定中的样品处理技术 …………………………………………… 151
    5.4 红外光谱与分子结构的关系 …………………………………………………… 156
        5.4.1 官能团的特征吸收频率 ……………………………………………………… 157
        5.4.2 影响官能团吸收频率的因素 ………………………………………………… 164
    5.5 红外光谱的应用 …………………………………………………………………… 165
        5.5.1 红外谱图解析 ………………………………………………………………… 165
        5.5.2 定量分析应用 ………………………………………………………………… 167
    习题 ……………………………………………………………………………………… 168
    参考文献 ………………………………………………………………………………… 169

6 核磁共振 …………………………………………………………………………………… 170
    6.1 核磁共振的基本原理 …………………………………………………………… 170
        6.1.1 核磁共振的产生 ……………………………………………………………… 170
        6.1.2 弛豫过程 ……………………………………………………………………… 172
        6.1.3 核磁共振参数 ………………………………………………………………… 173

6.2 核磁共振波谱仪 ·········· 177
　6.2.1 脉冲-傅里叶变换核磁共振波谱仪 ·········· 177
6.3 实验方法和技术 ·········· 182
　6.3.1 样品的制备 ·········· 182
　6.3.2 记录常规氢谱的操作 ·········· 183
　6.3.3 记录常规碳谱的操作 ·········· 183
　6.3.4 记录二维核磁共振谱 ·········· 184
　6.3.5 多重共振 ·········· 185
　6.3.6 动态核磁共振实验 ·········· 186
6.4 核磁共振氢谱与有机化合物结构的关系 ·········· 188
　6.4.1 化学位移 ·········· 188
　6.4.2 耦合常数 ·········· 192
　6.4.3 谱图解析 ·········· 192
6.5 核磁共振碳谱与有机化合物结构的关系 ·········· 195
　6.5.1 化学位移 ·········· 196
　6.5.2 耦合常数 ·········· 197
6.6 二维核磁共振谱 ·········· 198
　6.6.1 同核位移相关谱 ·········· 198
　6.6.2 异核位移相关谱 ·········· 200
　6.6.3 总相关谱 ·········· 201
　6.6.4 2D INADEQUATE ·········· 201
6.7 核磁共振的应用 ·········· 202
　6.7.1 核磁共振用于鉴定有机化合物结构 ·········· 202
　6.7.2 核磁共振用于有机化合物定量分析 ·········· 209
　6.7.3 固体高分辨核磁共振谱 ·········· 210
　6.7.4 核磁成像 ·········· 211
习题 ·········· 212
参考文献 ·········· 215

7 气相色谱法

7.1 概述 ·········· 217
7.2 气相色谱的基本理论 ·········· 218
　7.2.1 气相色谱常用术语 ·········· 218
　7.2.2 塔板理论 ·········· 221

  7.2.3 速率理论 ························· 222
  7.2.4 分离条件的选择 ····················· 224
 7.3 气相色谱仪 ·························· 228
  7.3.1 载气系统 ························ 228
  7.3.2 进样系统 ························ 228
  7.3.3 检测系统 ························ 228
  7.3.4 记录和数据处理系统 ··················· 234
 7.4 气相色谱柱 ·························· 234
  7.4.1 气固色谱填充柱 ····················· 234
  7.4.2 气液色谱填充柱 ····················· 236
  7.4.3 毛细管柱 ························ 238
 7.5 定性与定量分析 ······················· 241
  7.5.1 样品制备 ························ 241
  7.5.2 定性分析 ························ 241
  7.5.3 定量分析 ························ 244
 7.6 毛细管气相色谱 ······················· 249
  7.6.1 毛细管气相色谱的特点 ·················· 249
  7.6.2 毛细管气相色谱进样系统 ················· 251
  7.6.3 毛细管气相色谱的一些特殊检测器 ············· 252
 7.7 气相色谱应用及进展 ····················· 253
  7.7.1 衍生化技术 ······················· 253
  7.7.2 裂解色谱技术 ······················ 254
  7.7.3 顶空进样技术 ······················ 254
  7.7.4 二维气相色谱 ······················ 254
 习题 ······························· 255
 参考文献 ····························· 256

8 液相色谱法 ···························· 257
 8.1 概述 ····························· 257
 8.2 高效液相色谱的理论基础 ··················· 258
  8.2.1 液相色谱的速率方程 ··················· 258
  8.2.2 峰展宽的柱外效应 ···················· 260
 8.3 高效液相色谱法的主要类型及分离原理 ············· 261
  8.3.1 液液分配色谱法 ····················· 261

  8.3.2 液固吸附色谱法 …… 263
  8.3.3 离子交换色谱法 …… 263
  8.3.4 离子对色谱法 …… 264
  8.3.5 离子色谱法 …… 265
  8.3.6 空间排阻色谱法 …… 266
  8.3.7 高效液相色谱分离类型的选择 …… 267
 8.4 高效液相色谱仪 …… 268
  8.4.1 高压泵 …… 269
  8.4.2 梯度洗脱装置 …… 269
  8.4.3 进样装置 …… 270
  8.4.4 色谱柱 …… 270
  8.4.5 检测器 …… 271
 8.5 高效液相色谱固定相 …… 276
  8.5.1 液液分配色谱法及离子对色谱法固定相 …… 276
  8.5.2 液固吸附色谱法固定相 …… 278
  8.5.3 离子交换色谱法固定相 …… 279
  8.5.4 排阻色谱法固定相 …… 279
  8.5.5 手性固定相 …… 280
 8.6 高效液相色谱流动相 …… 281
  8.6.1 流动相选择的一般方法 …… 281
  8.6.2 液液分配色谱流动相 …… 282
  8.6.3 液固吸附色谱流动相 …… 285
  8.6.4 离子交换色谱流动相 …… 285
  8.6.5 空间排阻色谱流动相 …… 286
 8.7 制备液相色谱 …… 287
  8.7.1 制备液相色谱和分析型液相色谱的差异 …… 287
  8.7.2 液相色谱制备方法 …… 288
 8.8 毛细管电泳 …… 289
  8.8.1 毛细管电泳的基本原理 …… 290
  8.8.2 毛细管电泳的特点 …… 291
  8.8.3 毛细管电泳的分离模式 …… 291
  8.8.4 毛细管柱技术 …… 294
  8.8.5 毛细管电泳检测器 …… 294
 8.9 液相色谱的应用及进展 …… 295

8.9.1　高效液相色谱分离条件的优化 …………………………… 295
　　8.9.2　二维色谱及联用技术 …………………………………… 296
　　8.9.3　毛细管电泳和微流控芯片的最新进展 …………………… 297
习题 …………………………………………………………………………… 297
参考文献 ……………………………………………………………………… 298

9　质谱分析法 …………………………………………………………………… 299
9.1　概述 …………………………………………………………………… 299
9.2　有机质谱仪 …………………………………………………………… 300
　　9.2.1　有机质谱仪的结构与工作原理 …………………………… 300
　　9.2.2　气相色谱-质谱联用仪 …………………………………… 313
　　9.2.3　液相色谱-质谱联用仪 …………………………………… 316
　　9.2.4　其他类型的质谱仪 ………………………………………… 322
　　9.2.5　质谱仪的性能指标 ………………………………………… 323
9.3　质谱解析的基础知识 ………………………………………………… 325
　　9.3.1　EI质谱中的各种离子 ……………………………………… 325
　　9.3.2　常见有机化合物的质谱 …………………………………… 330
　　9.3.3　EI质谱的解释 ……………………………………………… 334
　　9.3.4　软电离源质谱的解释 ……………………………………… 339
9.4　质谱分析方法 ………………………………………………………… 340
　　9.4.1　GC-MS分析方法 …………………………………………… 340
　　9.4.2　LC-MS分析方法 …………………………………………… 343
9.5　质谱技术的应用 ……………………………………………………… 345
习题 …………………………………………………………………………… 345
参考文献 ……………………………………………………………………… 347

10　其他仪器分析方法 …………………………………………………………… 348
10.1　X射线荧光光谱分析 ………………………………………………… 348
　　10.1.1　X射线荧光光谱分析的基本原理 ………………………… 348
　　10.1.2　X射线荧光光谱仪 ………………………………………… 350
　　10.1.3　定性定量分析方法 ………………………………………… 355
10.2　电子能谱分析 ………………………………………………………… 357
　　10.2.1　电子能谱分析的基本原理 ………………………………… 357
　　10.2.2　电子能谱仪 ………………………………………………… 359

10.2.3　电子能谱分析的应用……………………………………………………361
　10.3　无机质谱分析………………………………………………………………………365
　　　10.3.1　感应耦合等离子体质谱仪的组成及工作原理……………………………365
　　　10.3.2　ICP-MS 的分析方法及应用…………………………………………………367
　10.4　拉曼光谱法…………………………………………………………………………369
　　　10.4.1　拉曼光谱法简介………………………………………………………………370
　　　10.4.2　拉曼及瑞利散射机理…………………………………………………………371
　　　10.4.3　拉曼光谱参数…………………………………………………………………372
　　　10.4.4　拉曼光谱仪……………………………………………………………………375
　　　10.4.5　拉曼光谱的应用………………………………………………………………376
　习题……………………………………………………………………………………………377
　参考文献………………………………………………………………………………………378

缩略语……………………………………………………………………………………………379

1 电化学分析法

电化学分析法(electroanalytical chemistry)是仪器分析的一个分支。它是使待测对象组成一个化学电池,通过测量电池的电位、电流、电导等物理量,实现对待测物质的分析。根据测定物理量的不同,电化学分析法又分为电位分析法、库仑分析法、伏安分析法等。

1.1 电化学分析法的基础知识

1.1.1 化学电池

简单的化学电池(electrochemical cell)是由两组金属-溶液体系组成的。每一个化学电池有两个电极。分别浸入适当的电解质溶液中,用金属导线从外部将两个电极连接起来,同时,使两个电解质溶液接触,构成电流通路。电子通过外电路导线从一个电极流到另一个电极,在溶液中带正、负电荷的离子从一个区域移动到另一个区域以输送电荷,最后在金属-溶液界面处发生电极反应,即离子从电极上取得电子或将电子交给电极,发生氧化还原反应。

如果两个电极浸在同一个电解质溶液中,这样构成的电池称为无液体接界电池(图1.1(a));如果两个电极分别浸在用半透膜或烧结玻璃隔开的或用盐桥连接的两种不同的电解质溶液中,这样构成的电池称为有液体接界电池(图1.1(b))。用半透膜或烧结玻璃隔开或用盐桥连接两个电解质溶液,是为了避免两种电解质溶液的机械混合,同时又能让离子通过。

在化学电池内,发生氧化反应的电极称为阳极,发生还原反应的电极称为阴极。在图1.1所示的化学电池中,阳极和阴极上所发生的氧化还原反应如下:

在阳极上 $\qquad H_2(g) \rightleftharpoons 2H^+ + 2e$

$\qquad\qquad Zn \rightleftharpoons Zn^{2+} + 2e$

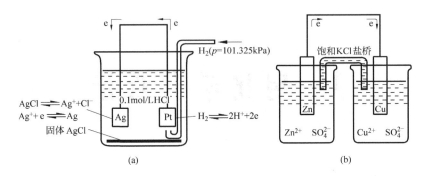

图 1.1 电化学电池

(a) 无液体接界电池　(b) 有液体接界电池

在阴极上
$$Ag^+ + e \rightleftharpoons Ag$$
$$Cu^{2+} + 2e \rightleftharpoons Cu$$

在上述化学电池内,单个电极上的反应称为半电池反应。若两个电极没有用导线连接起来,半电池反应达到平衡状态,没有电子输出;当用导线将两个电极连通构成通路时,有电流通过,构成原电池。为了简化起见,常用符号来表示化学电池。图 1.1 所示的化学电池可用符号表示如下:

$$Pt, H_2(p=101.325 kPa | H^+(0.1 mol/L), Cl^-(0.1 mol/L), AgCl(饱和) | Ag$$
$$Zn | ZnSO_4(x mol/L) | CuSO_4(y mol/L) | Cu$$
$$Zn | ZnSO_4(x mol/L) \| CuSO_4(y mol/L) | Cu$$

用符号表示化学电池,习惯将阳极写在左边,阴极写在右边。两边的垂线表示金属与溶液的相界。此界面上存在的电位差,称为电极电位。中间的垂线表示不同电解质溶液的界面。该界面上的电位差,称为液体接界电位。它是由于不同离子扩散经过两个溶液界面时的速度不同导致界面两侧阳离子和阴离子分布不均衡而引起的。若两电解质溶液用盐桥连接,则用两条垂线表示。用这样两条线表示液体接界电位已完全消除。

1.1.2　电极电位

金属可以看成是由离子和自由电子组成的。

金属离子以点阵排列,电子在其间运动。如果我们把金属,例如锌片,浸入合适的电解质溶液(如 $ZnSO_4$)中,由于金属中 Zn^{2+} 的化学势大于溶液中 Zn^{2+} 的化学势,锌就不断溶解下来进入溶液中。Zn^{2+} 进入溶液中,电子被留在金属片上,其结果是在金属与溶液的界面上金属带负电,溶液带正电,两相间形成了双电层,建立了电位差,这种双电层将排斥 Zn^{2+} 继续进入溶液,金属表面的负电荷对溶液中的 Zn^{2+} 又有吸引,形成了相间平衡电

极电位(electrode potential)。对于给定的电极而言,电极电位是一个确定的常量,对于下述电极反应:

$$aA + bB \rightleftharpoons cC + dD + ne$$

电极电位可表示为

$$E = E^{\ominus} + \frac{RT}{nF} \ln \frac{a_C^c a_D^d}{a_A^a a_B^b} \tag{1.1}$$

式中,E 为电极电位(V);$E^{\ominus}$ 为标准电极电位(V);R 为气体常数,$R = 8.31441 \text{ J/(mol·K)}$;$T$ 为热力学温度(K);n 为参与电极反应的电子数;F 为法拉第常数,$F = 96486.7 \text{ C/mol}$;$\alpha$ 为参与化学反应各物质的活度。

式(1.1)是电极电位的基本关系式。如果以常用对数表示,并将有关常数值代入,式(1.1)可写为

$$E = E^{\ominus} + \frac{0.059}{n} \lg \frac{a_C^c a_D^d}{a_A^a a_B^b} \quad (25\text{℃}) \tag{1.2}$$

式(1.2)即著名的能斯特(W. H. Nernst)方程。

当溶液很稀时,活度可近似用浓度代替,上式可定为

$$E = E^{\ominus} + \frac{0.059}{n} \lg \frac{[C]^c [D]^d}{[A]^a [B]^b} \tag{1.3}$$

如果电极反应为

$$M^{n+} + ne \rightleftharpoons M$$

根据式(1.2),在 25℃ 时有

$$E = E^{\ominus}_{M,M^{n+}} - \frac{0.059}{n} \lg \frac{\alpha_M}{\alpha_{M^{n+}}} \tag{1.4}$$

金属离子活度 $\alpha_M = 1$,则上式可定为

$$E = E^{\ominus}_{M,M^{n+}} + \frac{0.059}{n} \lg \alpha_{M^{n+}} \tag{1.5}$$

若是 Ag 丝插入 $AgNO_3$ 中,则电极反应为

$$Ag^+ + e \rightleftharpoons Ag$$

那么,在 25℃ 时的电极电位为

$$E = E^{\ominus}_{Ag,Ag^+} + 0.059 \lg \alpha_{Ag^+} \tag{1.6}$$

如果电极体系是由金属、该金属的难溶盐和该难溶盐的阴离子组成,如 Ag-AgCl-KCl 电极体系,电极反应为

$$AgCl + e \rightleftharpoons Ag + Cl^-$$

当存在 AgCl 时,银离子活度 α_{Ag^+} 将由溶液中氯离子活度 α_{Cl^-} 和氯化银的溶度积 K_{AgCl} 来决定。

$$K_{AgCl} = \alpha_{Ag^+} \alpha_{Cl^-} \tag{1.7}$$

代入(1.6)式可得

$$E = E^{\ominus}_{Ag,Ag^+} + 0.059 \lg K_{AgCl} - 0.059 \lg \alpha_{Cl^-}$$

$$E = E^{\ominus}_{AgCl,Ag} - 0.059 \lg \alpha_{Cl^-} \tag{1.8}$$

当 α_{Cl^-} 一定时,其电极电位是稳定的,可以代替标准氢电极作为参比电极(见1.2.1节)。

单个的电极电位是无法测量的,因为当用导线连接溶液时,又产生了新的溶液与电极的界面,形成了新的电极,这时测得的电极电位实际上已不再是单个电极的电位,而是两个电极的电位差了。同时,只有将欲研究的电极与另一个作为电位参比标准的电极组成原电池,通过测量该原电池的电动势,才能确定所研究的电极的电位。原电池的电动势为

$$E_{电池} = E_{阴} - E_{阳} + E_j - IR \tag{1.9}$$

式中,$E_{阴}$ 是阴极电极电位,$E_{阳}$ 是阳极电极电位,E_j 是液体接界电位,IR 是溶液的电阻引起的电压降。可以设法使 E_j 和 IR 降至忽略不计,这样,上式可简化为 $E_{电池} = E_{阴} - E_{阳}$。如果 $E_{阴}$ 或 $E_{阳}$ 是一个已知的电极电位,那么,由测得的电池电动势减去已知的电极电位,即可求得另一个电极的电位。已知电极电位的电极,可以采用标准氢电极,也可以采用作为二级标准电极的银-氯化银电极和甘汞电极。表1.1列出了若干电极的标准电极电位。

表1.1 25℃时的标准电极电位

电极	电极反应	$E^{\ominus}/V$
$Li^+ \mid Li$	$Li^+ + e = Li$	-3.045
$Rb^+ + \mid Rb$	$Rb^+ + e = Rb$	-2.925
$Cs^+ \mid Cs$	$Cs^+ + e = Cs$	-2.923
$K^+ \mid K$	$K^+ + e = K$	-2.925
$Ra^{2+} \mid Ra$	$Ra^{2+} + 2e = Ra$	-2.916
$Ba^{2+} \mid Ba$	$Ba^{2+} + 2e = Ba$	-2.906
$Ca^{2+} \mid Ca$	$Ca^{2+} + 2e = Ca$	-2.866
$Na^+ \mid Na$	$Na^+ + e = Na$	-2.714
$La^{3+} \mid La$	$La^{3+} + 3e = La$	-2.522
$Mg^{2+} \mid Mg$	$Mg^{2+} + 2e = Mg$	-2.363
$Be^{2+} \mid Be$	$Be^{2+} + 2e = Be$	-1.847
$HfO_2, H^+ \mid Hf$	$HfO_2 + 4H^+ + 4e = Hf + 2H_2O$	-1.7
$Al^{3+} \mid Al$	$Al^{3+} + 3e = Al$	-1.662
$Ti^{2+} \mid Ti$	$Ti^{2+} + 2e = Ti$	-1.628
$Zr^{4+} \mid Zr$	$Zr^{4+} + 4e = Zr$	-1.529
$V^{2+} \mid V$	$V^{2+} + 2e = V$	-1.186

续表

电极	电极反应	$E^{\ominus}/V$
$Mn^{2+}\|Mn$	$Mn^{2+}+2e=Mn$	-1.180
$WO_4^{2-}\|W$	$WO_4^{2-}+4H_2O+6e=W+8OH^-$	-1.05
$Se^{2-}\|Se$	$Se+2e=Se^{2-}$	-0.92
$Zn^{2+}\|Zn$	$Zn^{2+}+2e=Zn$	-0.7628
$Cr^{3+}\|Cr$	$Cr^{3+}+3e=Cr$	-0.744
$SbO_2^-\|Sb$	$SbO_2^-+2H_2O+3e=Sb+4OH^-$	-0.67
$Ga^{3+}\|Ga$	$Ga^{3+}+3e=Ga$	-0.529
$S^{2-}\|S$	$S+2e=S^{2-}$	-0.51
$Fe^{2+}\|Fe$	$Fe^{2+}+2e=Fe$	-0.4402
$Cr^{3+},Cr^{2+}\|pt$	$Cr^{3+}+e=Cr^{2+}$	-0.408
$Cd^{2+}\|Cd$	$Cd^{2+}+2e=Cd$	-0.4029
$Ti^{3+},Ti^{2+}\|Pt$	$Ti^{3+}+e=Ti^{2+}$	-0.369
$Tl^+\|Tl$	$Tl^++e=Tl$	-0.3363
$Co^{2+}\|Co$	$Co^{2+}+2e=Co$	-0.277
$Ni^{2+}\|Ni$	$Ni^{2+}+2e=Ni$	-0.250
$Mo^{3+}\|Mo$	$Mo^{3+}+3e=Mo$	-0.20
$Sn^{2+}\|Sn$	$Sn^{2+}+2e=Sn$	-0.136
$Pb^{2+}\|Pb$	$Pb^{2+}+2e=Pb$	-0.126
$Ti^{4+},Ti^{3+}\|Pt$	$Ti^{4+}+e=Ti^{3+}$	-0.04
$D^+\|D_2,Pt$	$D^++e=\frac{1}{2}D_2$	-0.0034
$H^+\|H_2,pt$	$H^++e=\frac{1}{2}H_2$	± 0.000
$Ge^{2+}\|Ge$	$Ge^{2+}+2e=Ge$	$+0.01$
$Sn^{4+},Sn^{2+}\|Pt$	$Sn^{4+}+2e=Sn^{2+}$	$+0.15$
$Cu^{2+},Cu^+\|Pt$	$Cu^{2+}+e=Cu^+$	$+0.153$
$Cu^{2+}\|Cu$	$Cu^{2+}+2e=Cu$	$+0.337$
$Fe(CN)_6^{4-},Fe(CN)_6^{3-}\|Pt$	$Fe(CN)_6^{3+}+e=Fe(CN)_6^{4-}$	$+0.36$
$OH^-\|O_2,Pt$	$\frac{1}{2}O_2+H_2O+2e=2OH^-$	$+0.401$
$Cu^+\|Cu$	$Cu^++e=Cu$	$+0.521$
$I^-\|I_2,Pt$	$I_2+2e=2I^-$	$+0.5355$
$Te^{4+}\|Te$	$Te^{4+}+4e=Te$	$+0.56$
$MnO_4^-,MnO_4^{2-}\|Pt$	$MnO_4^-+e=MnO_4^{2-}$	$+0.564$
$Rh^{2+}\|Rh$	$Rh^{2+}+2e=Rh$	$+0.60$

续表

电　　极	电极反应	$E^{\ominus}/V$
Fe^{3+}, $Fe^{2+}\mid Pt$	$Fe^{3+}+e=Fe$	+0.771
$Hg_2^{2+}\mid Hg$	$Hg_2^{2+}+2e=2Hg$	+0.788
$Ag^+\mid Ag$	$Ag^++e=Ag$	+0.7991
$Hg^{2+}\mid Hg$	$Hg^{2+}+2e=Hg$	+0.854
Hg^{2+}, $Hg^+\mid Pt$	$Hg^{2+}+e=Hg^+$	+0.91
$Pd^{2+}\mid Pd$	$Pd^{2+}+2e=Pd$	+0.987
$Br^-\mid Br_2$, Pt	$Br_2+2e=2Br^-$	+1.0652
$Pt^{2+}\mid Pt$	$Pt^{2+}+2e=Pt$	+1.2
Mn^{2+}, $H^+\mid MNO_2$, Pt	$MnO_2+4H^++2e=Mn^{2+}+2H_2O$	+1.23
Tl^{3+}, $Tl^+\mid Pt$	$Tl^{3+}+2e=Tl^+$	+1.25
Cr^{3+}, $Cr_2O_7^{2-}$, $H^+\mid Pt$	$Cr_2O_7^{2-}+14H^++6e=2Cr^{3+}+7H_2O$	+1.33
$Cl^-\mid Cl_2$, Pt	$Cl_2+2e=2Cl^-$	+1.3595
Pb^{2+}, $H^+\mid PbO_2$, Pt	$PbO_2+4H^++2e=Pb^{2+}+2H_2O$	+1.455
$Au^{3+}\mid Au$	$Au^{3+}+3e=Au$	+1.498
MnO_4^-, $H^+\mid MNO_2$, Pt	$MnO_4^-+4H^++3e=MnO_2+2H_2O$	+1.695
Ce^{4+}, $Ce^{3+}\mid Pt$	$Ce^{4+}+e=Ce^{3+}$	+1.61
SO_4^{2-}, $H^+\mid PbSO_4$, PbO_2, Pb	$PbO_2+SO_4^{2-}+4H^++2e=PbSO_4+2H_2O$	+1.682
$Au^+\mid Au$	$Au^++e=Au$	+1.691
$H^-\mid H_2$, Pt	$H_2+2e=2H^-$	+2.2
$F^-\mid F_2$, Pt	$F_2+2e=2F^-$	+2.87

1.1.3　电极的极化

　　在 $Ag\mid AgNO_3$ 电极体系中，在平衡状态时，溶液中的银离子不断进入金属相，金属相中的银离子不断进入溶液，两个过程速度相同，方向相反。此时电极电位等于电极体系的平衡电位。通常把金属溶解过程叫阳极过程，如 $Ag\longrightarrow Ag^++e$。阳离子由溶液在金属电极上析出的过程叫阴极过程，如 $Ag^++e\longrightarrow Ag$。当电极上有电流通过时，如果阴极电流比阳极电流大，电极显阴极性质；阳极电流比阴极大，电极显阳极性质。上述电极的正向、逆向是同一个反应，如果电流方向改变，电极反应随之向相反方向进行，那么这种电极反应就是可逆的。

　　如果一电极的电极反应是可逆的，通过电极的电流非常小，电极反应是在平衡电位下进行的，这种电极称为可逆电极。$Ag\mid AgNO_3$ 等许多电极都可以近似作为可逆电极。只有可逆电极才满足能斯特方程。

当较大的电流通过电池时,电极电位将偏离可逆电位,不再满足能斯特方程,电极电位改变很大而产生的电流变化很小,这种现象称为电极极化(polarization on electrodes)。极化是一种电极现象,电池的两个极都可能发生极化。影响极化程度的因素很多,主要有电极的大小和形状、电解质溶液的组成、温度、搅拌情况和电流密度等。

极化通常分为浓差极化和化学极化。浓差极化是由于电极反应过程中,电极表面附近溶液的浓度和主体溶液的浓度发生了差别所引起的。电解作用开始后,阳离子在阴极上还原,致使电极表面附近溶液阳离子减少,其浓度低于内部溶液。这种浓度差别的出现是由于阳离子从溶液内部向阴极输送的速度,赶不上阳离子在阴极上还原析出的速度,在阴极上还原的阳离子减少了,必然引起阴极电流的下降。为了维持原来的电流密度,必然要增加额外的电压,也即要使阴极电位比可逆电位更负一些。这种由浓度差引起的极化称为浓差极化。

电化学极化是由某些动力学因素引起的。如果电极反应的某一步反应速度较慢,为了克服反应速度的障碍能垒,必须额外多加一定的电压。这种由反应速度慢所引起的极化叫化学极化或动力极化。

1.2 电位分析法

电位分析法(potentiometry)是一种通过测量电极电位来测定物质量的分析方法。根据式(1.5),如果能测定出电极电位 E,则可求出该物质的活度或浓度。

电极电位的测量需要构成一个化学电池。一个电池有两个电极,在电位分析中,将电极电位随被测物质活度变化的电极称为指示电极,将另一个与被测物质无关的,提供测量电位参考的电极称为参比电极,电解质溶液由被测试样及其他组分组成。图 1.2 是以甘汞电极作为参比电极的电位测量体系,依靠这种体系可以进行电位测量。

1.2.1 参比电极

参比电极(reference electrode)是决定指示电极电位的重要因素,一个理想的参比电极应具备以下条件:①能迅速建立热力学平衡电位,这就要求电极反应是可逆的;②电极电位是稳定

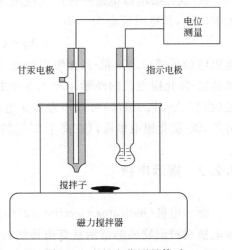

图 1.2 电极电位测量体系

的,能允许仪器进行测量。常用的参比电极有甘汞电极和银-氯化银电极。

甘汞电极是以甘汞(Hg_2Cl_2)饱和的一定浓度的 KCl 溶液为电解液的汞电极,其电极反应为

$$2Hg + 2Cl^- \rightleftharpoons Hg_2Cl_2 + 2e$$

电极电位为

$$E = E^{\ominus}_{Hg_2Cl_2,Hg} - 0.059 \lg \alpha_{Cl^-} \tag{1.10}$$

甘汞电极的电极电位随温度和氯化钾的浓度变化而变化,表 1.2 中列出了不同温度和不同氯化钾浓度下甘汞电极的电极电位。其中,在 25℃下饱和 KCl 溶液中的甘汞电极是最常用的,此时的电极称为饱和甘汞电极(saturated calomel electrode,SCE)。若未特别注明,在本书中所用电位值均以 SCE 为参比电极得到的。甘汞电极通过其尾端的烧结陶瓷塞或多孔玻璃与指示电极相连。这种接口具有较高的阻抗和一定的电流负载能力,因此甘汞电极是一种很好的参比电极。

表 1.2 不同温度和不同 KCl 浓度下的电极电位

温度/℃	电极电位/V				
	0.1mol/L KCl 甘汞	3.5mol/L KCl 甘汞	饱和 KCl 甘汞	3.5mol/L KCl Ag-AgCl	饱和 KCl Ag-AgCl
10		0.256		0.215	0.214
25	0.335 6	0.250	0.244 4	0.205	0.199
40		0.244		0.193	0.184

注:以上电位值是相对于标准氢电极的数值。

银-氯化银电极也是一种广泛应用的参比电极,它是浸在氯化钾溶液中的涂有氯化银的银电极,其电极反应为

$$Ag + Cl^- \rightleftharpoons AgCl + e$$

电极电位见式(1.8),银-氯化银电极电位也是随温度和氯化钾的浓度变化的(见表1.2),商品银-氯化银电极的外形与图 1.3 中甘汞电极的类似。在有些实验中,银-氯化银电极丝(涂有 AgCl 的银丝)可以作为参比电极直接插入反应体系,具有体积小,灵活等优点。另外,银-氯化银电极可以在高于 60℃的体系中使用,甘汞电极不具备这些优点。

1.2.2 指示电极

指示电极(indicator electrode)的作用是指示与被测物质的浓度相关的电极电位。指示电极对被测物质的指示是有选择性的,一种指示电极往往只能指示一种物质的浓度,因此,用于电位分析法的指示电极种类很多。下面介绍常用的指示电极。

1.2.2.1 玻璃膜电极

玻璃膜电极(glass membrane electrode)是对氢离子活度有选择性响应的电极,其结构如图1.3所示。玻璃膜内为0.1mol/L的HCl内参比溶液,插入涂有AgCl的银丝作为内参比电极,使用时,将玻璃膜电极插入待测溶液中。在水浸泡之后,玻璃膜中不能迁移的硅酸盐基团(称为交换点位)中Na^+的点位全部被H^+占有,当玻璃电极外膜与待测溶液接触时,由于溶胀层表面与溶液中氢离子活度不同,氢离子便从活度大的相朝活度小的相迁移,从而改变了溶胀层和溶液两相界面的电荷分布,产生外相界电位$V_{外}$;玻璃电极内膜与内参比溶液同样也产生内相界电位$V_{内}$,跨越玻璃膜的相间电位$E_{膜}$可表示为

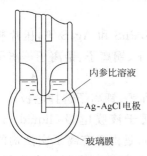

图1.3 pH玻璃膜电极

$$E_{膜} = V_{外} - V_{内} = 0.0591 \lg \frac{\alpha_{H^+(外)}}{\alpha_{H^+(内)}} \quad (1.11)$$

式中,$\alpha_{H^+(外)}$为膜外部待测氢离子活度;$\alpha_{H^+(内)}$为膜内参比溶液的氢离子活度。由于$\alpha_{H^+(内)}$是恒定的,因此

$$E_{膜} = K + 0.0591 \lg \alpha_{H^+(外)} \quad (1.12)$$

玻璃电极内部插有内参比电极,因此,整个玻璃电极的电位$E_{玻璃} = E_{参比} + E_{膜}$。如果用已知pH值的溶液标定有关常数,则由测得的玻璃电极电位可求得待测溶液的pH值。

玻璃电极对阳离子的选择性与玻璃成分有关。若在玻璃中引入Al_2O_3或B_2O_3成分,则可以增加对碱金属的响应能力。在碱性范围内,玻璃电极电位由碱金属离子的活度决定,而与pH无关,这种玻璃电极称为pM玻璃电极,pM玻璃电极中最常用的是pNa电极,用来测定钠离子的浓度。

1.2.2.2 离子选择电极

离子选择电极(ion selective electrode)是对离子有选择性指示的电极。玻璃电极实际上也是一种离子选择电极,本节简单介绍玻璃电极之外的其他离子选择电极。

1. 氟离子选择电极

这种电极属于晶体膜电极(crystalline membrane electrode)。氟离子选择电极的敏感膜是掺EuF_2的氟化镧单晶膜,单晶膜封在聚四氟乙烯管中,管中充入0.1mol/L的NaF和0.1mol/L的NaCl作为内参比溶液,插入银-氯化银电极作为内参比电极(图1.4),氟离子可在氟化镧单晶

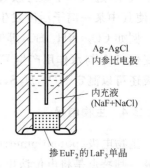

图1.4 氟离子选择电极

膜中移动。将电极插入待测离子溶液中,待测离子可吸附在膜表面,它与膜上相同的离子交换,并通过扩散进入膜相,膜相中存在的晶格缺陷产生的离子也可扩散进入溶液相。这样,在晶体膜与溶液界面上建立了双电层结构,产生相界电位:

$$E = K - 0.059\lg\alpha_{F^-} \tag{1.13}$$

式中,E 为氟离子选择电极电位;α_{F^-} 为氟离子活度;K 为常数。由式(1.13)可知,电位 E 与氟离子活度有关。

若把上述晶体膜电极的 LaF_3 改为 $AgCl,AgBr,AgI,CuS,PbS$ 和 Ag_2S 等,压片制成薄膜作为电极材料,这样制成的电极可以作为卤素离子、银离子、铜离子、铅离子等离子的选择性电极。

2. 硝酸根和钙、钾离子选择电极

这种电极属于液膜电极(liquid membrane electrode),是由含有离子交换剂的憎水性多孔膜、含有离子交换剂的有机相、内参比溶液和参比电极构成的(图1.5)。

对于钙离子选择性电极,内参液为 $0.1mol/L$ 的 $CaCl_2$ 溶液,液体膜为多孔性纤维素渗析膜。该渗析膜中含有离子交换剂($0.1mol/L$ 的二癸基磷酸钙的苯基磷酸二正辛酯溶液)。改变离子交换剂,这种液膜电极可用以测定钾离子、硝酸根离子等。

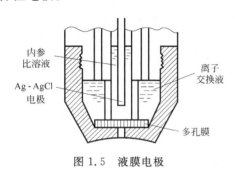

图 1.5 液膜电极

1.2.2.3 气敏电极

气敏电极(gas sensing electrode)由离子敏感电极、参比电极、中间电解质溶液和憎水性透气膜组成。图1.6中,左面 Ag-AgCl 电极为离子敏感电极,中间 Ag-AgCl 电极为参比电极,NH_4Cl 为电解质溶液。它是通过界面化学反应工作的。试样中待测气体扩散通过透气膜,进入离子敏感膜(图1.6中的玻璃膜)与透气膜之间形成的中间电解质溶液薄层,使其中某一离子活度发生变化,由离子敏感电极指示出来,这样可间接测定透过的气体。例如 CO_2,NH_3,SO_2 等气体可能引起 pH 的升高或降低,可用 pH 玻璃电极指示 pH 的变化;HF 与水作用产生 F^-,可用氟离子选择电极指示其变化等。除上述气体外,气敏电极还可以测定 NO_2,H_2S,HCN,Cl_2 等。

1.2.2.4 生物电极

生物电极(potentiometric biosensor)是将生物化学和电分析化学相结合而研制成的电极。其特点是将电位法电极作为基础电极,生物酶膜或生物大分子膜作为敏感膜而实现对底物或生物大分子的分析。

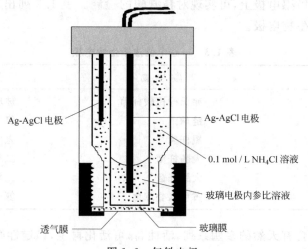

图 1.6 气敏电极

1. 酶电极

酶电极(enzyme electrode)的分析原理是基于用电位法直接测量酶促反应中反应物的消耗或反应物的产生而实现对底物分析的一种分析方法。它将酶活性物质覆盖在电极表面(图 1.7),这层酶活性物质与被测的有机物或无机物(底物)反应,形成一种能被电极响应的物质,例如,尿素在尿素酶催化下发生下面的反应:

$$NH_2CONH_2 + 2H_2O \xrightarrow{\text{尿素酶}} 2NH_4^+ + CO_3^{2-} \tag{1.14}$$

氨基酸在氨基酸氧化酶催化下发生反应:

$$RCHNH_2COOH + O_2 + H_2O \xrightarrow{\text{氨基酸氧化酶}} RCOCOO^- + NH_4^+ + H_2O_2 \tag{1.15}$$

反应生成的 NH_4^+ 可用铵离子电极来测定。若将尿素酶涂在铵离子电极上,则成为尿素电极,此电极插入含有尿液的试液中,由于尿素分解出来的 NH_4^+ 的响应可间接测出尿素的含量。

2. 微生物电极

微生物电极(microbial electrode)的分子识别部分是由固定化的微生物构成的。这种生物敏感膜的主要特征是:①微生物细胞内含有活性很高的酶体系;②微生物的可繁殖性使该生物膜获得长期可保存的酶活性,从而延长了传感器的使用寿命。例如,将大肠杆菌固定在二氧化碳气体敏感电极上,可实现对赖氨酸的检测分析;将

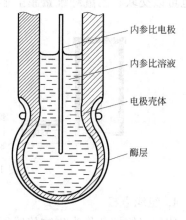

图 1.7 酶电极

球菌固定在氨气体敏感电极上,可实现对精氨酸的检测。表 1.3 列出了一些利用微生物酶资源的电位法微生物电极。

表 1.3 一些电位法微生物电极

被 测 物	微 生 物	基础电极
头孢菌素	弗氏柠檬酸杆菌	玻璃电极
精氨酸	链球菌	氨电极
天冬氨酸	短杆菌	氨电极
赖氨酸	大肠杆菌	二氧化碳电极
谷氨酸	大肠杆菌	二氧化碳电极
谷酰胺	黄色八叠球菌	氨电极

微生物菌体系含有天然的多酶系列,活性高,可活化再生,稳定性好,作为生物膜传感器,具有广泛的应用和开发前景。

3. 电位法免疫电极

生物中的免疫反应具有很高的特异性。用电位法免疫电极(potentiometric immune electrode)检测免疫反应的发生,实际上是一种直接的检测方法。其原理是:抗体与抗原结合后的电化学性质与单一抗体或抗原的电化学性质有较大的差别。将抗体(或抗原)固定在膜或电极的表面,与抗原(或抗体)形成免疫复合物后,膜中电极表面的物理性质,如表面电荷密度、离子在膜中的扩散速度发生了改变,从而引起了膜电位或电极电位的改变。例如,将人绒毛膜促性腺激素(hCG)的抗体通过共价交联的方法固定在二氧化钛电极上,形成检测 hCG 的免疫电极。当该电极上 hCG 抗体与被测液中的 hCG 形成免疫复合物时,电极表面的电荷分布发生变化。该变化通过电极电位的测量检测出来。同样,抗体也可以交联在乙酰纤维素膜上形成免疫电极(图 1.8)。

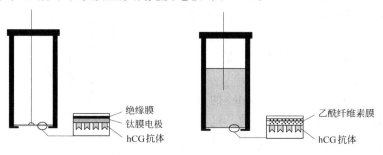

图 1.8 hCG 电位法免疫电极

4. 组织电极

使用组织切片作为生物传感器的敏感膜是基于组织切片有很高的生物选择性。换句话说,组织电极(tissue based membrane electrode)是以生物组织内存在的丰富的酶作为催化剂,利用电位法指示电极对酶促反应产物或反应物的响应,而实现对底物的测量。组织电极所使用的生物敏感膜可以是动物组织切片,如肾、肝、肌肉、肠黏膜等;也可以是植物组织切片,如植物的根、茎、叶等。

组织电极的典型例子之一是鸟嘌呤测定用的生物电极。其构成是用尼龙网将兔肝组织切片固定在氨气体指示电极上(图1.9)。其生物催化反应为

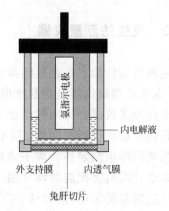

图1.9 鸟嘌呤兔肝组织电极

有人将兔肝组织电极与酶鸟嘌呤电极作了比较。固定化鸟嘌呤酶电极对鸟嘌呤的响应为20.0mV/单位浓度,而鸟嘌呤兔肝组织电极对鸟嘌呤的响应为48.0mV/单位浓度。这表明组织电极较酶电极的灵敏度高。组织电极中的组织切片的厚度对电极响应有一定的影响。底物、酶促反应产物,以及在组织切片内相对于基础电极的扩散行为等也有影响。一些组织电极见表1.4。

表1.4 一些组织电极的酶源和测定对象

组织酶原	测定对象	组织酶原	测定对象
猪肝	丝氨酸、L-谷酰氨	鱼鳞	儿茶酚胺
兔肝	鸟嘌呤	土豆	儿茶酚胺
鱼肝	尿酸	生姜	L-抗坏血酸
猪肾	L-谷酰氨	烟草	儿茶酚
鼠脑	嘌呤、儿茶酚胺	香蕉	儿茶酚、草酸

有些组织电极并不是基于酶反应,而是基于组织切片的膜传输性质。例如,将蟾蜍组织切片贴在Na^+离子选择性电极上,可用于抗利尿激素的检测。其原理是该激素能打开蟾蜍组织切片中的Na^+离子通道,使Na^+离子可以穿过膜而达到Na^+离子指示电极的表面。Na^+离子的流量与抗利尿激素的浓度相关。

1.2.3 电位法测量仪器

电极电位的测定是通过测量待测电极与参比电极组成的原电池的电动势来实现的。因此,电位法测量仪器是将参比电极、指示电极和测量仪器构成回路来进行电极电位的测量。电位测量仪器分为两种类型:直接电位法测量和电位滴定法测量仪器。

直接电位法仪器有利用 pH 玻璃电极为指示电极测定酸度的 pH 计和利用离子选择电极为指示电极测定各种离子浓度的离子计。由于许多电极具有很高的电阻,因此,pH 计和离子计均需要很高的输入阻抗,而且带有温度自动测定与补偿功能。

经过简单的标定,这种仪器可以直接给出酸度或离子浓度。

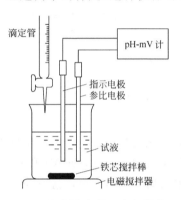

图 1.10 电位滴定的基本仪器装置

电位滴定法的仪器又分为手动滴定法和自动滴定法。手动滴定法所需仪器为上述 pH 计或离子计(图 1.10),在滴定过程中测定电极电位的变化,然后绘制滴定曲线。这种仪器操作十分不便。随着电子技术与计算机技术的发展,各种自动电位滴定仪相继出现。自动滴定仪有两种工作方式:自动记录滴定曲线方式和自动终点停止方式。自动记录滴定曲线方式是在滴定过程中自动绘制滴定体系中 pH 值(或电位值)-滴定体积变化曲线,然后由计算机找出滴定终点,给出消耗的滴定体积;自动终点停止方式则预先设置滴定终点的电位值,当电位值到达预定值后,滴定自动停止。图 1.11 是 ZD-2 型自动电位滴定仪的工作原理图。

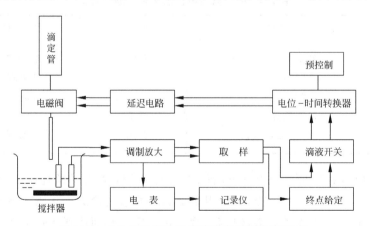

图 1.11 ZD-2 型自动电位滴定仪的工作原理图

这种仪器属于自动终点停止方式。使用前,预先设置化学计量点电位值 E_0,滴定过程中,被测离子浓度由电极转变为电信号,经调制放大器放大后,一方面送至电表指示出来(或由记录仪记录下来);另一方面由取样回路取出电位信号和设定的电位值 E_0 比较。其差值 ΔE 送到电位-时间转换器(E-t 转换器)作为控制信号。

E-t 转换器是一个脉冲电压发生器,它的作用是产生开通和关闭两种状态的脉冲电压,当 $\Delta E > 0$ 时,E-t 转换器输出脉冲电压加到电磁阀线圈两端,电磁阀开启,滴定正常进行;$\Delta E = 0$ 时,电磁阀自动关闭。图 1.11 中滴液开关的作用是用于设置滴定时电位由低到高,再经过化学计量点,还是由高到低,再经过化学计量点两种不同的情况。延迟电路的作用是滴定到达终点时,电磁阀关闭,但不马上自锁,而是延长一定时间(如 10s),在这段时间内,若溶液电位有返回现象,使 $\Delta E > 0$,电磁阀还可以自动打开补加滴定液。在 10s 之后,即使有电位返回现象,电磁阀也不再打开。

1.2.4 电位分析法

电位分析法分为两种:直接电位法和电位滴定法。

1.2.4.1 直接电位法

从理论上,将指示电极和参比电极一起浸入待测溶液中组成原电池,测量电池电动势,就可以得到指示电极电位,由电极电位可以计算出待测物质的浓度。但实际上,所测得的电池电动势包括了液体接界电位,对测量会产生影响;指示电极测定的是活度而不是浓度,活度和浓度有较大的差别;膜电极不对称电位的存在,也限制了直接电位法的应用。因此,直接电位法不是由电池电动势计算溶液浓度,而是依靠标准溶液进行测定。

1. 溶液 pH 测量

pH 玻璃电极是测量氢离子活度最重要的指示电极,它和甘汞电极组成的体系是最常用的体系。溶液 pH 值的测量通常采用与已知 pH 值的标准缓冲溶液相比较的方法进行。对于缓冲溶液和未知溶液,测得的电动势分别为

$$E_s = E_{AgCl,Ag} + \frac{RT}{F} \ln \frac{\alpha_s}{\alpha_r} + E_a + E_j - E_{SCE} \tag{1.16}$$

$$E_x = E_{AgCl,Ag} + \frac{RT}{F} \ln \frac{\alpha_x}{\alpha_r} + E_a + E_j - E_{SCE} \tag{1.17}$$

式中,$E_{AgCl,Ag}$ 是玻璃膜电极内参比电极银-氯化银电极的电位,E_{SCE} 是外参比电极饱和甘汞电极的电位,E_a 是不对称电位,E_j 是液体接界电位,α_r 是内参比溶液氢离子活度,α_s 为缓冲溶液氢离子活度,α_x 为未知溶液的氢离子活度。若在测量过程中,E_a 与 E_j 保持不变,结合(1.16)式与(1.17)式,得到未知溶液的 pH 值为

$$pH = pH_s - \frac{E_s - E_x}{2.303RT/F}$$

该式称为 pH 的操作定义或实用定义。由此可以看出，未知溶液的 pH 值与未知溶液的电位值成线性关系。这种测定方法实际上是一种标准曲线法，标定仪器的过程实际上就是用标准缓冲溶液校准标准曲线的截距，温度校准则是调整曲线的斜率。经过校准操作后，pH 的刻度就符合标准曲线的要求了，可以对未知溶液进行测定，未知溶液的 pH 值可以由 pH 计直接读出。实验中用作标准缓冲溶液的 pH 值见表 1.5。

表 1.5 标准缓冲溶液的 pH 值

温度/℃	草酸氢钾 (0.05mol/L)	酒石酸氢钾 (25℃,饱和)	邻苯二甲酸氢钾 (0.05mol/L)	KH_2PO_4(0.025mol/L)-Na_2HPO_4(0.025mol/L)
0	1.666		4.003	6.984
10	1.670		3.998	6.923
20	1.675		4.002	6.881
25	1.679	3.557	4.008	6.865
30	1.683	3.552	4.015	6.853
35	1.688	3.549	4.024	6.844
40	1.694	3.547	4.035	6.838

pH 值测定的准确度决定于标准缓冲溶液的准确度，也决定于标准溶液与待测溶液组成接近的程度。此外，玻璃电极一般适用于 pH 1~9 的情况，pH>9 时会产生碱误差，读数偏高；pH<1 时会产生酸误差，读数偏低。

2. 溶液离子活度测定

测定离子活度是利用离子选择电极与参比电极组成电池，通过测定电池电动势来测定离子的活度，这种测量仪器叫离子计。与 pH 计测定溶液 pH 值类似，各种离子计可直接读出试液的 pM 值。不同的是，离子计使用不同的离子选择电极和相应的标准溶液来标定仪器的刻度。此外，利用电极电位和 pM 的线性关系，也可以采用标准曲线法和标准加入法测定离子活度。

标准曲线法是在同样的条件下用标准物配制一系列不同浓度的标准溶液，由其浓度的对数与电位值作图得到校准曲线，再在同样条件下，测定试样溶液的电位值，由校准曲线上读取试样中待测离子的含量。该方法的缺点是当试样组成比较复杂时，难以做到与校准曲线条件一致，需要靠回收率实验对方法的准确性加以验证。

标准加入法是将一定体积和一定浓度的标准溶液加入到已知体积的待测试液中，根据加入前后电位的变化计算待测离子的含量。例如，某待测溶液加入离子强度调节剂后的体积为 V_x，浓度为 c_x，待测离子活度系数为 f，则指示电极电位为

$$E_x = K - 2.303\frac{RT}{F}\lg fc_x \tag{1.18}$$

假定在待测溶液中加入体积为 V_s、浓度为 c_s 的标准溶液，由于加入的标准溶液的体积远

小于待测溶液的体积,新溶液的浓度近似为 $c_x+\Delta c$,其中 $\Delta c=\dfrac{c_s V_s}{V_x}$,然后再用同一电极测定电极电位,得

$$E_{x,s} = K' - 2.303\dfrac{RT}{F}\lg f'(c_x+\Delta c) \tag{1.19}$$

由于测定条件相同,$K=K'$,离子强度基本不变,$f=f'$。这样,(1.18)和(1.19)两式相减,得

$$\Delta E = 2.303\dfrac{RT}{F}\lg\dfrac{c_x+\Delta c}{c_x} \tag{1.20}$$

如果令 $S=2.303\dfrac{RT}{F}$,则(1.20)式可写为

$$\Delta E = S\lg\dfrac{c_x+\Delta c}{c_x} \tag{1.21}$$

式中 S 为电极的响应斜率,即单位 pM 变化引起的电位值变化。这样,由两次测定的电位差 ΔE 和加入的标准溶液的浓度,即可求得未知溶液的浓度 c_x。在实际测定时,两次测量的都是电池的电动势,由于测量条件相同,参比电位和液接电位都相同,因此,式(1.21)中 ΔE 实际上是两次测量的电池电动势之差。

值得注意的是,由离子选择性电极测得的物质含量为活度,而分析上常常要求得到浓度,浓度 c 和活度 a 之间的关系为 $a=fc$,f 随试液中离子强度而变化。这样就无法求得溶液的浓度,为了使试液中离子强度保持一致,通常采用的办法是在试液中加入惰性盐,使离子强度恒定,该惰性盐称为离子强度调节剂。由于离子强度调节剂加入量较大,这样试液的离子强度基本上由离子强度调节剂所决定。有时试液中还要加入 pH 缓冲剂和消除干扰的掩蔽配合剂。例如,测定水中氟离子,为了稳定 pH 在一定的范围,并消除铁、铝离子干扰,需要加入 pH 缓冲剂、配合剂、惰性盐的混合溶液。该溶液称为总离子强度调节缓冲剂(total ionic strength adjustment buffer,TISAB)。

离子选择电极除了对某特定离子有响应外,溶液中共有的离子对电极电位也有贡献,形成对待测离子的干扰。此时,电极电位可写成

$$E = 常数 + \dfrac{2.303RT}{n_i F}\lg\left(a_i + \sum_j k_{ij} a^{n_i/n_j}\right) \tag{1.22}$$

式中,i 表示待测离子;j 表示共存离子;k_{ij} 称为选择系数,它表示电极对干扰离子的响应与对待测离子响应之比,该值越小,电极对待测离子的选择性越好。例如某 pH 玻璃电极对 Na^+ 的选择性系数 $k_{H^+,Na^+}=10^{-11}$,表示该电极对 H^+ 的响应比对 Na^+ 的响应灵敏 10^{11} 倍,k_{ij} 的倒数称为选择比,表示在溶液中干扰离子的活度 a_j 和主要离子的活度 a_i 之比为多大时,离子选择电极对两种离子活度的响应电位相等。k_{ij} 虽然是一个常数,但是受很多因素影响,且无严格的定量关系,可以通过实验测定。

1.2.4.2 电位滴定法

电位滴定法是在滴定过程中通过测量电位变化以确定滴定终点的方法。和直接电位法相比,电位滴定法不需要准确地测量电极电位值,因此,温度、液体接界电位的影响并不重要,其准确度优于直接电拉法。普通滴定法是依靠指示剂颜色变化来指示滴定终点,如果待测溶液有颜色或浑浊时,终点的指示就比较困难,或者根本找不到合适的指示剂。电位滴定法是靠电极电位的突跃来指示滴定终点。在滴定到达终点前后,滴液中的待测离子浓度往往连续变化几个数量级,引起电位的突跃,被测成分的含量仍然通过消耗滴定剂的量来计算。使用不同的指示电极,电位滴定法可以进行酸碱滴定、氧化还原滴定、配合滴定和沉淀滴定。酸碱滴定时使用 pH 玻璃电极为指示电极;在氧化还原滴定中,可以用铂电极作指示电极;在配合滴定中,若用 EDTA 作滴定剂,可以用汞电极作指示电极;在沉淀滴定中,若用硝酸银滴定卤素离子,可以用银电极作指示电极。在滴定过程中,随着滴定剂的不断加入,电极电位 E 不断发生变化,电极电位发生突跃时,说明滴定到达终点。图 1.12(a)是常规滴定曲线,图 1.12(b)

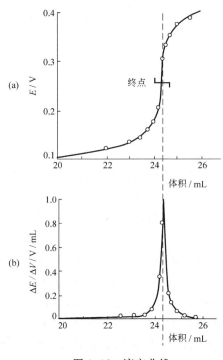

图 1.12 滴定曲线

是一次微分曲线,用微分曲线更容易确定滴定终点。

如果使用自动电位滴定仪,在滴定过程中可以自动绘出滴定曲线,自动找出滴定终点,自动给出体积,滴定快捷方便。

1.3 电质量分析法和库仑分析法

1.3.1 电质量分析法

电质量分析法又叫电解分析法,是以测量沉积于电极表面的沉积物质量为基础的分析方法。知道了沉积物的质量和化学组成,就可以计算被测组分在原溶液中的含量。

1.3.1.1 分解电压和析出电位

图 1.13 是一个电解装置。现以电解 0.5mol/L H_2SO_4 溶液中 0.100mol/L $CuSO_4$ 为例说明电解过程。在电解过程中,在阴极和阳极上发生的电化学反应如下:

阴极　　$Cu^{2+} + 2e \rightarrow Cu, E^{\ominus} = +0.337V$

阳极　　$2H_2O \rightarrow O_2 + 4H^+ + 4e, E^{\ominus} = +1.229V$

阴极和阳极的电位分别为

$$E_{Cu} = E^{\ominus} - \frac{2.303RT}{nF}\lg\frac{1}{[Cu^{2+}]}$$

$$= 0.337 - \frac{0.0592}{2}\lg\frac{1}{[0.100]} = 0.307V \quad (25℃)$$

$$E_{O_2} = E^{\ominus} + \frac{2.303RT}{nF}\lg\frac{[O_2][H^+]^4}{[H_2O]^2}$$

$$= 1.229 + \frac{0.0592}{4}\lg p_{O_2}[H^+]^4$$

$$= 1.229 + 0.0148\lg 0.21 \times 1 = 1.220(V) \quad (25℃)$$

式中[O_2]按大气中氧分压计算,约为 0.21atm*,[H_2O]为常数。

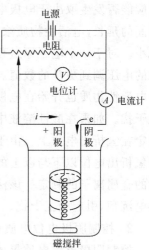

图 1.13　电解装置

因此,铜电极与氧电极组成的原电池的电动势 E 应为

$$E = E_{阴} - E_{阳} = E_{Cu} - E_{O_2} = 0.307 - 1.220 = -0.913V \tag{1.23}$$

电解时,理论分解电压是它的反电动势,所以理论分解电压应为

$$E_{分} = E_{阳} - E_{阴} \tag{1.24}$$

在上述电解铜的例子中,$E_{分}$ 为 0.913V。但是,只外加理论分解电压,并不能使电解持续稳定地进行,实际施加的电压应大于 $E_{分}$ 一定值后方能使电解持续稳定地进行。能使电流持续稳定地通过电解质,并使之开始电解的最低施加于电解池两极的电压,称为分解电压。分解电压包括理论分解电压、极化产生的超电压、电解回路中溶液电阻引起的电压降及液体接界电位等。在实际工作中,常不用分解电压,而用析出电位。阴极析出电位是指使金属离子在阴极上不断电解而析出金属沉积物所需的最小的阴极电位。可用参比电极来测量它。

1.3.1.2 电质量分析方法

1. 恒电流电质量法

---

* 1 atm=101 325Pa

恒电流电质量法,是通过调节外加电压使电解电流在电解过程中保持恒定来进行电解的方法。

电解是电解池两个电极在外加电压作用下发生电化学反应而产生电流的过程。电极反应能否发生取决于电极电位,而产生电流的大小则依赖于电极反应的速度。随着电解时间的延长,电活性物质浓度降低,它传输到电极表面的速度减慢,使通过电解池的电流减小。对于一个电还原过程,为了使电解电流保持恒定,必须在电解过程中不断地将电解池的电压调到更负的数值。当阴极电位负移到第二个电活性物质的析出电位时,则第二个电活性物质也开始在电极上析出。如果两个电活性物质的析出电位相差不大,容易相互干扰。如果在酸性溶液中继续不断地电解下去,将使氢在阴极上析出,阴极电位相对地稳定在氢析出电位上。由于恒电流电解对阴极电位不加控制,这种方法只能使析出电位在氢析出电位以下与以上的金属得到定量分离,适用于溶液中只有一种较氢更易还原析出的金属离子的测定。该法的优点是电解时间短,缺点是测定混合离子溶液时容易发生共电沉积,引起相互干扰。

2. 控制阴极电位电质量法

控制阴极电位电质量法,是在电解过程中将阴极电位控制在一预定值,使得只有一种离子在此电位下还原析出。将阴极电位控制在物质 A 的还原电位与物质 B 的还原电位之间,就只有 A 能在阴极上定量析出,而物质 B 不析出。随着电解的进行,电解电流不断减小,当电解电流接近于零时,表示电解已经完全。

下面以电解液为 0.1mol/mL 硫酸溶液中含有 0.01mol/mL Ag^+ 和 1.0 mol/mL Cu^{2+} 为例,进一步分析电解情况。

Cu 开始析出的电位为

$$E = E^{\ominus}_{Cu,Cu^{2+}} + \frac{0.059}{2}\lg[Cu^{2+}]$$
$$= 0.337 + \frac{0.059}{2}\lg[1.0] = 0.337(V) \tag{1.25}$$

Ag 开始析出的电位为

$$E = E_{Ag,Ag^+} + 0.059\lg[Ag^+] = 0.779 + 0.059\lg[0.01] = 0.681(V) \tag{1.26}$$

由于 Ag 的析出电位较 Cu 析出电位正,所以 Ag^+ 先在阴极上析出。其浓度降至 10^{-6} mol/mL 时可以认为电解完全。此时,Ag 的电极电位为

$$E = 0.799 + 0.059\lg[10^{-6}] = 0.445(V) \tag{1.27}$$

通过控制阴极电位,可以使 Ag^+ 定量析出而 Cu^{2+} 不析出。

3. 汞阴极电解分离法

汞阴极电解分离法是用汞池或用汞齐化铂为阴极,以铂为阳极的电解分离方法。该

法并不直接用于测定,而是用作分离手段,可定量沉积 Fe,Cr,Mo,Ni,Co,Zn,Cd,Cu,Sn,Bi,Au,Ag,Pt,Ga,In,Tl 等。汞阴极电解分离法有以下特点:

(1) 许多金属和汞形成汞齐,使金属析出电位正移,易于分离。

(2) 氢在汞上的超电压很大,约 0.8V,使一些在酸性溶液中用其他阴极不能电解分离的金属如 Fe,Ni,Zn 等,也能在氢析出之前在汞阴极上析出,扩大了电解分离法的应用范围。

(3) 可用较大电解电流快速除去析出电位比氢正的全部金属离子。常用的电流密度为 $0.1 \sim 0.2 \text{A/cm}^2$。

(4) 汞密度大,易挥发,有毒,不利于干燥和称重。

1.3.1.3 影响电解和金属电沉积物性质的因素

适宜的电解分析条件能使被测金属离子由溶液中定量分离和电沉积在电极上,且电沉积物光滑致密、均匀牢固地附着在电极上。疏松海绵状电沉积物在洗涤、干燥和称量过程中容易发生机械损失,或者易与空气发生氧化反应。但实际上,除了电极电位和电解电流等基本因素外,还有其他一些因素影响电解过程和电沉积物的性质。

电解液的组成对电解有重要影响。电解液组成包括惰性电解质、电位缓冲剂、pH 缓冲剂和配合剂等,其影响随分析对象而有所不同。此外,溶液温度、电流密度、搅拌情况等也对电解产生影响。

1.3.2 库仑分析法

库仑分析法是以测定电解过程中消耗的电量为基础的分析方法。根据法拉第电解定律,电解析出的物质的量可表示为

$$m = \frac{MQ}{nF} \tag{1.28}$$

式中,m 是电极上析出物质的量;M 是参与电极反应物质的相对分子质量或相对原子质量;n 是参与电极反应的电子数;F 是法拉第常数,$F = 96\,486.7 \text{C/mol}$;$Q$ 是通过的电量(C)。Q 又可表示为 $Q = it$。

对于一定的电解过程,只要测定了电解过程消耗的电量,根据上式,即可求物质的量。库仑分析法可以分为恒电位库仑分析和恒电流库仑分析两种。

1.3.2.1 控制电位库仑分析

控制电位库仑分析是一种"绝对"分析方法,分析结果是根据所测得的电量值按照法拉第定律直接计算出来的。因此,电量测量的准确度直接影响到分析结果的准确度。

控制电位库仑分析的实验装置示意图如图 1.14 所示。它由电源、电解池、恒电位仪和库仑计 4 部分组成,电解池内有 3 个电极:工作电极,一般采用汞池和铂网作为工作电极;对电极,大多数采用铂和石墨等惰性材料作为对电极,置于一隔离室中,以防止工作电极室中溶液的污染与反应产物在对电极上发生逆向反应;参比电极,常用的有甘汞电极、Ag-AgCl 电极。恒电位仪现在多采用全电子式的恒电位计,用它来自动地准确控制工作电极的电位。测量电量用库仑计。

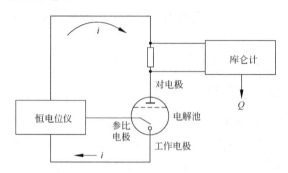

图 1.14 控制电位库仑分析装置示意图

库仑计是库仑分析仪器的一个重要组成部分。它分为化学库仑计(包括质量库仑计、体积库仑计、库仑式库仑计等)、电动机械库仑计及电子库仑计 3 类。

1. 化学库仑计

化学库仑计是一个电解池,是简单而又最准确的一种库仑计。它与样品测定电解池串联使用。

质量库仑计是基于其阴极上沉积金属的质量来计算通过电解池的电量,如银库仑计、铜库仑计等。

体积库仑计是基于测量电解过程中析出的气体体积来计算电量的,如氢-氧库仑计。氢-氧库仑计在电解过程中,在阳极析出氧,阴极析出氢,产生的气体使计量管中的液面上升,电解前后计量管中液面之差即为氢、氧气体的总体积。在标准状态下,每库仑电量析出 0.173 9mL 氢氧混合气体。这种库仑计简便、实用,准确度可以达到 0.1%。

2. 电动机械库仑计

电动机械库仑计是在一个直流低惯性积分马达上并联一个标准电阻,电解电流流过标准电阻产生电压降。马达转速与电压降呈线性函数,根据马达转数可以得到电流和时间的积分,求出电量。

3. 电子库仑计

电子库仑计又称电子电流积分仪,是让电解电流通过一个标准固定电阻,产生电压降,电压-频率转换器将电压转换为频率。电压降随时间而变化,频率亦随时间变化。频率与电压降,亦即与电解电流成正比,因此,根据频率脉冲计数,可以对随时间而变化的电压(亦即电解电流)进行积分,求出电解时消耗的总电量。

1.3.2.2 恒电流库仑滴定法

在库仑分析时,若电流维持一个恒定的值,则电量的测量十分方便,即 $Q=It$。但它的困难是要解决恒电流下具有 100% 的电流效率和能够指示终点的到达。例如,在恒电流下电解 Fe^{2+},它在阳极氧化

$$Fe^{2+} \longrightarrow Fe^{3+} + e$$

在阴极发生还原反应

$$H^+ + e \longrightarrow \frac{1}{2}H_2$$

随着电解的进行,Fe^{2+} 的浓度下降,外加电压就要增大,阳极电位就发生正移,阳极上就可能析出 O_2,电解过程中电流效率将达不到 100%。如果在电解液中加入浓度较大的 Ce^{3+},当 Fe^{2+} 降低到一定值时,Ce^{3+} 氧化到 Ce^{4+},Ce^{4+} 又立即同 Fe^{2+} 反应,Ce^{4+} 本身还原为 Ce^{3+},这样,阳极电位可稳定在 O_2 析出电位以下,防止了 O_2 的析出,电解所消耗电量全部用在 Fe^{2+} 的氧化上,达到了电流效率的 100%。该法类似于用 Ce^{4+} 滴定 Fe^{2+} 的滴定法,不过滴定剂是由电解产生的,所以又称为库仑滴定法。

库仑滴定的终点指示可以采用化学指示剂或电位法,这样根据所耗电量即可求出被测物质的量。

1.3.2.3 微库仑法

微库仑法是近年发展起来的一种库仑滴定新技术,灵敏、快速、选择性好,能自动指示终点,常用于微量物质的测定。微库仑仪的工作原理如图 1.15 所示。微库仑滴定池是特殊设计的,池中有两对电极,一对是指示电极-参比电极,另一对是发生电极-辅助电极。液体试样可直接加入池中,气体样品由池底通入,由电解质溶液吸收。目前常用的滴定池有银滴定池、碘滴定池和酸滴定池。这3种滴定池结构基本相同,只是电极种类和电解液的组成不同。

在被测物质进入滴定池之前,滴定池中的电解液内预先含有一定浓度的库仑滴定剂,指示电极对滴定剂响应,并产生一事实上的电极电位。当振动子接通1端,电容器 C_1 充电到原电池的电压。$E_偏$ 是偏置电压,与原电池的电压大小相等且方向相反,故当接通2端时,C_1 与 $E_偏$ 串联,总电压为零(平衡状态)。当被测物质进入滴定池后,消耗了滴定剂,指示电极电位发生变化,C_1 的充电电压不等于 $E_偏$,电容器 C_2 充到一个差值电压,经放大后加到发生电极上,使之有电流通过,于是便产生一定量的滴定剂,以补偿被消耗的部分。当滴定剂浓度恢复到原来的浓度,C_2 所充的差值电压又变为零,放大器无输出。通过发生电极的电量暂贮存在电容器 C_3 上。当振动子接通1时,C_2 接地,C_3 将所存电量通过

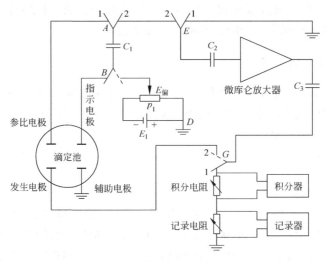

图 1.15 微库仑仪的工作原理图

积分电阻或记录电阻放电。在 4 个同步的振动子不断切换的过程中,C_3 不断充放电,于是将通过发生电极的电量积分显示和记录下来。微库仑法中发生电流是根据被测物质的含量由指示系统电信号的变化自动调节的,因此它是一种动态库仑分析技术。

1.3.2.4 库仑分析法的应用

控制电位库仑分析法可用于 50 多种元素及其化合物的测定。恒电流库仑滴定不需要用标准滴定溶液,准确度和精密度非常高,在精密测定中精密度通常可达到 0.01%～0.005%,有时甚至高达 0.001%,可以作为标定的基准分析方法。可用于酸碱滴定、沉淀滴定、配合滴定、氧化还原滴定、有机物的库仑滴定、有机物元素分析。

在环境监测中,已采用库仑分析法测定硫化合物、氮氧化物、臭氧、氰、酚、COD、TOD、BOD 等。

库仑分析技术还用于反应动力学和反应机理的研究,以及测定反应速率常数和反应物活性。

关于库仑分析法在各方面应用的详细资料,读者可参阅有关文献。

1.4 伏安分析法

伏安分析法(voltammetry)是指以被分析溶液中电极的电压-电流行为为基础的一类电化学分析方法。与电位分析法不同,伏安分析法是在一定的电位下对体系电流的测量;

而电位分析法是在零电流条件下对体系电位的测量。极谱分析方法(polarography)是伏安分析方法的早期形式,1922 年由 Jaroslav Heyrovsky 创立。因其在这一研究中的杰出贡献,1959 年 Heyrovsky 被授予诺贝尔化学奖。从 20 世纪 60 年代末,随着电子技术的发展,固体电极、修饰电极的广泛使用以及电分析化学在生命科学与材料科学中的广泛应用,使伏安分析法得到了长足的发展,过去单一的极谱分析方法已经成为伏安分析法的一种特例。本章重点介绍目前最常用的 3 种伏安分析方法,即极谱分析法、循环伏安法和电流型生物传感器。

1.4.1 极谱分析法

1.4.1.1 极谱法概述

极谱分析方法是一种特殊的伏安分析方法。其仪器装置如图 1.16(a)所示。与普通的伏安分析方法相比,极谱分析的特殊性主要表现在两个方面:一是极谱分析采用小面积的滴汞电极为工作电极和大面积的甘汞电极为参比电极,即将三电极体系简化为两电极体系。这是由于当伏安分析方法的三电极体系中的辅助电极的面积足够大时,电化学池中所发生的电化学反应主要集中在工作电极上。此时,辅助电极可以作为参比电极(图 1.16(b))。二是在不搅拌的条件下进行电解,因此电极表面仅有能斯特(Nernst)扩散层,没有对流层,从而产生了极谱分析所必需的浓差极化条件。

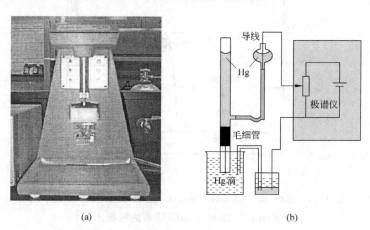

图 1.16 极谱分析基本原理与装置

在极谱分析中采用滴汞电极的原因是氢在该电极上的超电位比较高。在酸性溶液中,外加电位加到 -1.3 V(SCE);在碱性溶液中外加电位可到 -2V(SCE);在季胺盐及氢氧化物溶液中外加电位加到 -2.7V(SCE)时,氢才开始析出。此外,还由于滴汞电极的电极表面可以不断更新,因而能获得很高的重现性。但是汞作为环境的重要污染物对于人类是有害的,这是极谱分析方法的使用受到较大的局限的重要原因。

1.4.1.2 极谱波的产生

如图 1.17 所示,外加电压被施加于极谱仪的滴汞电极和甘汞电极上。当外加电压尚未达到被测电活性物质的分解电压时,被测物质不在滴汞电极上还原,没有还原电流通过电解池,此时记录的是背景电流,称为残余电流 I_r。随着外加电压的增加,达到被测物质的分解电压时,电极表面的反应粒子开始析出,同时出现极谱电流 I。随着外加电压的进一步增大,极谱电流 I 迅速增大。由于滴汞电极是极化电极,面积小,电流密度大,电极表面附近被测物质的浓度很快降低为零。极谱电流 I 的大小完全受扩散控制,因此达到一个固定值,而不再随外加电压增大而增大,此时的极谱电流称为极限扩散电流 I_d。图 1.17 给出典型的极谱曲线。其中曲线 a 是 Cd^{2+} 离子的极谱曲线,曲线 b 是空白溶液的极谱曲线。对于曲线 a,其电极反应为

$$Cd^{2+} + 2e^- + Hg = Cd(Hg) \tag{1.29}$$

曲线 a 和 b 都有相应的背景值,即残余电流 I_r。曲线 b 极化到 $-1V$ 以后开始析出氢;曲线 a 在 $-0.6V$ 时开始析出镉。如图 1.17 所示,由于滴汞电极的汞滴不断地滴落,因此,极谱电流随毛细管中的汞滴出现与滴下呈周期性的变化。

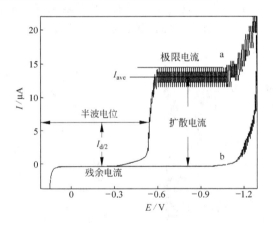

图 1.17 Cd^{2+} 离子(5×10^{-4}mol/L)在 1mol/L HCl 溶液中的极谱图 a 及 1mol/L HCl 溶液的极谱图 b

在极谱曲线半峰高处的电位称为半波电位。对于可逆波,物质的氧化半波电位与该物质的还原半波电位是相同的。极谱图中的半波电位是极谱分析定性的基础。物质的半波电位随物质所处的状态不同而不同。当溶液中有配合剂时,半波电位要发生变化。表1.6 列出一些物质在非配合状态及配合状态的极谱半波电位。

表 1.6　一些物质的极谱半波电位

离子	半波电位/V			
	非配合介质中	1mol/L KCN	1mol/L KCl	1mol/L NH$_4$Cl
Cd^{2+}	−0.59	−1.18	−0.64	−0.81
Zn^{2+}	−1.0	−0.72	−1.00	−1.35
Pb^{2+}	−0.4		−0.44	−0.67
Ni^{2+}		−1.36	−1.20	−1.10
Co^{2+}			−1.20	−1.29
Cu^{2+}	+0.02	−1.45	+0.04	−0.24

若混合溶液中有几种被测离子,当外加电位加到某一被测物质的分解电位时,这种物质便在滴汞电极上还原,产生相应的极谱波。然后电极表面继续极化直到达到第二种物质的析出电位。如果溶液中几种物质的析出电位相差较大,就可以分别得到几个清晰的极谱波。

1.4.1.3　极限扩散电流方程及其影响因素

1. 极限扩散电流方程

当反应体系是可逆体系时,电极表面的反应粒子浓度迅速降低,极谱电流达到极限扩散电流。该电流满足尤考维奇(Ilkovic)方程:

$$I_{d,\,max} = 708nD^{1/2}m^{2/3}t^{1/6}c \tag{1.30}$$

式中,D 是扩散系数(cm^2/s);m 是汞通过毛细管的质量流速(mg/s);t 是汞滴的寿命(s);c 是被测物的浓度(mol/cm^3)。当考虑的是平均极限电流而不是最大极限电流时,系数 706 变为 607,即

$$I_{d,\,ave} = 607nD^{1/2}m^{2/3}t^{1/6}c \tag{1.31}$$

其中 $m^{2/3}t^{1/6}$ 称为毛细管常数,代表了滴汞电极的特征。

2. 影响扩散电流的因素

(1) 残余电流与极谱极大

极谱曲线上的残余电流主要来自于电容电流与杂质的法拉第电流。电容电流在残余电流中占主要部分。大约为 10^{-7}A 的数量级,相当于 10^{-5}∼10^{-6} mol/L 的物质还原所产生的电流。所以电容电流是限制极谱检出限的主要因素。电容电流来源于电极界面的双电层结构。电极在溶液中形成双电层,随着外电位增加,该双电层开始充电。电容电流的大小取决于电极的表面积,表面积越大,电容电流越大;电极表面越粗糙,真实表面积越大,电容电流也越大。对于微电极来讲,电极表面积很小,电容电流也很小。关于杂质的法拉第电流,可以通过实验前小心处理加以消除。所谓"极谱极大"是极谱电流随外加电位的增加而迅速增加达到极大值,随后恢复到极限扩散电流的正常值,在极谱波上出现一极大值的现象。在汞滴的颈部与底部不同部位,由于界面张力的不均匀引起溶液切向运

动是极谱极大产生的主要原因。显然,极谱极大对半波电位及扩散电流的测量产生干扰,加入少量的表面活性剂,如明胶等,可以降低乃至消除极谱极大。

(2) 毛细管特性的影响

汞流量 m 与汞柱高度 h 呈正比,滴汞周期 t 与汞柱高度 h 成正比,故 $m^{2/3}t^{1/6}$ 与 $h^{1/2}$ 呈正比,所以极限扩散电流与 $h^{1/2}$ 呈正比。因此,在实验过程中汞柱高度应保持一致。

(3) 滴汞电极电位的影响

滴汞周期有赖于滴汞与溶液界面的表面张力 γ。滴汞电极电位影响 γ,从而影响滴汞周期 t。t 随毛细管电荷曲线而变化,受滴汞电极电位的影响较大,而 $m^{2/3}t^{1/6}$ 值随滴汞电极电位的影响相对来说较小,在 0~1V 仅变化 1%。但在 -1V 以后,应该考虑毛细管特性和滴汞电极电位的影响。

(4) 温度的影响

温度对扩散系数 D 有显著影响,在 25℃ 附近,许多离子扩散系数的温度系数为 1%/℃~2%/℃。因此要求极谱电解池内溶液的温度应控制在 0.5℃ 以内。若温度系数大于 2%/℃,极谱电流便有可能不完全受扩散所控制。

(5) 溶液组成的影响

溶液组成的改变引起溶液粘度的变化。扩散电流与溶液粘度系数成反比。极谱极大抑制剂加入量过小,起不到抑制极谱极大的作用;加入量过大,影响临界滴汞周期。滴汞周期小于 1.5s 时,滴汞速度过快,引起溶液的显著搅动,扩散过程受到破坏,从而影响扩散电流。配合剂存时形成配离子,不仅改变离子的扩散速度,也改变电子的交换速度。

(6) 氧波

在极谱分析方法中,氧波经常干扰实验的进行。通常溶解氧在电极表面发生两种电极反应(图 1.18),一是溶解氧获得电子生成过氧化氢的阴极过程;另一是过氧化氢获得

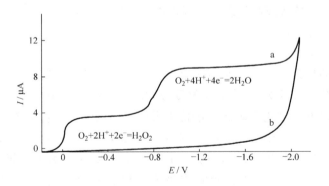

图 1.18 伏安曲线

a:溶解氧在 0.1 mol/L KCl 溶液中的汞阴极伏安曲线;
b:通氮除氧后汞阴极伏安曲线

电子进一步生成水的阴极过程：

$$O_2(g) + 2H^+ + 2e^- = H_2O_2 \tag{1.32}$$

$$H_2O_2 + 2H^+ + 2e^- = 2H_2O \tag{1.33}$$

通常消除氧波的方法是通入惰性气体，如氮气，将溶解在水中的氧气驱除。

1.4.1.4 现代极谱方法

经典极谱法具有较大的局限性。主要表现在电容电流在检测过程中的不断变化，电位施加较慢以及极谱电流检测的速度较慢。为了克服这些局限性，一方面改进和发展极谱仪器以降低电容电流的影响，如采用单扫描示波极谱法、方波极谱和脉冲极谱等；另一方面采用阳极溶出伏安法等提高样品的有效利用率，从而提高检测灵敏度等。

1. 单扫描示波极谱法

单扫描示波极谱法是在一个滴汞生成的后期，在电解池两极上快速施加一锯齿波脉冲电压，用示波器记录在一个滴汞上所产生的整个电流-电压曲线。单扫描示波极谱仪工作原理如图1.19所示。

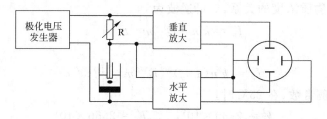

图1.19 单扫描示波极谱仪工作原理图

由极化电压发生器产生的锯齿波脉冲扫描电压通过测量电阻 R 加到极谱电解池的两电极上，并经过放大后同时加到示波器的水平偏向板上。产生的极谱电流经过 R 产生电压降，后者经过放大后加到示波器的垂直偏向板上。示波器的水平轴代表施加的极化电压，垂直轴代表极谱电流的大小。因此，在示波器上可以直接观察到极谱波形图，见图1.20，图中 I_c 为电容电流，I_p 为峰电流。

由于极化电压是在滴汞生成后期电极面积变化率较小时施加于电解池两个电极上的，且施加极化电压速度很快，通常约为 0.25V/s（经典极谱法一般是 0.005V/s），电极表面的离子迅速还原，瞬时产生很大的极谱电流，又由于电极周围的离子来不及扩散到电极表面，使扩散层加厚，导致极谱电流又迅速下降，因此，单扫描示波极谱图呈峰形。25℃时，峰电位 E_p(mV)与经典极谱波的半波电位 $E_{1/2}$ 之间的关系，对还原和氧化波分别为

$$E_p = E_{1/2} - 1.1\frac{RT}{nF} = E_{1/2} - \frac{28}{n} \tag{1.34}$$

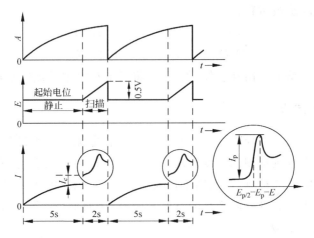

图 1.20 极化电压施加方式及对应的极谱图

和
$$E_p = E_{1/2} + 1.1\frac{RT}{nF} = E_{1/2} + \frac{28}{n} \tag{1.35}$$

峰电流 I_p 与被测物质浓度的关系,对可逆波为
$$I_p = k' n^{3/2} D^{1/2} m^{2/3} t^{2/3} v^{1/2} c \tag{1.36}$$

对不可逆波为
$$I_p = k'' n (\alpha n_a)^{1/2} D^{1/2} m^{2/3} t^{2/3} v^{1/2} c \tag{1.37}$$

式中 k' 和 k'' 是比例常数,在 25℃ 时,
$$k' = 2.69 \times 10^5, \qquad k'' = 2.56 \times 10^5$$

$v = dV/dt$ 是施加极化电压的速度,单位为 V/s。α 是转换系数,$\alpha < 1$。n_a 是电极反应中决定速度步骤的电子转移数。c 是被测物质浓度,单位为 mol/mL。I_p 是电流,单位为 A。其他参数的意义同式 1.30。

单扫描示波极谱法的特点是:

(1) 极谱波是峰形。通过前期电流补偿方法可以消除前还原物质对后还原物质波的干扰。一般情况下可允许前还原物质的浓度比后还原物质浓度大 100~1 000 倍。可分辨电位相差为 50mV 的两极谱波。而经典极谱法,前还原物质的浓度只要比后还原物质的大 5~10 倍,就会使后还原物质的测定变得困难。

(2) 施加极化电压速度快,得到峰形波,灵敏度比经典极谱法高约 2 个数量级,最低测定下限可达到 10^{-7} mol/L。而且,峰电流随 $(dV/dt)^{1/2}$ 而增大,灵敏度提高。但扫描速度太快也是不利的,由于电容电流 I_c 与 dV/dt 成正比,这就是说,I_c 比 I_p 随 dV/dt 增加更快,这对降低检测限是十分不利的。

(3) 单扫描示波极谱法是在 dA/dt 变化较小的滴汞生长后期快速施加极化电压的,

因此,有利于减小因滴汞电极面积变化而引起的电容电流,也有利于加快分析速度。

(4) 转换系数 $\alpha<1$,$n(\alpha n_\alpha)^{1/2}<n^{3/2}$,不可逆过程的峰电流比可逆过程的峰电流小。过程不可逆程度越大,峰电流越小,对于完全不可逆过程,如氧在滴汞电极上的还原,甚至不出现峰,这样便可以在很大程度上甚至完全消除氧波的干扰。

2. 方波极谱法

方波极谱法是将一频率通常为 225～250Hz、振幅为 10～30mV 的方波电压叠加到直流线性扫描电压上,然后测量每次叠加方波电压改变方向前的一瞬间通过电解池的交流电流。方波极谱仪的工作原理如图 1.21 所示。

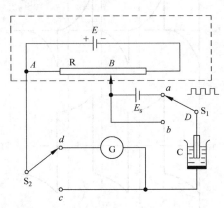

图 1.21 方波极谱仪的工作原理图

通过 R 的滑动触点向右移动,对极化电极进行线性电压扫描。利用振动子 S_1 往复接通 a,b 而在一定的时间将方波电源 E_s 产生的方波电压加到电解池 C 上。在电极反应过程中产生的极谱电流,通过振动子 S_2 在电容电流衰减到可以忽略不计的时刻与 d 点接通,由检流计 G 检测。方波极谱法消除电容电流的原理,可用图 1.22 来说明。

电容电流 I_c 是随时间 t 按指数衰减的:

$$I_c = \frac{E_s}{R} e^{-\frac{t}{RC}} \tag{1.38}$$

式中,E_s 是方波电压振幅;C 是滴汞电极和溶液界面双电层的电容;R 是包括溶液电阻在内的整个回路的电阻。RC 称为时间常数。当 $t=RC$ 时,

$$e^{-\frac{t}{RC}} = 0.368 \tag{1.39}$$

即此时的 I_c 仅为初始时的 36.8%;若衰减时间为 5 倍的 RC,则 I_c 只剩下初始值的 0.67% 了,可以忽略不计(见图 1.22(b))。而法拉第电流 I_f 只随时间 $t^{-1/2}$ 衰减,比 I_c 衰减慢(见图 1.22(c))。对于一般电极,$C=0.3\mu F$,$R=100\Omega$,时间常数 $RC=3\times10^{-5}s$。如果采用的方波频率为 225Hz,则半周期 $\tau=\frac{1}{450}s=2.2\times10^{-3}s$。$\tau>5RC$,因此,在一方波电

压改变方向前的某一时刻 $t(5RC<t<\tau)$ 记录极谱电流,就可以消除电容电流 I_c 对测定的影响。

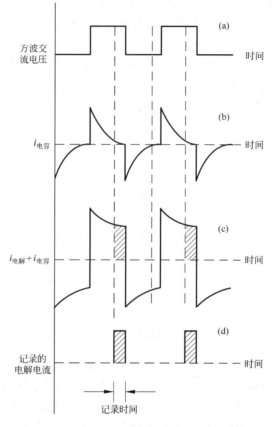

图 1.22 方波极谱法消除电容电流的原理

方波极谱法与交流极谱法相拟,只有当直流扫描电压落在经典极谱波 $E_{1/2}$ 前后,叠加的方波电压才显示明显的影响。方波极谱法得到的极谱波亦呈峰形,峰电位 E_p 和 $E_{1/2}$ 相同。峰电流为

$$I_p = 1.40 \times 10^7 n^2 E_s D^{1/2} Ac \tag{1.40}$$

式中,E_s 是方波电压振幅;单位为 V;c 是被测物质浓度,单位为 mol/mL。其他符号意义同扩散电流方程。峰电流 I_p 的单位为 A。

方波极谱法的特点:

(1) 分辨能力高,抗干扰能力强。可以分辨峰电位相差 25mV 的相邻两极谱波,在前还原物质量为后还原物质量的 5×10^4 倍时,仍可有效地测定痕量的后还原物质。

(2) 测定灵敏度高。方波极谱法的极化速度很快,被测物质在短时间内迅速还原,产

生比经典极谱法大得多的电流,灵敏度高。而且,由于有效地消除了电容电流的影响,使检出限可以达到 $10^{-8} \sim 10^{-9}$ mol/L。

(3) 对于不可逆反应,如氧波,峰电流很小,因此分析含量较高的物质时,常常可以不需除氧。

(4) 为了充分衰减 I_c,要求 RC 要小,R 必须小于 100Ω,为此,溶液中需加入大量支持电解质,通常在 1mol/L 以上。因此,在进行痕量组分测定时,对试剂的纯度要求很高。

(5) 毛细管噪声电流较大,限制了检出限。汞滴下落时,毛细管中汞向上回缩,将溶液吸入毛细管尖端内壁,形成一层液膜。液膜的厚度和汞回缩高度对每一滴汞是不一样的,因此使体系的电流发生变化,形成噪声电流。噪声电流随方波频率增高而增大。

3. 脉冲极谱法

在方波极谱法中,方波电压是连续加入的,但方波持续时间短,只有 2ms,在每一滴汞上记录到多个方波脉冲的电流值。脉冲极谱法是在滴汞生长到一定面积时才在滴汞电极的直流扫描电压上叠加一次 $10 \sim 100$mV 的方波脉冲电压,但脉冲持续时间较长,为 $4 \sim 100$ms,对每一个滴汞只记录一次由脉冲电压所产生的法拉第电流。依脉冲电压施加方式不同,脉冲极谱法分为常规脉冲极谱法和微分脉冲极谱法。常规脉冲极谱法所施加的方波脉冲幅度是随时间线性增加的,得到的每个脉冲的 I-E 曲线与经典极谱法的 I-E 曲线相似;微分脉冲极谱法是在直流线性扫描电压上叠加一个等幅方波脉冲,得到的极谱波呈峰形。

毛细管噪声电流 $I_N \propto t^{-n}$ ($n > 1/2$),比法拉第电流 I_f 衰减速率快。由于在脉冲极谱法中,方波脉冲持续时间长,可在 I_c 和 I_N 充分衰减之后再记录 I_f,这样就可以消除 I_c 和 I_N 的影响。

脉冲极谱法的特点:

(1) 灵敏度高。由于 I_c 和 I_N 得以充分衰减,可以将衰减了的法拉第电流 I_f 充分地放大,因此能达到很高的灵敏度。对可逆反应,检出限可达到 $10^{-8} \sim 10^{-9}$ mol/L,最好的可达到 10^{-11} mol/L。

(2) 分辨能力高。可分辨半波电位或峰电位相差 25mV 的相邻两极谱波。前还原物质的量比被测物质高 5×10^4 倍也不干扰测定。因此,该法具有良好的抗干扰能力。

(3) 由于脉冲持续时间长,在保证 I_c 和充分衰减的前提下,可以允许 R 增大 10 倍或更大一些,这样只需使用 $0.01 \sim 0.1$mol/L 的支持电解质就可以了,从而可大大地降低空白值。

(4) 由于脉冲持续时间长,对于电极反应速度缓慢的不可逆反应,也可以提高测定灵敏度,检出限可达到 10^{-8} mol/L。这对许多有机化合物的测定、电极反应过程的研究等都是十分有利的。

4. 阳极溶出伏安法

阳极溶出伏安法,是将电化学富集与测定方法有机地结合在一起的一种方法。先将被测物质通过阴极还原富集在一个固定的微电极上,再由负向正电位方向扫描溶出,根据溶出极化曲线来进行分析测定。

富集是一个控制阴极电位的电解过程。电积的分数 x 与电积时间 t_x 的关系是

$$t_x = -\frac{V\delta \lg(1-x)}{0.43DA} \tag{1.41}$$

式中,V 是溶液体积;δ 是扩散层厚度;A 是电极面积;D 是扩散系数。增大电极面积,加快搅拌速度以减小扩散层厚度,可以缩短电积富集时间。电积分数与起始浓度无关。

富集效果可用富集因数 K 表示。富集因数定义为被测物质电积到汞电极中的汞齐浓度 c_H 与被测物质在溶液中的原始浓度 c 之比

$$K = c_H/c = V_x/V_H \tag{1.42}$$

式中 V_H 是汞电极体积。

用于电解富集的电极有悬汞电极、汞膜电极和固体电极。悬汞电极的面积不能过大,大的悬汞容易脱落。用悬汞电极测定的灵敏度并不太高,但再现性好。汞膜电极面积大,同样的汞量做成厚度为 20~10 000Å 的汞膜,其电极表面积比悬汞大得多,电积效率高。而且搅拌速度可以加快。因此,溶出峰尖锐,分辨能力高,灵敏度比悬汞电极高出 1~2 个数量级。汞膜电极的缺点,是再现性不如悬汞电极。现已成功应用的汞膜电极有玻璃汞膜电极。测定 Ag,Au,Hg 需用固体电极。Ag,Au,Pt,C 等常用作固体电极,缺点是电极面积与电积金属的活性可能发生连续变化,表面氧化层的形成,影响测定的再现性。

溶出可在各种极谱仪上进行。溶出方法是以一定速度由负电位向正电位扫描电压,得到阳极溶出极化曲线,如图 1.23 所示。峰电位与经典极谱波 $E_{1/2}$ 相对应。阳极溶出产生很大的氧化电流。对悬汞电极,峰电流为

$$I_p = Kn^{2/3}D_0^{2/3}\omega^{1/2}\eta^{-1/6}D_R^{1/2}rvc^{1/2}c_0t \tag{1.43}$$

对汞膜电极,峰电流为

$$I_p = Kn^2 D_0^{2/3}\omega^{1/2}\eta^{-1/6}Avc_0t \tag{1.44}$$

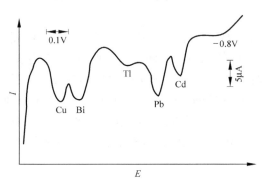

图 1.23 阳极溶出极化曲线

式中 n 是参与电极反应的电子数；D_0 和 D_R 分别是被测物质在溶液和汞内的扩散系数；ω 为电解富集时的搅拌速度；η 是溶液的粘度；r 是悬汞半径；A 是汞膜电极表面积；v 是扫描速度；t 是电解富集时间；c_0 是被测物质在溶液中的浓度。在实验条件一定时，I_p 与 c_0 成正比。

除阳极溶出伏安法之外，还有阴极溶出伏安法。阴极溶出伏安法常用银电极和汞电极。在正电位下，电极本身氧化溶解生成 Ag^+，Hg^{2+}，它们与溶液中的微量阴离子如 Cl^-，Br^-，I^- 等生成难溶化合物薄膜聚附于电极表面，使阴离子得到富集。然后将电极电位向负方向移动，进行负电位扫描溶出，得到阴极溶出极化曲线。溶出峰对不同阴离子的难溶盐是特征的，峰电流正比于难溶盐的沉积量。阴极溶出法已用来测定 Cl^-，Br^-，I^-，S^{2-}，WO_4^{2-}，MOO_4^{2-}，VO_3^- 等。

溶出伏安法最大的优点是灵敏度非常高，阳极溶出法检出限可达 10^{-12} mol/L，阴极溶出法检出限可达 10^{-9} mol/L。溶出伏安法测定精度良好，能同时进行多组分测定，且不需要贵重仪器，是很有用的高灵敏度分析方法。

1.4.2 循环伏安分析法

1.4.2.1 循环伏安分析法概述

如果以图 1.24(a) 中三角波电位进行扫描，所获得的电流响应与电位信号的关系(图 1.24(b))称为循环伏安扫描曲线。正向扫描时，电位从 E_1 扫到 E_2，即从 -0.2V 扫到 0.2 V(SCE)。电位辐值为 0.4V。反扫时电位从 E_2 扫到 E_1（从 0.2V 到 -0.2V）。E_p^c，E_p^a 分别为阴极峰值电位与阳极峰值电位。I_p^c，I_p^a 分别为阴极峰值电流与阳极峰值电流。这里 p 代表峰值，a 代表阳极，c 代表阴极。

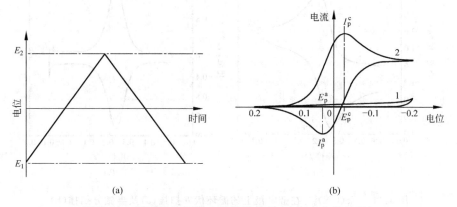

图 1.24 循环伏安扫描中的激励信号(a)与响应信号(b)

1.4.2.2 可逆体系下的循环伏安扫描

$Fe(CN)_6^{3-}$ 与 $Fe(CN)_6^{2-}$ 是典型可逆的氧化还原体系。图 1.25 是 $Fe(CN)_6^{3-}$ 在金电极上典型的循环伏安扫描曲线。电位信号为三角波信号。E_1 与 E_2 分别为 0.8，−1.2 V (SCE)，电位辐值为 1.0V。

正扫时为阴极扫描：
$$Fe(CN)_6^{3-} + e^- = Fe(CN)_6^{2-} \tag{1.45}$$

反扫时为阳极扫描：
$$Fe(CN)_6^{2-} - e^- = Fe(CN)_6^{3-} \tag{1.46}$$

在该电极体系中，式(1.45)与式(1.46)还原与氧化过程中的电荷转移的速率很快，电极过程可逆。这可以从伏安图中还原峰值电位与氧化峰值电位之间的距离得到判断。一般地，阳极扫描峰值电位 E_p^a 与阴极扫描峰值电位 E_p^c 的差值（ΔE_p）可以用来检测电极反应是否是能斯特反应。当一个电极反应的 ΔE_p 接近 $2.3RT/nF$（或 $59/n$）(mV, 25℃) 时，我们可以判断该反应为能斯特反应，即是一个可逆反应。从图 1.25(a)图可见，ΔE_p 相差接近于 59mV，还原电流与氧化电流增加较快。这是因为，在阴极过程中，$Fe(CN)_6^{3-}$ 获得电子还原成 $Fe(CN)_6^{2-}$ 的速度较快，电极表面 $Fe(CN)_6^{3-}$ 离子浓度迅速降低，反应电流迅速增加。由于反应电流增加较快，导致电极表面能斯特层恢复能斯特平衡的倾向增加，在阴极扫描中出现峰值电流及峰值电位。当反向扫描时，在电极表面产物 $Fe(CN)_6^{2-}$ 离子的浓度接近于反应离子 $Fe(CN)_6^{3-}$ 的初始浓度。换句话说，反向扫描所获得的伏安扫描曲线相当于在与 $Fe(CN)_6^{3-}$ 初始浓度相同的 $Fe(CN)_6^{2-}$ 离子的阳极伏安扫描曲线。于是阴极波与阳极波基本上是对称的。伏安扫描曲线可以作半微分处理，得到的伏安曲线灵敏度有较大的提高(图 1.25(b))。

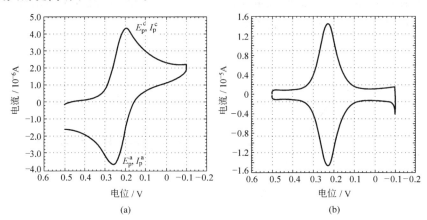

图 1.25 $Fe(CN)_6^{3-}$ 在金电极上的循环伏安扫描(a)及半微分扫描(b)

($Fe(CN)_6^{3-}$：25mmol/L，KNO_3 1mol/L；扫描速度：20mV/s)

所谓电极反应可逆体系是由氧化还原体系、支持电解质与电极体系构成的。同一氧化还原体系,不同的电极,不同的支持电解质,得到的伏安响应不一样。因此,寻找合适的电极和支持电解质,利用伏安分析方法进行氧化还原体系的反应粒子浓度以及该体系的电化学性质研究是电分析化学重要任务。

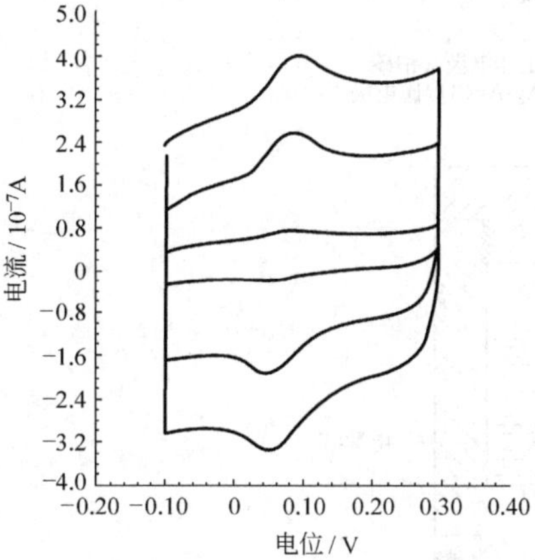

图 1.25 伏安扫描图谱中的电化学响应来源于铁中心离子的氧化还原。铁离子在溶液中的形态不同,所获得的伏安响应不同。例如当铁的活性中心处于细胞色素 C(一种生物体系中的电子传递蛋白)中时,伏安响应将发生变化(图 1.26)。

从图 1.25 到图 1.26,我们可以看到铁在不同的状态下伏安图谱是不一样的。前者是一种配合物状态;后者是铁活性粒子与蛋白质的相互作用。实际上,不同的蛋白质结构,尽管都含有铁活性中心,其伏安图谱是不一样的。例如血红蛋白、肌红蛋白与细胞色素 C 都含有铁活性中心,但其伏安行为是不同的。对于同一种蛋白,不同构象,伏安行为也不同。因此,伏安分析方法不仅可以用来分析不同的电子传递蛋白,而且可以用来分析不同蛋白质构象情况下的电子传递行为。

图 1.26 细胞色素 C 在 PGE 电极上的循环伏安扫描(从内到外扫描速度为 1,5,10 mV/s)

1.4.2.3 不可逆体系下的循环伏安扫描

当电极反应不可逆时,氧化峰与还原峰的峰值电位差值相距较大。相距越大,不可逆程度越大(图 1.27)。一般地,我们利用不可逆波来获取电化学动力学的一些参数,如电子传递系数以及电极反应速度常数等。这部分内容请参考有关文献(如 A. J. 巴德,L. R. 福克纳. 电化学方法原理与应用. 北京:化学工业出版社,1986)。

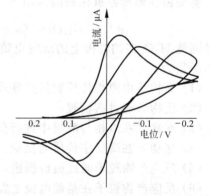

图 1.27 可逆与不可逆伏安图谱的比较

1.4.3 电流型生物传感器

电流型生物传感器从结构上可分为两个部分:其一是分子识别部分或称为感受器,主要是由具有分子识别能力的生物活性物质——酶构成;其二是信号转换部分,称为基础电极或称为内敏感器,是一个电化学检测元件。我们以葡萄糖传感器为例介绍电流型生物传感器的基本原理。葡萄糖传感器中的基础电极主要有两种:一种是酶 Pt/H_2O_2 电极;一种是酶 Pt/O_2 电极。酶 Pt/H_2O_2 电极的结构如图 1.28 所示。其中铂棒电极为工作电极,铂丝电极为辅助电极,Ag-AgCl 电极为参比电极。

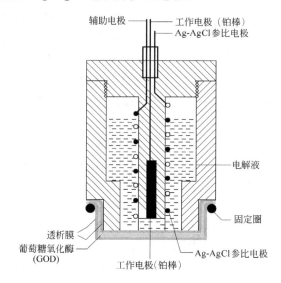

图 1.28 酶 Pt/H_2O_2 电极的基本原理图

葡萄糖在葡萄糖氧化酶的作用下,发生还原反应:

$$\beta\text{-D-}C_6H_{12}O_6 + O_2 + H_2O \xrightarrow{GOD} C_6H_{10}O_6 + H_2O_2 \tag{1.47}$$

通过测量 H_2O_2 在铂电极上的反应电流便可确定底物 $\beta\text{-D-}C_6H_{12}O_6$ 的浓度。电极过程的基本历程为:

(1) 底物 S 由液相传质到传感器表面;
(2) 底物 S 通过透析膜;
(3) 底物 S 在液相与酶层中进行分配;
(4) 底物 S 在酶层中传质与反应;
(5) 反应产物粒子通过透析膜进入基础电极室;
(6) 反应产物粒子在基础电极上发生电荷转移反应。

很显然,该电极过程是较复杂的。其中第 2 步和第 5 步由透析膜的性质决定;第 1 步由底物的扩散步骤决定;第 3 步是由膜性质以及底物分子在液相及酶层中的扩散行为决定;第 6 步是由产物粒子在内电解液中的铂电极上的电极过程决定。理想的电极过程应是由第 6 步来决定。这样就要对透析膜及酶层有所要求,即反应粒子与产物粒子能迅速通过透析膜。酶层厚度要适中,使得反应产物粒子能及时地通过酶层。一般酶电极的电极过程由反应产物在酶层中的扩散控制。这时要设法提高酶活性,降低米氏常数。

习 题

1. 什么是电位分析法？电位分析法包括哪两种类型。
2. 电极电位是如何产生的？如何测量？
3. 已知甘汞电极的标准电位是 0.2678V，$Hg_2^{2+}|Hg$ 电极的标准电极电位是 0.788V，计算 Hg_2Cl_2 的溶度积 K_{sp} 值。
4. 什么是离子选择电极的选择系数和选择比？已知一氟离子选择性电极对 OH^- 的选择系数为 0.10，问氟离子浓度为 10^{-2} mol/L 时，若允许测定误差为 5%，能允许的 OH^- 浓度是多大？
5. 在 25℃ 用 pH=4.01 的标准缓冲溶液-校准玻璃电极-饱和甘汞电极对，测得 $E=0.814V$，假定 $\alpha_{H^+}=[H^+]$，问在 1.00×10^{-3} mol/L 的乙酸溶液中测得的 E 应为多少？（乙酸离解常数 $K=1.75\times10^{-5}$。）
6. 有一溶液是由 25mL 浓度为 0.050mol/L 的 KBr 和 20mL 浓度为 0.100mol/L 的 $AgNO_3$ 混合而成的。若将银电极插入该混合溶液中，求银电极的电极电位。
7. 用氟离子选择电极测定水样中的氟离子的含量，取水样 25mL 加入离子强度调节缓冲液 25mL，测得电位值为 +0.1372V（对甘汞电极），再加入 1.00mL 浓度为 1.00×10^{-3} mol/L 的标准氟溶液，测得其电位值为 +0.1170V（对甘汞电极）。氟电极的响应斜率为 58.0mV/pF（$1pF=10^{-1}$ mol/L），不考虑稀释效应的影响，计算水中 F^- 的浓度。
8. 在含有 $CuSO_4$ 和 H_2SO_4 的溶液中电解铜，电极反应如下：

阴极　　　　$Cu^{2+}+2e \rightarrow Cu$　　　　　$E^\ominus=+0.337V$
阳极　　　　$2H_2O \rightarrow O_2+4H^++4e$　　$E^\ominus=+1.229V$

欲使 1.00×10^{-3} mol/L 的铜(Ⅱ)溶液中 99.9% 的铜沉积，应施加于电极的电位是多少？对于含有 0.050mol/L H_2SO_4 和铂阳极的电解池，应施加多大的电压？

9. 对于含 Zn^{2+} 0.05 mol/L 和含 Cd^{2+} 0.01mol/L 的混合溶液，要使这两种离子定量分离，问阴极电位控制在多大？（假定 $[Cd^{2+}]=10^{-6}$ mol/L 作为达到定量分离的标准。）
10. 列举各种电质量分析法，比较它们各自的特点，并说明产生这些特点的原因。
11. 库仑分析法的原理是什么？它与电质量分析法有什么异同点？各有何特点？
12. 用电生滴定剂 Br_2 来滴定 Tl(Ⅰ)，反应如下：

$$Tl^+ + Br_2 \rightarrow Tl^{3+} + 2Br^-$$

若采用 10.00mA 的发生电流，达到终点需要 102.0s。问溶液中含有多少克铊？

13. 极谱分析是一种特殊的电解过程，它的特殊性何在？当被测物质浓度很高时，能否用极谱法测定，为什么？极谱分析为什么要用滴汞电极？它有什么特点？
14. 何谓扩散电流、残余电流和迁移电流？它们是如何产生的？如何消除残余电流和迁移电流对极谱分析的影响？

15. 考察某浓度为 1.00mmol/L 的溶液,在滴汞流量 $m=1.25$mg/s 与滴汞周期 $t=3.53$s时,测得扩散电流 $I_d=3.10\mu$A 的一组数据：

E(SCE)/V	−0.419	−0.451	−0.462	−0.491	−0.515	−0.561	−0.593
I/μA	0.31	0.62	0.77	1.24	1.86	2.48	2.79

(1) 估计 $708nD^{1/2}$ 值；

(2) 求 $E_{1/2}$ 值；

(3) 判断电极反应过程是否是可逆过程。

16. 在 0.01mol/L KNO_3 溶液中氧的浓度为 2.5×10^{-4}mol/L,扩散系数 $D=2.6\times10^{-5}$cm^2/s,在 $m=1.85$mg/s 和 $t=4.09$s 时,在 $E=-1.05$V(SCE)测得 $I_d=5.8\mu$A,问此条件下氧化还原为什么状态？写出电极反应方程式。

17. 今有一铜溶液,在合适条件下测得其 $I_d=12.3\mu$A,当在 10.00mL 原始溶液中加入 0.20mL 的 1.00×10^{-3}mol/L 标准铜溶液后,再在同样条件下测得 $I_d=28.2\mu$A,计算原始溶液中的铜浓度。

18. 什么是阳极溶出伏安法？它的原理及特点是什么？今有一面积为 $A=4.8\times10^{-2}$cm^2 的悬汞电极,放入体积 $V=10$mL 的溶液中,若扩散层厚度 $\delta=10^{-3}$cm,某离子的扩散系数 $D=1.0\times10^{-5}$cm^2/s,问将该离子电积 50% 和 100% 各需多少时间？相应的富集因数各为多少？

参考文献

1 邓勃,宁永成,刘密新.仪器分析.北京:清华大学出版社,1991
2 北京大学化学系仪器分析教学组.仪器分析教程.北京:北京大学出版社,1997
3 戴树桂主编.仪器分析.北京:高等教育出版社,1985
4 Douglas A Skoog. Principles of instrumental analysis, fifth edition. Saunders College Publishing, 1998

2 原子发射光谱法

2.1 概　述

原子发射光谱法(atomic emission spectrometry，AES)是根据处于激发态的待测元素原子回到基态时发射的特征谱线对待测元素进行分析的方法。这一分析方法包括了3个主要的过程，即首先由光源提供能量使样品蒸发，形成气态原子，并进一步使气态原子激发而产生光辐射；然后，将光源发出的复合光经单色器分解成按波长顺序排列的谱线，形成光谱；最后，用检测器检测光谱中谱线的波长和强度。由于待测元素原子的能级结构不同，因此发射谱线的波长不同，据此可对样品进行定性分析，而根据待测元素原子的浓度不同，因此发射强度不同，可实现元素的定量测定。

原子发射光谱是光谱分析法中发展较早的一种方法，19世纪50年代Kirchhoff和Bunsen制造了第一台用于光谱分析的分光镜，并获得了某些元素的特征光谱，奠定了光谱定性分析的基础。20世纪20年代，Gerlach为了解决光源不稳定性问题，提出了内标法，为光谱定量分析提供了可行性。60年代电感耦合等离子体(ICP)光源的引入，大大推动了发射光谱分析的发展。近年来，随着电荷耦合器件(CCD)等检测器件的使用，使多元素同时分析能力大大提高。由于原子发射光谱分析法的诸多优点：灵敏度高，选择性好，分析速度快，用样量小，能同时进行多元素的定性和定量分析等，原子发射光谱已成为元素分析最常用的手段之一。

但是，原子发射光谱是原子的光学电子在原子内能级之间跃迁产生的线状光谱，反映的是原子及其离子的性质，与原子或离子来源的分子状态无关，因此，原子发射光谱只能用来确定物质的元素组成与含量，不能给出物质分子的有关信息。此外，常见的非金属元素，如氧、氮、卤素等的谱线在远紫外区，目前一般光谱仪尚无法检测。

2.2 理　　论

2.2.1 原子光谱的产生

2.2.1.1 原子的壳层结构

原子是由原子核与绕核运动的电子所组成。每一个电子的运动状态可用主量子数 n、角量子数 l、磁量子数 m_l 和自旋量子数 m_s 等 4 个量子数来描述。

主量子数 n，决定了电子的主要能量 E。

角量子数 l，决定了电子绕核运动的角动量。电子在原子核库仑场中的一个平面上绕核运动，一般是沿椭圆轨道运动，是二自由度的运动，必须有两个量子化条件。这里所说的轨道，按照量子力学的含义，是指电子出现几率大的空间区域。对于一定的主量子数 n，可有 n 个具有相同半长轴、不同半短轴的轨道，当不考虑相对论效应时，它们的能量是相同的。如果受到外电磁场或多电子原子内电子间的相互摄动的影响，具有不同 l 的各种形状的椭圆轨道因受到的影响不同，能量有差别，使原来简并的能级分开了，角量子数 l 最小的、最扁的椭圆轨道的能量最低。

磁量子数 m_l，决定了电子绕核运动的角动量沿磁场方向的分量。所有半长轴相同的在空间不同取向的椭圆轨道，在有外电磁场作用下能量不同。能量大小不仅与 n 和 l 有关，而且也与 m_l 有关。

自旋量子数 m_s，决定了自旋角动量沿磁场方向的分量。电子自旋在空间的取向只有两个，一个顺磁场，另一个反磁场，因此，自旋角动量在磁场方向上有两个分量。

电子的每一运动状态都与一定的能量相联系。主量子数 n 决定了电子的主要能量，半长轴相同的各种轨道电子具有相同的 n，可以认为是分布在同一壳层上。随着主量子数不同，可分为许多壳层，$n=1$ 的壳层，离原子核最近，称为第一壳层；依次 $n=2,3,4,\cdots$ 的壳层，分别称为第二、三、四壳层……用符号 $K,L,M,N,\cdots$ 代表相应的各个壳层。角量子数 l 决定了各椭圆轨道的形状，不同椭圆轨道有不同的能量。因此，又可以将具有同一主量子数 n 的每一壳层按不同的角量子数 l 分为 n 个支壳层，分别用符号 $s,p,d,f,g,\cdots$ 来代表。原子中的电子遵循一定的规律填充到各壳层中，首先填充到量子数最小的量子态，当电子逐渐填满同一主量子数的壳层，就完成一个闭合壳层，形成稳定的结构，次一个电子再填充新的壳层。这样便构成了原子的壳层结构。周期表中同族元素具有相类似的壳层结构。

2.2.1.2 光谱项

由于核外电子之间存在着相互作用,其中包括电子轨道之间的相互作用、电子自旋运动之间的相互作用以及轨道运动与自旋运动之间的相互作用等,因此原子的核外电子排布并不能准确地表征原子的能量状态,原子的能量状态需要用以 n,L,S,J 等4个量子数为参数的光谱项来表征:

$$n^{2S+1}L_J$$

其中,n 为主量子数;L 为总角量子数,其数值为外层价电子角量子数 l 的矢量和,即

$$L=\sum_i l_i$$

两个价电子耦合所得的总角量子数 L 与单个价电子的角量子数 l_1,l_2 有如下的关系:$L=(l_1+l_2),(l_1+l_2-1),(l_1+l_2-2),\cdots,|l_1-l_2|$,取值为:$L=0,1,2,3,\cdots$,相应的符号为 $S,P,D,F,\cdots$。

S 为总自旋量子数,多个价电子总自旋量子数是单个价电子自旋量子数 m_s 的矢量和,其值可取 $0,\pm\frac{1}{2},\pm1,\pm\frac{3}{2},\pm2,\cdots$。

J 为内量子数,是由于轨道运动与自旋运动的相互作用,即轨道磁矩与自旋磁矩的相互影响而得出的,它是原子中各个价电子组合得到的总角量子数 L 与总自旋量子数 S 的矢量和,即 $J=L+S$。$J=(L+S),(L+S-1),(L+S-2),\cdots,|L-S|$。若 $L\geqslant S$,则 J 值从 $J=L+S$ 到 $L-S$,可有 $(2S+1)$ 个值;若 $L<S$,则 J 值从 $J=S+L$ 到 $S-L$ 可有 $(2L+1)$ 个值。

例如,钠原子基态的电子结构是 $(1s)^2(2s)^2(2p)^6(3s)^1$,对闭合壳层,$L=0,S=0$,因此钠原子态由 $(3s)^1$ 光学电子决定。$L=0,S=1/2$,光谱项为 3^2S。J 只有一个取向,$J=1/2$,故只有一个光谱支项 $3^2S_{1/2}$。钠原子的第一激发态的光学电子是 $(3p)^1$,$L=1,S=1/2,2S+1=2,J=1/2$ 和 $3/2$,故有两个光谱支项,$3^2P_{1/2}$ 与 $3^2P_{3/2}$。又如镁原子基态的电子组态是 $3s^2$,$L=0,S=0,2S+1=1,J=0$,只有一个光谱支项 3^1S_0。镁原子第一激发态的电子组态是 $3s^13p^1$。由于 $L=1,S=0$ 和 $1,2S+1=1$ 或 3,有两个光谱项,3^1P 与 3^3P。由于 L 与 S 相互作用,每一个光谱项有 $2S+1$ 个不同 J 值,即 $2S=1$ 个光谱支项。对 $3^1P,J$ 只有一个值,$J=1$,只有光谱支项 3^1P_1,是单一态;对 $3^3P,J$ 有 3 个值,$J=2,1,0$,故有 3 个光谱支项 $3^3P_2,3^3P_1$ 与 3^3P_0,是三重态。这 3 个光谱支项的能量稍有不同,由此可见,$(2S+1)$ 是代表光谱项中光谱支项的数目,称为光谱项的多重性。

2.2.1.3 原子能级与能级图

由于原子的能量状态可用光谱项表示,因此,把原子中所有可能存在状态的光谱项即能级及能级跃迁用图解的形式表示出来,称为能级图。图 2.1 为钠原子的能级图。图中

的水平线表示实际存在的能级,能级的高低用一系列的水平线表示。由于相邻两能级的能量差与主量子数 n^2 成反比,随 n 增大,能级排布越来越密。当 $n \to \infty$ 时,原子处于电离状态,这时体系的能量相应于电离能。因为电离了的电子可以具有任意的动能,因此,当 $n \to \infty$ 时,能级图中出现了一个连续的区域。能级图中的纵坐标表示能量标度,左边用电子伏特标度,右边用波数标度。各能级之间的垂直距离表示跃迁时以电磁辐射形式释放的能量的大小。每一时刻一个原子只发射一条谱线,因许多原子处于不同的激发态,因此,发射出各种不同的谱线。其中在基态与第一激发态之间跃迁产生的谱线称为共振线,通常它是最强的谱线。

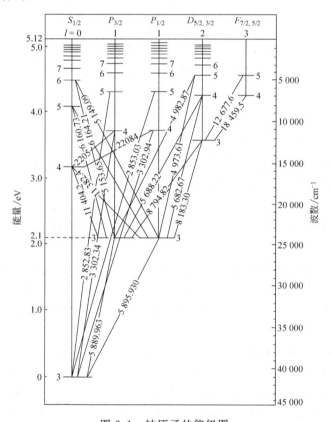

图 2.1 钠原子的能级图

应该指出的是,并不是原子内所有能级之间的跃迁都是可以发生的,实际发生的跃迁是有限制的,服从光谱选择定则。对于 $L\text{-}S$ 耦合,这些选择定则是:

(1) 在跃迁时主量子数 n 的改变不受限制。

(2) $\Delta L = \pm 1$,即跃迁只允许在 S 与 P 之间、P 与 S 或 D 之间、D 与 P 或 F 之间产生,等等。

(3) $\Delta S=0$,即单重态只能跃迁到单重态,三重态只能跃迁到三重态,等等。

(4) $\Delta J=0, \pm 1$。但当 $J=0$ 时,$\Delta J=0$ 的跃迁是禁戒的。

例如,钠原子基态的电子组态是 $3s$,相应的原子态是 $3^2S_{1/2}$,第一激发态电子组态是 $3p$,相应的原子态是 $3^2P_{1/2}$ 与 $3^2P_{3/2}$,电子在这两能级之间跃迁产生大家所熟知的钠双线:

$$\text{Na } 588.996\text{nm}(3^2S_{1/2} \rightarrow 3^2P_{3/2})$$
$$\text{Na } 589.593\text{nm}(3^2S_{1/2} \rightarrow 3^2P_{1/2})$$

钠原子第二激发态的电子组态是 $3d$,相应的原子态为 $3^2D_{3/2}$ 与 $3^2D_{5/2}$,当电子在 $3p$ 与 $3d$ 之间跃迁时,有 4 种可能的跃迁: $3^2P_{1/2} \rightarrow 3^2D_{3/2}$,$3^2P_{1/2} \rightarrow 3^2D_{5/2}$,$3^2P_{3/2} \rightarrow 3^2D_{5/2}$,$3^2P_{3/2} \rightarrow 3^2D_{3/2}$,实际上只观察到后 3 种跃迁,而没有观察到 $3^2P_{1/2} \rightarrow 3^2D_{5/2}$ 跃迁,因这种跃迁的 $\Delta J=2$,是禁戒的。

在原子内部,由于电子的轨道运动与自旋运动的相互作用,使得同一光谱项中各光谱支项的能级有所不同。每一个光谱支项又包含 $(2J+1)$ 个可能的量子态。在没有外加磁场时,J 相同的各种量子态的能量是简并的;当有外加磁场时,由于原子磁矩与外加磁场的相互作用,简并能级分裂为 $(2J+1)$ 个子能级,一条光谱线在外加磁场作用下分裂为 $(2J+1)$ 条谱线,这种现象称为塞曼效应。$g=2J+1$,称为统计权重,它决定了多重线中各谱线的强度比。

综上所述可知,由于不同元素的原子能级结构不同,因此能级之间的跃迁所产生的谱线具有不同的波长特征。根据光谱中各谱线的波长特征可以确定元素的种类,这是原子发射光谱定性分析的依据。

2.2.2 原子谱线的强度

在激发光源作用下,原子的外层电子在 l, u 两个能级之间跃迁,并发射特征谱线。其频率 ν_{ul} 与两能级的能量差 ΔE 有关,即 $\Delta E = E_u - E_l = h\nu_{ul}$。$h\nu_{ul}$ 反映了单个光子的能量,而强度 I_{ul} 代表了群体谱线的总能量。若激发态原子密度为 n_u,每个原子单位时间内发生 A_{ul} 次跃迁(跃迁几率),则谱线的强度是

$$I_{ul} = A_{ul} h \nu_{ul} n_u \tag{2.1}$$

在热力学平衡下,分配在各激发态的原子数 n_u 和基态的原子数 n_0 由 Boltzmann 公式决定:

$$\frac{n_u}{n_0} = \frac{g_u}{g_0} e^{-\frac{E_u}{KT}} \tag{2.2}$$

式中 g_u 和 g_0 分别是激发态和基态的统计权重,E_u 是激发能,T 是激发温度,K 是 Boltzmann 常数。

由式(2.2)可以算出,在一般光源温度下(5 000K),大多数元素某一激发态原子的密

度与基态原子密度的比值在 10^{-4} 数量级,可见光源等离子体中激发态原子密度很小,基态原子的密度 n_0 与气态原子的总密度 n_M 几乎相等,所以式(2.2)可以写成:

$$\frac{n_u}{n_M} = \frac{g_u}{g_0} e^{-\frac{E_u}{KT}} \tag{2.3}$$

由于光源等离子体中不仅存在气态原子 n_M,还存在因高温而电离的气态离子 n_{M^+} 和未离解的气态分子 n_{MX},其离解度 β 和电离度 x 分别为

$$\beta = \frac{n_M}{n_{MX} + n_M} \tag{2.4}$$

$$x = \frac{n_{M^+}}{n_M + n_{M^+}} \tag{2.5}$$

等离子体中被测元素的总原子数 n_t 应为三者的总和,即

$$n_t = n_M + n_{M^+} + n_{MX} \tag{2.6}$$

由式(2.4),(2.5),(2.6)可得

$$n_M = \frac{(1-x)\beta}{1-(1-\beta)x} n_t \tag{2.7}$$

将式(2.3),(2.7)代入(2.1)可得

$$I_{ul} = A_{ul} h\nu_{ul} \frac{g_u}{g_0} \frac{(1-x)\beta}{1-(1-\beta)x} e^{-\frac{E_u}{KT}} n_t \tag{2.8}$$

当蒸发过程达到平衡时,等离子体中被测元素的总原子数 n_t 与样品中分析物的浓度 c 有如下关系:

$$n_t = \alpha \tau c^q \tag{2.9}$$

式中,α 为分析物蒸发的速度常数,与分析物的沸点、蒸发温度及蒸发时的物理化学过程有关;τ 是气态分析物在等离子体中的平均停留时间,其值与光源性质、温度及粒子质量有关;q 是与分析物蒸发时发生的化学反应有关的常数,如果蒸发时无化学反应发生,则 q 等于1,此时,式(2.9)可写成:

$$n_t = \alpha \tau c \tag{2.10}$$

将式(2.10)代入式(2.8):

$$I_{ul} = \left[A_{ul} h\nu_{ul} \frac{g_u}{g_0} \frac{(1-x)\beta}{1-(1-\beta)x} e^{-\frac{E_u}{KT}} \alpha \tau \right] c \tag{2.11}$$

从式(2.11)可见,谱线的强度不但取决于分析物的浓度 c,而且与原子和离子的固有属性,如跃迁几率 A_{ul}、辐射频率 $h\nu_{ul}$、激发电位 E_u 以及激发态与基态的统计权重 g_u 和 g_0 等有关。此外,光源温度 T 以及与之有关的蒸发速率 α、停留时间 τ、离解常数 β 和电离常数 x 均对谱线强度产生影响。对一定的分析物质,当光源温度恒定时,式(2.11)中除浓度项外,其余各项均可视为常数,用 A 表示,则式(2.11)变为

$$I = Ac \tag{2.12}$$

如果考虑到光源等离子体中心部位原子发射的光子通过温度较低的外层时,被外层基态原子吸收的所谓自吸效应,式(2.12)可以写为

$$I = Ac^b \tag{2.13}$$

此式称为 Lomakin-Schiebe(罗马金-赛伯)公式。式中 b 是自吸系数,随浓度 c 增加而减小,当浓度很小而无自吸时,$b = 1$。

式(2.13)是原子发射光谱定量分析的基本关系式。

2.3 仪　　器

2.3.1 主要部件的性能与作用

原子发射光谱仪器的基本结构由3部分组成,即激发光源、单色器和检测器。

2.3.1.1 激发光源

激发光源的基本功能是提供使试样中被测元素原子化和原子激发发光所需要的能量。对激发光源的要求是:灵敏度高,稳定性好,光谱背景小,结构简单,操作安全。常用的激发光源有电弧光源、电火花光源、电感耦合高频等离子体光源,即ICP光源等。

1. 直流电弧

(1) 直流电弧发生器的工作原理

直流电弧发生器的电路图如图2.2(a)所示。可用两种方法引燃电弧:一种是在接通电源后使上下电极接触短路引弧;另一种是用高频引弧。燃弧产生的热电子在通过分析间隙 G 飞向阳极的过程中被加速,当其撞击在阳极上,形成炽热的阳极斑,温度可达3 800K,使试样蒸发和原子化。电子流过分析间隙时,使蒸气中的气体分子和原子电离,产生的正离子撞击阴极又使阴极发射电子,这个过程反复进行,维持电弧不灭。原子与电弧中其他粒子碰撞受到激发而发射光谱。

(2) 直流电弧的放电特性

弧焰中心的温度约为5 000～7 000K,由弧中心沿半径向外弧温逐渐下降。弧温与弧焰组成有密切的关系,这取决于弧焰中气体的电离电位与浓度。当有几个元素同时存在于弧焰中时,主要受电离电位最低的那个元素的浓度所控制。当在电弧中引入大量低电离电位元素时,弧柱内电子浓度增大,电阻减小,输入到电弧的能量减小。这是因为在给定的电弧电流下,能量消耗正比于电阻。随着输入能量减小,导致弧温下降。弧温随电弧电流改变不明显,这是因为电流增大,弧柱变宽,单位弧柱体积的能量消耗保持相对稳定。

直流电弧放电的功率正比于分析间隙的弧柱长度及电流强度。因此,在分析中应严

格控制电极间距不变。提高放电功率,可以提高电极温度。

(3) 直流电弧的分析性能

直流电弧放电时,电极温度高,有利于试样蒸发,分析的灵敏度很高,而且电极温度高,破坏了试样原来的结构,消除了试样组织结构的影响,但对试样的损伤大。

直流电弧光谱,除用石墨或炭电极产生氰带光谱外,通常背景比较浅。

直流电弧弧柱在电极表面上反复无常地游动,而且有分馏效应,导致取样与弧焰内组成随时间而变化,测定结果重现性差。

直流电弧激发时,谱线容易发生自吸。

由于上述特性,直流电弧常用于定性分析以及矿石、矿物难熔物质中痕量组分的定量测定。

2. 低压交流电弧

(1) 低压交流电弧发生器的工作原理

低压交流电弧发生器的电路,如图 2.2(b)所示。

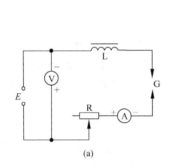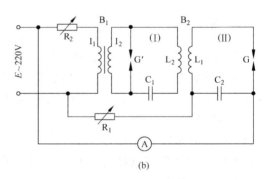

图 2.2 电弧发生器

(a) 直流电弧发生器 (b) 低压交流电弧发生器

E:直流电源; V:直流电压表; L,L_1,L_2:电感; R:镇流电阻; G:分析间隙; B_1,B_2:变压器; C_1:振荡电容; C_2:旁路电容; R_1,R_2:可变电阻; A:电流表; G':放电盘

低压交流电弧发生器由高频引弧电路(Ⅰ)与低压电弧电路(Ⅱ)组成。外电源电压经变压器 B_1 升至 3 000 V,向电容器 C_1 充电,通过变阻器 R_2 调节供给变压器初级线圈的电压来调节充电速度。当 C_1 中所充电压达到放电盘 G' 的击穿电压时,G' 的空气绝缘被击穿,在振荡电路 C_1-L_1-G' 中产生高频振荡,高频振荡电流经电感 L_1,L_2 耦合到低压电路中。电弧电路中旁路电容 C_2 较小,一般为 $0.25\sim0.5\mu F$,对高频电流阻抗很小,这样可以防止高频电路感应过来的高频电流进入低压电弧电路的供电电路。振荡电压经小功率高压变压器进一步升压至 10 000 V,使分析间隙 G 击穿,低压电流沿着已经造成的游离空气通道,通过 G 进行弧光放电。随着分析间隙电流增大,出现明显的电压降,当电压降至低于

维持放电所需电压时,电弧即熄灭。此时,在下半周高频引弧作用下,电弧又重新点燃,这样的过程反复进行,使交流电弧维持不灭。

(2) 交流电弧的放电特性

交流电弧既具有电弧放电特性,又具有火花放电特性。改变电容 C_2 与电感 L_2,可以改变放电特性:增大电容,减小电感,电弧放电向火花放电转变;减小电容,增大电感,电弧放电特性增强,火花放电特性减弱。

(3) 交流电弧的分析性能

交流电弧的电极温度较低,这是由于其间隙性造成的。交流电弧在每半周高频引弧之后,在电压降到不能维持电弧放电时便中断,至下半周再重新被引燃,这样便出现了电弧放电的间隙性。

电弧弧温较高,这是因为交流电弧的电弧电流具有脉冲性,电流密度比直流电弧大。稳定性好。交流电弧放电是周期性的,每半周强制引弧,且每次引弧时在电极上有一个新接触点,即一次新的取样,使取样具有良好的代表性,故其精密度比直流电弧好。

交流电弧的分析灵敏度接近直流电弧。

由于低压交流电弧具有良好的分析性能,在样品分析中获得了广泛的应用。

3. 高压电容火花

(1) 高压电容火花光源的工作原理

高压电容火花光源的电路如图 2.3 所示。

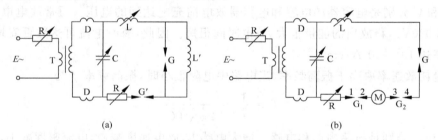

图 2.3 高压电容火花发生器
(a) 稳定间隙控制的火花电路 (b) 旋转间隙控制的火花电路
E:电源;R:可变电阻;T:升压变压器;D:扼流圈;C:可变电容;L:可变电感;L':高阻抗自感线圈;
G:分析间隙;G':控制间隙;G_1、G_2:断续控制间隙;M:同步电机带动的断续器

图 2.3(a) 是稳定间隙控制的火花电路。外电流电压经高压变压器 T 升至 8 000～15 000V,通过扼流线圈 D 向电容器 C 充电。电路中串联了一个距离可以精密调节的控制间隙 G',并联了一个自感线圈 L',由于控制间隙 G' 比分析间隙 G 的击穿电压高,电容器 C 的充电电压取决于 G',当 G' 击穿时,通过 L' 向 G 放电,产生高频振荡。因为 L' 有很高的阻抗,使放电电压几乎全部分配在分析间隙 G 上,致使 G 被击穿。由于 G' 的距离是

可精密控制的,因此,光源具有良好的稳定性。由于大量能量消耗在分析间隙上,高频振荡很快衰减,当振荡电流中断以后放电停止。在下半周中电容器 C 又重新充电放电,反复进行以维持电火花持续放电。

获得稳定火花放电的另一个方法是采用旋转间隙控制的火花电路(见图 2.3(b))。即在放电电路中串联一个由同步电机带动的断续器 M,断续器的绝缘圆盘直径两端固定两个钨电极 2 和 3,与这两个电极相对应的固定电极 1 和 4 装置在电火花电路中。圆盘每转 180°,对应的电极趋近一次,电火花电路接通一次,电容器放电,使分析间隙 G 放电。同步电机转速为 50r/s,电火花电路每秒接通 100 次,电源为 50 周波,保证电火花每半周放电一次。控制间隙仅在每交流半周电压最大值的一瞬间放电,从而获得最大的放电能量。

(2) 高压电容火花光源的放电特性

高压电容火花放电过程分为两个阶段:击穿阶段和电弧阶段或称振荡阶段。击穿时间约 $10^{-7} \sim 10^{-8}$ s,击穿后分析间隙的内阻变得很小,电压迅速下降至 $50 \sim 100$V,电流上升,放电转入电弧阶段。

高压电容火花放电特性取决于放电时释放能量的大小及能量耗散速率。放电时释放的能量可由下式估计

$$W = \frac{1}{2}CV^2 \tag{2.14}$$

式中,C 和 V 分别是电容器的电容和电容器放电前充电达到的电压。通常放电电压很高(例如 10 000V),释放出的能量很大,放电时间很短。因此,瞬时电流可达数百安培,电流密度可高达 $10^5 \sim 10^6$ A/cm^2。

能量耗散速率取决于振荡频率,当电路中电阻很小时,振荡频率 f 为

$$f = \frac{1}{T} = \frac{1}{2\pi\sqrt{LC}} \tag{2.15}$$

式中,T 和 L 分别是振荡周期和电感。增大电感 L,放电速度减慢,电流密度减小,放电性质类似于电弧,激发温度下降,原子线相对增强,离子线相对减弱;增大电容 C,电容器贮存的能量增加,峰电流增大,同时振荡周期 T 延长,放电速度减慢,电流密度实际上改变不大,但随着放电在电极上作用时间的延长,电极灼热加强,物质进入放电区的数量增加,光谱总强度增加;增大电压,电容器贮存能量增大,峰电流增大,激发温度升高,有利于激发离子线。电阻 R 增大,电容器充电速率减慢,电火花重复击穿次数减小,电容放电由振荡放电过渡到阻尼放电。

(3) 高压电容火花放电的分析性能

激发温度很高,能激发电位很高的原子线和更多的离子线。

电极温度低,这是因为每个火花作用于电极上的面积小,时间短,每次放电之后火花

随即熄灭,因此电极头灼热不显著。电极温度低,单位时间内进入放电区的试样量少,不适用于粉末和难熔试样的分析,但很适用于分析低熔点金属与合金的丝状、箔状样品。

稳定性好,这是因为火花放电能精密地加以控制。

在紫外区光谱背景较深。

电极上被火花冲击的点受到灼热,经过 10^{-3} s 迅速冷却下来,使电极表面层有严重的结构变化,试样表面状况与组分进入放电区的量要经过一段时间之后才能稳定,因此,做定量分析时,需要较长的预燃与曝光时间。

此外,分析结果对第三组分的影响比较敏感。

4. 电感耦合高频等离子体光源

等离子体是一种由自由电子、离子、中性原子与分子所组成的,在总体上呈电中性的气体,利用电感耦合高频等离子体(ICP)作为原子发射光谱的激发光源始于 20 世纪 60 年代。

(1) ICP 的形成和结构

ICP 形成的原理,如图 2.4 所示。

ICP 装置由高频发生器和感应圈、炬管和供气系统、试样引入系统 3 部分组成。高频发生器的作用是产生高频磁场以供给等离子体能量。应用最广泛的是利用石英晶体压电效应产生高频振荡的他激式高频发生器,其频率和功率输出稳定性高。频率多为 27~50 MHz,最大输出功率通常是 2~4 kW。

感应线圈一般是以圆铜管或方铜管绕成的 2~5 匝水冷线圈。

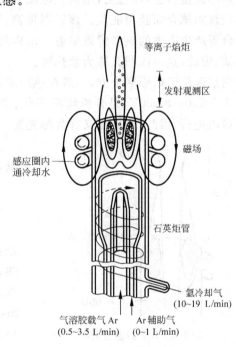

图 2.4 ICP 形成原理图

等离子炬管由 3 层同心石英管组成。外管通冷却气 Ar 的目的是使等离子体离开外层石英管内壁,以避免它烧毁石英管。采用切向进气,其目的是利用离心作用在炬管中心产生低气压通道,以利于进样。中层石英管出口做成喇叭形,通入 Ar 气维持等离子体的作用,有时也可以不通 Ar 气。内层石英管内径约为 1~2mm,载气载带试样气溶胶由内管注入等离子体内。试样气溶胶由气动雾化器或超声雾化器产生。用 Ar 做工作气的优点是,Ar 为单原子惰性气体,不与试样组分形成难解离的稳定化合物,也不会像分子那样因解离而消耗能量,有良好的激发性能,本身的光谱简单。

当有高频电流通过线圈时,产生轴向磁场,这时若用高频点火装置产生火花,形成的载流子(离子与电子)在电磁场作用下,与原子碰撞并使之电离,形成更多的载流子,当载流子多到足以使气体有足够的导电率时,在垂直于磁场方向的截面上就会感生出流经闭合圆形路径的涡流,强大的电流产生高热又将气体加热,瞬间使气体形成最高温度可达10 000K的稳定的等离子炬。感应线圈将能量耦合给等离子体,并维持等离子炬。当载气载带试样气溶胶通过等离子体时,被后者加热至6 000~7 000K,并被原子化和激发产生发射光谱。

ICP焰明显地分为3个区域:焰心区、内焰区和尾焰区。

焰心区呈白色,不透明,是高频电流形成的涡流区,等离子体主要通过这一区域与高频感应线圈耦合而获得能量。该区温度高达10 000K,电子密度很高,由于黑体辐射、离子复合等产生很强的连续背景辐射。试样气溶胶通过这一区域时被预热、挥发溶剂和蒸发溶质,因此,这一区域又称为预热区。

内焰区位于焰心区上方,一般在感应圈以上10~20mm,略带淡蓝色,呈半透明状态。温度为6 000~8 000K,是分析物原子化、激发、电离与辐射的主要区域。光谱分析就在该区域内进行,因此,该区域又称为测光区。

尾焰区在内焰区上方,无色透明,温度较低,在6 000K以下,只能激发低能级的谱线。

(2) ICP的特性和分析性能

1)温度分布

ICP的温度分布如图2.5所示。样品气溶胶在高温焰心区经历了较长时间(约2ms)的加热,在测光区的平均停留时间约为1ms,比在电弧、电火花光源中平均停留时间(10^{-2}~10^{-3}ms)长得多。高的温度与长的平均停留时间使样品充分地原子化,甚至能破坏解离能大于7eV的分子键,如U—O,Th—O等,有效地消除了

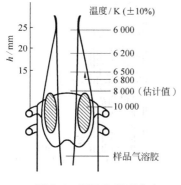

图2.5 ICP的温度分布

化学干扰。

2)等离子体的环形结构

由于ICP内部受热的高温气体向垂直于等离子体的外表面膨胀,对气溶胶的注入产生斥力,使气溶胶形成泪滴状沿等离子体外表面逸出(参见图2.6(a)),不能进入等离子体内。当交流电通过导体时,由于感应作用引起导体截面上的电流分布不均匀,越接近导体表面,电流密度越大,此种现象称为趋肤效应。电流频率越高,趋肤效应越显著。在ICP中,由于高频电流的趋肤效应形成环状结构,涡流主要集中在等离子体的表面层内,造成一个环形加热区,其中心是一个温度较低的中心通道,使气溶胶能顺利地进入等离子体内(参见图2.6(b))。经过中心通道进入的气溶胶被加热而解离与原子化,产生的原子

和离子限制在中心通道内不扩散到ICP的周围,避免了形成能产生自吸的冷蒸气,使工作曲线具有很宽的动态范围,可以达到4~6个数量级,既可测定试样中的痕量组分,又可以测定主成分。

3) 谱线与背景强度的空间分布

图2.7是谱线和背景强度的空间分布图,由图可见,在测光区进行分析可以得到很高的信噪比,从而获得很好的检出限。

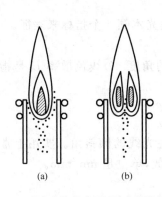

图2.6 不同形状等离子体对进样的影响
(a) 泪滴状 (b) 环状

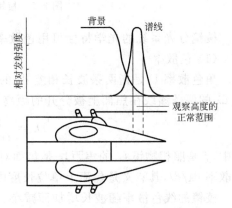

图2.7 ICP光源中谱线和背景强度空间分布示意图

4) 特殊的能量供给方式

ICP通过感应圈以耦合方式从高频发生器获得能量,不需用电极,避免了电极沾污与电极烧损所导致的测光区的变动。经过中心通道的气溶胶借助于对流、传导和辐射而间接地受到加热,试样成分的变化对ICP的影响很小,因此ICP具有良好的稳定性。

5) ICP的电子密度很高,电离干扰一般可以不予考虑。应用ICP可同时测定多种元素,用ICP可测定的元素达70多种。

ICP的不足是雾化效率低,对气体和一些非金属等测定的灵敏度还不令人满意,固体进样问题尚待解决。此外,设备和维持费用较高。

2.3.1.2 分光系统

原子发射光谱的分光系统目前采用棱镜和光栅分光系统两种。

1. 棱镜分光系统

棱镜分光系统的光路见图2.8。由光源Q来的光经三透镜K_I,K_{II},K_{III}照明系统聚焦在入射狭缝S上。入射的光由准光镜L_1变成平行光束,投射到棱镜P上。波长短的光折射率大,波长长的光折射率小,经棱镜色散之后按波长顺序被分开,再由照明物镜L_2分别将它们聚焦在感光板的乳剂面FF'上,便得到按波长顺序展开的光谱。获得的每一条谱线都是狭缝的像。棱镜光谱是零级光谱。

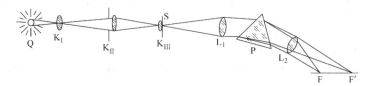

图 2.8 棱镜分光系统的光路图

棱镜分光系统的光学特性可用色散率、分辨率和集光本领 3 个指标来表征。

（1）色散率

角色散率 D 是指两条波长相差 $d\lambda$ 的谱线被分开的角度 $d\theta$；线色散率 D_l 是指波长相差 $d\lambda$ 的两条谱线在焦面上被分开的距离 dl。

$$D_l = \frac{f}{\sin\varepsilon}D = \frac{f}{\sin\varepsilon}\frac{d\theta}{d\lambda} \tag{2.16}$$

式中，f 是照相物镜 L_2 的焦距，ε 是焦面对波长为 λ 的主光线的倾斜角。实用上常用倒线色散率 $d\lambda/dl$，其意义是焦面上单位长度内容纳的波长数，单位是 nm/mm。

棱镜的线色散率随波长增加而减小。

（2）分辨率

棱镜的理论分辨率可由下式计算：

$$R = \frac{\lambda}{\Delta\lambda} \tag{2.17}$$

式中 $\Delta\lambda$ 是根据瑞利准则恰能分辨的两条谱线的波长差；λ 是两条谱线的平均波长。根据瑞利准则，恰能分辨是指等强度的两条谱线间，一条谱线的衍射最大强度（主最大）落在另一条谱线的第一最小强度上。当棱镜位于最小偏向角位置时，对等腰棱镜，有

$$R = m'b\frac{dn}{d\lambda} \tag{2.18}$$

式中，$dn/d\lambda$ 是棱镜材料的色散率；m' 是棱镜的数目；b 是棱镜底边长。与线色散率不同，理论分辨率与物镜的焦距无关。

（3）集光本领

集光本领表示光谱仪光学系统传递辐射的能力。常用入射于狭缝的光源亮度为一单位时，在感光板焦面上单位面积内所得到的辐射通量来表示，集光本领与物镜的相对孔径的平方 $(d/f)^2$ 成正比，而与狭缝宽度无关。因为狭缝增宽，像亦增宽，单位焦面上能量不变。增大物镜焦距，可增大线色散率，但要减弱集光本领。

2. 光栅分光系统

光栅分光系统采用光栅作为分光器件，光栅分光系统的光学特性用色散率、分辨率和闪耀特性 3 个指标来表征。

(1) 色散率

角色散率 $d\beta/d\lambda$ 和线色散率 $dl/d\lambda$ 可由光栅公式

$$d(\sin i \pm \sin\beta) = m\lambda \tag{2.19}$$

微分求得,它们分别为

$$\frac{d\beta}{d\lambda} = \frac{m}{d\cos\beta} \tag{2.20}$$

$$\frac{dl}{d\lambda} = \frac{mf}{d\cos\beta} \tag{2.21}$$

式中,d 是光栅常数;m 是光谱级次;i 是入射角;β 是衍射角。在光栅法线附近,$\cos\beta \approx 1$,即在同一级光谱中,色散率基本上不随波长而改变,是均匀色散。色散率随光谱级次增大而增大。

(2) 分辨率

光栅光谱仪器的理论分辨率 R 为

$$R = \frac{\lambda}{\Delta\lambda} = mN \tag{2.22}$$

式中,m 是光谱级次;N 是光栅刻痕的总数。对于一块宽度为 50mm,刻痕数为 1 200 条/mm 的光栅,在一级光谱中,按(1.22)式计算,$R = 6 \times 10^4$。若用棱镜,即使是用色散率较大的重火石玻璃,$dn/d\lambda = 120$ 条/mm,要达到光栅同样的分辨率,按(2.18)式计算,棱镜的底边长 $b = 500$mm,这是多大的一块棱镜!由此可见,光栅单色器的分辨率比棱镜单色器要大得多。

(3) 闪耀特性

光栅衍射的能量在不同波长处的分配是不均匀的,在一般的反射光栅中,由于在光栅衍射图中没有色散的零级衍射的主极大,占去了衍射光强的大部分,因此不分光的零级光谱的能量最大。如果将光栅刻痕刻成一定的形状,使每一刻痕的小反射面与光栅平面成一定角度(参见图 2.9),使单缝衍射的中央主极大从原来与不分光的零级主极大重合的方向,移至由刻痕形状决定的反射光方向,结果使反射光方向的光谱变强,这种现象称为闪耀。辐射能量最大的波长称为闪耀波长;光栅刻痕小反射面与光栅平面的夹角 β 称为闪耀角。

当规定闪耀波长 λ_B 的闪耀效率为 1 时,可由下式估计闪耀效率不低于 0.4 的闪耀波长范围:

$$\lambda'_n = \frac{\lambda_{B(1)}}{n \pm 0.5} \tag{2.23}$$

式中,λ'_n 是第 n 级光谱闪耀范围的上限与下限

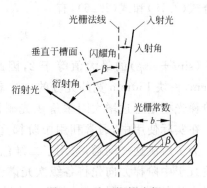

图 2.9 平面闪耀光栅

波长;$\lambda_{B(1)}$是光栅的一级闪耀波长。对于$\lambda_{B(1)}$为300nm的光栅,第一级光谱闪耀波长范围为200～600nm。质量优良的闪耀光栅可以将约80%的光能量集中到所需要的波长范围内。

(4) 中阶梯光栅

中阶梯光栅(Echelle光栅)是精密刻制的具有宽平刻痕的特殊衍射光栅(参见图2.10)。它看上去类似于普通的闪耀平面光栅,区别在于光栅每一阶梯的宽度是其高度的几倍,阶梯之间的距离是欲色散波长的10～200倍,闪耀角大。

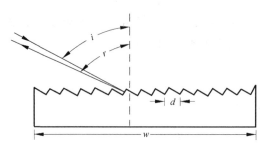

图2.10 中阶梯光栅

中阶梯光栅的线色散率,在入射光与衍射光之间夹角很小时,可用下式计算:

$$\frac{\mathrm{d}l}{\mathrm{d}\lambda} = \frac{2f\tan\beta}{\lambda} = \frac{mf}{d\cos\beta} \tag{2.24}$$

普通光栅是靠增大焦距f提高线色散率,而中阶梯光栅是通过增大闪耀角β(60°～70°)、利用高光谱级次m(40～120级)来提高线色散率的。

中阶梯光栅的分辨率,在入射光与衍射光之间的夹角很小时,可用下式计算:

$$R = \frac{\lambda}{\Delta\lambda} = \frac{2Nd\sin\beta}{\lambda} = mN \tag{2.25}$$

普通光栅是靠增加光栅刻痕数和光栅宽度,即增大N来提高分辨率,但这要受到限制。结合式(2.19)和式(2.25),有

$$R = \frac{Nd(\sin i + \sin\beta)}{\lambda} \tag{2.26}$$

由于$(\sin i + \sin\beta)$的最大值等于2,因此理论分辨率最大极限值为$2Nd/\lambda$。例如对$\lambda=300$nm,一块150mm宽的光栅的分辨率不能超过10^6,而不管它每毫米有多少刻痕数。而中阶梯光栅是通过增大闪耀角β、光栅常数d和光谱级次m来提高分辨率的。

在实际使用中,通常利用中阶梯光栅的高级次光谱,因此光谱级的重叠现象十分严重。为了解决这一问题,采用了二维色散技术(参见图2.11)。用一个低色散光栅或棱镜在垂直于中阶梯方向先将各级次光谱色散开,用一个中阶梯光栅在水平方向再将同一级光谱内的各波长辐射色散。因此,中阶梯光栅光谱仪得到的是二维色散的光谱图(参见图

2.12)。水平方向谱带代表光谱级次,自下而上光谱级次增加;同一水平谱带是色散的各波长谱线。

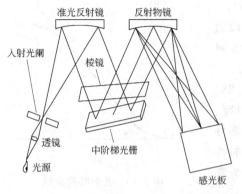

图 2.11 采用中阶梯光栅的二维色散技术光路图

图 2.12 二维色散光谱图

由于中阶梯光栅光谱是二维色散光谱,只需要很小的谱区面积就可以容纳 190～800nm 全范围的光谱,而普通光栅要获得同样范围内光谱则需要 2m 长的谱区。因此,中阶梯光栅的仪器结构可以做得很紧凑,利用的光谱区广。

由于中阶梯光栅具有很高的色散率、分辨率和集光本领,利用光谱区广,它在降低发射光谱检出限、谱线轮廓测量、多元素同时测定、制造使用连续光源的原子吸收光谱仪器等方面,都是很有用的。

2.3.1.3 检测系统

原子发射光谱的检测目前采用照相法和光电检测法两种。前者用感光板,后者以光电倍增管或电荷耦合器件(CCD)作为接收与记录光谱的主要器件。

1. 感光板

用感光板来接收与记录光谱的方法称为照相法,采用照相法记录光谱的原子发射光谱仪称为摄谱仪。

感光板由照相乳剂均匀地涂布在玻璃板上而成。感光板上的照相乳剂感光后变黑的黑度,用测微光度计测量以确定谱线的强度。

感光板的特性常用反衬度、灵敏度与分辨能力表征。

(1) 反衬度

感光乳剂在光的作用下产生一定的黑度 S

$$S = \lg \frac{i_0}{i} \tag{2.27}$$

式中,i_0 是感光乳剂未曝光部分的透射光强度;i 是曝光变黑部分的透射光强度。

强度为 I 的光,在感光乳剂上产生一定的照度 E,照射时间 t 后,在感光乳剂上积累一定的曝光量 $H=Et$。黑度 S 与曝光量 H 的关系曲线,称为感光板的乳剂特性曲线(参见图 2.13)。

乳剂特性曲线 AB 段为曝光不足部分,CD 段为曝光过度部分,BC 段为正常曝光部分。对正常曝光部分,曝光量 H 与黑度 S 的关系是

$$S = \gamma(\lg H - \lg H_i) = \gamma \lg H - i \quad (2.28)$$

式中,γ 是乳剂特性曲线 BC 段的斜率,称为反衬度。H_i 是惰延量,其倒数表示乳剂的灵敏度。BC 部分在横坐标上的投影 bc 称为感光板的展度。乳剂特性曲线下部与纵坐标的交点相应的黑度 S_0,称为雾翳黑度。

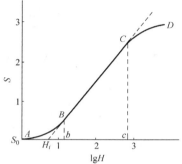

图 2.13 乳剂特性曲线

在可见光谱区,反衬度 γ 随波长增大,最大可达到 4。在 250~320nm 范围内,$\gamma \approx 1$,基本保持不变。

制作乳剂特性曲线的常用的方法有谱线组法、阶梯感光板法与旋转扇形板法等。前两种方法是基于改变光强度的强度标方法,后一种方法是基于改变曝光时间的时间标方法。在曝光量 H 相同时,用强度标与时间标方法制作的乳剂特性曲线是不一样的,具有不同的反衬度。

1) 谱线组法

选用一组波长相近、相对强度已知且不随激发条件而改变的铁谱,以各谱线的相对强度为横坐标,以测得的黑度为纵坐标,绘制乳剂特性曲线。常用的铁谱线组列于表 2.1,前两组谱线适用于直流电弧,第三、四组谱线可用于直流电弧、交流电弧和高压电容火花光源。

表 2.1 铁谱线组及其相对强度

第一组		第二组		第三组		第四组			
波长/nm	$\lg I$	波长/nm	$\lg I$	波长/nm	$\lg I$	波长/nm	$\lg I$	波长/nm	$\lg I$
316.387	0.28	295.02	1.50	315.32	1.10	324.419	1.66	317.801	1.13
316.886	0.49	287.23	1.10	315.78	1.17	323.944	1.61	317.545	1.22
316.501	0.62	286.93	2.13	315.70	1.30	322.579	2.00	316.066	1.20
316.586	0.83	284.04	1.08	316.06	1.36	322.207	1.90	315.789	1.01
316.644	1.00	283.81	2.30	320.53	1.60	321.738	1.34	315.704	1.13
317.545	1.30	282.88	0.76	320.04	1.68	321.594	1.48	315.321	0.94
318.023	1.56	280.45	2.59	322.20	2.05	320.540	1.44		
319.693	1.80			322.57	2.16	320.047	1.51		

2) 阶梯减光板法

以阶梯减光板各阶的透光率的对数 $\lg I$ 为横坐标,以各阶得到的黑度为纵坐标,绘制乳剂特性曲线。通常使用九阶梯减光板。

3) 旋转扇形板法

利用扇形板不同切口通过相同强度光的时间不同而改变曝光量,测量相应于不同切口高度的谱线黑度 S 作为纵坐标,以扇形板不同切口相应的相对曝光时间 t 为横坐标,绘制乳剂特性曲线。

只测量一条谱线通常不能绘制一条完整的乳剂特性曲线,常常需要测量邻近波长几条黑度不同的谱线,分别绘制各自的乳剂特性曲线,然后,用平移的方法将各乳剂特性曲线连接成一条完整的乳剂特性曲线。

(2) 灵敏度

感光板的灵敏度分为白光灵敏度与光谱灵敏度。按照我国的规定,白光灵敏度 S 定义为

$$S = \frac{4}{H_{S_0} + 0.65} \tag{2.29}$$

式中,H_{S_0} 是产生雾翳黑度 S_0 所需要的曝光量。光谱灵敏度 S_λ 是对不同波长单色辐射的灵敏度。灵敏度越高,感光越快。

$$S_\lambda = \frac{1}{H_{S_0} + 1.0} \tag{2.30}$$

(3) 分辨能力

感光板的分辨能力是指乳剂记录精细条纹的能力,一般乳剂的分辨能力为 90 条/mm。表 2.2 列出了天津感光胶片厂出产的光谱感光板的型号和性能。

表 2.2　光谱感光板的型号和性能

型　号	灵敏度	反衬度	雾　翳	感光范围/nm
紫外Ⅰ型	12±5	3.0±0.2	<0.06	250～500
紫外Ⅱ型	20±5	2.0±0.2	<0.06	250～500
紫外Ⅲ型	20±5	2.8±0.2	<0.06	200～400
蓝块型	40±15	1.0±0.2	<0.06	250～500
蓝硬型	20±5	2.0±0.2	<0.06	250～500
蓝特硬型	12±3	2.8±0.2	<0.06	250～500
蓝超硬型	1～2	4.0±0.2	<0.06	250～500
黄块型	45±15	1.0±0.2	<0.08	300～600
黄特硬型	13±5	2.5±0.2	<0.08	300～600
红块型	50±20	1.0±0.2	<0.08	300～700
红特硬型	13±5	2.5±0.2	<0.08	300～700

感光层中卤化银晶粒粗,灵敏度高,反衬度小,分辨率低,展度宽,这种感光板适用于定性分析;卤化银晶粒细,灵敏度低,分辨率高,反衬度大,展度窄,这种感光板适用于定量分析。表2.2中紫外Ⅰ、Ⅱ、Ⅲ型感光板是应用最多的,对紫外区域比较灵敏,特别是Ⅲ型感光板是经过水杨酸钠增感的,适用波长范围可扩展到200nm。

2. 光电倍增管

用光电倍增管来接收和记录谱线的方法称为光电直读法。光电倍增管既是光电转换元件,又是电流放大元件,其结构见图2.14。

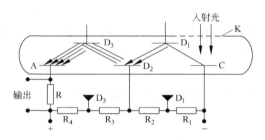

图2.14 光电倍增管的工作原理图

光电倍增管的外壳由玻璃或石英制成,内部抽真空,阴极涂有能发射电子的光敏物质,如Sb-Cs或Ag-O-Cs等,在阴极C和阳极A间装有一系列次级电子发射极,即电子倍增极D_1,D_2等。阴极C和阳极A之间加有约1 000V的直流电压,当辐射光子撞击光阴极C时发射光电子,该光电子被电场加速落在第一倍增极D_1上,撞击出更多的二次电子,依次类推,阳极最后收集到的电子数将是阴极发出的电子数的$10^5 \sim 10^8$倍。

光电倍增管的特性用以下参数表征:

(1) 暗电流和线性响应范围

在入射光的光谱成分不变时,光电倍增管的光电流强度i与入射光强度成正比:即

$$i = kI_i + i_0 \tag{2.31}$$

式中,I_i为对应于该电流的入射光强度;k为比例系数;i_0为暗电流。暗电流指入射光强度为零时的输出电流,它由热电子发射及漏电流引起。因此,降低温度及降低电压都能降低暗电流。光电元件的暗电流愈小,质量愈好。

(2) 噪声和信噪比

在入射光强度不变的情况下,光电流也会引起波动。这种波动会给光谱测量带来噪声。光电倍增管输出信号与噪声的比值,称为信噪比。信噪比决定入射光强度测量的最低极限,即决定待测元素的检出限。只有将噪声减小,才能有效地提高信噪比,降低元素的检出限。

(3) 灵敏度和工作光谱区

在入射光通量为1个单位(lm)时,输出光电流强度的数值,称为光电倍增管的灵

敏度：

$$S = \frac{i}{F} \tag{2.32}$$

式中，i 为输出光电流强度；F 为入射光通量。光电倍增管的灵敏度随入射光的波长而变化。这种灵敏度，称为光谱灵敏度。描述光谱灵敏度的曲线，称为光谱响应曲线。根据光谱响应曲线，可以确定光电倍增管的工作光谱区和最灵敏波长。

(4) 工作电压和工作温度

在入射光强度不变的情况下，光电倍增管供电电压的变化会影响光电流的强度。因此，必须采用稳压电源供电，工作电压的波动不允许超过 0.05%。当电压升高到一定值后，光电倍增管即产生自发放电。这种自发放电会使光电元件受到损坏。因此，工作时不能超过光电倍增管允许的最高电压。此外，工作环境的温度变化也会影响光电流的强度。因此，光电倍增管必须在温度波动不大的环境中工作，特别不能在高温的环境中工作。

(5) 疲劳和老化

入射光强度较大或照射时间较长，会引起光电流的衰减。这种现象称为疲劳现象。疲劳后，在黑暗中经过一段时间可以恢复灵敏度的，称为可逆疲劳；疲劳后，无法恢复灵敏度的，称为不可逆疲劳或老化。在正常情况下，老化过程是进行得很慢的。如果入射光较强，产生超过 1mA 的光电流，光电倍增管就可能因老化而损坏。

3. CCD 检测器

电荷耦合器件 CCD(charge-coupled device) 是一种新型固体多道光学检测器件，它是在大规模硅集成电路工艺基础上研制而成的模拟集成电路芯片。由于其输入面空域上逐点紧密排布着对光信号敏感的像元，因此它对光信号的积分与感光板的情形颇相似。但是，它可以借助必要的光学和电路系统，将光谱信息进行光电转换、储存和传输，在其输出端产生波长-强度二维信号，信号经放大和计算机处理后在末端显示器上同步显示出人眼可见的图谱，无需感光板那样的冲洗和测量黑度的过程。目前这类检测器已经在光谱分析的许多领域获得了应用。

在原子发射光谱中采用 CCD 的主要优点是，这类检测器的同时多谱线检测能力和借助计算机系统快速处理光谱信息的能力，可极大地提高发射光谱分析的速度。如采用这一检测器设计的全谱直读等离子体发射光谱仪，可在 1min 内完成样品中多达 70 种元素的测定；此外，它的动态响应范围和灵敏度均有可能达到甚至超过光电倍增管，加之其性能稳定，体积小，比光电倍增管更结实耐用，因此在发射光谱中有广泛的应用前景。

(1) 基本结构

CCD 的典型结构见图 2.15。它由 3 部分组成：①输入部分，包括一个输入二极管和一个输入栅，其作用是将信号电荷引入到 CCD 的第一个转移栅下的势阱中；②主体部分，即信号电荷转移部分，实际上是一串紧密排布的 MOS 电容器，其作用是储存和转移信号电荷;③输出部分,包括一个输出二极管和一个输出栅,其作用是将 CCD 最后一个转移栅下势阱中的信号电荷引出,并检出电荷所运输的信息。

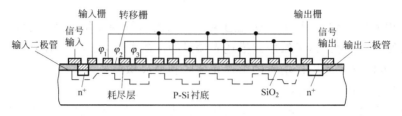

图 2.15　CCD 结构示意图

(2) 工作过程

如上所述,CCD 由许多紧密排布的 MOS 电容器组成,因其对光敏感,故每个 MOS 电容器(现多用光敏二极管)构成一个像元(见图 2.16(a))。当一束光线投射在任一电容器上时,光子穿过透明电极及氧化层进入 P 型硅衬底,衬底中处于价带的电子吸收光子的能量而跃入导带(见图 2.16(b)),形成电子-孔穴对。导带与价带间能量差 E_g 称为半导体的禁带宽度。在一定外加电压下,Si-SiO$_2$ 界面上多数载流子-孔穴被排斥到底层,在界面处感生负电荷,中间则形成耗尽层,而在半导体表面形成电子势阱。势阱形成后,随后到来的信号电子就存贮在势阱中。由于势阱的深浅可由电压大小控制,因此,如果按一定规则将电压加到 CCD 各电极上,使存贮在任一势阱中的电荷运动的前方总是有一个较深的势阱处于等待状态,存贮的电荷就沿势阱从浅到深做定向运动,最后经输出二极管将信号输出。由于各势阱中存贮的电荷依次流出,因此根据输出的先后顺序就可以判别出电荷是从哪个势阱来的,并根据输出电荷量可知该像元的受光强弱。

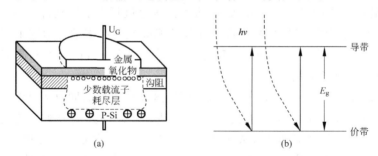

图 2.16　CCD 工作过程示意图
(a) MOS 电容器工作原理　(b) 电子能带跃迁过程

(3) 性能参数

CCD 的性能通常用像元灵敏度或量子效率、光谱响应范围以及读出信噪比等参数衡量。像元灵敏度或量子效率指收集到的电荷数和照射的光子数的比值。在一定光强下,收集到的电荷数越多,灵敏度越高。CCD 的光谱响应范围与衬底材料有关,不同衬底材料具有不同的 E_g 值。当其用于光谱检测时,只有能量大于 E_g 的光子才能产生光谱响应,因此使用时应根据所检测的光谱范围选择合适的 CCD。由于信号电荷在 CCD 内的存贮和转移与外界隔离,因此从原理上讲,CCD 是一个低噪声的器件,适于微弱光信号的检测。

目前光谱检测所用的 CCD 多为面阵型,集成度有 100×108,320×320,512×320,604×588,$1\,024\times1\,024$ 像元等多种,减小像元尺寸并增大器件面积可有效提高光谱分辨率和响应范围。

2.3.2 原子发射光谱仪的类型

原子发射光谱仪目前分为摄谱仪和光电直读光谱仪两类,后者又分为多道光谱仪、单道扫描光谱仪和全谱直读光谱仪等。

2.3.2.1 摄谱仪

摄谱仪是用光栅或棱镜作为色散元件,用照相法记录光谱的原子发射光谱仪器。图 2.17 示出了国产 WSP-1 型平面光栅摄谱仪的光路图。

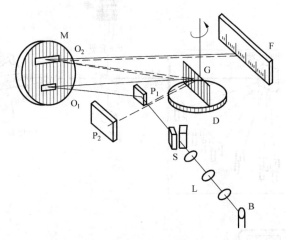

图 2.17　国产 WSP-1 型平面光栅摄谱仪

由光源 B 来的光经三透镜 L 及狭缝 S 投射到反射镜 P_1 上,经反射之后投射到凹面反射镜 M 下方的准光镜 O_1 上,变为平行光,再射至平面光栅 G 上。波长长的光,衍射角大;波长短的光,衍射角小。复合光经过光栅色散之后,便按波长顺序被分开。不同波长的光由凹面反射镜上方的物镜 O_2 聚焦于感光板的乳剂面 F 上,得到按波长顺序展开的光谱。

转动光栅台 D,改变光栅角度,可以调节波长范围和改变光谱级次。P_2 是二级衍射反射镜,图中虚线表示衍射光路。为了避免一级和二级衍射光相互干扰,在暗箱前设一光阑,将一级衍射光谱挡掉。不用二级衍射时,转动挡光板将二级衍射反射镜 P_2 挡住。光栅光谱利用的是非零级光谱。

利用光栅摄谱仪进行定性分析十分方便,且该类仪器的价格较便宜,测试费用也较低,而且感光板所记录的光谱可长期保存,因此目前应用仍十分普遍。

2.3.2.2 光电直读光谱仪

光电直读光谱仪分为多道直读光谱仪、单道扫描光谱仪和全谱直读光谱仪 3 种。前两种仪器采用光电倍增管作为检测器,后一种采用 CCD 检测器。

1. 多道直读光谱仪

图 2.18 为一个多道直读光谱仪示意图。从光源发出的光经透镜聚焦后,在入射狭缝上成像并进入狭缝。进入狭缝的光投射到凹面光栅上,凹面光栅将光色散,聚焦在焦面上,焦面上安装有一组出射狭缝,每一狭缝允许一条特定波长的光通过,投射到狭缝后的光电倍增管上进行检测,最后经计算机进行数据处理。

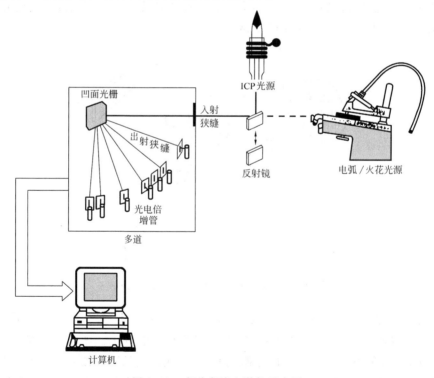

图 2.18 多道直读光谱仪示意图

多道直读光谱仪的优点是分析速度快,准确度优于摄谱法;光电倍增管对信号放大能力强,可同时分析含量差别较大的不同元素;适用于较宽的波长范围。但由于仪器结构限制,多道直读光谱仪的出射狭缝间存在一定距离,使利用波长相近的谱线有困难。

多道直读光谱仪适合于固定元素的快速定性、半定量和定量分析。如这类仪器目前在钢铁冶炼中常用于炉前快速监控 C,S,P 等元素。

2. 单道扫描光谱仪

图 2.19 为一个典型的单道扫描光谱仪的简化光路图。从光源发出的光穿过入射狭缝后,反射到一个可以转动的光栅上,该光栅将光色散后,经反射使某一条特定波长的光通过出射狭缝投射到光电倍增管上进行检测。光栅转动至某一固定角度时只允许一条特定波长的光线通过该出射狭缝,随光栅角度的变化,谱线从该狭缝中依次通过并进入检测器检测,完成一次全谱扫描。

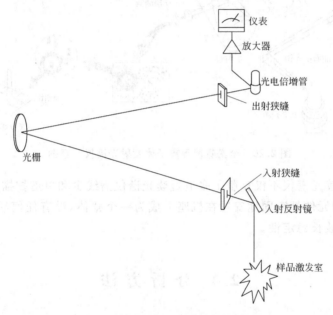

图 2.19　单道扫描光谱仪简化光路图

和多道光谱仪相比,单道扫描光谱仪波长选择更为灵活方便,分析样品的范围更广,适用于较宽的波长范围。但由于完成一次扫描需要一定时间,因此分析速度受到一定限制。

3. 全谱直读光谱仪

图 2.20 为一个全谱直读等离子体发射光谱仪。光源发出的光通过两个曲面反光镜聚焦于入射狭缝,入射光经抛物面准直镜反射成平行光,照射到中阶梯光栅上使光在 X

方向上色散,再经另一个光栅(Schmidt 光栅)在 Y 方向上进行二次色散,使光谱分析线全部色散在一个平面上,并经反射镜反射进入面阵型 CCD 检测器检测。由于该 CCD 是一个紫外型检测器,对可见区的光谱不敏感,因此,在 Schmidt 光栅的中央开一个孔洞,部分光线穿过孔洞后经棱镜进行 Y 方向二次色散,然后经反射镜反射进入另一个 CCD 检测器对可见区的光谱(400~780nm)进行检测。

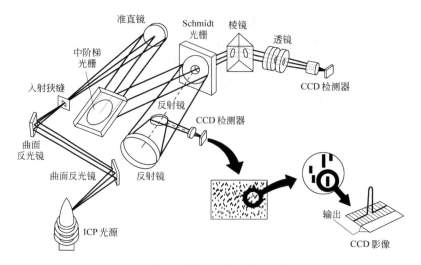

图 2.20　全谱直读等离子体发射光谱仪示意图

这种全谱直读光谱仪不仅克服了多道直读光谱仪谱线少和单道扫描光谱仪速度慢的缺点,而且所有的元件都牢固地安置在机座上成为一个整体,没有任何活动的光学器件,因此具有较好的波长稳定性。

2.4　分析方法

2.4.1　定性分析

每一种元素的原子都有它的特征光谱,根据原子光谱中的元素特征谱线就可以确定试样中是否存在被检元素。通常将元素特征光谱中强度较大的谱线称为元素的灵敏线。只要在试样光谱中检出了某元素的灵敏线,就可以确证试样中存在该元素。反之,若在试样中未检出某元素的灵敏线,就说明试样中不存在被检元素,或者该元素的含量在检测灵敏度以下。

光谱定性分析常采用摄谱法,通过比较试样光谱与纯物质光谱或铁光谱来确定元素的存在。

2.4.1.1 标准试样光谱比较法

将欲检查元素的纯物质与试样并列摄谱于同一感光板上,在映谱仪上检查试样光谱与纯物质光谱,若试样光谱中出现与纯物质具有相同特征的谱线,表明试样中存在欲检查元素。这种定性方法对少数指定元素的定性鉴定是很方便的。

2.4.1.2 铁谱比较法

将试样与铁并列摄谱于同一光谱感光板上,然后将试样光谱与铁光谱标准谱图对照,以铁谱线为波长标尺,逐一检查欲分析元素的灵敏线,若试样光谱中的元素谱线与标准谱图中标明的某一元素谱线出现的波长位置相同,表明试样中存在该元素。铁谱比较法对同时进行多元素定性鉴定十分方便。

此外,还有谱线波长测量法,但此法应用有限。应该注意的是,因为谱线的相互干扰往往是可能发生的,因此,不管采用哪种定性方法,一般说来,至少要有两条灵敏线出现,才可以确认该元素的存在。

2.4.2 半定量分析

摄谱法是目前光谱半定量分析最重要的手段,它可以迅速地给出试样中待测元素的大致含量,常用的方法有谱线黑度比较法和显现法等。

2.4.2.1 谱线黑度比较法

将试样与已知不同含量的标准样品在一定条件下摄谱于同一光谱感光板上,然后在映谱仪上用目视法直接比较被测试样与标准样品光谱中分析线的黑度,若黑度相等,则表明被测试样中欲测元素的含量近似等于该标准样品中欲测元素的含量。该法的准确度取决于被测试样与标准样品组成的相似程度及标准样品中欲测元素含量间隔的大小。

2.4.2.2 显线法

元素含量低时,仅出现少数灵敏线、随着元素含量增加,一些次灵敏线与较弱的谱线相继出现,于是可以编成一张谱线出现与含量的关系表,以后就根据某一谱线是否出现来估计试样中该元素的大致含量。该法的优点是简便快速,其准确程度受试样组成与分析条件的影响较大。

2.4.3 定量分析

2.4.3.1 内标法光谱定量分析的原理

光谱定量分析的依据是式(2.13),即

$$I = Ac^b \tag{2.13}$$

或

$$\lg I = b \lg c + \lg A \tag{2.33}$$

据此式可以绘制 $\lg I$ - $\lg c$ 校准曲线,进行定量分析。

由于发射光谱分析受实验条件波动的影响,使谱线强度测量误差较大,为了补偿这种因波动而引起的误差,通常采用内标法进行定量分析。

内标法是利用分析线和比较线强度比对元素含量的关系来进行光谱定量分析的方法。所选用的比较线称为内标线,提供内标线的元素称为内标元素。

设被测元素和内标元素含量分别为 c 和 c_0,分析线和内标线强度分别为 I 和 I_0,b 和 b_0 分别为分析线和内标线的自吸收系数,根据(2.13)式,对分析线和内标线分别有

$$I = A_1 c^b \tag{2.34}$$

$$I_0 = A_0 c_0^{b_0} \tag{2.35}$$

用 R 表示分析线和内标线强度的比值:

$$R = \frac{I}{I_0} = Ac^b \tag{2.36}$$

式中 $A = A_1/A_0 c_0^{b_0}$,在内标元素含量 c_0 和实验条件一定时,A 为常数,则

$$\lg R = b \lg c + \lg A \tag{2.37}$$

式(2.37)是内标法光谱定量分析的基本关系式。

内标元素与内标线的选择原则是:

(1) 内标元素含量必须适量和固定。

(2) 内标元素与被测元素化合物在光源作用下应具有相似的蒸发性质。

(3) 分析线与内标线没有自吸或自吸很小,且不受其他谱线的干扰。

(4) 用原子线组成分析线对时,要求两线的激发电位相近;若选用离子线组成分析线对,则不仅要求两线的激发电位相近,还要求内标元素与分析元素的电离电位也相近。用一条原子线与一条离子线组成分析线对是不合适的。

(5) 若用照相法测量谱线强度,要求组成分析线对的两条谱线的波长尽量靠近。

2.4.3.2 光谱定量分析方法

1. 校正曲线法

在选定的分析条件下,用 3 个或 2 个以上的含有不同浓度的被测元素的标样激发光源,以分析线强度 I,或者分析线对强度比 R 或者 $\lg R$ 对浓度 c 或者 $\lg c$ 建立校正曲线。在同样的分析条件下,测量未知试样光谱的 I 或者 R 或者 $\lg R$,由校正曲线求得未知试样中被测元素含量 c。

如用照相法记录光谱,分析线与内标线的黑度都落在感光板乳剂特性曲线的正常曝光部分,这时可直接用分析线对黑度差 ΔS 与 $\lg c$ 建立校正曲线,进行定量分析。

校正曲线法是光谱定量分析的基本方法,应用广泛,特别适用于成批样品的分析。

2. 标准加入法

在标准样品与未知样品基体匹配有困难时,采用标准加入法进行定量分析,可以得到比校正曲线法更好的分析结果。

在几份未知试样中,分别加入不同已知量的被测元素,在同一条件下激发光谱,测量不同加入量时的分析线对强度比。在被测元素浓度低时,自吸收系数 b 为 1,谱线强度比 R 直接正比于浓度 c,将校正曲线 $R-c$ 延长交于横坐标,交点至坐标原点的距离所相应的含量,即为未知试样中被测元素的含量。

标准加入法可用来检查基体纯度、估计系统误差、提高测定灵敏度等。

2.5 原子发射光谱的干扰与校正

2.5.1 光谱干扰

在发射光谱中最重要的光谱干扰是背景干扰。带状光谱、连续光谱以及光学系统的杂散光等,都会造成光谱的背景。其中光源中未离解的分子所产生的带状光谱是传统光源背景的主要来源,光源温度越低,未离解的分子就越多,因而背景就越强。在电弧光源中,最严重的背景干扰是空气中的 N_2 与碳电极挥发出来的 C 所产生的稳定化合物 CN 分子的 3 条带状光谱,其波长范围分别是 353~359nm,377~388nm 和 405~422nm,干扰许多元素的灵敏线。此外,仪器光学系统的杂散光到达检测器,也产生背景干扰。由于背景干扰的存在使校正曲线发生弯曲或平移,因而影响光谱分析的准确度,故必须进行背景校正。

校正背景的基本原则是,谱线的表观强度 I_{l+b} 减去背景强度 I_b。常用的校正背景的方法有离峰校正法和等效浓度法。

2.5.1.1 离峰校正法

离峰校正法,是在被测谱线附近两侧测量背景强度,取其平均值作为被测谱线的背景

强度 I_b。若是均匀背景,以谱线的任一侧的背景强度作为被测谱线的背景强度。对于光电记录光谱法,离峰位置可由置于光路中的往复移动的石英折射板来控制;对于照相记录光谱法,离峰位置可通过移动谱板来调节。

当用背景强度为内标时,背景校正更为简便。此时,谱线强度与背景强度比 R 的对数为

$$\lg R = \lg \frac{I_l}{I_b} = \lg \frac{I_{l+b} - I_b}{I_b} = \lg \left(\frac{I_{l+b}}{I_b} - 1 \right) \tag{2.38}$$

谱线的表观强度 I_{l+b} 与背景强度 I_b 可直接测得,$\left(\frac{I_{l+b}}{I_b} - 1 \right)$ 取对数,就可以得到校正了背景之后的 $\lg R$ 值。

2.5.1.2 等效浓度法

等效浓度法,是在分析线波长处分别测量含有与不含有被测元素的样品的谱线强度 I_l 和 I_b,若被测元素和干扰元素的浓度分别为 c 与 c_b,则根据(2.13)式有

$$I_l = Ac \tag{2.39}$$

$$I_b = A_b c_b \tag{2.40}$$

在实验中测得分析线的表观强度为

$$I_{l+b} = I_l + I_b = Ac + A_b c_b \tag{2.41}$$

$$= A \left(c + \frac{A_b}{A} c_b \right) = Ac' \tag{2.42}$$

式中 c' 是表观浓度。$A_b c_b / A$ 称为背景等效浓度,以 c_{eq} 表示。根据(2.42)式,真实浓度 c 为

$$c = c' - c_{eq} \tag{2.43}$$

式中,c' 与 c_{eq} 可由被测元素与干扰元素在分析波长的校正曲线求得,由上式便可求得 c。

值得注意的是,用照相法记录谱线强度时,不能用黑度相减的方法来校正背景,因为黑度与谱线强度之间是对数关系,黑度相减不等于强度相减。也不能用对背景调零的方法来校正背景。因为对背景调零,根据(2.27)式,有

$$S = \lg \frac{i_b}{i_{l+b}} = \lg \frac{i_0}{i_{l+b}} - \lg \frac{i_0}{i_b} = S_{l+b} - S_b \tag{2.44}$$

式中,i_0 是光谱板未曝光部分的透光率;i_b 为背景处的透光率;i_{l+b} 是分析线处的透光率。由上式可见,对背景调零在实际上就相当于用黑度相减来校正背景,因此是不正确的。

2.5.2 非光谱干扰

非光谱干扰主要来源于试样组成对谱线强度的影响,这种影响与试样在光源中的蒸

发和激发过程有关。式(2.11)表示了光源中蒸发、原子化和激发过程中各参数(包括蒸发速度常数 α、离解度 β、电离度 x 和电离电位 E_u 等)对谱线强度的影响。这种试样组成对谱线强度的影响亦被称为基体效应。

2.5.2.1 试样蒸发过程对谱线强度的影响

试样在光源的作用下蒸发进入等离子体内,蒸发速度取决于物质的性质与蒸发条件。易挥发性的组分先蒸发出来,难挥发性组分后蒸发出来,试样中不同组分的蒸发有先后次序,此种现象称为分馏。以电弧光源为例,激发光源的温度与试样基体的组成存在明显的依赖关系,如果试样基体中含有大量低沸点的物质,则光源温度就受其控制而使得蒸发温度较低,相反,如果基体中含有大量高沸点物质,蒸发温度就较高。由于分析物在不同基体中的蒸发行为不同,因而影响发射谱线的强度。

物质的蒸发速度可用实验方法测定。蒸发速度随蒸发时间的变化曲线,称为蒸发曲线。不同的元素有不同的蒸发曲线,各元素从电极样孔内蒸发到弧焰中去的顺序是:

(1) 金属

Hg,As,Cd,Zn,Te,Sb,Si,Pb,Tl,Mn,Ag,Cu,Sn,Au,In,Ga,Ge,Fe,Ni,Co,V,Cr,Ti,Pt,U,Zr,Hf,Nb,Th,Mo,Re,Ta,W,B。贵金属的蒸发顺序在 Mn 与 Co 之间。贵金属之间的相对挥发顺序是 Ag,Au,Pd,Rh,Pt,Ru,Ir,Os。B 往往生成蒸发得极慢的碳化硼。

(2) 氧化物

Hg,As,Cd,Zn,Bi,Sb,Tl,Sn,Mn,Mg,Cu,Ge,In,Ga,Fe,Co,Ni,Ba,Cr,Ti,U,Sc,Mo,Re,Zr,稀土,Th,Nb,Ta,W,B。碱金属氧化物的位置介于 Zn 与 Mn 之间。碳酸盐易分解为氧化物。磷酸盐在高温条件下很快失去磷,熔融物中氧化物成分增大,因此,碳酸盐与磷酸盐的挥发顺序同氧化物的挥发顺序是一致的。

(3) 硫化物

Hg,As,Ge,Sn,Cd,Pb,Sb,Bi,Zn,Tl,In,Ag,Au,Cu,Ni,Co,Mn,Fe,Mo,Re。

(4) 氯化物

Li,Na,K,Cs,Mg,Ca,Sr,Ba。

(5) 硫酸盐

K,Na,Mg,Li,Ca,Ba。

需要指出的是,有些元素在电极上发生化学反应,因而影响了其蒸发行为。如 CuO 先还原为 Cu 而后蒸发,Mo,W 氧化物在石墨电极样孔中一部分以氧化物形式先蒸发出来,一部分转化为碳化物,很难挥发。第三组分的存在,既影响弧温,又有可能与被测元素发生高温化学反应,从而影响物质的蒸发。此外,电极形状也影响蒸发,电极样孔壁厚,电极头温度较低;电极样孔深,孔底温度较低,因此,易挥发性物质宜用厚壁深孔(8~10mm

深)电极蒸发;难挥发性物质宜用浅孔(1～3mm 深)薄壁细颈杯形电极蒸发。

2.5.2.2 试样激发过程对谱线强度的影响

物质蒸发进入等离子体内并原子化,原子或离子在等离子体温度下被激发,激发态原子或离子按照光谱选择定则跃迁到较低的能级或基态,伴随着发射一定波长的特征辐射。激发温度与光源等离子体中主体元素的电离电位有关,当等离子区中含有大量低电离电位的成分时,激发温度较低。电离电位愈高,光源的激发温度就愈高。所以,激发温度也受试样基体组成的影响,进而影响谱线的强度。

2.5.2.3 基体效应的抑制

在实际分析过程中,由于标准样品与试样的基体组成差别常常较大,因此存在基体效应,使测量结果产生误差。所以应尽量采用与试样基体一致的标准样品,以减少测定误差。但是,由于实际样品千差万别,要做到这一点是很不容易的。

在实际工作中,特别是采用电弧光源时,常常在试样和标准样品中加入一些添加剂以减小基体效应,提高分析的准确度,这种添加剂有时也被用来提高分析的灵敏度。添加剂主要有光谱缓冲剂和光谱载体。光谱缓冲剂的作用是使各样品的组成趋于一致,控制蒸发条件和激发条件,减小基体组成的变化对谱线强度的影响;而光谱载体的作用是利用分馏效应,促进一些元素提前蒸发,抑制另一些元素的蒸发速度,从而有效地增强分析元素的谱线,抑制基体物质的谱线出现。有时二者没有明显的界限,一种添加剂往往同时起缓冲剂和载体的作用。ICP 光源的基体效应较小,一般不需要光谱添加剂,但是为了减小可能存在的干扰,使标准溶液与试样溶液保持大致相同的基体组成也是必要的。

光谱添加剂是一些具有适当电离电位、适当熔点和沸点、谱线简单或具有化学反应活性的物质,如 Ga_2O_3 具有较低的熔点、沸点,且 Ga 元素的电离电位较低,可以控制等离子区的电子浓度和蒸发、激发温度的恒定,有利于易挥发、易激发元素的分析。同时可抑制复杂谱线的出现,减小光谱干扰。AgCl 等则可使难挥发的 Nb、Ta、Ti、Zr、Hf 等转变为易挥发的氯化物,改善蒸发条件,大大提高这些元素谱线的强度,从而提高它们的分析灵敏度。

习 题

1. 原子光谱与原子结构、原子能级有什么关系?为什么能用它来进行物质的定性分析?为什么它不能直接给出物质分子组成的信息?

2. 直流电弧、交流电弧、高压电容火花、ICP 光源的工作原理是怎样的?比较它们的分析特性,并说明它们具有这些分析特性的原因。

3. 棱镜和光栅为什么能用来分光？试从色散率、分辨率、集光本领等方面说明棱镜和光栅光谱仪各自的特点。

4. 普通光栅、闪耀光栅和中阶梯光栅各有什么特点？它们为什么会有各自的这些特点？

5. 目前常用的原子发射光谱检测方法有哪几种？它们的原理和特点分别是什么？

6. 光谱定性分析的基本原理是什么？进行光谱定性分析时可采用哪几种方法？说明各个方法的基本原理及适用场合。

7. 光谱定量分析的依据是什么？为什么要采用内标法？内标元素和内标线应具备哪些条件？为什么？

8. 光谱定量分析中为什么要扣除背景？应该如何正确扣除背景？

9. 某合金中 Pb 的光谱定量测定，以 Mg 作为内标，实验测得数据如下：

溶液	黑度计读数		Pb 的质量浓度 /mg·mL
	Mg	Pb	
1	7.3	17.5	0.151
2	8.7	18.5	0.201
3	7.3	11.0	0.301
4	10.3	12.0	0.402
5	11.6	10.4	0.502
A	8.8	15.5	
B	9.2	12.5	
C	10.7	12.2	

根据上述数据，(1) 绘制工作曲线；
(2) 求溶液 A, B, C 的质量浓度。

参考文献

1 邓勃, 宁永成, 刘密新. 仪器分析. 北京: 清华大学出版社, 1991
2 李廷钧. 发射光谱分析. 北京: 原子能出版社, 1983
3 江祖成等. 现代原子发射光谱分析. 北京: 科学出版社, 1999
4 刘贤德. CCD 及其应用原理. 上海: 华中理工大学出版社, 1990
5 D. A. Skoog. Principles of instrumental analysis. 5th ed. Harcourt College, 1998

3 原子吸收光谱法

3.1 概 述

原子吸收光谱法(Atomic Absorption Spectrometry,AAS)是 20 世纪 50 年代中期出现并在以后逐渐发展起来的一种新型仪器分析方法,是基于蒸气相中被测元素的基态原子对其原子共振辐射的吸收强度来测定试样中被测元素含量的一种方法。

早在 1802 年,W. H. Wollaston 在研究太阳连续光谱时,就发现了太阳连续光谱中出现的暗线。1817 年,J. Fraunhofer 在研究太阳连续光谱时,再次发现了这些暗线,由于当时尚不了解产生这些暗线的原因,于是就将这些暗线称为 Fraunhofer 线。1859 年,G. Kirchhoff 与 R. Bunson 在研究碱金属和碱土金属的火焰光谱时,发现钠蒸气发出的光通过温度较低的钠蒸气时,会引起钠光的吸收,并且根据钠发射线与暗线在光谱中位置相同这一事实,断定太阳连续光谱中的暗线,正是太阳外围大气圈中的钠原子对太阳光谱中的钠辐射吸收的结果。

但是,原子吸收光谱作为一种实用的分析方法是从 1955 年开始的。这一年澳大利亚的 A. Walsh 发表了他的著名论文"原子吸收光谱在化学分析中的应用"奠定了原子吸收光谱法的基础。20 世纪 50 年代末和 60 年代初,Hilger, Varian Techtron 及 Perkin-Elmer 公司先后推出了原子吸收光谱商品仪器,发展了 Walsh 的设计思想。到了 60 年代中期,原子吸收光谱开始进入迅速发展的时期。

1959 年,前苏联 Б. В. ЛЬВОВ 发表了电热原子化技术的第一篇论文。电热原子吸收光谱法的绝对灵敏度可达到 $10^{-12} \sim 10^{-14}$ g,使原子吸收光谱法向前发展了一步。近年来,塞曼效应和自吸效应扣除背景技术的发展,使在很高的背景下亦可顺利地实现原子吸收测定。基体改进技术的应用、平台及探针技术的应用以及在此基础上发展起来的稳定温度平台石墨炉技术(STPF)的应用,可以对许多组成复杂的试样有效地实现原子吸收测定。

联用技术(色谱-原子吸收光谱联用、流动注射-原子吸收光谱联用)日益受到人们的重视。色谱-原子吸收光谱联用,不仅在解决元素的化学形态分析方面,而且在测定有机金属化合物的复杂混合物方面,都有着重要的用途,是一个很有前途的发展方向。

原子吸收光谱法的优点是:

(1) 检出限低,灵敏度高。火焰原子吸收法的检出限可达到 ppb(10^{-9})级,石墨炉原子吸收法的检出限可达到 $10^{-10} \sim 10^{-14}$ g。

(2) 测量精度好。火焰原子吸收法测定中等和高含量元素的相对标准偏差可小于 1%,其测量精度已接近于经典化学方法。石墨炉原子吸收法的测量精度一般约为 3%~5%。

(3) 分析速度快。如用 P-E5000 型自动原子吸收光谱仪在 35min 内,能连续测定 50 个试样中的 6 种元素。

(4) 应用范围广。可测定的元素达 70 多个,不仅可以测定金属元素,也可以用间接原子吸收法测定非金属元素和有机化合物。

(5) 仪器比较简单,操作方便。

原子吸收光谱分析法已广泛地应用于地质、冶金、机械、化工、农业、食品、轻工、生物医药、环境保护、材料科学等各个领域,是很有发展前途的近代仪器分析方法之一。直接原子吸收法可用来测定周期表中 70 多个元素,间接原子吸收法可用来测定阴离子和有机化合物,大大地扩大了原子吸收法的应用范围。原子吸收光谱法的不足之处是,多元素同时测定尚有困难,有相当一些元素的测定灵敏度还不能令人满意。

3.2 理 论

3.2.1 原子吸收光谱的产生

当有辐射通过自由原子蒸气,且入射辐射的能量等于原子中的电子由基态跃迁到较高能态(一般情况下都是第一激发态)所需要的能量时,原子就要从辐射场中吸收能量,产生共振吸收,电子由基态跃迁到激发态,同时伴随着原子吸收光谱的产生。由于原子能级是量子化的,因此,在所有的情况下,原子对辐射的吸收都是有选择性的。由于各元素的原子结构和外层电子的排布不同,元素从基态跃迁至第一激发态时吸收的能量不同,因而各元素的共振吸收线具有不同的特征。原子吸收光谱位于光谱的紫外区和可见区。

3.2.2 原子吸收光谱的谱线轮廓

原子吸收光谱谱线并不是严格几何意义上的线,而是占据着有限的相当窄的频率或波长范围,即有一定的宽度。原子吸收光谱的谱线轮廓以原子吸收谱线的中心波长和半宽度来表征。中心波长由原子能级决定。半宽度是指在中心波长的地方,极大吸收系数一半处,吸收光谱线轮廓上两点之间的频率差或波长差。半宽度受到很多实验因素的影响。原子吸收光谱的谱线轮廓如图 3.1 所示。

在通常原子吸收光谱测定的条件下,多普勒变宽是制约原子吸收光谱线宽度的主要因素。多普勒宽度是由于原子热运动引起的。从物理学中已知,从一个运动着的原子发出的光,如果原子的运动方向离开观测者,则在观测者看来,其频率较静止原子所发的光的频率低;反之,如原子向着观测者运动,则其频率较静止原子发出的光的频率为高,这就是多普勒效应。原子吸收分析中,对于火焰和石墨炉原子吸收池,气态原子处于无序热运动中,相对于检测器而言,各发光原子有着不同的运动分量,即使每个原子发出的光是频率相同的单色光,但检测器所接受的光则是频率略有不同的光,于是引起谱线的变宽。

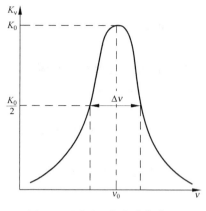

图 3.1 原子吸收光谱轮廓图

谱线的多普勒变宽 $\Delta\nu_D$ 可由下式决定:

$$\Delta\nu_D = \frac{2\nu_0}{c}\sqrt{\frac{2\ln2RT}{M}} = 7.162\times10^{-7}\nu_0\sqrt{\frac{T}{M}} \tag{3.1}$$

式中,R 为气体常数;c 为光速;M 为相对原子质量;T 为热力学温度(K);ν_0 为谱线的中心频率。

由式(3.1)可见,多普勒宽度与元素的原子量、温度和谱线频率有关。随温度升高和原子量减小,多普勒宽度增加。

当原子吸收区的原子浓度足够高时,碰撞变宽是不可忽略的。因为基态原子是稳定的,其寿命可视为无限长,因此对原子吸收测定所常用的共振吸收线而言,谱线宽度仅与激发态原子的平均寿命有关,平均寿命越长,则谱线宽度越窄。原子之间相互碰撞导致激发态原子平均寿命缩短,引起谱线变宽。被测元素激发态原子与基态原子相互碰撞引起的变宽,称为共振变宽,又称赫鲁兹马克变宽或压力变宽。在通常的原子吸收测定条件下,被测元素的原子蒸气压力很少超过 0.1Pa,共振变宽效应可以不予考虑,而当蒸气压力达到 10Pa 时,共振变宽效应则明显地表现出来。被测元素原子与其他元素的原子相互碰撞引起的变宽,称为洛伦茨变宽。洛伦茨变宽随原子区内原子蒸气压力增大和温度升高而增大。

除上述因素外,影响谱线变宽的还有其他一些因素,例如场致变宽、自吸效应等。但在通常的原子吸收分析实验条件下,吸收线的轮廓主要受多普勒和洛伦茨变宽的影响。

在 2 000~3 000K 的温度范围内,原子吸收线的宽度为 10^{-3}~10^{-2} nm。

3.2.3 积分吸收与峰值吸收

原子吸收光谱产生于基态原子对特征谱线的吸收。在一定条件下,基态原子数 N_0 正比于吸收曲线下面所包括的整个面积。根据经典色散理论,其定量关系式为

$$\int K_\nu \mathrm{d}\nu = \frac{\pi e^2}{mc} N_0 f \tag{3.2}$$

式中,K_ν 为吸收系数;e 为电子电荷;m 为电子质量;c 为光速;N_0 为单位体积原子蒸气中吸收辐射的基态原子数,亦即基态原子密度;f 为振子强度,代表每个原子中能够吸收或发射特定频率光的平均电子数,在一定条件下对一定元素,f 可视为一定值。

从式(3.2)可见,只要测得积分吸收值,即可算出待测元素的原子密度。但由于积分吸收测量的困难,通常以测量峰值吸收代替测量积分吸收,因为在通常的原子吸收分析条件下,若吸收线的轮廓主要取决于多普勒变宽,则峰值吸收系数 K_0 与基态原子数 N_0 之间存在如下关系:

$$K_0 = \frac{2\sqrt{\pi \ln 2}}{\Delta \nu_D} \frac{e^2}{mc} N_0 f \tag{3.3}$$

需要指出的是,实现峰值吸收测量的条件是光源发射线的半宽度应明显地小于吸收线的半宽度,且通过原子蒸气的发射线的中心频率恰好与吸收线的中心频率 ν_0 相重合(见图 3.2)。若采用连续光源,要达到能分辨半宽度为 10^{-3} nm,波长为 500nm 的谱线,按照式(2.17)计算,需要有分辨率高达 50 万的单色器,这在目前的技术条件下还十分困难。因此,目前原子吸收采用空心阴极灯等光源来产生锐线发射(见 3.3 节)。

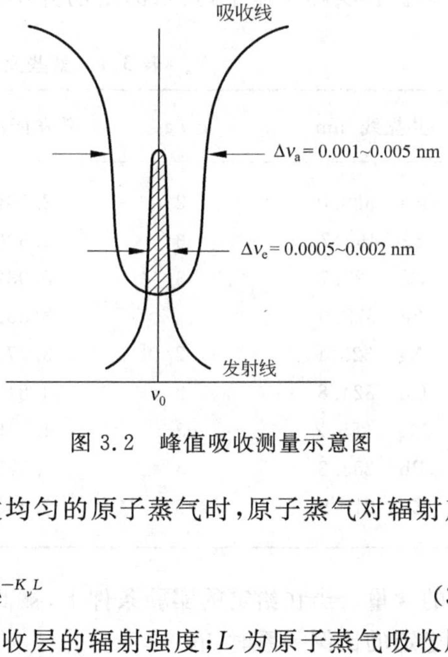

3.2.4 原子吸收测量的基本关系式

图 3.2 峰值吸收测量示意图

($\Delta\nu_a$ = 0.001~0.005 nm;$\Delta\nu_e$ = 0.0005~0.002 nm)

当频率为 ν、强度为 I_0 的平行辐射垂直通过均匀的原子蒸气时,原子蒸气对辐射产生吸收,符合朗伯(Lambert)定律,即

$$I_\nu = I_{0\nu} \mathrm{e}^{-K_\nu L} \tag{3.4}$$

式中,$I_{0\nu}$ 为入射辐射强度;I_ν 为透过原子蒸气吸收层的辐射强度;L 为原子蒸气吸收层的

厚度；K_ν为吸收系数。

当在原子吸收线中心频率附近一定频率范围 $\Delta\nu$ 测量时

$$I_0 = \int_0^{\Delta\nu} I_{0\nu} \mathrm{d}\nu \tag{3.5}$$

$$I = \int_0^{\Delta\nu} I_\nu \mathrm{d}\nu = \int_0^{\Delta\nu} I_{0\nu} \mathrm{e}^{-K_\nu L} \mathrm{d}\nu \tag{3.6}$$

当使用锐线光源时，$\Delta\nu$ 很小，可以近似地认为吸收系数在 $\Delta\nu$ 内不随频率 ν 而改变，并以中心频率处的峰值吸收系数 K_0 来表征原子蒸气对辐射的吸收特性，则吸光度 A 为

$$A = \lg \frac{I_0}{I} = \lg \frac{\int_0^{\Delta\nu} I_{0\nu} \mathrm{d}\nu}{\int_0^{\Delta\nu} I_{0\nu} \mathrm{e}^{-K_\nu L} \mathrm{d}\nu}$$

$$= \lg \frac{\int_0^{\Delta\nu} I_{0\nu} \mathrm{d}\nu}{\mathrm{e}^{-K_\nu L} \int_0^{\Delta\nu} I_{0\nu} \mathrm{d}\nu} = 0.43 K_0 L \tag{3.7}$$

将式(3.3)代入式(3.7)，得到

$$A = 0.43 \frac{2\sqrt{\pi \ln 2}}{\Delta\nu_D} \frac{e^2}{mc} N_0 f L \tag{3.8}$$

在通常的原子吸收测定条件下，原子蒸气相中基态原子数 N_0 近似地等于总原子数 N（见表3.1）。在实际工作中，要求测定的并不是蒸气相中的原子浓度，而是被测试样中的某

表3.1 某些元素共振线的 N_i/N_0 值

共振线/nm	g_i/g_0	激发能/eV	N_i/N_0	
			$T = 2\ 000\mathrm{K}$	$T = 3\ 000\mathrm{K}$
Na 589.0	2	2.104	0.99×10^{-5}	5.83×10^{-4}
Sr 460.7	3	2.690	4.99×10^{-7}	9.07×10^{-5}
Ca 422.7	3	2.932	1.22×10^{-7}	3.55×10^{-5}
Fe 372.0		3.332	2.99×10^{-9}	1.31×10^{-6}
Ag 328.1	2	3.778	6.03×10^{-10}	8.99×10^{-7}
Cu 324.8	2	3.817	4.82×10^{-10}	6.65×10^{-7}
Mg 285.2	3	4.346	3.35×10^{-11}	1.50×10^{-7}
Pb 283.3	3	4.375	2.83×10^{-11}	1.34×10^{-7}
Zn 213.9	3	5.795	7.45×10^{-13}	5.50×10^{-10}

元素的含量。当在给定的实验条件下，被测元素的含量 c 与蒸气相中原子浓度 N 之间保持一稳定的比例关系时，有

$$N = \alpha c \tag{3.9}$$

式中 α 是与实验条件有关的比例常数。因此,(3.8)式可以写为

$$A = 0.43 \frac{2\sqrt{\pi \ln 2}}{\Delta \nu_D} \frac{e^2}{mc} f L \alpha c \tag{3.10}$$

当实验条件一定时,各有关参数为常数,式(3.10)可以简写为

$$A = kc \tag{3.11}$$

式中 k 为与实验条件有关的常数。(3.10)与(3.11)式即为原子吸收测量的基本关系式。

3.3 原子吸收光谱仪

原子吸收光谱仪由光源、原子化器、分光器、检测系统等几部分组成。基本构造见图3.3。

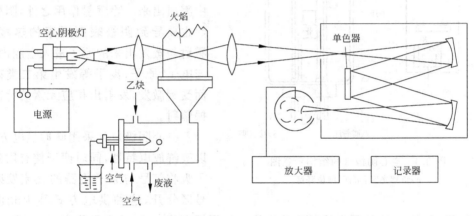

图3.3 原子吸收光谱仪基本构造示意图

3.3.1 光源

光源的功能是发射被测元素的特征共振辐射。对光源的基本要求是:发射的共振辐射的半宽度要明显小于吸收线的半宽度;辐射强度大;背景低,低于特征共振辐射强度的1%;稳定性好,30min之内漂移不超过1%;噪声小于0.1%;使用寿命长于5A·h。空心阴极灯是能满足上述各项要求的理想的锐线光源,应用最广。

空心阴极灯的结构如图3.4所示。它有一个由被测元素材料制成的空心阴极和一个由钛、锆、钽或其他材料制作的阳极。阴极和阳极封闭在带有光学窗口的硬质玻璃管内,

管内充有压强为 260～1 300 Pa 的惰性气体氖或氩，其作用是载带电流，使阴极产生溅射及激发原子发射特征的锐线光谱。云母屏蔽片的作用是使放电限制在阴极腔内，同时使阴极定位。

空心阴极灯放电是一种特殊形式的低压辉光放电，放电集中于阴极空腔内。当在两极之间施加几百伏电压时，便产生辉光放电。在电场作用下，电子在飞向阳极的途中，与载气原子碰撞并使之电离，放出二次电子，使电子与正离子数目增加，以维持放电。正离子从电场获得动能。如果正离子的动能足以克服金属阴极表面的晶格能，当其撞击在阴极表面时，就可以将原子从晶格中溅射出来。除溅射作用之外，阴极受热也要导致阴极表面元素的热蒸发。溅射与蒸发出来的原子进入空腔内，再与电子、原子、离子等发生第二类碰撞而受到激发，发射出相应元素的特征共振辐射。

空心阴极灯常采用脉冲供电方式，以改善放电特性，同时便于使有用的原子吸收信号与原子化器的直流发射信号区分开，这种供电方式称为光源调

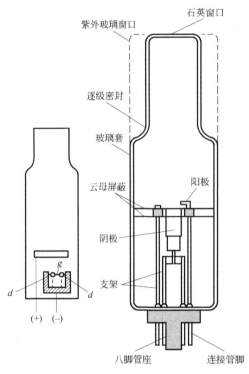

图 3.4　空心阴极灯的结构示意图
g：负辉光区；d：阴极位降区

制。在实际工作中，应选择合适的工作电流。使用灯电流过小，放电不稳定；灯电流过大，溅射作用增加，原子蒸气密度增大，谱线变宽，甚至引起自吸，导致测定灵敏度降低，灯寿命缩短。

由于原子吸收分析中每测一种元素需换一个灯，很不方便，现已制成多元素空心阴极灯，但发射强度低于单元素灯，且如果金属组合不当，易产生光谱干扰，因此，使用尚不普遍。

对于砷、锑等元素的分析，为提高灵敏度，亦常用无极放电灯做光源。无极放电灯是由一个数厘米长、直径 5～12 cm 的石英玻璃圆管制成。管内装入数毫克待测元素或其挥发性盐类，如金属、金属氯化物或碘化物等，抽成真空并充入压力为 67～200 Pa 的惰性气体氩或氖，制成放电管，将此管装在一个高频发生器的线圈内，并装在一个绝缘的外套里，然后放在一个微波发生器的同步空腔谐振器中。这种灯的强度比空心阴极灯大几个数量

级,没有自吸,谱线更纯。

3.3.2 原子化器

原子化器的功能是提供能量,使试样干燥、蒸发和原子化。在原子吸收光谱分析中,试样中被测元素的原子化是整个分析过程的关键环节。实现原子化的方法,最常用的有两种:一种是火焰原子化法,是原子光谱分析中最早使用的原子化方法,至今仍在广泛地被应用;另一种是非火焰原子化法,其中应用最广的是石墨炉电热原子化法。

3.3.2.1 火焰原子化器

火焰原子化法中常用的预混合型原子化器,其结构如图 3.5 所示。这种原子化器由雾化器、混合室和燃烧器组成。

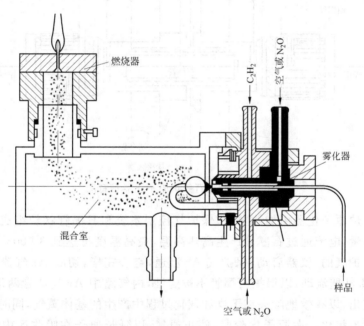

图 3.5 预混合型火焰原子化器示意图

雾化器是关键部件,其作用是将试液雾化,使之形成直径为微米级的气溶胶。混合室的作用是使较大的气溶胶在室内凝聚为大的溶珠沿室壁流入泄液管排走,使进入火焰的气溶胶在混合室内充分混合均匀以减少它们进入火焰时对火焰的扰动,并让气溶胶在室内部分蒸发脱溶。燃烧器最常用的是单缝燃烧器,其作用是产生火焰,使进入火焰的气溶胶蒸发和原子化。因此,原子吸收分析的火焰应有足够高的温度,能有效地蒸发和分解试样,并使被测元素原子化。此外,火焰应该稳定,背景发射和噪声低,燃烧安全。

原子吸收测定中最常用的火焰是乙炔-空气火焰,此外,应用较多的是氢-空气火焰和乙炔-氧化亚氮高温火焰。乙炔-空气火焰燃烧稳定,重现性好,噪声低,燃烧速度不是很大,温度足够高(约2 300℃),对大多数元素有足够的灵敏度。氢-空气火焰是氧化性火焰,燃烧速度较乙炔-空气火焰高,但温度较低(约2 050℃),优点是背景发射较弱,透射性能好。乙炔-氧化亚氮火焰的特点是火焰温度高(约2 955℃),而燃烧速度并不快,是目前应用较广泛的一种高温火焰,用它可测定70多种元素。

3.3.2.2 非火焰原子化器

非火焰原子化器中,常用的是管式石墨炉原子化器,其结构如图3.6所示。

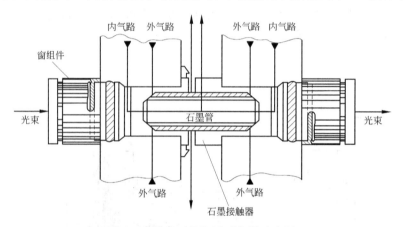

图3.6 管式石墨炉原子化器示意图

管式石墨炉原子化器由加热电源、保护气控制系统和石墨管状炉组成。加热电源供给原子化器能量,电流通过石墨管产生高热高温,最高温度可达到3 000℃。保护气控制系统是控制保护气的,仪器启动,保护气Ar流通,空烧完毕,切断Ar气流。外气路中的Ar气沿石墨管外壁流动,以保护石墨管不被烧蚀,内气路中Ar气从管两端流向管中心,由管中心孔流出,以有效地除去在干燥和灰化过程中产生的基体蒸气,同时保护已原子化了的原子不再被氧化。在原子化阶段,停止通气,以延长原子在吸收区内的平均停留时间,避免对原子蒸气的稀释。石墨炉原子化器的操作分为干燥、灰化、原子化和净化4步,由微机控制实行程序升温。图3.7为一程序升温过程的示意图。

石墨炉原子化法的优点是,试样原子化是在惰性气体保护下于强还原性介质内进行的,有利于氧化物分解和自由原子的生成。用样量小,样品利用率高,原子在吸收区内平均停留时间较长,绝对灵敏度高。液体和固体试样均可直接进样。缺点是试样组成不均匀性影响较大,有强的背景吸收,测定精密度不如火焰原子化法。

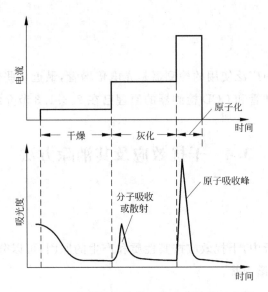

图 3.7 无火焰原子化器程序升温过程示意图

3.3.2.3 低温原子化器

低温原子化是利用某些元素(如 Hg)本身或元素的氢化物(如 AsH_3)在低温下的易挥发性,将其导入气体流动吸收池内进行原子化。目前通过该原子化方式测定的元素有 Hg、As、Sb、Se、Sn、Bi、Ge、Pb、Te 等。生成氢化物是一个氧化还原过程,所生成的氢化物是共价分子型化合物,沸点低、易挥发分离分解。以 As 为例,反应过程可表示如下:

$$AsCl_3 + 4NaBH_4 + HCl + 8H_2O = AsH_3 \uparrow + 4KCl + 4HBO_2 + 13H_2$$

AsH_3 在热力学上是不稳定的,在 900℃ 温度下就能分解析出自由 As 原子,实现快速原子化。

3.3.3 分光器

分光器由入射和出射狭缝、反射镜和色散元件组成,其作用是将所需要的共振吸收线分离出来。分光器的关键部件是色散元件,现在商品仪器都是使用光栅。关于光栅分光的原理,请参阅本书 2.3.1.2 节。原子吸收光谱仪对分光器的分辨率要求不高,曾以能分辨开镍三线 Ni230.003、Ni231.603、Ni231.096nm 为标准,后采用 Mn279.5 和 Mn279.8nm 代替 Ni 三线来检定分辨率。光栅放置在原子化器之后,以阻止来自原子化器内的所有不需要的辐射进入检测器。

3.3.4 检测系统

原子吸收光谱仪中广泛使用的检测器是光电倍增管,最近一些仪器也采用 CCD 作为检测器。有关光电倍增管和 CCD 检测器的原理已在 2.3.1.3 节介绍过。

3.4 干扰效应及其消除方法

3.4.1 干扰效应

原子吸收光谱分析中,干扰效应按其性质和产生的原因,可以分为 4 类:物理干扰、化学干扰、电离干扰和光谱干扰。

3.4.1.1 物理干扰

物理干扰是指试样在转移、蒸发和原子化过程中,由于试样物理特性(如粘度、表面张力、密度等)的变化而引起的原子吸收强度下降的效应。物理干扰是非选择性干扰,对试样各元素的影响基本是相似的。

配制与被测试样相似组成的标准样品,是消除物理干扰最常用的方法。在不知道试样组成或无法匹配试样时,可采用标准加入法或稀释法来减小和消除物理干扰。

3.4.1.2 化学干扰

化学干扰是由于液相或气相中被测元素的原子与干扰物质组分之间形成热力学更稳定的化合物,从而影响被测元素化合物的解离及其原子化。磷酸根对钙的干扰,硅、钛形成难解离的氧化物,钨、硼、希土元素等生成难解离的碳化物,从而使有关元素不能有效原子化,都是化学干扰的例子。化学干扰是一种选择性干扰。

消除化学干扰的方法有:化学分离;使用高温火焰;加入释放剂和保护剂;使用基体改进剂等。例如磷酸根在高温火焰中就不干扰钙的测定,加入锶、镧或 EDTA 等都可消除磷酸根对测定钙的干扰。在石墨炉原子吸收法中,加入基体改进剂,提高被测物质的稳定性或降低被测元素的原子化温度以消除干扰。例如,汞极易挥发,加入硫化物生成稳定性较高的硫化汞,灰化温度可提高到 300℃;测定海水中 Cu、Fe、Mn、As 时,加入 NH_4NO_3,使 NaCl 转化为 NH_4Cl,在原子化之前低于 500℃ 的灰化阶段除去。

3.4.1.3 电离干扰

在高温下原子电离,使基态原子的浓度减少,引起原子吸收信号降低,此种干扰称为电离干扰。电离效应随温度升高、电离平衡常数增大而增大,随被测元素浓度增高而减小。

加入更易电离的碱金属元素,可以有效地消除电离干扰。

3.4.1.4 光谱干扰

光谱干扰包括谱线重叠、光谱通带内存在非吸收线、原子化池内的直流发射、分子吸收、光散射等。当采用锐线光源和交流调制技术时,前3种因素一般可以不予考虑,主要考虑分子吸收和光散射的影响,它们是形成光谱背景的主要因素。

分子吸收干扰是指在原子化过程中生成的气体分子、氧化物及盐类分子对辐射吸收而引起的干扰。光散射是指在原子化过程中产生的固体微粒对光产生散射,使被散射的光偏离光路而不为检测器所检测,导致吸光度值偏高。

光谱背景除了波长特征之外,还有时间、空间分布特征。分子吸收通常先于原子吸收信号之前产生,当有快速响应电路和记录装置时,可以从时间上分辨分子吸收和原子吸收信号。样品蒸气在石墨炉内分布的不均匀性,导致了背景吸收空间分布的不均匀性。

提高温度使单位时间内蒸发出的背景物的浓度增加,同时也使分子解离增加。这两个因素共同制约着背景吸收。在恒温炉中,提高温度和升温速率,使分子吸收明显下降。

在石墨炉原子吸收法中,背景吸收的影响比火焰原子吸收法严重,若不扣除背景,有时根本无法进行测定。

3.4.2 背景校正方法

3.4.2.1 用邻近非共振线校正背景

此法是1964年由 W. Slavin 提出来的。用分析线测量原子吸收与背景吸收的总吸光度,因非共振线不产生原子吸收,用它来测量背景吸收的吸光度,两次测量值相减即得到校正背景之后的原子吸收的吸光度。表3.2列出了常用校正背景的非共振吸收线。

背景吸收随波长而改变,因此,非共振线校正背景法的准确度较差。这种方法只适用于分析线附近背景分布比较均匀的场合。

3.4.2.2 连续光源校正背景

此法是1965年由 S. R. Koirtyohann 提出来的。先用锐线光源测定分析线的原子吸

表 3.2 常用于校正背景的非共振吸收线   nm

分析线	非共振线	分析线	非共振线
Ag 328.07	Ag 312.30	Co 240.71	Co 241.16
Al 309.27	Mg 313.16	Cr 357.87	Ar 358.27
Au 242.80	Pt 265.95	Cu 324.75	Cu 323.12
Au 267.60	Pt 265.96	Fe 248.33	Cu 249.21
B 249.67	Cu 244.16	Hg 253.65	Al 266.92
Ba 553.55	Ne 556.28	In 303.94	In 305.12
Be 234.86	Cu 244.16	K 766.49	Pb 763.22
Bi 223.06	Bi 227.66	Li 670.78	Ne 671.70
Ca 422.67	Ne 430.40	Mg 285.21	Mg 280.26
Cd 228.80	Cd 226.50	Mn 279.48	Cu 282.44
Mo 313.26	Mo 311.22	Si 251.67	Cu 252.67
Na 588.99	Ne 585.25	Sn 224.61	Cu 224.70
Ni 232.00	Ni 231.60	Sr 460.73	Ne 453.78
Pb 283.31	Pb 282.32	Ti 364.27	Ne 352.05
Pb 283.31	Pb 280.20	Tl 276.79	Tl 277.50
Pd 247.64	Pd 247.70	Tl 276.79	Tl 323.00
Pd 247.64	Pd 247.75	V 318.34	V 319.98
Pt 265.95	Pt 264.69	V 318.40	V 319.98
Sb 217.59	Sb 217.93	W 255.14	W 255.48
Se 196.03	Se 203.99	Zn 213.86	Zn 210.22

收和背景吸收的总吸光度,再用氘灯(紫外区)或碘钨灯、氙灯(可见区)在同一波长测定背景吸收(这时原子吸收可以忽略不计),计算两次测定吸光度之差,即可使背景吸收得到校正。由于商品仪器多采用氘灯为连续光源扣除背景,故此法亦常称为氘灯扣除背景法。

连续光源测定的是整个光谱通带内的平均背景,与分析线处的真实背景有差异。空心阴极灯是溅射放电灯,氘灯是气体放电灯,这两种光源放电性质不同,能量分布不同,光斑大小不同,调整光路平衡比较困难,影响校正背景的能力;由于背景空间、时间分布的不均匀性,导致背景校正过度或不足。氘灯的能量较弱。使用它校正背景时,不能用很窄的光谱通带,共存元素的吸收线有可能落入通带范围内,吸收氘灯辐射而造成干扰。

3.4.2.3 塞曼效应校正背景

此法是1969年由 M. Prugger 和 R. Torge 提出来的。塞曼效应校正背景是基于光的偏振特性,分为两大类:光源调制法与吸收线调制法,以后者应用较广。调制吸收线的方式,有恒定磁场调制方式和可变磁场调制方式。两种调制方式仪器的光路如图 3.8 和图 3.9 所示。

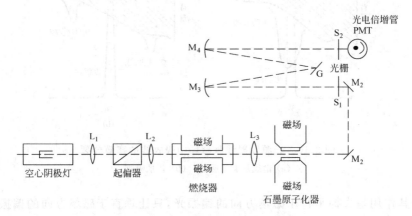

图 3.8 恒定磁场调制方式光路图

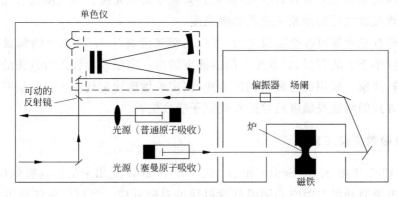

图 3.9 可变磁场调制方式光路图

恒定磁场调制方式,是在原子化器上施加一恒定磁场,磁场垂直于光束方向。在磁场作用下,吸收线分裂为 π 和 σ± 组分,前者平行于磁场方向,中心线与原来吸收线波长相同;后者垂直于磁场方向,波长偏离原来吸收线波长。光源共振发射线通过起偏器后变为偏振光,随着起偏器的旋转,某一个时刻有平行于磁场方向的偏振光通过原子化器,吸收线 π 组分和背景产生吸收,测得原子吸收和背景吸收的总吸光度(参见图 3.10)。在另一时刻有垂直于磁场的偏振光通过原子化器,不产生原子吸收,但仍为背景吸收,测得的只是中心波长附近背景的吸光度。两次测定吸光度之差,便是校正了背景吸收之后的净原子吸收的吸光度。

可变磁场调制方式是在原子化器上加一电磁铁,后者仅在原子化阶段被激磁,偏振器

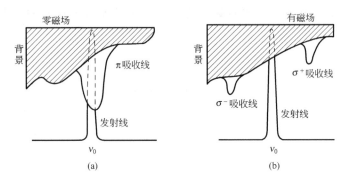

图 3.10　光源发射线与磁场中吸收线的塞曼分裂
(a) 谱线加背景吸收　(b) 背景吸收

是固定的,其作用是去掉平行于磁场方向的偏振光,只让垂直于磁场方向的偏振光通过原子蒸气。在零磁场时,测得的是吸收线的原子吸收和背景吸收的总吸光度。激磁时,通过的垂直于磁场的偏振光只为背景吸收,测得背景吸收的吸光度。两次测定吸光度之差,便是校正了背景吸收之后的净原子吸收的吸光度。

塞曼效应校正背景可在全波段进行,可校正吸光度高达 1.5~2.0 的背景,而氘灯只能校正吸光度小于 1 的背景,背景校正的准确度较高。塞曼效应校正背景法的缺点是,校正曲线有返转现象。采用恒定磁场调制方式,测定灵敏度比常规原子吸收法有所降低,可变磁场调制方式的测定灵敏度已接近常规原子吸收法。

3.4.2.4　自吸效应校正背景

此法是 1982 年由 S. B. Smith 和 Jr. C. M. Hieftje 提出来的。自吸效应校正背景法是基于高电流脉冲供电时空心阴极灯发射线的自吸效应。当以低电流脉冲供电时,空心阴极灯发射锐线光谱,测定的是原子吸收和背景吸收的总吸光度。接着以高电流脉冲供电,空心阴极灯发射线变宽,当空心阴极灯内积聚的原子浓度足够高时,发射线产生自吸,在极端的情况下出现谱线自蚀,这时测得的是背景吸收的吸光度。上述两种脉冲供电条件下测得的吸光度之差,便是校正了背景吸收的净原子吸收的吸光度。

这种校正背景的方法可对分析线邻近的背景进行迅速的校正,跟得上背景的起伏变化。高电流脉冲时间非常短,只有 0.3ms,然后恢复到"空载"水平,时间为 1ms,经 40ms 直到下一个电流周期,这种电流波形的占空比相当低,所以平均电流较低,不影响灯的使用寿命。本法可用于全波段的背景校正,对于在高电流脉冲下谱线产生自吸程度不够的元素,测定灵敏度有所降低。这种校正背景的方法特别适用于在高电流脉冲下共振线自吸严重的低温元素。

3.5 原子吸收光谱分析的实验技术

3.5.1 测定条件的选择

3.5.1.1 分析线

通常选用共振吸收线为分析线,测定高含量元素时,可以选用灵敏度较低的非共振吸收线为分析线。As,Se 等共振吸收线位于 200nm 以下的远紫外区,火焰组分对其有明显吸收,故用火焰原子吸收法测定这些元素时,不宜选用共振吸收线为分析线。表 3.3 列出了常用的各元素的分析线。

表 3.3 原子吸收分光光度法中常用的分析线

元素	λ/nm	元素	λ/nm	元素	λ/nm
Ag	328.07, 338.29	Hg	253.65	Ru	349.89, 372.80
Al	309.27, 308.22	Ho	410.38, 405.39	Sb	217.58, 206.83
As	193.64, 197.20	In	303.94, 325.61	Sc	391.18, 402.04
Au	242.80, 267.60	Ir	209.26, 208.88	Se	196.09, 203.99
B	249.68, 249.77	K	766.49, 769.90	Si	251.61, 250.69
Ba	553.55, 455.40	La	550.13, 418.73	Sm	429.67, 520.06
Be	234.86	Li	670.78, 323.26	Sn	224.61, 286.33
Bi	223.06, 222.83	Lu	335.96, 328.17	Sr	460.73, 407.77
Ca	422.67, 239.86	Mg	285.21, 279.55	Ta	271.47, 277.59
Cd	228.80, 326.11	Mn	279.48, 403.68	Tb	432.65, 431.89
Ce	520.0, 369.7	Mo	313.26, 317.04	Te	214.28, 225.90
Co	240.71, 242.49	Na	589.00, 330.30	Th	371.9, 380.3
Cr	357.87, 359.35	Nb	334.37, 358.03	Ti	364.27, 337.15
Cs	852.11, 455.54	Nd	463.42, 471.90	Tl	276.79, 377.58
Cu	324.75, 327.40	Ni	232.00, 341.48	Tm	409.4
Dy	421.17, 404.60	Os	290.91, 305.87	U	351.46, 358.49
Er	400.80, 415.11	Pb	216.70, 283.31	V	318.40, 385.58
Eu	459.40, 462.72	Pd	247.64, 244.79	W	255.14, 294.74
Fe	248.33, 352.29	Pr	495.14, 513.34	Y	410.24, 412.83
Ga	287.42, 294.42	Pt	265.95, 306.47	Yb	398.80, 346.44
Gd	368.41, 407.87	Rb	780.02, 794.76	Zn	213.86, 307.59
Ge	265.16, 275.46	Re	346.05, 346.47	Zr	360.12, 301.18
Hf	307.29, 286.64	Rh	343.49, 339.69		

3.5.1.2 狭缝宽度

狭缝宽度影响光谱通带宽度与检测器接受的能量。原子吸收光谱分析中,光谱重叠干扰的几率小,可以允许使用较宽的狭缝。调节不同的狭缝宽度,测定吸光度随狭缝宽度而变化,当有其他的谱线或非吸收光进入光谱通带内,吸光度将立即减小。不引起吸光度减小的最大狭缝宽度,即为应选取的合适的狭缝宽度。

3.5.1.3 空心阴极灯的工作电流

空心阴极灯一般需要预热 10～30min 才能达到稳定输出。灯电流过小,放电不稳定,故光谱输出不稳定,且光谱输出强度小;灯电流过大,发射谱线变宽,导致灵敏度下降,校正曲线弯曲,灯寿命缩短。选用灯电流的一般原则是,在保证有足够强且稳定的光强输出条件下,尽量使用较低的工作电流。通常以空心阴极灯上标明的最大电流的 $\frac{1}{2}\sim\frac{2}{3}$ 作为工作电流。在具体的分析场合,最适宜的工作电流由实验确定。

3.5.1.4 原子化条件的选择

在火焰原子化法中,火焰类型和特性是影响原子化效率的主要因素。对低、中温元素,使用空气-乙炔火焰;对高温元素,采用氧化亚氮-乙炔高温火焰;对分析线位于短波区(200nm 以下)的元素,使用空气-氢火焰是合适的。对于确定类型的火焰,一般说来,稍富燃的火焰(燃气量大于化学计量)是有利的。对氧化物不十分稳定的元素如 Cu,Mg,Fe,Co,Ni 等,用化学计量火焰(燃气与助燃气的比例与它们之间化学反应计量相近)或贫燃火焰(燃气量小于化学计量)也是可以的。为了获得所需特性的火焰,需要调节燃气与助燃气的比例。

在火焰区内,自由原子的空间分布不均匀,且随火焰条件而改变,因此,应调节燃烧器的高度,以使来自空心阴极灯的光束从自由原子浓度最大的火焰区域通过,以期获得高的灵敏度。

在石墨炉原子化法中,合理选择干燥、灰化、原子化及除残温度与时间是十分重要的。干燥应在稍低于溶剂沸点的温度下进行,以防止试液飞溅。灰化的目的是除去基体和局外组分,在保证被测元素没有损失的前提下应尽可能使用较高的灰化温度。原子化温度的选择原则是,选用达到最大吸收信号的最低温度作为原子化温度。原子化时间的选择,应以保证完全原子化为准。在原子化阶段停止通保护气,以延长自由原子在石墨炉内的平均停留时间。除残的目的是为了消除残留物产生的记忆效应,除残温度应高于原子化温度。

3.5.1.5 进样量

进样量过小,吸收信号弱,不便于测量;进样量过大,在火焰原子化法中,对火焰产生冷却效应,在石墨炉原子化法中,会增加除残的困难。在实际工作中,应测定吸光度随进样量的变化,达到最满意的吸光度的进样量,即为应选择的进样量。

3.5.2 分析方法

3.5.2.1 标准曲线法

这是最常用的基本分析方法。配制一组合适的标准样品,在最佳测定条件下,由低浓度到高浓度依次测定它们的吸光度 A,以吸光度 A 对浓度 c 作图。在相同的测定条件下,测定未知样品的吸光度,从 A-c 标准曲线上用内插法求出未知样品中被测元素的浓度。

3.5.2.2 标准加入法

当无法配制组成匹配的标准样品时,使用标准加入法是合适的。分取几份等量的被测试样,其中一份不加入被测元素,其余各份试样中分别加入不同已知量 $c_1, c_2, c_3, \cdots, c_n$ 的被测元素,然后,在标准测定条件下分别测定它们的吸光度 A,绘制吸光度 A 对被测元素加入量 c_i 的曲线。

如果被测试样中不含被测元素,在正确校正背景之后,曲线应通过原点;如果曲线不通过原点,说明含有被测元素,截距所相应的吸光度就是被测元素所引起的效应。外延曲线与横坐标轴相交,交点至原点的距离所相应的浓度 c_x,即为所求的被测元素的含量。应用标准加入法,一定要彻底校正背景。

3.6 原子荧光光谱分析法

原子荧光光谱分析法是 20 世纪 60 年代中期以后发展起来的一种新的痕量分析方法。

物质吸收电磁辐射后受到激发,受激原子或分子以辐射去活化,再发射波长与激发辐射波长相同或不同的辐射。当激发光源停止辐照试样之后,再发射过程立即停止,这种再发射的光称为荧光;若激发光源停止辐照试样之后,再发射过程还延续一段时间,这种再发射的光称为磷光。荧光和磷光都是光致发光。

3.6.1 原子荧光光谱的产生及其类型

当自由原子吸收了特征波长的辐射之后被激发到较高能态,接着又以辐射形式去活化,就可以观察到原子荧光。原子荧光分为3类:共振原子荧光、非共振原子荧光与敏化原子荧光。

3.6.1.1 共振原子荧光

原子吸收辐射受激后再发射相同波长的辐射,产生共振原子荧光;若原子经热激发处于亚稳态,再吸收辐射进一步激发,然后再发射相同波长的共振荧光,此种共振原子荧光称为热助共振原子荧光。如In 451.13nm就是这类荧光的例子。只有当基态是单一态,不存在中间能级,没有其他类型的荧光同时从同一激发态产生,才能产生共振原子荧光。共振原子荧光产生的过程如图3.11(a)所示。

3.6.1.2 非共振原子荧光

当激发原子的辐射波长与受激原子发射的荧光波长不相同时,产生非共振原子荧光。非共振原子荧光包括直跃线荧光、阶跃线荧光与反斯托克斯荧光,它们的发生过程分别见图3.11(b),(c),(d)。

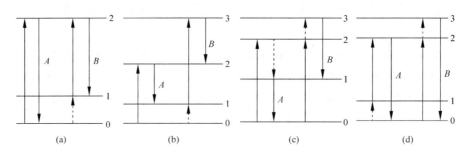

图3.11 原子荧光产生的过程

(a) 共振原子荧光 (b) 直跃线荧光 (c) 阶跃线荧光 (d) 反斯托克斯荧光
 A:起源于基态, A:起源于基态, A:正常阶跃线荧光, A:起源于亚稳态,
 B:热助共振荧光; B:起源于亚稳态; B:热助阶跃线荧光; B:起源于基态

直跃线荧光是激发态原子直接跃迁到高于基态的亚稳态时所发射的荧光,例如Pb 405.78nm。只有基态是多重态时,才能产生直跃线荧光。阶跃线荧光是激发态原子先以非辐射形式去活化方式回到较低的激发态,再以辐射形式去活化回到基态而发射的荧光;或者是原子受辐射激发到中间能态,再经热激发到高能态,然后通过辐射方式去活化回到低能态而发射的荧光。前一种阶跃线荧光称为正常阶跃线荧光,如Na 589.6nm,后

一种阶跃线荧光称为热助阶跃线荧光,如 Bi 293.8nm。反斯托克斯荧光是发射的荧光波长比激发辐射的波长短,如 In 410.18nm。

3.6.1.3 敏化原子荧光

激发原子通过碰撞将其激发能转移给另一个原子使其激发,后者再以辐射方式去活化而发射荧光,此种荧光称为敏化原子荧光。火焰原子化器中的原子浓度很低,主要以非辐射方式去活化,因此观察不到敏化原子荧光。

在上述各类原子荧光中,共振原子荧光最强,在分析中应用最广。

3.6.2 原子荧光测量的基本关系式

对于指定频率 ν_0 的共振原子荧光,其强度

$$I_f = \phi I_0 k_0 L \tag{3.12}$$

式中,ϕ 为荧光量子效率,表示发射荧光光量子数与吸收激发光量子数之比;I_0 为激发光强;k_0 为中心吸收系数;L 为吸收层厚度。

根据原子吸收理论,将(3.3)式代入(3.12)式,且基态原子数 N_0 近似等于总原子数 N,于是有

$$\begin{aligned} I_f &= \phi I_0 \frac{2\sqrt{\pi \ln 2}}{\Delta \nu_D} \frac{e^2}{mc} fLN \\ &= \phi I_0 \frac{2\sqrt{\pi \ln 2}}{\Delta \nu_D} \frac{e^2}{mc} fL\alpha c \\ &= Kc \end{aligned} \tag{3.13}$$

由式(3.13)可知,原子荧光分析的灵敏度随激发光强度增加而增加。但是,当激发光源强度达到一定值之后,共振荧光的低能级与高能级之间的跃迁原子数达到动态平均,出现饱和效应,原子荧光强度不再随激发光源强度增大而增大。同时,随着原子浓度的增加,荧光再吸收作用加强,导致荧光强度减弱,校正曲线弯曲,破坏原子荧光强度与被测元素含量之间的线性关系。当激发态原子以非辐射方式去活化,例如将激发能转变为热能、化学能等,导致原子荧光量子效率降低,荧光强度减弱,这种现象称为原子荧光猝灭效应。

3.6.3 原子荧光分析仪器

原子荧光分析仪分为非色散型原子荧光分析仪与色散型原子荧光分析仪。这两类仪器的结构基本相似,差别在于单色器部分。两类仪器的光路图分别如图 3.12(a)和图 3.12(b)所示。

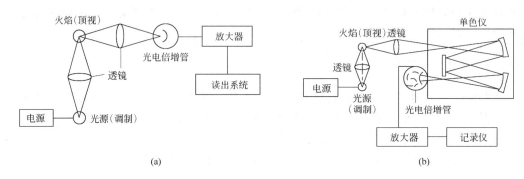

图 3.12 原子荧光分析仪结构示意图
(a) 非色散型　(b) 色散型

激发光源可用连续光源或锐线光源。常用的连续光源是氙弧灯,常用的锐线光源是高强度空心阴极灯、无极放电灯、激光等。连续光源稳定,操作简便,寿命长,能用于多元素同时分析,但检出限较差。锐线光源辐射强度高,稳定,可得到更好的检出限。

光学系统的作用是充分利用激发光源的能量和接收有用的荧光信号,减少和除去杂散光。

原子荧光分析仪对原子化器的要求与原子吸收光谱仪基本相同。

色散系统对分辨能力要求不高,但要求有较大的集光本领,常用的色散元件是光栅。非色散型仪器的滤光器用来分离分析线和邻近谱线,降低背景。非色散型仪器的优点是照明立体角大,光谱通带宽,集光本领大,荧光信号强度大,仪器结构简单,操作方便。缺点是散射光的影响大。

常用的检测器是光电倍增管,在多元素原子荧光分析仪中,也用光导摄像管、析像管做检测器。检测器与激发光束成直角配置,以避免激发光源对检测原子荧光信号的影响。

3.6.4　原子荧光光谱分析的应用

原子荧光光谱分析法具有很高的灵敏度,校正曲线的线性范围宽,能进行多元素同时测定。这些优点使得它在冶金、地质、石油、农业、生物医学、地球化学、材料科学、环境科学等各个领域内获得了相当广泛的应用。

习　　题

1. 原子吸收光谱分析的基本原理是什么?简要说明原子吸收光谱定量分析基本关系式的应用条件。

2. 原子吸收光谱分析对光源的基本要求是什么？简述空心阴极灯的工作原理和特点。

3. 化学火焰的特性和影响它的因素是什么？在火焰原子吸收法中为什么要调节燃气和助燃气的比例？

4. 石墨炉原子化法有什么特点？为什么它比火焰原子化法具有更高的绝对灵敏度？

5. 原子吸收光谱分析中的干扰是怎样产生的？如何判明干扰效应的性质？简述消除各种干扰的方法，并说明所以能消除干扰的原因。

6. 原子吸收光谱中背景是怎样产生的？如何校正背景？试比较各种校正背景方法的优缺点。

7. 原子荧光是怎样产生的？它有哪几种类型？原子荧光光谱分析对仪器有什么要求？

8. 试从方法原理、特点、应用范围等各方面对原子发射光谱、原子吸收光谱与原子荧光光谱法做一详细比较。

9. 用标准加入法测定血浆中锂的含量，取 4 份 0.500 mL 血浆试样分别加入 5.00 mL 水中，然后分别加入 0.050 0mol/L LiCl 标准溶液 0.0，10.0，20.0，30.0μL，摇匀，在 670.8nm 处测得吸光度依次为 0.201，0.414，0.622，0.835。计算此血浆中锂的含量，以 μg/mL 为单位。

参考文献

1 Walsh A. Spectrochim. Acta，7，108 (1955)
2 L'vov B V. Spectrochim. Acta，17，761(1961)
3 Smith S B, Jr G M Hieftje. Appl. Spectroscopy，37，419(1983)
4 邓勃，宁永成，刘密新. 仪器分析. 北京：清华大学出版社，1991
5 邓勃. 原子吸收分光光度法. 北京：清华大学出版社，1981
6 威尔茨著. 原子吸收光谱. 李家熙等译. 北京：地质出版社，1989
7 李果，吴联源，杨忠涛. 原子荧光光谱分析. 北京：地质出版社，1983

4 紫外-可见吸收光谱法

4.1 概 述

分子的紫外-可见吸收光谱法是基于分子内电子跃迁产生的吸收光谱进行分析的一种常用的光谱分析法。分子在紫外-可见区的吸收与其电子结构紧密相关。紫外光谱的研究对象大多是具有共轭双键结构的分子。胆甾酮与异亚丙基丙酮分子结构差异很大,但两者却具有相似的紫外吸收峰,如图 4.1 所示。两分子中相同的 O=C—C=C 共轭结构是产生紫外吸收的关键基团。

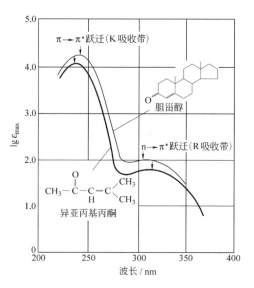

图 4.1 生色团对分子紫外吸收的影响

紫外-可见光区的波长一般用纳米(nm)表示。其研究对象大多在 200~380nm 的近紫外光区或 380~780nm 的可见光区有吸收。吸收光谱的位置,即吸收频率或波长,是由产生谱带的跃迁能级的能量差决定的,反映分子内能级的分布情况。吸收谱带的强度,即在给定波长下的摩尔吸光系数,是由分子两能级之间的跃迁几率决定的。紫外-可见吸收光谱可以作为有机化合物结构鉴定的一种辅助手段,尤其对于含有生色团和共轭体系的分子鉴定很有帮助。紫外-可见吸收光谱的变化还可以反映分子的聚集状况,如溶液中卟啉分子的会聚、二聚以及单体等存在形式会在光谱上灵敏地反映出来。

紫外-可见吸收光谱最重要的应用之一是定量分析。定量分析的基础是朗伯-比尔定律。测定的灵敏度取决于产生光吸收分子的摩尔吸光系数。该法仪器设备简单,应用十分广泛。如医院的常规化验中,约95%的定量分析都用紫外-可见分光光度法。在化学研究中,如平衡常数的测定、求算主-客体结合常数等都离不开紫外-可见吸收光谱。

4.2 紫外-可见吸收光谱的产生

4.2.1 分子结构与紫外-可见吸收光谱

1. 分子的电子光谱

分子的电子光谱是带状光谱。分子内除了有电子相对于原子核的运动之外,还有原子核的相对振动、分子作为整体绕着重心的转动以及分子的平动。其中电子能量、振动能量和转动能量是量子化的。分子对电磁辐射的吸收是分子总能量变化的和,即 $E = E_{el} +$

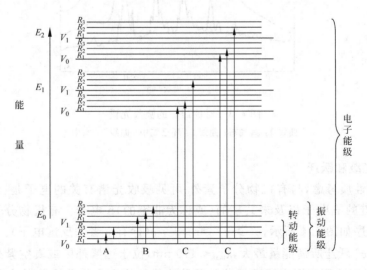

图 4.2 电磁波吸收与分子能级变化
A:转动能级跃迁(远红外区);B:转动/振动能级跃迁(近红外区);
C:转动/振动/电子能级跃迁(可见、紫外区)

$E_{vib} + E_{rot}$,式中 E 代表分子的总能量,E_{el},E_{vib},E_{rot} 分别代表电子能级、振动能级以及转动能级的能量。图 4.2 表示分子在吸收过程中发生电子能级跃迁的同时,伴随振动能级和转动能级的能量变化。因此,在分子的电子光谱中,包含有不同振动能级跃迁产生的若干谱带与不同转动能级跃迁产生的若干谱线。由于转动谱线之间的间距仅为 0.25nm,即使在气相中由于多普勒变宽和碰撞变宽效应而产生的谱线增宽也会超过此间距,更不用说在液相,常常是转动尚未完成,就发生分子碰撞,失去激发能。此外,在激发时,分子可以发生解离,解离碎片的动能是连续变化的。所以,分子的吸收光谱是由成千上万条彼此靠得很紧的谱线所组成的,看起来是一条连续的吸收带。与原子吸收光谱不同,原子对电磁辐射的吸收只涉及原子核外电子能量的变化,故其吸收光谱是分离的特征锐线。当分子由气态变为溶液时,一般会失去振动精细结构。而在极性溶剂中,甚至振动光谱结构完全消失,分子的电子光谱只呈现宽的带状包封。由于这个原因,分子的电子光谱又称为带状光谱。图 4.3 给出了对称四嗪在不同环境下的吸收光谱。

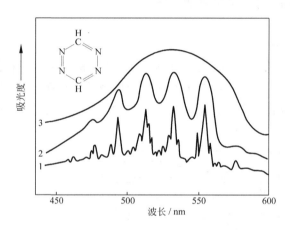

图 4.3　对称四嗪的吸收光谱
曲线 1:蒸气态;曲线 2:环己烷中;曲线 3:水中

2. 电子能级和跃迁

从化学键性质考虑,与有机物分子紫外-可见吸收光谱有关的电子是:形成单键的 σ 电子,形成双键的 π 电子以及未共享的(或称为非键的)n 电子。有机物分子内各种电子的能级高低次序如图 4.4 所示,$\sigma^* > \pi^* > n > \pi > \sigma$(标有 * 者为反键电子)。

可见,$\sigma \rightarrow \sigma^*$ 跃迁所需能量最大,$\lambda_{max} < 170$ nm,位于远紫外区或真空紫外区。一般紫外-可见分光光度计不能用来研究远紫外吸收光谱。饱和有机化合物的电子跃迁在远紫外区。

含有未共享电子对的取代基都可能发生 n→σ* 跃迁,因此,含有 S,N,O,Cl,Br,I 等

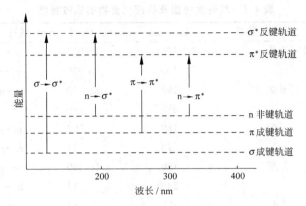

图 4.4 电子能级与电子跃迁示意图

杂原子的饱和烃衍生物都出现一个 n→σ* 跃迁产生的吸收谱带。n→σ* 跃迁也是高能量跃迁,一般 λ_{max}<200 nm,落在远紫外区。但跃迁所需能量与 n 电子所属原子的性质关系很大。杂原子的电负性越小,电子越易被激发,激发波长越长。有时也落在近紫外区,如碘代烷的 λ_{max} 260nm。

π→π* 跃迁所需能量较少,并且随双键共轭程度的增加,所需能量降低。共轭作用使吸收大大增强,波长红移,λ_{max} 和 ε_{max} 均增加。如单个双键,一般 λ_{max} 为 150~200nm,乙烯的 λ_{max} = 185 nm,而含共轭双键的分子,如丁二烯,λ_{max} = 217nm,己三烯,λ_{max} = 258nm。

n→π* 跃迁所需能量最低,在近紫外区,有时在可见区。π→π* 跃迁和 n→π* 跃迁所产生的吸收谱带的区别是,前者跃迁几率大,是强吸收带;而 n→π* 跃迁几率小,是弱吸收带,一般 ε_{max}<500L/(mol·cm)。许多化合物既有 π 电子又有 n 电子,在外来辐射作用下,既有 π→π* 又有 n→π* 跃迁。如—COOR 基团,π→π* 跃迁的 λ_{max} = 165 nm,ε_{max} = 4 000L/(mol·cm);而 n→π* 跃迁的 λ_{max} = 205 nm,ε_{max} = 50L/(mol·cm)。π→π* 和 n→π* 跃迁都要求有机化合物分子中含有不饱和基团,以提供 π 轨道。这类能产生紫外-可见吸收的官能团,如一个或几个不饱和键:C=C,C=O,N=N,N=O 等,称为生色团(chromophore)。某些常见生色团及相应化合物的吸收特性列于表 4.1 中。

有些基团本身在 200 nm 以上不产生吸收,但这些基团的存在能增强生色团的生色能力(改变分子的吸收位置和增加吸收强度),这类基团称为助色团(auxochrome)。一般助色团为具有孤对电子的基团,如—OH,—NH₂,—SH 等。

表 4.2 列出对吸收带的划分,其中 E,K,B,R 等为各吸收带的符号。落在 200~780nm 的紫外-可见光区的吸收可以用紫外-可见吸收光谱仪测定,这在有机化合物的结构解析以及定量分析中常用。

表4.1 某些生色团及相应化合物的吸收特性

生色团	化合物例	λ_{max}/nm	ε_{max}/L/(mol·cm)	跃迁类型	溶 剂
R—CH=CH—R'(烯)	乙烯	165	15 000	$\pi \to \pi^*$	气体
		190	10 000	$\pi \to \pi^*$	气体
R—C≡C—R'(炔)	辛炔-2	195	21 000	$\pi \to \pi^*$	庚烷
		223	160		庚烷
R—CO—R'(酮)	丙酮	189	900	$n \to \sigma^*$	正己烷
		279	15	$n \to \pi^*$	正己烷
R—CHO(醛)	乙醛	180	10 000	$n \to \sigma^*$	气体
		290	17	$n \to \pi^*$	正己烷
R—COOH(羧酸)	乙酸	208	32	$n \to \pi^*$	95%乙醇
R—CONH$_2$(酰胺)	乙酰胺	220	63	$n \to \pi^*$	水
R—NO$_2$(硝基化合物)	硝基甲烷	201	5 000		甲醇
R—CN(腈)	乙腈	338	126	$n \to \pi^*$	四氯乙烷
R—ONO$_2$(硝酸酯)	硝酸乙烷	270	12	$n \to \pi^*$	二氧六环
R—ONO(亚硝酸酯)	亚硝酸戊烷	218.5	1 120	$\pi \to \pi^*$	石油醚
R—NO(亚硝基化合物)	亚硝基丁烷	300	100		乙醇
R—N=N—R'(重氮化合物)	重氮甲烷	338	4	$n \to \pi^*$	95%乙醇
R—SO—R'(亚砜)	环己基甲基亚砜	210	1 500		乙醇
R—SO$_2$—R'(砜)	二甲基砜	<180			

表4.2 吸收带的划分

跃迁类型	吸收带	特 征	ε_{max}/L/(mol·cm)
$\sigma \to \sigma^*$	远紫外区	远紫外区测定	
$n \to \sigma^*$	端吸收	紫外区短波长端至远紫外区的强吸收	
$\pi \to \pi^*$	E_1	芳香环的双键吸收	>200
	$K(E_2)$	共轭多烯、—C=C—C=O—等的吸收	>10 000
	B	芳香环、芳香杂环化合物的芳香环吸收，有的具有精细结构	>100
$n \to \pi^*$	R	含CO,NO$_2$等n电子基团的吸收	<100

除了有机化合物的 $\pi \to \pi^*$ 和 $n \to \pi^*$ 跃迁吸收带以外,当外来辐射照射某些有机或无机化合物时,可能发生电子从该化合物具有电子给予体特性部分(称为给体,donor)转移到该化合物的另一具有电子接受体特性的部分(称为受体,acceptor),这种电子转移产生的吸收谱带,称为电荷转移吸收带。电荷转移吸收带涉及的是给体的电子向受体的电子轨道上的跃迁,激发态是这一内氧化还原过程的产物。电荷转移过程可表示如下:

$$D \cdots A \xrightarrow{h\nu} D^+ \text{—} A^-$$

式中 D 与 A 分别代表电子给体与受体。下面是能产生电荷转移吸收带的 3 例化合物。

$$Fe^{2+}(H_2O)_n \xrightarrow{h\nu} Fe^{3+}(H_2O)_n^-$$

在前两例中,Fe^{2+},$—NR_2$是电子给体,H_2O、苯环是电子受体。而在最后一例中,苯环是电子给体,氧是电子受体。电荷转移吸收带的一个特点是吸收强度大,$\varepsilon_{max} > 10^4$ L/(mol·cm),因此测定含有这类结构分子的灵敏度高。该原理已被广泛应用于分子识别的主体分子设计中。

某些无机金属离子也会产生紫外-可见吸收。如含 d 电子的过渡金属离子会产生配位体场吸收带。依据配位场理论,无配位场存在时,d_{xy},d_{xz},d_{yz},d_{z^2},$d_{x^2-y^2}$ 能量简并;当过渡金属离子处于配位体形成的负电场中时,5 个简并的 d 轨道会分裂成能量不同的轨道。不同配位体场,如八面体场、四面体场、正方平面配位场等使能级分裂不等。在外来辐射激发下,d 电子从能量低的轨道跃迁到能量高的轨道时产生配位体场吸收带。一般配位体场吸收带在可见区,ε_{max} 约为 0.1~100L/(mol·cm),吸收很弱。因此配位体场吸收带对定量分析用处不大,多用于配合物研究中。

镧系及锕系离子 $5f$ 电子跃迁产生的 f 电子跃迁吸收谱带出现在紫外-可见区。由于 f 轨道为外层轨道所屏蔽,受溶剂性质或配位体的影响很小,故吸收谱带窄。

少数无机阴离子,如 NO_3^-($\lambda_{max} = 313nm$),CO_3^{2-}($\lambda_{max} = 217nm$),NO_2^-($\lambda_{max} = 360, 280nm$),$N_3^-$($\lambda_{max} = 230nm$),$CS_3^{2-}$($\lambda_{max} = 500nm$)等也有紫外-可见吸收。

4.2.2 影响紫外-可见吸收光谱的因素

各种因素对吸收谱带的影响表现为谱带位移、谱带强度的变化、谱带精细结构的出现或消失等。

谱带位移包括蓝移(或称紫移,blue shift 或 hypsochromic shift)和红移(red shift 或 bathochromic shift)。蓝移指吸收峰向短波长移动,红移指吸收峰向长波长移动。吸收峰强度变化包括增色效应(hyperchromic effect)和减色效应(hypochromic effect)。前者指吸收强度增加,后者指吸收强度减小。

1. 共轭效应的影响

(1) π 电子共轭体系增大,λ_{max} 红移,ε_{max} 增大

由于共轭效应,电子离域到多个原子之间,导致 π→π* 能量降低。同时跃迁几率增大,ε_{max} 增大。表 4.3 列出了一些共轭多烯的吸收特性。

表 4.3 共轭多烯($H-(CH=CH)_n-H$)的 π→π* 跃迁

n	λ_{max}/nm	ε_{max}/L/(mol·cm)
1	180	10 000
2	217	21 000
3	268	34 000
4	304	64 000
5	334	121 000
6	364	138 000

(2) 空间阻碍使共轭体系破坏,λ_{max} 蓝移,ε_{max} 减小

取代基越大,分子共平面性越差,最大吸收波长蓝移,摩尔吸光系数降低,如表 4.4 所示。

表 4.4 α- 及 α'-位有取代基的二苯乙烯化合物的紫外光谱

R	R'	λ_{max}/nm	ε_{max}/L/(mol·cm)
H	H	294	27 600
H	CH_3	272	21 000
CH_3	CH_3	243.5	12 300
CH_3	C_2H_5	240	12 000
C_2H_5	C_2H_5	237.5	11 000

二苯乙烯化合物

2. 取代基的影响

在光的作用下,有机化合物都有发生极化的趋向,即能转变为激发态。当共轭双键的两端有容易使电子流动的基团(给电子基或吸电子基)时,极化现象显著增加。给电子基为含有未共用电子对原子的基团,如—NH_2,—OH 等。未共用电子对的流动性很大,能够和共轭体系中的 π 电子相互作用,引起永久性的电荷转移,形成 p-π 共轭,降低了能量,

λ_{max}红移。吸电子基是指易吸引电子而使电子容易流动的基团,如:—NO$_2$, C=O, C=NH 等。共轭体系中引入吸电子基团,也产生 π 电子的永久性转移,λ_{max}红移。π 电子流动性增加,光子的吸收分数增加,吸收强度增加。给电子基与吸电子基同时存在时,产生分子内电荷转移吸收,λ_{max}红移,ε_{max}增加。

给电子基的给电子能力顺序为

—N(C$_2$H$_5$)$_2$>—N(CH$_3$)$_2$>—NH$_2$>—OH>—OCH$_3$>—NHCOCH$_3$>—OCOCH$_3$>—CH$_2$CH$_2$COOH>—H

吸电子基的作用强度顺序是

—N$^+$(CH$_3$)$_3$>—NO$_2$>—SO$_3$H>—CHO>—COO$^-$>—COOH>—COOCH$_3$>—Cl>—Br>—I

表 4.5 给出了不同取代基对取代苯 π-π* 跃迁吸收特性的影响。

表 4.5 取代苯的 π-π* 跃迁吸收特性

取代苯	K-吸收带		B-吸收带	
	λ_{max}/nm	ε_{max}/L/(mol·cm)	λ_{max}/nm	ε_{max}/L/(mol·cm)
C$_6$H$_5$—H	204	7 400	254	204
C$_6$H$_5$—CH$_3$	207	7 000	261	225
C$_6$H$_5$—OH	211	6 200	270	1 450
C$_6$H$_5$—NH$_2$	230	8 600	280	1 430
C$_6$H$_5$—NO$_2$			268	
C$_6$H$_5$—COCH$_3$			278.5	
C$_6$H$_5$—N(CH$_3$)$_2$	251	14 000	298	2 100
p—NO$_2$,OH	314	13 000	分子内电荷转移吸收	
p—NO$_2$,NH$_2$	373	16 800	分子内电荷转移吸收	

3. 溶剂的影响

一般溶剂极性增大,π→π* 跃迁吸收带红移,n→π* 跃迁吸收带蓝移,如图 4.5 所示。分子吸光后,成键轨道上的电子会跃迁至反键轨道形成激发态。一般情况下分子的激发态极性大于基态。溶剂极性越大,分子与溶剂的静电作用越强,使激发态稳定,能量降低,即 π* 轨道能量降低大于 π 轨道能量降低,因此波长红移。而产生 n→π* 跃迁的 n 电子由于与极性溶剂形成氢键,基态 n 轨道能量降低大,n→π* 跃迁能量增大,吸收带蓝移。

质子性溶剂容易与吸光分子形成氢键。当生色团为质子受体时吸收峰蓝移,生色团为质子给体时吸收峰红移。如下所示的化合物存在两种平衡态,为质子受体,其在甲醇中

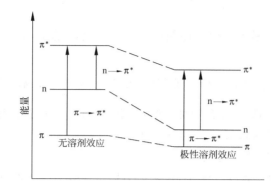

图 4.5　溶剂极性对 $\pi \rightarrow \pi^*$ 和 $n \rightarrow \pi^*$ 跃迁能量的影响

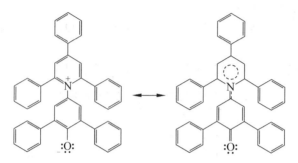

N-(4-羟基-3,5-二苯基-苯基)-2,4,6-三苯基-吡啶内铵盐

的吸收波长最短,溶液呈黄色。溶剂对其吸收峰位的影响如表 4.6 所示。

表 4.6　溶剂对 N-(4-羟基-3,5-二苯基-苯基)-2,4,6-三苯基-吡啶内铵盐吸收峰位的影响

溶　　剂	$\lambda_{\max}$/nm	溶液颜色
CH_3OH	515	红
C_2H_5OH	550	紫
$(CH_3)_2CH(CH_2)_2OH$	608	蓝
CH_3COCH_3	677	绿
$C_6H_5OCH_2CH_3$	785	黄

4.3　吸 收 定 律

4.3.1　吸收定律

现研究一截面为 s 的平行光束垂直通过一均匀吸收介质的情况,如图 4.6 所示。

先考察在吸收介质中,吸收层厚度为 dx 的小体积元内的吸收情况。光强为 I_x 的光

束通过吸收层 dx 后,减弱了 dI_x,$-dI_x/I_x$ 表示吸收率。根据量子理论,光束强度可以看作是单位时间内流过光子的总数,$-dI_x/I_x$ 于是可以看作是光束通过吸收介质时每个光子被物质分子吸收的平均几率。从另一方面看,只有在近似分子尺寸的范围内,物质分子与光子相互碰撞时才有可能捕获光子。

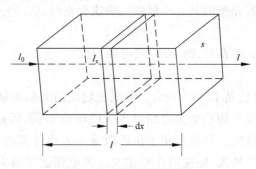

图 4.6　辐射吸收示意图

由于 dx 无限小,在小体积元内吸光的分子截面积 ds 对总辐照截面积 s 之比 ds/s 可以视为物质分子捕获光子的几率。因此,有

$$-dI_x/dx = ds/s \tag{4.1}$$

若吸收介质内含有多种吸光分子,每一种吸光分子都要对光吸收做出贡献,总吸收截面就等于各吸光分子的吸收截面之和

$$ds = \sum_{i=1}^{m} a_i dn_i \tag{4.2}$$

式中,a_i 是第 i 种吸光分子对指定频率光子的吸收截面;dn_i 是第 i 种吸光分子的数目;m 是能吸光的分子的种类数。结合(4.1)和(4.2)式,得到

$$-\frac{dI_x}{I_x} = \frac{1}{s}\sum_{i=1}^{m} a_i dn_i \tag{4.3}$$

当光束通过厚度为 b 的吸收层时,产生的总吸光度等于在全部吸收层内吸收的总和,对(4.3)式积分,得到

$$\ln \frac{I_0}{I} = \frac{1}{s}\sum_{i=1}^{m} a_i n_i \tag{4.4}$$

根据吸光度 A 的定义,并将(4.4)式代入,得到

$$A = \lg \frac{I_0}{I} = \frac{0.4343}{s}\sum_{i=1}^{m} a_i n_i = 0.4343\frac{b}{V}\sum_{i=1}^{m} a_i n_i$$

$$= \sum_{i=1}^{m} 0.4343 N a_i b \frac{n_i}{NV} = \sum_{i=1}^{m} \varepsilon_i b c_i \tag{4.5}$$

式中,V代表体积;N是阿佛加德罗常数;ε_i是第i种吸光物质的摩尔吸收系数。ε_i指浓度为1mol/L的物质在1cm厚的吸收池内产生的吸光度,表示吸光物质对指定频率光子的吸收本领,单位为L/(mol·cm)。c_i是浓度,单位是mol/L。(4.5)式表明,总吸光度等于吸收介质内各吸光物质吸光度之和,此即吸光度的加和性。它是进行混合组分分光光度测定的基础。当吸收介质内只有一种吸光物质存在时,(4.5)式简化为

$$A = \varepsilon b c \tag{4.6}$$

如果浓度c以质量浓度表示,则(4.6)式可以写成

$$A = a b c \tag{4.7}$$

式中a称为吸收系数,单位是L/(g·cm)。若吸光物质的摩尔质量为M,则$a=\varepsilon/M$。

摩尔吸收系数表示吸光物质对指定频率光子的吸收本领,因此由ε可以估计分光光度法所能达到的理论灵敏度。只有当光子在近似分子大小范围内与吸光分子碰撞时,才能产生吸收。分子截面积越大,碰撞的几率越大。光束强度I越大,总光子数越多,吸收跃迁几率B越大,产生的吸收越大。因此

$$-dI = \frac{1}{3}\left(\frac{c}{10^3}N\right)BaI\,db \tag{4.8}$$

式中,B为吸收跃迁几率,如果每次碰撞对光吸收都有效,$B=1$;a是吸光分子的截面积,约为10^{-15}cm^2;$\frac{1}{3}$代表分子随机取向的统计因子;db表示吸收层厚度,单位是cm。将(4.8)式积分,得到

$$A = \lg\frac{I_0}{I} = \frac{0.4343}{3\times 10^3}NBacb \tag{4.9}$$

比较(4.6)和(4.9)式,得到摩尔吸光系数

$$\varepsilon = \frac{A}{cb} = \frac{0.4343}{3\times 10^3}\times 6.02\times 10^{23}Ba = 8.7\times 10^{19}Ba$$

即摩尔吸光系数与吸收的跃迁几率、分子的截面积有关。若吸光分子的平均相对分子质量为100,吸光度测定达到0.0044,按(4.7)式计算,紫外吸收光谱的灵敏度可达10^{-9}g/mL。

4.3.2 吸收定律的适用性

式(4.6)或式(4.7)所示的吸收定律也称比尔定律,其成立条件是待测物为均一的稀溶液、气体等,无杂质、溶剂及悬浊物引起的散射;入射光为单色平行光。

测定高浓度样品,或高浓度电解质溶液中的痕量组分时容易引起对比尔定律的偏移。原因是由于分子间的相互作用。高浓度时,吸收质点靠得很近,会互相影响对方的电荷分布,使吸收质点对某一给定波长光的吸收能力改变,从而偏离比尔定律。折射率的改变也

会引起对比尔定律的偏离。因为摩尔吸光系数 ε 与折射率有关（诱电场效应），若溶液浓度改变引起折射率变化很大时，会产生对比尔定律的偏离。

解离、缔合、生成配合物或溶剂化等都会导致对比尔定律产生偏离。只有在等吸收点 (isosbestic point)时才符合比尔定律。如苯甲酸在溶液中有如下电离平衡，其酸式与酸根阴离子具有不同的吸收特性：

$$C_6H_5COOH + H_2O \rightleftharpoons C_6H_5COO^- + H_3O^+$$

λ_{max}/nm	273	268
ε_{max}/L/(mol·cm)	970	560

显然，稀释溶液或改变溶液 pH 值时，273nm 处的有效 ε 会变化。

比尔定律在有仪器因素影响时也不成立。前面已经指出，物质分子只能吸收特定频率的光，即比尔定律要求入射光为单色光。非单色光时，由于 ε 随波长而变，因此对比尔定律产生偏离。在紫外-可见分光光度计中，使用连续光源和单色器分光，分光后的光并非纯粹的单色光，而且为了保证足够的光强，狭缝也不可能无限小，因此，实际测定吸光度所用的辐射只是具有一定频率范围的谱带，而非单色光。设谱带的频率变化范围为 $\Delta\nu = \nu_2 - \nu_1$，则谱带光强为

$$I_0 = \int_{\nu_1}^{\nu_2} f(\nu) d\nu \tag{4.10}$$

式中 $f(\nu)$ 是光源能量随频率分布、单色器透光率和检测器响应随频率变化三者的函数。辐射通过吸收层后，谱带光强为 I，根据吸收定律

$$I = I_0 e^{-a(\nu)bc} = I_0 e^{-A} \tag{4.11}$$

式中，$a(\nu)$ 是吸光物质对特定频率辐射的吸收系数。当 A 非常小，即 $bc \to 0$ 时，$e^{-A} = 1 - A$，将其代入(4.11)式，有

$$A \underset{bc \to 0}{=} \frac{I_0 - I}{I_0} = \frac{\int_{\nu_1}^{\nu_2} f(\nu) a(\nu) d\nu}{\int_{\nu_1}^{\nu_2} f(\nu) d\nu} = a(\nu) \tag{4.12}$$

当 $\Delta\nu$ 非常小时，$f(\nu) =$ 常数，(4.12)式可以改写为

$$a(\nu)_m = \frac{1}{\Delta\nu} \int_{\nu_1}^{\nu_2} a(\nu) d\nu \tag{4.13}$$

式中 $a(\nu)_m$ 是峰值吸收系数。因此，$\Delta\nu$ 很小时，峰值吸收系数等于平均吸收系数。一般在 $\Delta\nu$ 范围内测得的平均吸收系数小于峰值吸收系数。

以 s 表示通带宽度，即光谱成像随频率、波数、波长标度的散布。s 与实际狭缝宽度呈正比。以 σ 表示吸收带宽，即实际吸收谱带的宽度。则表观吸光度 A_{obs} 与真实吸光度 A 的比值随光谱通带宽度而变，如图 4.7 所示。s/σ 越大，A_{obs} 偏离 A 越大；s/σ 一定时，随吸

光度增大，A_{obs} 偏离 A 越大，高浓度时吸收定律完全失效。实际工作中，在保证一定光强的前提下，应尽量使用窄的通带，在最大波长处测定吸光度。

杂散光（非吸收光）也会引起对比尔定律的偏离。设 I_s 为杂散光强度，则测得的吸光度为 $A' = \lg(I_0 + I_s)/(I + I_s)$。随溶液吸光度（浓度）增大，$I$ 减小。当 $I \ll I_s$ 时，$A' = \lg(I_0 + I_s)/I_s$。无杂散光时 $A = I_0/I$，因此测得的吸光度小于真实吸光度。表 4.7 列出了非吸收光对测定吸光度影响的数据，其中 s 为非吸收光占检测光的百分数。由此可见，非吸收光的存在，将降低测定灵敏度，导致校正曲线弯曲，且其影响随着被测物质浓度的增大而增大。

杂散光的影响在下列情况下尤为严重。在小于 220nm 处测量时，因其靠近仪器元件的波长上下限处，杂散光的影响大；在可见光区测量时，由于可见光源的光谱亮度大，大多数检测器对可见光的响应都较大，杂散光的影响也较为显著。

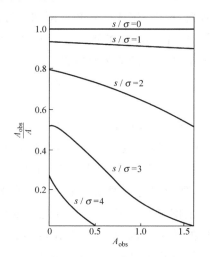

图 4.7 A_{obs}/A 随 s/σ 的变化

表 4.7 非吸收光对吸光度测量的影响

A	A_{obs}				
	$s=0.01$	$s=0.1$	$s=1$	$s=2$	$s=3$
0.1	0.1000	0.0999	0.0989	0.0978	0.0966
0.2	0.2000	0.1997	0.1975	0.1950	0.1931
0.5	0.4999	0.4990	0.4907	0.4816	0.4727
1	0.9996	0.9961	0.9626	0.9281	0.8962
1.5	1.499	1.487	1.384	1.293	1.217
2	1.996	1.959	1.701	1.526	1.401
3	2.959	2.699	1.959	1.678	1.509
4	3.699	2.959	1.996	1.697	1.521

在某些情况下也应考虑其他影响因素，包括溶剂、光效应等。如 I_2 在四氯化碳和乙醇中分别呈紫色和棕色；胶态溶液测定时散射光的影响较为显著等。至于荧光的影响，在通常使用的窄光谱通带的条件下，且由于吸收池距检测器较远（>5cm），一般可以忽略不计。

4.4 紫外-可见分光光度计

4.4.1 紫外-可见分光光度计的基本结构

紫外-可见分光光度计由光源、单色器、吸收池、检测器以及数据处理及记录(计算机)等部分组成。

图 4.8 是一双光束分光光度计的结构示意图。由光源 W(可见区)或 D_2(紫外区)发出的光经反射镜 M_1 反射后,进入滤光片 F 除去杂散光,通过狭缝 S_1,经 M_2 和 M_3 后,由光栅 G 分光,通过 M_4,M_5 以及狭缝 S_2 后得到单色光。再经 M_6,M_7 后,被扇形旋转镜 R_1 分成两束光,分别通过 M_8,M_9 和样品池 C_1、参比池 C_2,经 M_{10} 和 M_{11} 以及与 R_1 同步的扇形旋转镜 R_2 后,两束光交替通过 M_{12} 并进入光电倍增管 E。得到的电信号进入数据处理系统。

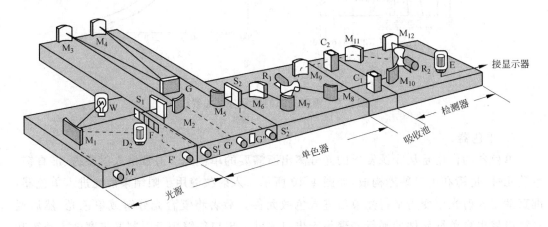

图 4.8 双光束分光光度计的结构示意图

1. 光源

光源的作用是提供激发能,供待测分子吸收。要求能够提供足够强的连续光谱,有良好的稳定性和较长的使用寿命,且辐射能量随波长无明显变化。但由于光源本身的发射特性及各波长的光在分光器内的损失不同,辐射能量是随波长变化的。通常采用能量补偿措施,使照射到吸收池上的辐射能量在各波长基本保持一致。

紫外-可见分光光度计常用的光源有热辐射光源和气体放电光源。利用固体灯丝材料高温放热产生的辐射作为光源的是热辐射光源,如钨灯、卤钨灯。两者均在可见区使用,卤钨灯的使用寿命及发光效率高于钨灯。气体放电光源是指在低压直流电条件下,氢或氘气放电所产生的连续辐射。一般为氢灯或氘灯,在紫外区使用。这种光源虽然能提供低至 160nm 的辐射,但石英窗口材料使短波辐射的透过受到限制(石英约 200nm,熔融石英约 185nm),当大于 360nm 时,氢的发射谱线叠加于连续光谱之上,不宜使用。图 4.9 是两类光源的辐射强度随波长变化的曲线。

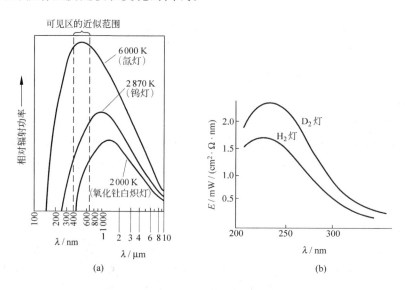

图 4.9 辐射光源的能量分布曲线

2. 单色器

单色器的作用是从光源发出的光分离出所需要的单色光。通常由入射狭缝、准直镜、色散元件、物镜和出口狭缝构成,如图 4.10 所示。入射狭缝用于限制杂散光进入单色器,准直镜将入射光束变为平行光束后进入色散元件。后者将复合光分解成单色光,然后通过物镜将出自色散元件的平行光聚焦于出口狭缝。出口狭缝用于限制通带宽度。棱镜和光栅分光原理见第 3 章的相关内容。

3. 吸收池

用于盛放试液。石英池用于紫外-可见区的测量,玻璃池只用于可见区。按其用途不同,可以制成不同形状和尺寸的吸收池,如矩形液体吸收池、流通吸收池、气体吸收池等。对于稀溶液,可用光程较长的吸收池,如 5cm 吸收池等。

4. 检测器

检测器的功能是检测光信号,并将光信号转变成电信号。简易分光光度计上使用光电池或光电管作为检测器。目前最常见的检测器是光电倍增管,有的用二极管阵列作为检测器。

光电倍增管的原理详见第3章。其特点是在紫外-可见区的灵敏度高,响应快。但强光照射会引起不可逆损害,因此不宜检测高能量。

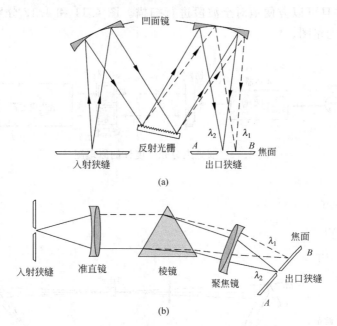

图 4.10　光栅和棱镜单色器构成图
(a) Czerney-Turner 光栅单色器　(b) Bunsen 棱镜单色器

一般单色器都有出口狭缝。经光栅分光后的光是一组呈角度分布的、按不同波长排列的单色光 λ_1,λ_2 等,通过旋转光栅角度使某一波长的光经物镜聚焦到出口狭缝。二极管阵列检测器不使用出口狭缝,在其位置上放一系列二极管的线形阵列,分光后不同波长的单色光同时被检测。二极管阵列检测器的特点是响应速度快,但灵敏度不如光电倍增管,因后者具有很高的放大倍数。

4.4.2　紫外-可见分光光度计的工作原理

按光学系统,紫外-可见分光光度计可分为单波长与双波长分光光度计、单光束与双光束分光光度计。

1. 双光束紫外-可见分光光度计

在单光束仪器中,分光后的单色光直接透过吸收池,交互测定样品池和参比池的吸收。这种仪器结构简单,适用于测定特定波长的吸收,进行定量分析。而双光束仪器中,从光源发出的光经分光后再经扇形旋转镜分成两束,交替通过参比池和样品池,测得的是透过样品溶液和参比溶液的光信号强度之比。双光束仪器克服了单光束仪器由于光源不稳引起的误差,并且可以方便地对全波段进行扫描。图 4.11 和 4.12 分别是双光束分光光度计的原理及光路图。

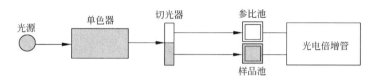

图 4.11　双光束分光光度计的原理图

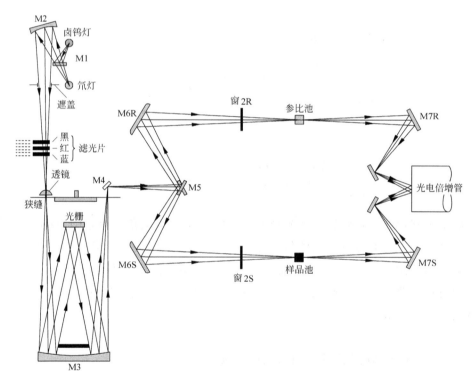

图 4.12　Pye Unicam SP8-200 紫外-可见分光光度计的光路图

2. 双波长紫外-可见分光光度计

双波长分光光度计的原理如图 4.13 所示。图 4.14 是 UV-300 型双波长分光光度计的光路图。

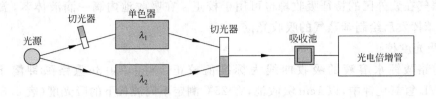

图 4.13 双波长分光光度计原理图

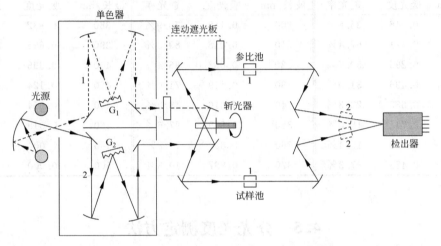

图 4.14 UV-300 紫外可见分光光度计光路图

该仪器既可用作双波长分光光度计又可用作单波长双光束仪器。当用作单波长双光束仪器时,单色器 1 出射的单色光束为遮光板所阻挡,单色器 2 出射的单色光束被斩光器分为两束断续的光,交替通过参比池和样品池,最后由光电倍增管检测信号。当用作双波长仪器时,遮光板离开光路,由两个单色器分出的 λ_1 和 λ_2 两束不同波长的光,由斩光器并束,使其在同一光路交替通过吸收池,由光电倍增管检测信号。双波长仪器的主要特点是可以降低杂散光,光谱精度高。试样室 1 远离检测器,用于透明试样测定,试样室 2 用于半透明试样测定。

4.4.3 分光光度计的校正

1. 波长校正

可采用辐射光源法校正。常用氢灯(486.13,656.28nm)或氘灯(486.00,656.10nm)或石英低压汞灯(253.65,435.88,546.07nm)校正。

镨钕玻璃在可见区有特征吸收峰,也可用来校正。

苯蒸气在紫外区的特征吸收峰也可用于校正。在吸收池内滴一滴液体苯,盖上吸收池盖,待苯挥发后绘制苯蒸气的吸收光谱。

2. 吸光度校正

以重铬酸钾水溶液的吸收曲线为标准值校正。将 0.030 3g 重铬酸钾溶于 1L 的 0.05mol/L 氢氧化钾中,以 1cm 吸收池,在 25℃测定不同波长下的吸光度(表 4.8)。

表 4.8 重铬酸钾溶液的吸光度

波长/nm	吸光度	透光率	波长/nm	吸光度	透光率	波长/nm	吸光度	透光率
220	0.446	35.8%	300	0.149	70.9%	380	0.932	11.7%
230	0.171	67.4%	310	0.048	89.5%	390	0.695	20.2%
240	0.295	50.7%	320	0.063	86.4%	400	0.396	40.2%
250	0.496	31.9%	330	0.149	71.0%	420	0.124	75.1%
260	0.633	23.3%	340	0.316	48.3%	440	0.054	88.2%
270	0.745	18.0%	350	0.559	27.6%	460	0.018	96.0%
280	0.712	19.4%	360	0.830	14.8%	480	0.004	99.1%
290	0.428	37.3%	370	0.987	10.3%	500	0.000	100%

4.5 分光光度测定方法

4.5.1 单组分定量测定

1. 分析条件的选择

(1) 溶剂的选择

所选择的溶剂应易于溶解样品并不与样品作用,且在测定波长区间内吸收小,不易挥发。表 4.9 为某些常见溶剂可用于测定的最短波长。

表 4.9 常见溶剂可用于测定的最短波长

可用于测定的最短波长/nm	常见溶剂
200	蒸馏水、乙腈、环己烷
220	甲醇、乙醇、异丙醇、醚
250	二氧六环、氯仿、醋酸
270	N,N-二甲基甲酰胺(DMF)、乙酸乙酯、四氯化碳(275nm)
290	苯、甲苯、二甲苯
335	丙酮、甲乙酮、吡啶、二硫化碳(380nm)

(2) 测定浓度的选择

根据吸收定律：

$$\lg \frac{I}{I_0} = -\varepsilon b c \tag{4.14}$$

$$d\left(\lg \frac{I}{I_0}\right) = -0.4343 \frac{d\left(\frac{I}{I_0}\right)}{\frac{I}{I_0}} = -\varepsilon b\, dc \tag{4.15}$$

则

$$\frac{\Delta c}{c} = \frac{0.4343 \Delta\left(\frac{I}{I_0}\right)}{\frac{I}{I_0} \lg \frac{I}{I_0}} \tag{4.16}$$

要使测定浓度的相对误差最小，应满足条件

$$\frac{d\left[\dfrac{0.4343 \Delta\left(\frac{I}{I_0}\right)}{\frac{I}{I_0} \lg \frac{I}{I_0}}\right]}{d\left(\frac{I}{I_0}\right)} = \frac{-0.4343 \Delta\left(\frac{I}{I_0}\right)\left(0.4343 + \lg \frac{I}{I_0}\right)}{\left(\frac{I}{I_0} \lg \frac{I}{I_0}\right)^2} = 0$$

即吸光度 $A = 0.4343$ 时，吸光度测量误差最小。误差函数曲线如图 4.15 所示。由图可见，将吸光度值控制在 $0.2 \sim 0.8$，光度测量误差较小。因此可根据样品的摩尔吸光系数确定最佳浓度。

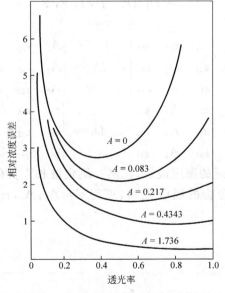

图 4.15 相对误差函数曲线

(3) 测定波长的选择

一般选择最大吸收波长以获得高的灵敏度及测定精度,并能减少非单色光引起的误差,增宽测定的线性范围。但所选择的测定波长下其他组分不应有吸收,否则,需选择其他吸收峰。

2. 定量分析方法

单组分定量分析常采用标准曲线法。当样品组成比较复杂,难于制备组成匹配的标样时用标准加入法。有关标准曲线法及标准加入法的原理,可参阅第 3 章的有关内容。

制作标准曲线时,实验点浓度所跨范围要尽可能宽一些,并使未知试样的浓度位于曲线的中央部分,实验点用最小二乘法拟合,以保证标准曲线具有良好的精度。

4.5.2 多组分混合物中各组分的同时测定

根据吸光度的加和性,测定混合物中 n 个组分的浓度,可在 n 个不同波长处测量 n 个吸光度值,列出 n 个方程组成的联立方程组。如三组分体系:

$$\begin{cases} A_1 = \varepsilon_{11}c_1 + \varepsilon_{12}c_2 + \varepsilon_{13}c_3 \\ A_2 = \varepsilon_{21}c_1 + \varepsilon_{22}c_2 + \varepsilon_{23}c_3 \\ A_3 = \varepsilon_{31}c_1 + \varepsilon_{32}c_2 + \varepsilon_{33}c_3 \end{cases} \tag{4.17}$$

式中,ε_{ij} 为在波长 i 测定组分 j 的摩尔吸收系数;A_i 为在波长 i 测得的该体系的总吸光度;c_j 为第 j 组分的浓度。上述方程组的解为

$$c_j = D_j/D, \quad j = 1, 2, 3$$

式中

$$D = \begin{vmatrix} \varepsilon_{11} & \varepsilon_{12} & \varepsilon_{13} \\ \varepsilon_{21} & \varepsilon_{22} & \varepsilon_{23} \\ \varepsilon_{31} & \varepsilon_{32} & \varepsilon_{33} \end{vmatrix}, \quad D_1 = \begin{vmatrix} A_1 & \varepsilon_{12} & \varepsilon_{13} \\ A_2 & \varepsilon_{22} & \varepsilon_{23} \\ A_3 & \varepsilon_{32} & \varepsilon_{33} \end{vmatrix}$$

$$D_2 = \begin{vmatrix} \varepsilon_{11} & A_1 & \varepsilon_{13} \\ \varepsilon_{21} & A_2 & \varepsilon_{23} \\ \varepsilon_{31} & A_3 & \varepsilon_{33} \end{vmatrix}, \quad D_3 = \begin{vmatrix} \varepsilon_{11} & \varepsilon_{12} & A_1 \\ \varepsilon_{21} & \varepsilon_{22} & A_2 \\ \varepsilon_{31} & \varepsilon_{32} & A_3 \end{vmatrix}$$

方法的关键是选择合适的测定波长,在某一测定波长下其他组分的贡献要小。分别测定纯组分 1,2,3 及混合物的吸收光谱,可得 $A_1, A_2, A_3, \varepsilon_{11}, \varepsilon_{12}, \varepsilon_{13}, \varepsilon_{21}, \varepsilon_{22}, \varepsilon_{23}, \varepsilon_{31}, \varepsilon_{32}, \varepsilon_{33}$。

4.5.3 分光光度滴定

以一定的标准溶液滴定待测物溶液,同时测定滴定过程中溶液吸光度的变化,通过作

图法求得滴定终点,从而计算待测组分含量的方法称为分光光度滴定。一般有直接滴定法和间接滴定法两种。前者在被滴定物、滴定剂或反应生成物中选择摩尔吸光系数最大的物质的 λ_{max} 为吸收波长进行滴定。滴定曲线有图 4.16 所示的几种形式,其中 ε 的角标 1,2,3 分别代表被滴定物、滴定剂和产物。间接滴定法需要使用指示剂。

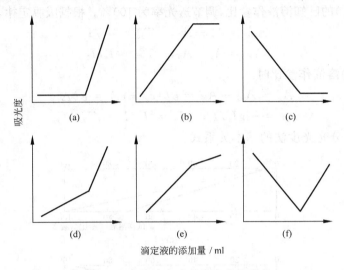

图 4.16　直接滴定法的滴定曲线形状

(a) $\varepsilon_2>0,\varepsilon_1=\varepsilon_3=0$　(b) $\varepsilon_3>0,\varepsilon_1=\varepsilon_2=0$　(c) $\varepsilon_1>0,\varepsilon_3=\varepsilon_2=0$
(d) $\varepsilon_1=0,\varepsilon_2>\varepsilon_3>0$　(e) $\varepsilon_1=0,\varepsilon_3>\varepsilon_2>0$　(f) $\varepsilon_1>\varepsilon_2>0,\varepsilon_3=0$

光度滴定与通过指示剂颜色变化用肉眼确定滴定终点的普通滴定法相比,准确性、精密度及灵敏度都要高。光度滴定已用于酸碱滴定、氧化还原滴定、沉淀滴定和配合滴定。

4.5.4　差示分光光度法

如前所述,吸光度 A 在 $0.2\sim0.8$ 范围内测量误差较小。超出此范围,如对高浓度或低浓度溶液,其测定的相对误差将会变大。尤其是高浓度溶液,更适合用差示法。

一般分光光度测定选用试剂空白或溶剂空白作为参比,差示法则选用一已知浓度的溶液作参比。该法的实质是相当于透光率标度的放大。差示分光光度法又分为 3 种情况,即高吸收法、低吸收法和最精密法。

高吸收法在测定高浓度溶液时使用。选用比待测溶液浓度稍低的已知浓度溶液作标准溶液,调节透光率为 100%。

低吸收法在测定低浓度溶液时使用。选用比待测液浓度稍高的已知浓度溶液作标准溶液,调节透光率为 0。

最精密法是同时用浓度比待测液浓度稍高或稍低的两份已知溶液作标准溶液,分别调节透光率为 0 或 100%。

从如下简单推导中可以得到差示分光光度法的基本关系式。设试样浓度为 c_x,以溶剂作参比时,其透光率为 T_{x0},吸光度为 A_{x0}。若选浓度为 c_s(其以溶剂为参比时的透光率为 T_{s0},吸光度为 A_{s0})的已知溶液作参比,调节透光率为 100%。根据吸收定律,溶剂作参比时

$$A_{x0} = A_x - A_0, \quad T_{x0} = I_x/I_0 \tag{4.18}$$

$$A_{s0} = A_s - A_0, \quad T_{s0} = I_s/I_0 \tag{4.19}$$

用已知浓度 c_s 的溶液作参比时

$$A_x = A_{x0} - A_{s0} = \varepsilon b(c_x - c_s) = \varepsilon b \Delta c \tag{4.20}$$

$$A_x = -\lg I_x/I_s, \quad T_x = I_x/I_s = T_{x0}/T_{s0} \tag{4.21}$$

(4.20)式为差示分光光度法的基本关系式。

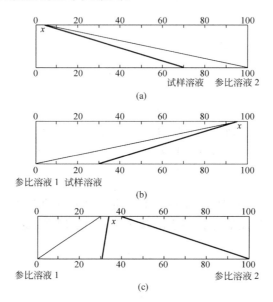

图 4.17　差示分光光度法原理示意图
(a) 高吸收法　(b) 低吸收法　(c) 最精密法

4.5.5　导数分光光度法

用吸光度对波长求一阶或高阶导数并对波长 λ 作图,可以得到导数光谱。对比尔定律 $A = \varepsilon bc$ 求导,得到

$$\frac{\mathrm{d}^n A}{\mathrm{d}\lambda^n} = \frac{\mathrm{d}^n \varepsilon}{\mathrm{d}\lambda^n} bc \tag{4.22}$$

因此,吸光度 A 的导数值与浓度 c 成比例。

从图 4.18 中可以看出,随着导数阶数的增加,谱带变得尖锐,分辨率提高,但原吸收光谱的基本特点逐渐消失。在吸收曲线的一阶导数谱的曲线拐点处测定灵敏度最高。

导数光谱的特点在于灵敏度高,可减小光谱干扰。因而在分辨多组分混合物的谱带重叠、增强次要光谱(如肩峰)的清晰度以及消除混浊样品散射的影响时有利。

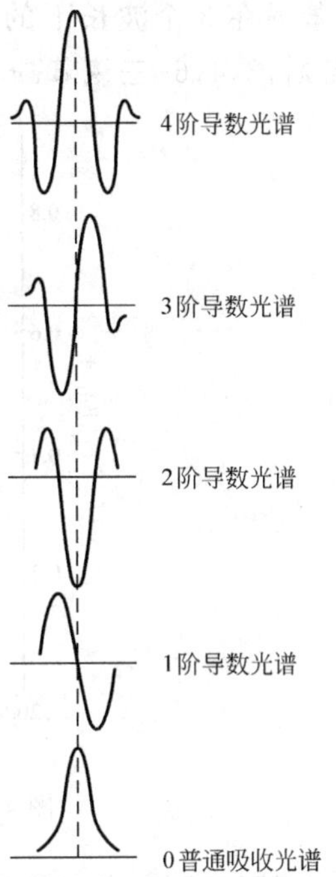

4.5.6 双波长分光光度法

在 4.4.2 节中已经介绍了双波长分光光度计的结构。它是通过两个单色器分别将光源发出的光分成 λ_1,λ_2 两束单色光,经斩光器并束后交替通过同一吸收池。因此检测的是试样溶液对两波长的吸光度差,其原理为:若 λ_1,λ_2 两波长光通过吸收池后的透过光强分别为 I_1,I_2,则有

$$A_{\lambda 1} = -\lg I_1/I_{01} = \varepsilon_{\lambda 1} bc + A_{s1} \quad (4.23)$$

$$A_{\lambda 2} = -\lg I_2/I_{02} = \varepsilon_{\lambda 2} bc + A_{s2} \quad (4.24)$$

图 4.18 0~4 阶导数光谱示意图

式中,A_{s1} 和 A_{s2} 为背景吸收,与波长关系不大,主要取决于样品的混浊程度等;I_{01},I_{02} 表示 λ_1 和 λ_2 处的入射光强。通常两个波长处由于光源输出、单色器分光等不同产生的入射光强度的差别很小,一般 $I_{01}=I_{02},A_{s1}=A_{s2}$。因此

$$\Delta A = A_{\lambda 2} - A_{\lambda 1} = -\lg I_2/I_1 = (\varepsilon_{\lambda 2} - \varepsilon_{\lambda 1})bc \quad (4.25)$$

即,两束光通过吸收池后的吸光度差与待测组分浓度成正比。

双波长分光光度法有如下特点:

(1) 可用于悬浊液和悬浮液的测定,消除背景吸收。因悬浊液的参比溶液不易配制,使用双波长分光光度法时,可固定 λ_1 在不受待测组分含量影响的等吸收点处,测定 λ_2 处的吸光度变化,可以抵消混浊的干扰,提高测定精度(因为使用同一吸收池)。

(2) 无须分离,可用于吸收峰相互重叠的混合组分的同时测定。设有混合组分 x 和 y,

$$A_1 = \varepsilon_1^x bc^x + \varepsilon_1^y bc^y \quad (4.26)$$

$$A_2 = \varepsilon_2^x bc^x + \varepsilon_2^y bc^y \quad (4.27)$$

$$\Delta A = A_2 - A_1 = (\varepsilon_2^x - \varepsilon_1^x)bc^x + (\varepsilon_2^y - \varepsilon_1^y)bc^y \quad (4.28)$$

选择 λ_1 和 λ_2,使 $\varepsilon_2^y = \varepsilon_1^y$,即 λ_1 和 λ_2 是 y 的等吸收波长,则

$$\Delta A = (\varepsilon_2^x - \varepsilon_1^x) b c^x \tag{4.29}$$

从而消除了 y 的干扰。图 4.19 是在 2,4,6-三氯苯酚存在下测定苯酚的例子。杂质 2,4,6-三氯苯酚在 3 个波长下的吸光度相等,选择 λ_2 为苯酚的测定波长,第二个波长可以选择 λ_1 或 λ_1',2,4,6-三氯苯酚不干扰测定。

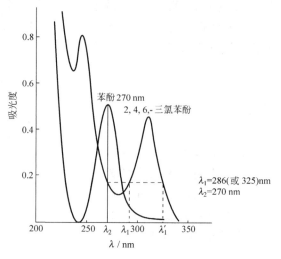

图 4.19　2,4,6-三氯苯酚存在下苯酚的测定

（3）可用于测定高浓度溶液中的痕量组分。

（4）可测定导数光谱。固定 λ_1 和 λ_2 两波长差为 1～2nm 进行波长扫描,得到一阶导数光谱 $\left(\dfrac{\Delta A}{\Delta \lambda}-\lambda\right)$。有的仪器还带有测定二阶导数光谱的电路。

4.6　紫外-可见分光光度法的应用

4.6.1　定性分析

紫外吸收光谱的重要应用在于测定共轭分子。共轭体系越大,吸收强度越大,波长红移,如

前者有紫外吸收,后者的 $\lambda_{\max} < 200\text{nm}$。同样,$CH_3COCH_2CH_2COCH_3$ 的最大吸收波长要

短于 $CH_3CH_2CO-COCH_2CH_3$。下面两个酮式和烯醇式异构体中,烯醇式结构的摩尔吸光系数要远大于酮式,也是由于烯醇式结构中有双键共轭的缘故:

$$CH_3COCH_2COOC_2H_5 \qquad CH_3C(OH)=CHCOOC_2H_5$$

酮式($\lambda_{max}=275nm, \varepsilon=100 L/(mol \cdot cm)$) 烯醇式($\lambda_{max}=245nm, \varepsilon=18\,000 L/(mol \cdot cm)$)

利用紫外-可见吸收光谱可以判断共轭生色团的所有原子是否共平面。如二苯乙烯($ph-CH=CH-ph$)顺式比反式不易共平面,因此反式结构的最大吸收波长及摩尔吸光系数都大于顺式:

顺式:$\lambda_{max}=280nm, \varepsilon=13\,500 L/(mol \cdot cm)$;

反式:$\lambda_{max}=295nm, \varepsilon=27\,000 L/(mol \cdot cm)$

通过与标准谱图的比对,紫外-可见吸收光谱可以作为有机化合物结构测定的一种辅助手段,进行化合物的验证。

4.6.2 定量分析

紫外-可见吸收光谱是应用最广泛、最有效的定量分析手段之一。在医院的常规化验中,约有95%的定量分析都用此法。其主要优点是:

(1) 可用于无机及有机体系。

(2) 一般可检测 $10^{-4} \sim 10^{-5}$ mol/L 的微量组分,通过某些特殊方法提高灵敏度,可检测 $10^{-6} \sim 10^{-7}$ mol/L 的组分。

(3) 准确度高,相对误差一般为 1‰~3‰,有时可降至百分之零点几。

定量分析的基础是比尔定律。对于本身在紫外-可见区有吸收的分子,可直接用前面的分光光度测定方法进行定量。对于在紫外-可见区无吸收的分子,可以用显色剂或被称为吸光试剂的分子与之反应进行衍生后再测定。有时为了提高测定灵敏度,对本身有吸收的待测物也用吸光试剂进行衍生,常常可以使摩尔吸光系数提高几个数量级。无机金属离子常见的衍生试剂有:与铁、钴、钼等离子反应的硫氰酸根阴离子;与钛、钒、铬等反应的过氧化物阴离子;与铋、钯、锑反应的碘离子等。各类可与金属离子反应的螯合试剂如菲咯啉、二甲基乙二肟、二乙基二硫代甲酸盐、二苯基二硫代卡巴腙等有机试剂由于测定灵敏度高,更为常用。关于如何提高紫外-可见吸收光谱定量分析灵敏度的详细内容请参见有关书籍。

4.6.3 平衡常数的测定

在化学平衡、分子识别研究中常常需要测定酸解离常数、氢键结合度等等。设均一水溶液中某配体 HL 的酸解离及其与金属离子的配合平衡如下:

$$\begin{array}{ccc}
\text{HL} & \xrightleftharpoons{K_a} & \text{H}^+ + \text{L}^- \\
+\text{M}^+ \Big\updownarrow K_{\text{MHL}} & & +\text{M}^+ \Big\updownarrow K_{\text{ML}} \\
\text{MHL} & \xrightleftharpoons{K_a'} & \text{H}^+ + \text{ML}
\end{array}$$

$$K_a = \frac{[\text{H}^+][\text{L}^-]}{[\text{HL}]} \tag{4.30}$$

$$K_a' = \frac{[\text{H}^+][\text{ML}]}{[\text{MHL}]} \tag{4.31}$$

$$K_{\text{ML}} = \frac{[\text{ML}]}{[\text{M}^+][\text{L}^-]} \tag{4.32}$$

$$K_{\text{MHL}} = \frac{[\text{MHL}]}{[\text{M}^+][\text{HL}]} \tag{4.33}$$

由物料平衡

$$[(\text{HL})_t] = [\text{HL}] + [\text{MHL}] + [\text{L}^-] + [\text{ML}] = [\text{HL}_t] + [\text{L}_t] \tag{4.34}$$

式中

$$[\text{HL}_t] = [\text{HL}] + [\text{MHL}] = [\text{HL}](1 + K_{\text{MHL}}[\text{M}^+]) \tag{4.35}$$

$$[\text{L}_t] = [\text{L}^-] + [\text{ML}] = [\text{L}^-](1 + K_{\text{ML}}[\text{M}^+]) \tag{4.36}$$

由式(4.30),(4.34),(4.35),(4.36)可得

$$K_a = \frac{[\text{H}^+][\text{L}^-](1 + K_{\text{MHL}}[\text{M}^+])}{[\text{HL}_t] - [\text{L}^-](1 + K_{\text{ML}}[\text{M}^+])} \tag{4.37}$$

由于 $\quad A = \varepsilon_{\text{HL}}[\text{HL}] + \varepsilon_{\text{L}^-}[\text{L}^-] + \varepsilon_{\text{ML}}[\text{ML}] + \varepsilon_{\text{MHL}}[\text{MHL}] \tag{4.38}$

若 A_{un} 为低 pH 下酸性型体 HL,MHL 的吸收,则

$$A_{\text{un}} = \varepsilon_{\text{HL}}[\text{HL}] + \varepsilon_{\text{MHL}}[\text{MHL}] \tag{4.39}$$

只考虑酸解离型体的吸收时,酸解离引起的吸光度增加

$$\Delta A = A - A_{\text{un}} = \varepsilon_{\text{L}^-}[\text{L}^-] + \varepsilon_{\text{ML}}[\text{ML}] = [\text{L}^-](\varepsilon_{\text{L}^-} + \varepsilon_{\text{ML}} K_{\text{ML}}[\text{ML}]) = B[\text{L}^-] \tag{4.40}$$

根据式(4.37),(4.38)

$$K_a = \frac{[\text{H}^+]\Delta A_L}{\left\{\dfrac{[\text{HL}_t]B}{(1+K_{\text{ML}}[\text{M}^+])} - \Delta A_L\right\}} \cdot \frac{1 + K_{\text{MHL}}[\text{M}^+]}{1 + K_{\text{ML}}[\text{M}^+]} \tag{4.41}$$

由此得到

$$[\text{H}^+]\Delta A_L = \frac{1 + K_{\text{ML}}[\text{M}^+]}{1 + K_{\text{MHL}}[\text{M}^+]} K_a \left\{\frac{[\text{HL}_t]B}{1 + K_{\text{ML}}[\text{M}^+]} - \Delta A_L\right\} \tag{4.42}$$

在不含配合物形成的酸解离平衡中(即 $K_{\text{ML}} = 0$, $K_{\text{MHL}} = 0$),有

$$[H^+]\Delta A_L = K_a([(HL)_t] - \Delta A_L) \tag{4.43}$$

此式与(4.42)式对照,定义表观酸解离常数 K_a^{app}：

$$K_a^{app} = \frac{1+K_{ML}[ML]}{1+K_{MHL}[MHL]}K_a \tag{4.44}$$

因此按式(4.42),以 $[H^+]\Delta A_L$ 对 ΔA_L 作图得直线,从直线斜率可求得表观酸解离常数 K_a^{app}。若不加金属离子,只存在酸解离平衡时,按式(4.43),可以直接得到 K_a。

4.6.4 配合物结合比的测定

通过紫外-可见吸收光谱的测定,可以求得配合物的结合比。常用以下几种方法。

1. 摩尔比法

设有配合反应

$$mM + nY \rightleftharpoons M_mY_n$$

固定一个组分(如 M)的浓度不变,改变另一组分(如 Y)的浓度,在配合物 M_mY_n 的最大吸收波长处测定一系列 $[Y]/[M]$ 下的吸光度,则可测定该配合物的结合比。

开始时,随 $[Y]/[M]$ 的增加,溶液吸光度线性增加,到达配合物的组成比后,继续增加 $[Y]/[M]$,会有3种不同情况：

(1) 吸光度达到饱和,不再增加。说明试剂 Y 无吸收,吸光度的增加只是配合物的单独贡献,如 Fe(Ⅲ)-钛铁试剂配合物。

(2) 吸光度出现一转折点后继续增加。说明试剂 Y 在配合物的 λ_{max} 处稍有吸收。如 Zn-PAN 配合物(PAN 为 1-(2-吡啶基偶氮)-2-萘酚的缩写)。

(3) 吸光度出现一转折点后呈直线下降。说明分步生成了摩尔吸光系数小于配合物 ε 的高次配合物,如 Bi(Ⅲ)-二甲酚橙配合物。

图 4.20 代表了第一种情况。曲线转折点对应的摩尔浓度比 $[Y]/[M] = n/m$,即为该配合物的组成比。

2. 连续变换法(或称 Job 法)

保持金属离子 M 和配合剂 Y 的总摩尔数不变,连续改变两组分的比例,并逐一测定体系的吸光度 A。以 A 对摩尔分数 $f_Y = [Y]/([M]+[Y])$ 和 $f_M = [M]/([M]+[Y])$ 作图,得到的两直线交点即

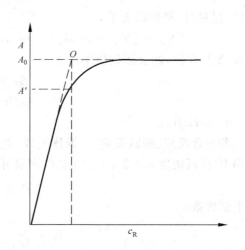

图 4.20 摩尔比法测定配合物组成

为配合物的组成比(图 4.21)。但此法对 $n/m > 4$ 的体系不适用。

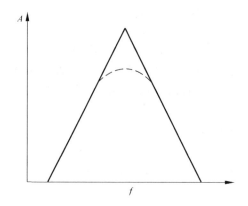

图 4.21　Job 法测定配合物组成

3. 斜率比法

配制两个系列的溶液,其一是配合剂的初始浓度$[Y]_0$保持过量且恒定,改变金属离子 M 的浓度形成配合物 M_mY_n,测定相应溶液的吸光度,以 A 对$[M]$作图得直线 1；另一系列是使金属离子的初始浓度$[M]_0$保持过量且恒定,改变配合剂 Y 的浓度形成配合物 M_mY_n,测相应的吸光度,以 A 对$[Y]$作图得直线 2。两直线的斜率分别是 S_M 和 S_Y,在$[Y]_0$过量时,平衡状态下

$$[M] = [M]_0 - m[M_mY_n] = 0, \quad A = \varepsilon b[M_mY_n] = \varepsilon b[M]_0/m \quad (4.45)$$

A 对$[M]_0$作图,直线斜率为

$$S_M = \varepsilon b/m \quad (4.46)$$

$[M]_0$ 过量时,平衡状态下,

$$[Y] = [Y]_0 - n[M_mY_n] = 0, \quad A = \varepsilon b[M_mY_n] = \varepsilon b[Y]_0/n \quad (4.47)$$

A 对$[Y]_0$作图,两直线的斜率比为

$$S_Y = \varepsilon b/n \quad (4.48)$$

$$S_M/S_Y = n/m \quad (4.49)$$

4. B-H 方程

若配合反应、酸碱反应、二聚体生成、主-客体反应等可用反应物 A(分析浓度 c_A)与反应物 B(分析浓度 c_B)按 1∶1 生成 C(平衡浓度 x)表示:

$$A + B = C$$

则平衡常数

$$K = \frac{x}{(c_A - x)(c_B - x)} \quad (4.50)$$

以光路长为 b cm 的吸收池测定该溶液的吸收光谱,波长 λ 下测得的吸光度为 D。各组分

的摩尔吸光系数分别以 ε_A, ε_B, ε_C 表示,则

$$D = \varepsilon_A b(c_A - x) + \varepsilon_B b(c_B - x) + \varepsilon_C bx \tag{4.51}$$

令

$$d = D/b = (\varepsilon_A c_A + \varepsilon_B c_B) + (\varepsilon_C - \varepsilon_A - \varepsilon_B)x \tag{4.52}$$

$$d_0 = \varepsilon_A c_A + \varepsilon_B c_B \tag{4.53}$$

则

$$d = d_0 + (\varepsilon_C - \varepsilon_A - \varepsilon_B)x \tag{4.54}$$

因此

$$x = \frac{d - d_0}{\varepsilon_C - \varepsilon_A - \varepsilon_B} \tag{4.55}$$

$$c_A - x = \frac{c_A(\varepsilon_C - \varepsilon_A - \varepsilon_B) - (d - d_0)}{\varepsilon_C - \varepsilon_A - \varepsilon_B} \tag{4.56}$$

$$c_B - x = \frac{c_B(\varepsilon_C - \varepsilon_A - \varepsilon_B) - (d - d_0)}{\varepsilon_C - \varepsilon_A - \varepsilon_B} \tag{4.57}$$

代入式(4.50),得

$$\frac{1}{K} = \left[\frac{c_A(\varepsilon_C - \varepsilon_A - \varepsilon_B)}{d - d_0} - 1\right]\left[\frac{c_B - (d - d_0)}{\varepsilon_C - \varepsilon_A - \varepsilon_B}\right] \tag{4.58}$$

若组分 B 在 λ 处几乎无吸收($\varepsilon_B \approx 0$),使加入的 B 组分大大过量($c_B \gg c_A$),则式(4.58)简化为

$$\frac{1}{K} = \left[\frac{c_A(\varepsilon_C - \varepsilon_A - \varepsilon_B)}{d - d_0} - 1\right]c_B \tag{4.59}$$

变形后得

$$\frac{c_A}{d - d_0} = \frac{1}{c_B K(\varepsilon_C - \varepsilon_A)} + \frac{1}{\varepsilon_C - \varepsilon_A} \tag{4.60}$$

式(4.60)称为扩展的 B-H(Benesi-Hildbrand)方程。固定组分 A 的分析浓度,改变组分 B 的分析浓度,并测定相应的吸光度,以 $\frac{c_A}{d-d_0}$ 对 $\frac{1}{c_B}$ 作图得一直线。由直线斜率及截距可求得 K。但该式只在 $c_B \gg c_A$ 或 K 值较大时成立。若 A 和 B 都无吸收,则式(4.60)可简化为

$$\frac{c_A}{d} = \frac{1}{c_B K \varepsilon_C} + \frac{1}{\varepsilon_C} \tag{4.61}$$

式(4.61)称 B-H 方程。该方程也适合用荧光法、核磁共振法测定平衡常数。

4.7 分子荧光、磷光和化学发光

荧光、磷光和化学发光统称为分子发光(molecular luminescence)。荧光和磷光是分子吸光成为激发态分子,在返回基态时的发光现象,又称光致发光(photoluminescence)。

发光分析具有如下特点:

(1) 灵敏度高。检测限比吸收光谱法低 1~3 个数量级,通常在 μg/L 量级。

(2) 发光参数多,所提供的信息量大。

(3) 分析线性范围比吸收光谱法宽许多。

(4) 选择性比吸收光谱法好。因为能产生紫外-可见吸收的分子不一定发射荧光或磷光。

(5) 由于能进行发光分析的体系有限,故应用范围不及吸收光谱法广。但采用探针技术可大大拓宽发光分析的应用范围。

4.7.1 荧光和磷光的产生

1. 光吸收过程

如图 4.22 所示,分子选择性地吸收光能后,会从基态转变为激发态,产生从 $S_0 \rightarrow S_1$ 或从 $S_0 \rightarrow S_2$ 的跃迁。只是前者对应的波长 λ_1 要比后者 λ_2 长,$\lambda_1 > \lambda_2$。但从 S_0 到第一激发三线态 T_1 的直接跃迁几率很小,几乎观察不到。因为这一跃迁伴随着分子多重态的改变,是禁阻跃迁。

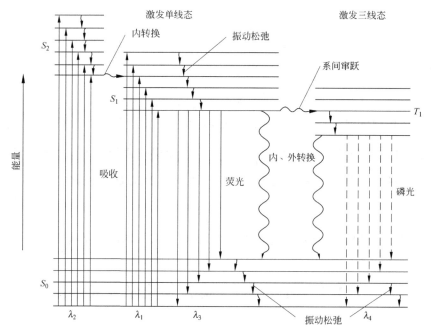

图 4.22 Jablonski 能级图

2. 失活过程

激发态分子具有多余能量,因此要通过各种途径释放能量返回稳定的基态。失活过程有3种方式:非辐射失活、辐射失活和分子间能量转移。非辐射失活和辐射失活是分子内能量的失活过程,分子间能量转移属于分子间的失活过程。

非辐射失活过程有如下几种形式:

(1) 振动松弛

指同一电子能级中不同振动能级间的跃迁。被激发到高能级上的分子将其过剩的能量以振动能的形式失去,对应着从高振动能级向低振动能级跃迁。振动失活相当于分子间碰撞,以红外线,即热能的形式将能量传递给溶剂分子。振动失活很快,时间为$10^{-9} \sim 10^{-12}$ s。

(2) 内转换

若振动失活在同样多重态间进行(如 $S_2 \rightarrow S_1$,$T_2 \rightarrow T_1$),则称为内转换。内转换的速度很快,在10^{-13} s 以内。

(3) 外转换

是由激发态分子与溶剂或其他溶质碰撞引起的能量转换。从最低激发单线态或三线态非辐射地回到基态能级的过程就可能包括了外转换,如溶剂分子通常对荧光光谱有很大影响。当降低温度或提高溶液粘度,由于碰撞的减少,使荧光强度增加。

(4) 系间窜跃

指不同多重态间的非辐射失活过程,如 $S_1 \rightarrow T_1$。由于系间窜跃伴随激发态分子电子自旋方向的改变,因此不如内转换过程那样容易,一般需10^{-6} s。

3. 荧光和磷光的产生

激发态分子从最低激发态 S_1 或 T_1 经辐射回到基态的发光过程可表示如下:

$$S_0 + h\nu \xrightarrow{k_a} S_1 \quad \text{(吸收)}$$

$$S_1 \xrightarrow{k_f} S_0 + h\nu' \quad \text{(荧光)}$$

$$S_1 \xrightarrow{k_{isc}} T_1 \quad \text{(系间窜跃)}$$

$$T_1 \xrightarrow{k_p} S_0 + h\nu'' \quad \text{(磷光)}$$

$$T_1 + T_1 \xrightarrow{k_q} S_1 + S_0 \quad \text{(T-T 湮灭)}$$

$$S_1 + S_0 \xrightarrow{k_{df}} 2 S_0 + h\nu' \quad \text{(T-T 湮灭延迟荧光)}$$

$$T_1 \xrightarrow[\Delta E]{k_{isc}^-} S_1 \xrightarrow{k_f} S_0 + h\nu' \quad \text{(热活化延迟荧光)}$$

其中,k 表示各过程的速率常数,下标与相应过程的英文字母缩写相对应。各发光过程详述如下:

(1) 荧光

激发态分子从第一激发单线态 S_1（有时是 S_2，S_3，但很少）回到基态 S_0 伴随的光辐射称为荧光。荧光能量等于 $h\nu'$。由于是相同多重态间的跃迁，几率较大，速度很快，速率常数 k_f 为 $10^6 \sim 10^9 \mathrm{s}^{-1}$，因此又称瞬态荧光。

(2) 磷光

激发态分子从第一激发三线态 T_1 回到基态 S_0 伴随的光辐射称为磷光。由于磷光的产生伴随自旋多重态的改变，系间窜跃的几率很小，因此辐射速度远远小于荧光。磷光寿命为 $10^{-4} \sim 10 \mathrm{s}$。激发光消失后还可以在一定时间内观察到磷光。同时，内转换及外转换与发磷光过程竞争，前者的几率很大，因此室温下不易观察到磷光。在固体基质、保护性介质存在下，或对于某些特殊结构的分子，也可以在室温下于溶液中观察到磷光。

4.7.2 发光参数

1. 激发光谱和发射光谱

大多数分子吸收光能后跃迁至 S_1 的高振动能级或更高的 S_2，S_3 能级，经碰撞失去多余能量回到激发态的最低振动能级。荧光是从第一激发态 S_1 的最低振动能级返回基态 S_0 的各振动能级时的光辐射。固定某一发射波长，测定该波长下的荧光发射强度随激发波长变化所得的光谱，称荧光激发光谱。固定某一激发波长，测定荧光发射强度随发射波长变化得到的光谱，称荧光发射光谱，简称荧光光谱。

荧光光谱的特点是：

(1) 斯托克斯位移(Stokes shift)

与激发光谱相比，荧光光谱的波长总是出现在更长的波长处。这是由于荧光总是从最低激发单线态的最低振动能级回到基态时产生的辐射，而激发过程有可能将分子激发到高的振动能级或更高的电子能级上去。振动、热辐射等将会使分子失去能量，即激发与发射荧光间的能量损失是斯托克斯位移产生的主要原因。其他如溶剂效应、激发态分子的反应也会引起斯托克斯位移。

(2) 荧光发射光谱与激发波长无关

吸收光谱可以有几个吸收带，而荧光发射仅是对应从 S_1 的最低振动能级至 S_0 的各振动能级的跃迁，因而与激发波长无关。同时发射的量子产率基本上与激发波长无关，一般激发光谱与发射波长无关。

(3) 吸收光谱与发射光谱呈镜像对称关系

由于吸收光谱的各个谱带间隔与激发态的振动能级的能量差对应，荧光的发射谱带间隔与基态的振动能级的能量差相等，因而，激发态与基态的振动能级间隔类似时，吸收光谱与荧光光谱呈镜像对称。如图 4.23 所示，其中 λ_{ex} 代表激发波长。

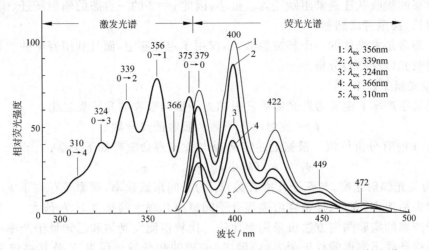

图 4.23 蒽-乙醇溶液的激发光谱以及不同激发波长下的荧光发射光谱

2. 发光寿命 τ

激发态分子 M^* 的发光衰减速度符合动力学一级反应：

$$\frac{d[M^*]}{dt} = -k[M^*] \tag{4.62}$$

对式(4.62)积分

$$[M^*] = M_0^* e^{-kt} \tag{4.63}$$

定义发光寿命 τ 为激发态分子浓度降低到其初始浓度 M_0^* 的 $1/e$ 所经历的时间。式 (4.63) 可改写为

$$\ln[M^*] = \ln[M_0^*] - t/\tau \tag{4.64}$$

在一定浓度范围内，$[M^*] \propto I$，I 为发光强度，因此

$$\ln I = \ln I_0 - t/\tau \tag{4.65}$$

以 $\ln I$-t 作图，得一直线，斜率为 $1/\tau$。

当发光是激发态分子回到基态的惟一失活过程时，发光强度降低为零所需要的时间称为该激发态分子的自然发光寿命 τ_0 (natural radiation lifetime)。若只有荧光发射，则称为荧光自然寿命。其辐射速率常数以 k_f 表示时

$$\tau_0 = 1/k_f \tag{4.66}$$

$$1/\tau_0 = k_f \tag{4.67}$$

τ_0 与吸收强度的近似关系式：

$$\tau_0 \approx 10^{-4} g/\varepsilon_{max} \tag{4.68}$$

其中，g 为发生跃迁的电子多重态。单线态时 $g=1$，三线态 $g=3$。从上式可概算激发态的辐射寿命。设一般有机化合物 $g=1$ 的 $\pi \to \pi^*$ 跃迁的 $\varepsilon_{max} = 10^4$，则荧光寿命约为 10^{-8} s。

而向三重态的吸收跃迁是禁阻跃迁，ε_{max}很小，因此 $g=3$ 的三重态的辐射跃迁（磷光）其自然寿命很长，甚至可以到秒。

发光寿命是发光体的一个特征参数，不仅用于定性鉴定，而且利用寿命的差别可进行时间分辨荧光（或磷光）分析。

3. 发光量子产率

发光量子产率 ϕ 定义为发光物质发射的光子数与吸收的光子数之比：

$$\phi = 发射的光子数 / 吸收的光子数 \tag{4.69}$$

ϕ 为 0.1~1 时有分析价值。根据上述定义，ϕ 与发光寿命应有如下关系：

$$\phi_f = k_f/(k_f + k_q + k_{isc}) = \tau_f/\tau_0 \tag{4.70}$$

其中，k_f 为荧光辐射速率，与跃迁几率有关；k_{isc} 为系间窜跃速率，重原子存在下 k_{isc} 值大；k_q 为非辐射失活速率，高温、低粘度溶剂等分子间碰撞几率大的条件下，k_q 值大。

量子产率的实验测定方法可采用参比法。比较待测发光体和已知量子产率的参比发光体在同样条件下测得的校正荧光（或磷光）光谱的积分发光强度 F 及其在该激发波长下的吸光度 A，可以求得待测发光体的量子产率 ϕ_x：

$$\phi_x = \phi_s \frac{F_x}{F_s} \frac{A_s}{A_x} \tag{4.71}$$

式中，下标 x 和 s 分别代表待测发光体及参比发光体，参比可采用 0.05mol/L 硫酸-硫酸奎宁溶液（$\phi_s = 0.55$）等。

4.7.3 影响物质发光的因素

1. 分子结构与荧光

(1) 分子中必须具有大的共轭 π 键结构。共轭度越大，发射波长红移，发光强度增加。一般具有高度共轭稳定性的芳香族化合物有荧光。单个杂环芳烃无荧光，而其与苯环共轭就有荧光。

(2) 具有刚性平面性结构的分子荧光量子产率高。如芴的量子效率(1.0)远大于联苯(0.2)。量子效率是指发射荧光的激发态分子占总分子数的百分率。

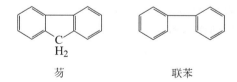

芴　　　　　　联苯

试剂与金属配合后，刚性增强，荧光也增强。另外，荧光分子在固体基质表面的荧光强度高于其溶液，也是由于被基质刚性化了的缘故。

(3) 取代基的影响

给电子取代基使荧光强度增大，如烷基、—OH、—OCH$_3$、—NH$_2$、—CN 等使荧光强度增加。而吸电子取代基则降低荧光强度,如—COOH,RCO—,—NO_2 取代,猝灭荧光。其原因是 n→π^* 跃迁的摩尔吸光系数、量子产率均低于 π→π^* 跃迁。如果卤素原子取代,则随其原子序数增加,猝灭荧光。这是由于重原子猝灭的影响。

某些荧光物质的发光参数见表 4.10。

表 4.10 某些荧光物质的发光参数

化合物	英文名称	ϕ_f	$\varepsilon_{max}/L/(mol \cdot cm)$	k_f/s^{-1}	跃迁方式
苯	benzene	~0.2	250	~2×10^6	π,π^*
萘	naphthalene	~0.2	270	~2×10^6	π,π^*
蒽	anthracene	~0.4	8 500	~5×10^7	π,π^*
丁省	tetracene	~0.2	14 000	~2×10^7	π,π^*
9,10-二苯基蒽	9,10-diphenylanthracene	~1.0	12600	~5×10^8	π,π^*
芘	pyrene	~0.7	510	~10^6	π,π^*
苯并菲	triphenylene	~0.1	355	~2×10^6	π,π^*
二萘嵌苯	perylene	~1.0	39 500	~10^8	π,π^*
二苯乙烯	stilbene	~0.05	24 000	~10^8	π,π^*
1-氯代萘	1-chloronaphthalne	~0.05	~300	~10^6	π,π^*
1-溴代萘	1-bromonaphthalene	~0.002	~300	~10^6	π,π^*
1-碘代萘	1-iodonaphthalene	~0.000	~300	~10^6	π,π^*
二苯酮	benzophenone	~0.000	~200	~10^6	n,π^*
联乙酰	biacetyl	~0.002	~20	~10^6	n,π^*
二氮杂双环辛烷	diaza[2,2,2]bicyclooctane	~1.0	~200	~10^6	n,π^*
丙酮	acetone	~0.001	~20	~10^5	n,π^*
全氟丙酮	perfluoroacetone	~0.1	~20	~10^5	n,π^*
3-溴二萘嵌苯	3-bromoperylene	~1.0	~40 000	~10^8	π,π^*
3-醛基芘	pyrene-3-carbxaldehyde	~0.25	~70 000	~10^8	π,π^*(?)
环丁酮	cyclobutanone	~0.0001	~20	~10^5	π,π^*
二氮杂双环庚烷	diaza[2,2,1]bicycloheptane	~0.0001	400	~10^6	n,π^*

2. 分子发光的类型

根据发光机理的不同,有不同的分子发光类型,如二聚体发光、光诱导电子转移(photoinduced electron transfer, PET)等等。这里仅对二聚体发光作一简单介绍。

二聚体发光有基态二聚体(dimer)、激基二聚体(excimer)、激基配合物(exciplex)等几种形式。它们的形成机理如下:

基态二聚体发光:

$$M+M \rightarrow M\text{—}M \xrightarrow{h\nu_D} (M\text{—}M)^* \rightarrow 2M + h\nu_D$$

因此,基态二聚体的激发光谱与单体的激发光谱不同。

激基二聚体发光:

$$M^* + M \rightarrow (M^* - M) \rightarrow 2M + h\nu_E$$

激基二聚体的激发光谱与单体的激发光谱相同,二聚体发光受溶剂极性影响不大。

激基配合物发光:

$$A^* - D \rightarrow (A^{\delta-} D^{\delta+})^* \rightarrow A - D + h\nu_{Ex}$$

其中 A 和 D 分别表示具有电子给体特性和具有电子受体特性的不同分子,有时也可以是两个相同分子的不同部分。激基配合物的激发光谱与单体的激发光谱相同,二聚体最大发射峰随溶剂极性增大红移。

3. 荧光猝灭

(1) 分子间碰撞猝灭

温度升高,分子间碰撞几率增大,导致非辐射失活的外转换增加。因此温度升高时大多数荧光分子的荧光强度减弱。溶剂粘度增加同样增大分子间的碰撞几率,荧光强度降低。荧光分子的浓度增加到某一定值以上,通常引起荧光强度降低,称为浓度猝灭。分子间碰撞猝灭主要有基态分子与激发态分子碰撞引起的动态猝灭、基态分子会合引起的静态猝灭等。同种分子或不同分子,如猝灭剂与荧光分子的碰撞都会导致荧光猝灭。

(2) 重原子猝灭

重原子的存在增加了自旋-轨道耦合作用,提高了系间窜跃几率,通常导致荧光强度降低,磷光强度增大。

(3) 氧猝灭

氧分子在基态时为顺磁性,可与激发态分子形成配合物,从而增加非辐射失活的几率:

$$^1A^* + {}^3O_2 \rightarrow (A^+ \cdot O_2^-)^* \rightarrow {}^3A^* + {}^3O_2$$

氧猝灭尤其对无取代基的芳香族化合物的荧光影响严重,对有取代基的芳香族化合物、杂环芳烃的荧光影响甚微。

4. 溶剂的影响

溶剂对物质的荧光特性通常影响很大。溶剂极性越大,荧光体与溶剂的静电作用越显著,从而稳定了激发态,荧光波长红移。与紫外-可见吸收光谱的情况类似,溶剂极性增大,发射波长红移,说明是 π, π^* 单线态发光;若溶剂极性增大使发射波长蓝移,则是 n, π^* 单线态发光所致。

荧光体与溶剂偶极子间的静电作用、氢键作用、电荷移动等相互作用对荧光量子产率的影响随荧光体不同而异,但尚无成熟的理论解释。

一般溶剂效应,指溶剂折射率和介电常数的影响,是普遍存在的。溶剂和荧光体间的相互作用对荧光体激发态和基态的能量差产生影响,影响程度可用 Lippert 方程描述:

$$\Delta \bar{\nu}_{st} = \bar{\nu}_{ab} - \bar{\nu}_{fl} = \frac{2\Delta\mu_{eg}^2}{hca^3}\Delta f + 常数$$

$$\Delta f = \frac{\varepsilon - 1}{2\varepsilon + 1} - \frac{n^2 - 1}{2n^2 + 1}$$

式中,Δf 为溶剂极性参数;ε 为介电常数;n 为折射率;$\bar{\nu}_{st}$ 是以波数表示的斯托克斯位移,单位是 cm^{-1};$\bar{\nu}_{ab}$,$\bar{\nu}_{fl}$ 分别代表吸收光谱及发射光谱的最大波数;$\Delta\mu_{eg}$ 指激发态与基态偶极矩之差,单位是德[拜]D^*;h 是普朗克常数,单位是 $J\cdot s$;c 为光速,单位为 m/s;a 指荧光体居留的腔体的半径(onsagar 半径),由分子本身的大小决定,单位为 m。以 $\Delta\bar{\nu}_{st}$-Δf 作图应得一直线。

4.7.4 荧光定量关系式

根据吸收定律,吸收的光量为

$$I_a = I_0 - I_t = I_0(1 - e^{-\varepsilon bc}) \quad (4.72)$$

荧光(或磷光)发射强度与吸收的光量及量子产率成正比

$$F = I_a \phi_f = I_0(1 - e^{-\varepsilon bc})\phi_f \quad (4.73)$$

对于稀溶液,εbc 小于 0.02 时,上式可简化为

$$F = 2.303 \varepsilon bc I_0 \phi_f \quad (4.74)$$

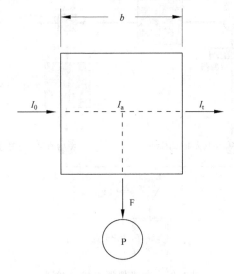

图 4.24 光吸收与荧光示意图
b:液池厚度;I_0:入射光强;I_t:透射光强;
I_a:吸收光强;F:荧光;P:检测器

即稀溶液的荧光强度与浓度成正比,此即荧光定量关系式。定量关系的成立条件为 εbc 小于 0.02;ϕ_f 与浓度无关,为定值;无荧光的再吸收。若溶液浓度大时,F-c 为曲线。浓度很大时,ϕ_f 降低(浓度猝灭)。同时,由于内部滤光效应(inner filter effect),荧光的再吸收不能忽略。

4.7.5 荧光和磷光分析仪器

一般的荧光分光光度计均为双光束仪器,用以补偿光源强度的漂移。荧光仪器的基本构成为光源、激发单色器、荧光池、发射单色器、检测器等,如图 4.25 所示。

某些荧光光谱仪,如 Perkin-Elmer LS-50B 型仪器通过选择测量方式,可以直接测定溶液磷光。其原理是利用荧光和磷光寿命的差别来实现。如图 4.26,光源脉冲在其半峰宽 t_f 范围内(约 $10\mu s$)迅速衰减至零。通过选择仪器参数中的延迟时间 t_d(光源脉冲开始至磷光测定开始的时间)、门时间 t_g(检测器磷光观测时间),可以测定光源脉冲停止后溶液的磷光发射。

---

* 1D(德[拜])$\approx 3.33564 \times 10^{-30}$ C·m(库[仑]·米)

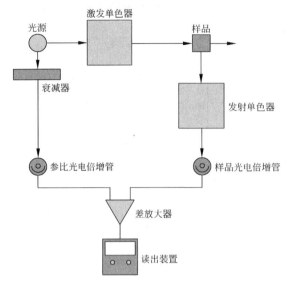

图 4.25 荧光仪器组成示意图

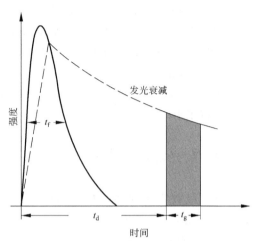

图 4.26 PE LS-50B 的磷光测定原理

t_f:半峰宽;t_d:脉冲开始至测定开始的延迟时间;
t_g:门时间,检测的时间宽度
折线表示发光信号到最大值后以指数函数形式衰减)

4.7.6 荧光和磷光分析的应用

1. 痕量分析

从荧光的定量关系式可以看到,I_0 越大,F 越大,灵敏度越高。通过使用激光光源,荧光定量分析的灵敏度甚至可达 10^{-14} mol/L。使用激光光源的荧光分析法又称激光诱导荧光。但需注意的是,光源强度增加,同时会使溶剂的拉曼散射增加,应注意其与荧光峰的区别。使用荧光探针,可以实现本身不发荧光的特定成分分析。根据待测组分的特性,除直接荧光法外,还可以采用荧光猝灭法进行痕量分析。对于多组分试样,可以经色谱分离后进行柱后衍生-在线荧光检测,或采用同步荧光等手段进行多组分同时定量。

2. 发光探针

荧光(或磷光)探针在发光分析中应用广泛。除了用于荧光衍生外,发光探针还可以是微环境探针,利用微环境极性、粘度等的不同引起发光探针的发光强度或发射波长或发光寿命等参数的改变;发光探针还可以是分子运动的探针,如通过荧光偏光的消失、激基二聚体的形成速度、猝灭反应速度等的测定探测生物膜中的分子运动特性。

3. 分子取向测定

通过荧光偏振的测定(图4.27),可以获得分子取向等结构信息。荧光偏振 P(polari-

zation degree)和荧光各向异性 r(anisotropy)的定义为
$$P = (I_z - I_x)/(I_z + I_x)$$
$$r = (I_z - I_x)/(I_z + 2I_x)$$

其中,I_z,I_x 分别代表起偏器和检偏器的方向相互垂直和平行时测得的荧光强度。荧光体的偏振度与荧光体的转动速度成反比,荧光体越小,转动速度越快,其偏振度越小。当小分子荧光体被连接到大分子蛋白质或抗体后,分子转动速度变慢,偏振度增大。因此,荧光偏振可用于免疫检测。而荧光各向异性与溶液粘度有关,由此可评价细胞膜酰基侧链区的微粘度。偏振度及各向异性具有时间依赖性,可以获得分子微环境、转动分子流体力学特性等信息。

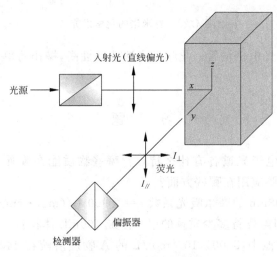

图 4.27 荧光偏振的测量

4.7.7 化学发光简介

某一化学反应产生电子激发态产物,当其返回基态时发出光的现象称为化学发光。基于这一现象进行分析的方法称为化学发光法(chemiluminescence)。

$$A + B \rightarrow C^* + D$$
$$C^* \rightarrow C + h\nu_c$$

能产生化学发光的物质很有限,往往含有—CO—NH—NHR 的基团。最常见的化学发光物质是鲁米诺(luminol)。在催化剂存在下,它可以与 H_2O_2 反应生成 3-氨基苯甲酸,并发蓝光,如图 4.28 所示。

化学发光的仪器简单。与紫外-可见分光光度计或荧光光谱仪相比,它不需要光源及

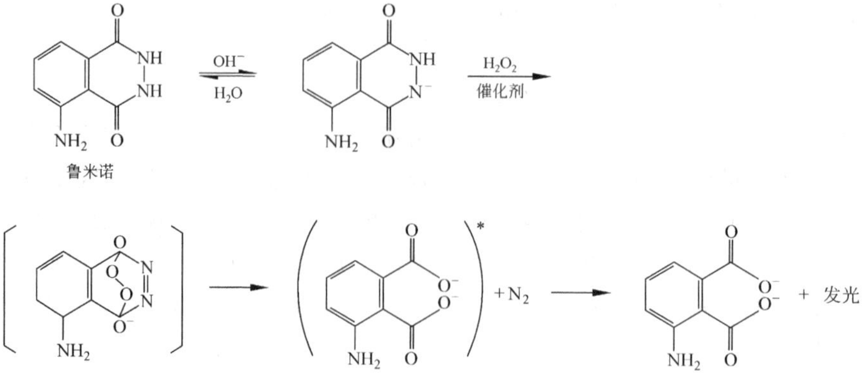

图 4.28 鲁米诺的化学发光

单色器,只有反应池及光电倍增管。化学发光法选择性高,操作简单,灵敏度高,利于痕量组分的分析。

习 题

1. 原子与分子的电子光谱各有什么特点?哪些物质能在紫外-可见光区产生吸收?紫外-可见吸收光谱主要应用在哪些方面?

2. 已知甲苯在208nm的摩尔吸光系数 $\varepsilon = 7\,900$ L/(mol·cm),要在1.0cm吸收池中得到50%透光率,问需要将多少质量的甲苯溶成100mL体积?

3. 在1cm的吸收池中,5.00×10^{-4} mol/L 的 A 物质溶液在440和590nm的吸光度分别为0.683和0.139;8.00×10^{-5} mol/L 的 B 物质溶液在这两个波长的吸光度分别为0.106和0.470;对 A 和 B 的混合溶液在此两波长测得的吸光度分别为1.022和0.414,求混合溶液中 A 和 B 物质的浓度。

4. 螯合物 CuR_2^{2+} 的最大吸收波长为575nm,当 Cu^{2+} 和 R 的浓度分别为 3.10×10^{-5} 和 2.00×10^{-2} mol/L 时,测得的吸光度为0.675,当两者浓度分别为 5.00×10^{-5} 和 6.00×10^{-4} mol/L 时,测得的吸光度为0.366,试求 CuR_2^{2+} 的解离常数。

5. 反应 $2CrO_4^{2-} + 2H^+ \rightleftharpoons Cr_2O_7^{2-} + H_2O$ 的平衡常数为 4.2×10^{14}。溶液中 $K_2Cr_2O_7$ 的两种主要存在形式的摩尔吸光系数见表4.11。

表 4.11 $K_2Cr_2O_7$ 的摩尔吸光系数

λ/nm	$\varepsilon_1(CrO_4^{2-})$	$\varepsilon_2(Cr_2O_7^{2-})$
345	1.84×10^3	10.7×10^2
370	4.81×10^3	7.28×10^2
400	1.88×10^3	1.89×10^2

分别将 4.00×10^{-4},3.00×10^{-4},2.00×10^{-4} 及 1.00×10^{-4} mol 的 $K_2Cr_2O_7$ 溶于水中,以 pH5.6 的缓冲溶液稀释至 1.00L。计算各溶液的吸光度(使用 1.00 cm 的比色池),并分别于 345,370 及 400 nm 作吸光度对浓度的曲线,比较偏离吸收定律的原因。

6. 已知某物质浓度为 1.00×10^{-4} mol/L,$\varepsilon = 1.50\times10^4$ L/(mol·cm)。假定测量透光率的不确定度为 0.005,问测得该物质的吸光度为多少?相对测定误差为多少?若控制吸光度值为 0.700,问应以多大浓度的溶液为参比溶液?浓度测量的相对误差为多少?透光率标尺放大的倍数为多少?

7. 同普通分光光度法相比,导数分光光度法和双波长分光光度法各有什么特点?并说明为什么会有这些特点?

8. 紫外光谱很少被单独用来进行定性鉴定,其原因何在?

9. 分子荧光、磷光和化学发光是怎样产生的?各方法的特点是什么?

参考文献

1 邓勃,宁永成,刘密新. 仪器分析. 北京:清华大学出版社,1991
2 Skoog D A, and Leary J J. Principles of instrumental analysis. 5th ed., Saunders College Publ.,1998
3 Christian G D, O'Reilly J E. 仪器分析. 王镇浦,王镇棣译. 北京:北京大学出版社,1991
4 Benesi H, Hildebrand J H. J. Am. Chem. Soc.,1949,71,2703
5 陈国珍等著. 荧光分析法. 北京:科学出版社,1990
6 荒木 峻,益子洋一郎,山本 修訳,Silverstein, Bassler, Morrill. 有機化合物のスペクトルによる同定法. 第五版. 東京:東京化學同人,1992
7 田中誠之,飯田芳男. 機器分析. 改訂三版. 東京:裳華房,1996
8 泉 美治,小川雅彌等. 機器分析のてびき(1). 増補改訂版. 京都:化學同人,1987
9 西川泰治,平木敬三. 蛍光りん光分析法. 東京:共立出版,1993

5 红外光谱法

5.1 概　　述

5.1.1 红外光谱法概述

19世纪初人们通过实验证实了红外光的存在。20世纪初人们进一步系统地了解了不同官能团具有不同红外吸收频率这一事实。1950年以后出现了自动记录式红外分光光度计。随着计算机科学的进步,1970年以后出现了傅里叶变换型红外光谱仪。红外测定技术如全反射红外、显微红外、光声光谱以及色谱-红外联用等也不断发展和完善,使红外光谱法得到了广泛应用。

红外光谱是分子振动光谱。通过谱图解析可以获取分子结构的信息。任何气态、液态、固态样品均可进行红外光谱测定,这是其他仪器分析方法难以做到的。由于每种化合物均有红外吸收,尤其是有机化合物的红外光谱能提供丰富的结构信息,因此红外光谱是有机化合物结构解析的重要手段之一。

5.1.2 红外光谱区域及其应用

红外光谱属于振动光谱,其光谱区域的细分见表5.1。

表 5.1　红外波段的划分

波　段	波长/μm	波数/cm^{-1}	频率/Hz
近红外	0.78~2.5	12 800~4 000	3.8×10^{14}~1.2×10^{14}
中红外	2.5~50	4 000~200	1.2×10^{14}~6.0×10^{12}
远红外	50~1 000	200~10	6.0×10^{12}~3.0×10^{11}
常用区域	2.5~25	4 000~400	1.2×10^{14}~1.2×10^{13}

红外光谱最重要的应用是中红外区有机化合物的结构鉴定。通过与标准谱图比较，可以确定化合物的结构；对于未知样品，通过官能团、顺反异构、取代基位置、氢键结合以及配合物的形成等结构信息可以推测结构。1990年以后除传统的结构解析外，红外吸收及发射光谱法用于复杂样品的定量分析，显微红外光谱法用于表面分析，全反射红外以及扩散反射红外光谱法用于各种固体样品分析等方面的研究报告不断增加。近红外仪器与紫外-可见分光光度计类似，有的紫外-可见分光光度计直接可以进行近红外区的测定。其主要应用是工农业产品的定量分析以及过程控制等。远红外区可用于无机化合物研究等。利用计算机的三维绘图功能（习惯上把数学中的三维在光谱中称为二维）给出分子在微扰作用下用红外光谱研究分子相关分析和变化，这种方法便是二维红外光谱法。二维红外光谱是提高红外谱图的分辨能力、研究高聚物薄膜的动态行为、液晶分子在电场作用下的重新定向等的重要手段。

图5.1为典型的红外光谱。

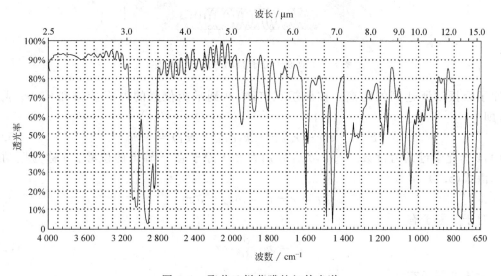

图 5.1　聚苯乙烯薄膜的红外光谱

5.2　红外吸收的基本原理

波数在 4 000～400cm^{-1} 的红外光不足以使样品分子产生电子能级的跃迁，而只是振动能级与转动能级的跃迁。分子在振动和转动过程中只有伴随净的偶极矩变化的键才有红外活性。因为分子振动伴随偶极矩改变时，分子内电荷分布变化会产生交变电场，当其频率与入射辐射电磁波频率相等时才会产生红外吸收。因此,除少数同核双原子分子如 O_2、N_2、Cl_2 等无红外吸收外,大多数分子都有红外活性。

5.2.1 双原子分子振动的机械模型——谐振子振动

从经典力学的观点,采用谐振子模型来研究双原子分子的振动,即化学键相当于无质量的弹簧,它连接两个刚性小球,它们的质量分别等于两个原子的质量。双原子分子振动时,两个原子各自的位移如图 5.2 所示。图中 r_e 为平衡时两原子之间的距离,r 为某瞬间

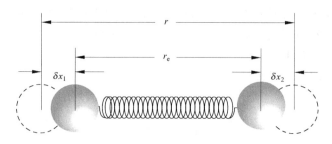

图 5.2 双原子分子振动时原子的位移

两原子因振动所达到的距离。按照胡克定律,回到平衡位置的力 F 应该和 $r-r_e$ 成正比,即

$$F = -k(r-r_e) = -k(\delta x_2 - \delta x_1) = -kq \tag{5.1}$$

式中,k 为化学键的力常数。δx_2,δx_1 分别为 2,1 原子在 x 轴上的位移。q 称为振动坐标。由式(5.1)

$$q = r - r_e = \delta x_2 - \delta x_1 \tag{5.2}$$

对于 1 原子有

$$F = m_1 \frac{d^2}{dt^2}(\delta x_1) \tag{5.3}$$

对于 2 原子有

$$F = m_2 \frac{d^2}{dt^2}(\delta x_2) \tag{5.4}$$

若只讨论中心不变的振动,有

$$-m_1 \delta x_1 = m_2 \delta x_2 \tag{5.5}$$

结合式(5.2)与式(5.5)

$$-\delta x_1 = \frac{m_2}{m_1+m_2}(r-r_e) \tag{5.6}$$

$$\delta x_2 = \frac{m_1}{m_1+m_2}(r-r_e) \tag{5.7}$$

将式(5.6)代入式(5.3),再与式(5.1)联立,可得

$$\left(\frac{m_1 m_2}{m_1+m_2}\right)\left(\frac{\mathrm{d}^2(r-r_e)}{\mathrm{d}t^2}\right)=-k(r-r_e) \tag{5.8}$$

令

$$\mu=\frac{m_1 m_2}{m_1+m_2} \quad \text{或} \quad \frac{1}{\mu}=\frac{1}{m_1}+\frac{1}{m_2} \tag{5.9}$$

μ 称为折合质量。再将式(5.9)及式(5.2)代入式(5.8),有

$$\frac{\mathrm{d}^2 q}{\mathrm{d}t^2}=-\frac{k}{\mu}q \tag{5.10}$$

解此微分方程得

$$q=q_0 \cos 2\pi\nu t \tag{5.11}$$

式中,q_0 为一常数,代表振幅。ν 为振动频率。为求 ν,将式(5.11)对 t 微分两次,再代入式(5.10),可解出

$$\nu=\frac{1}{2\pi}\sqrt{\frac{k}{\mu}} \tag{5.12}$$

或

$$\bar{\nu}=\frac{1}{2\pi c}\sqrt{\frac{k}{\mu}} \tag{5.13}$$

由式(5.13)可知,折合质量越大,波数越小。因此,无机重原子的吸收在远红外区。

当小球静止或处于平衡位置时,小球及弹簧的位能均为零。当弹簧被压缩或伸开时,体系位能增加,且等于小球所做的功。若小球从 q 移到 $q+\mathrm{d}q$,则体系位能变化为

$$\mathrm{d}V=-F\mathrm{d}q=kq\mathrm{d}q \tag{5.14}$$

积分,得体系位能

$$V=\frac{1}{2}kq^2 \tag{5.15}$$

5.2.2 振动的量子力学处理

谐振子模型未考虑振动能量的量子化。用量子力学处理,由不含时间变量的薛定谔方程

$$\hat{H}\Psi=E\Psi \tag{5.16}$$

式中,Ψ 为相应于能量 E 的波函数。$\hat{H}$ 为哈密顿算符。
双原子振动的哈密顿算符 $\hat{H}$ 为

$$\hat{H}=\left(\frac{-h^2}{8\pi^2\mu}\right)\left(\frac{\mathrm{d}^2}{\mathrm{d}q^2}\right)+V \tag{5.17}$$

式中,V 为体系内能,μ 为折合质量,q 是振动坐标,h 是普朗克常数。用简单的谐振子近似处理,将式(5.15)代入式(5.17)

$$\hat{H} = -\frac{h^2}{8\pi^2\mu}\frac{d^2}{dq^2} + \frac{1}{2}kq^2 \qquad (5.18)$$

将式(5.18)代入式(5.16)

$$-\frac{h^2}{8\pi^2\mu}\frac{d^2\Psi}{dq^2} + \frac{1}{2}kq^2\Psi = E\Psi \qquad (5.19)$$

式(5.19)的解为

$$E_v = \left(v+\frac{1}{2}\right)\frac{h}{2\pi}\sqrt{\frac{k}{\mu}} \qquad (v=0,1,2,3,\cdots) \qquad (5.20)$$

其中,v 为振动量子数,E_v 为与振动量子数 v 相应的体系能量。式(5.20)可表述为

$$E_v = \left(v+\frac{1}{2}\right)h\nu_m$$

ν_m 为谐振子频率。由此可见,位能应为正的不连续的能量值:

$$E_0 = \frac{1}{2}h\nu_m, E_1 = \frac{3}{2}h\nu_m, E_2 = \frac{5}{2}h\nu_m, \cdots \qquad (5.21)$$

任意相邻振动能级的能量差相等,均为

$$\Delta E = \frac{h}{2\pi}\sqrt{\frac{k}{\mu}} \qquad (5.22)$$

由于产生跃迁的选律为 $\Delta v = \pm 1$,因此,双原子分子的吸收频率及吸收波数表达式在经典力学与量子力学中是相同的。

由式(5.12)可以得到如下信息:

(1) 键力常数 k:一般单键 $k \approx 3\times10^2 \sim 8\times10^2$ N/m (5×10^2 N/m 左右),双键 k 为 1×10^3 N/m,叁键 k 为 1.5×10^3 N/m。

(2) 红外吸收频率。由于量子力学的位能表达式是经过谐振子模型的位能表达式 $\nu = \frac{1}{2}kq^2$ 处理得到的,而实际的位能函数应用振动的非谐振性加以修正。1929 年由 P. M. Morse 提出了 Morse 位能,其表述式为

$$V = D_e[1 - e^{-a(r-r_e)}]^2 \qquad (5.23)$$

式中,D_e 为键离解能;r_e 为平衡距离;a 是常数。

$$a = \sqrt{\frac{k}{2D_e}} \qquad (5.24)$$

相应地,振动能量为

$$E_v = \left(v+\frac{1}{2}\right)h\nu_e - \left(v+\frac{1}{2}\right)^2\chi_e h\nu_e + 高次项 \qquad (5.25)$$

振动频率为

$$\nu_e = \frac{a}{\pi}\sqrt{\frac{D_e}{2\mu}} \qquad (5.26)$$

定义非谐振系数

$$\chi_e = \frac{h\nu_e}{4D_e} \tag{5.27}$$

则能级差：

$$\Delta E(0 \rightarrow n) = nh\nu_e[1-(n+1)\chi_e] \tag{5.28}$$

n 越大，跃迁几率急剧减小，振动能级间隔变窄。如图 5.3 所示。

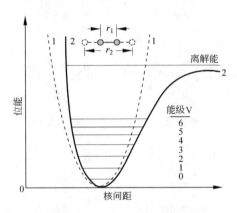

图 5.3 双原子分子位能曲线
实线：实际位能；虚线：谐振子位能

由图 5.3 可知：

(1) 在低能量时，两条曲线大致吻合，可以用谐振子模型来描述实际位能。

(2) 曲线左侧，实际位能曲线高于谐振子位能。原因是两原子间距离较近时，核间存在库仑排斥力（与恢复力同方向），使位能值大。

(3) 高位能区，位能间距变小，因此 $\Delta v \neq \pm 1$ 的跃迁成为可能。

5.2.3 分子振动方式与振动数

分子振动有伸缩振动和弯曲振动两种基本类型（见图 5.4）。伸缩振动指原子间的距离沿键轴方向的周期性变化，一般出现在高波数区；弯曲振动指具有一个共有原子的两个化学键键角的变化，或与某一原子团内各原子间的相互运动无关的、原子团整体相对于分子内其他部分的运动。弯曲振动一般出现在低波数区。

两个原子以上的多原子分子可能包含了所有形式的振动。一个由 n 个原子组成的分子其运动自由度应该等于各原子运动自由度的和。确定一个原子相对于分子内其他原子的位置需要 x,y,z 3 个空间坐标，n 个原子的分子则需要 $3n$ 个坐标，即 $3n$ 个自由度。对于非直线型分子，分子绕其重心的转动用去 3 个自由度，分子重心的平移运动又需要 3

个自由度,因此剩余的 $3n-6$ 个自由度是分子的基本振动数。而对于直线型分子,沿其键轴方向的转动不可能发生,转动只需要两个自由度,分子基本振动数为 $3n-5$。基本振动又称简正振动(normal vibration)。

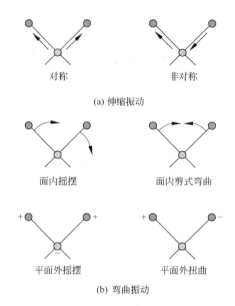

图 5.4 分子振动方式

＋表示从纸面到读者的运动;－表示离开读者的运动

一般观察到的振动要少于简正振动,原因是:

(1) 分子的对称性,如 CO_2 的对称伸缩振动无红外活性。

(2) 两个或多个振动的能量相同时,产生简并。

(3) 吸收强度很低时无法检测。

(4) 振动能对应的吸收波长不在中红外区。

有时也有多于简正振动的情况:

(1) 倍频(overtune)的产生。位能曲线中 $v=0$ 至 $v=1$ 的跃迁称为基频(fundamental tune)。而 $v=0$ 至 $v=2$ 的跃迁称为第一个倍频 $2v$,相应地,$3v$,$4v$ 等均称为倍频。

(2) 组合频(combination tune)的产生。两个或两个以上的基频,或基频与倍频的结合,如 v_1+v_2,$2v_1+v_2$ 等产生的振动频率称为组合频。

基频、倍频和组合频的产生可用图 5.5 来说明。设分子有 3 个简正振动,其振动量子数分别用 v_1,v_2,v_3 表示。从能级(000)到能级(100)的跃迁为 a,即 v_2,v_3 保持不变,v_1 从 0 改变到 1,此跃迁产生与 v_1 相对应的简正振动的基频吸收。与此类似,从能级(000)到能级(200)的跃迁 b 产生与 v_1 所对应的简正振动的倍频吸收。从能级(000)到能级(101)的

跃迁 c，同时有振动量子数 v_1 和 v_2 的变化，此跃迁产生组合频吸收。

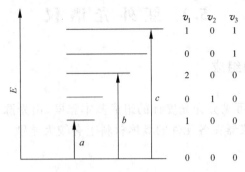

图 5.5　基频、倍频与组合频产生示意图

5.2.4　振动耦合

两个基团相邻且振动基频相差不大时会产生振动耦合，振动耦合引起的吸收频率称为耦合频率。耦合频率偏离基频，一个移向高频，一个移向低频。

当倍频或组合频与某基频相近时，由于其相互作用而产生的吸收带或发生的峰的分裂现象称为费米共振。费米共振是普遍现象，它不仅存在于红外光谱中，也存在于拉曼光谱中。

含氢基团无论是振动耦合还是费米共振现象，均可以通过氘代而加以鉴别。当含氢基团氘代以后，其折合质量的改变会使吸收频率发生变化，此时氘代前的耦合或费米共振条件不再满足，有关的吸收峰会发生较大的变化。

例 1　CO_2 分子

若无耦合发生，CO_2 两个羰基的振动频率应与脂肪酮的羰基振动频率相同（波数约为 1700cm^{-1}）。但实际上，CO_2 在 2330 cm^{-1} 和 667cm^{-1} 处有两个振动吸收峰。CO_2 分子的振动自由度 $= 3 \times 3 - 5 = 4$，其对称伸缩无偶极矩变化，无红外活性。而非对称伸缩振动在 2330 cm^{-1} 处吸收。此外，CO_2 分子的面外弯曲、平面内弯曲能量相同，在 667cm^{-1} 处吸收。

例 2　振动耦合对不同醇中 C—O 吸收频率的影响

	甲醇	乙醇	丁醇-2
C—O/cm^{-1}	1 034	1 053	1 105

上述吸收频率的变化是由于伸缩振动与相邻伸缩振动的耦合。由此可见，振动耦合使某些振动吸收的位置发生变化，对功能团的鉴定带来不便。但正因为如此，使红外光谱已成为确认某一特定化合物的有效手段。

5.3 红外光谱仪

5.3.1 红外光谱仪的组成

红外光谱仪与紫外-可见分光光度计的组成基本相同,由光源、样品室、单色器以及检测器等部分组成。两种仪器在各元件的具体材料上有较大差别。色散型红外光谱仪的单色器一般在样品池之后。

1. 光源

一般分光光度计中的氢灯、钨灯等光源能量较大,要观察分子的振动能级跃迁,测定红外吸收光谱,需要能量较小的光源。黑体辐射是最接近理想光源的连续辐射。满足此要求的红外光源是稳定的固体在加热时产生的辐射,常见的有如下几种。

(1) 能斯特灯

能斯特灯的材料是稀土氧化物,做成圆筒状(长 20mm,直径 2mm),两端为铂引线。其工作温度为 1 200～2 200K。此种光源具有很大的电阻负温度系数,需要预先加热并设计电源电路能控制电流强度,以免灯过热损坏。

(2) 碳化硅棒

尺寸为长 50mm,直径 5mm,工作温度 1 300～1 500K。与能斯特灯相反,碳化硅棒具有正的电阻温度系数,电触点需水冷以防放电。其辐射能量与能斯特灯接近,但在 >2 000cm^{-1} 区域能量输出远大于能斯特灯。

(3) 白炽线圈

用镍铬丝螺旋线圈或铑线做成。工作温度约 1 100K。其辐射能量略低于前两种,但寿命长。

一般近红外区的光源用钨灯即可,远红外区用水银放电灯作光源。

2. 检测器

红外检测器有热检测器、热电检测器和光电导检测器 3 种。前两种可用于色散型仪器中,后两种在傅里叶变换红外光谱仪中多见。

(1) 热检测器

热检测器依据的是辐射的热效应。辐射被一小的黑体吸收后,黑体温度升高,测量升高的温度可检测红外吸收。以热检测器检测红外辐射时,最主要的是要防止周围环境的热噪声。一般热检测器都置于真空舱内并使用斩光器使光源辐射断续照射样品池。

热检测器中最简单的是热电偶。将两片金属铋熔融到另一不同金属(如锑)的任一端,就有了两个连接点。两接触点的电位随温度变化而变化。检测端接点做成黑色置于真空舱内,有一个窗口对红外光透明。参比端接点在同一舱内并不受辐射照射,则两接点间产生温差。热电偶可检测 10^{-6} K 的温度变化。

(2) 热电检测器

热电检测器使用具有特殊热电性质的绝缘体,一般采用热电材料的单晶片,如硫酸三甘氨酸酯 TGS(triglycine sulfate,$(NH_2CH_2COOH)_3 \cdot H_2SO_4$)。通常是氘代或部分甘氨酸被丙氨酸代替。在电场中放一绝缘体会使绝缘体产生极化,极化度与介电常数成正比。但移去电场,诱导的极化作用也随之消失。而热电材料即使移去电场,其极化也并不立即消失,且极化强度与温度有关。当辐射照射时,温度会发生变化,从而影响晶体的电荷分布,这种变化可以被检测。热电检测器通常做成三明治状。将热电材料晶体夹在两片电极间,一个电极是红外透明的,允许辐射照射。辐射照射引起温度变化,从而晶体电荷分布发生变化,通过外部连接的电路测量电流变化可实现检测。电流的大小与晶体的表面积、极化度随温度变化的速率成正比。当热电材料的温度升至某一特定值时极化会消失,此温度称为居里点。TGS 的居里点为 47℃。热电检测器的响应速率很快,可以跟踪干涉仪随时间的变化,可在傅里叶变换红外光谱仪中使用。

(3) 光电导检测器

光电导检测器采用半导体材料薄膜,如 Hg-Cd-Te(MCT) 或 PbS 或 InSb,将其置于非导电的玻璃表面密闭于真空舱内。吸收辐射后非导电性的价电子跃迁至高能量的导电带,从而降低了半导体的电阻,产生信号。该检测器用于中红外区及远红外区,需冷至液氮温度(77K)以降低噪声。这种检测器比热电检测器灵敏,在 FT-IR 及 GC/FT-IR 仪器中获得广泛应用。

此外,PbS 检测器用于近红外区室温下的检测。

5.3.2　色散型红外光谱仪

色散型仪器在红外光谱仪出现后的很长一段时间内一直使用。该仪器的特点是:

(1) 为双光束仪器。使用单光束仪器时,大气中的 H_2O,CO_2 在重要的红外区域内有较强的吸收,因此需一参比光路来补偿,使这两种物质的吸收补偿到零。采用双光束光路可以消除它们的影响,测定时不必严格控制室内的湿度及人数。

(2) 单色器在样品室之后。由于红外光源的低强度,检测器的低灵敏度(使用热电偶时),故需要对信号进行大幅度放大。而红外光谱仪的光源能量低,即使靠近样品也不足以使其产生光分解。并且单色器在样品室之后可以消除大部分散射光而不至于到达检测器。

(3) 切光器转动频率低,响应速率慢,以消除检测器周围物体的红外辐射。

图 5.6 为色散型红外光谱仪的光路图。光源光被分成两束,一束通过样品池,另一束通过参比池。各光束交替通过扇形旋转镜 M7,利用参比光路的衰减器对经参比光路和

样品光路的光的吸收强度进行对照。因此通过参比池和样品池后溶剂的影响被消除,得到的谱图只是样品本身的吸收。

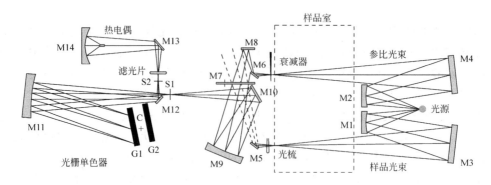

图 5.6　色散型红外光谱仪光路图

5.3.3　傅里叶变换红外光谱仪

目前几乎所有的红外光谱仪都是傅里叶变换型的。色散型仪器扫描速度慢,灵敏度低,分辨率低,因此局限性很大。

1. 傅里叶变换红外光谱仪的构成

图 5.7 中,光源发出的光被分束器分为两束,一束经反射到达动镜,另一束经透射到

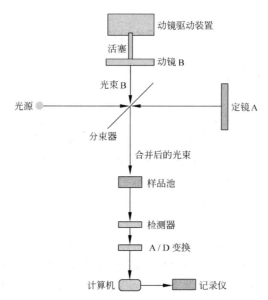

图 5.7　傅里叶变换红外光谱仪构成示意图

达定镜。两束光分别经定镜和动镜反射再回到分束器。动镜以一恒定速度 v_m 作直线运动,因而经分束器分束后的两束光形成光程差 δ,产生干涉。干涉光在分束器会合后通过样品池,然后被检测。傅里叶变换红外光谱仪的检测器有 TGS, MCT 等。

2. 傅里叶变换红外光谱的基本原理

傅里叶变换红外光谱仪的核心部分是迈克尔逊(Michelson)干涉仪,其示意图如图 5.8 所示。动镜通过移动产生光程差,由于移动速度 v_m 一定,光程差与时间有关。光程差产生干涉信号,得到干涉图。光程差 $\delta = 2d$,d 代表动镜移动离开原点的距离与定镜与原点的距离之差。由于是一来一回,应乘以 2。若 $\delta=0$,即动镜离开原点的距离与定镜与原点的距离相同,则无相位差,是相长干涉;若 $d=\lambda/4$,$\delta=\lambda/2$ 时,相位差为 $\lambda/2$,正好相反,是相消干涉;$d=\lambda/2$,$\delta=\lambda$ 时,又为相长干涉。因此动镜移动产生可以预测的周期性信号。

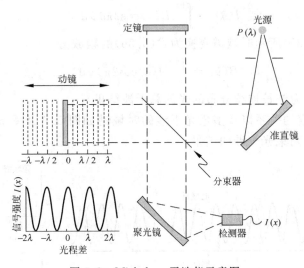

图 5.8 Michelson 干涉仪示意图

经干涉仪调制的红外光频率已从高频区变为音频区。设动镜移动 $\lambda/2$ 距离需时 t 秒,则

$$v_m t = \lambda/2 \tag{5.29}$$

调制频率 f 为

$$f = 1/t = 2v_m/\lambda = 2v_m\nu/c \tag{5.30}$$

式中,ν 为光源频率。若 $v_m=1.5 \text{cm/s}$,则 $f=10^{-10}\nu$,即调制后的频率大大降低。

经干涉仪得到的干涉信号是时间的函数,为时域谱(time domain),时域谱通过傅里叶变换得到随频率变化的谱图,即频域谱(frequency domain)。

干涉信号强度是光程差 δ 和时间 t 的函数,可表示为

$$I(\delta) = \frac{1}{2}I(\bar{\nu})\cos 2\pi ft \tag{5.31}$$

由于光被分束器分为两束,故前面要乘以 1/2。$I(\bar{\nu})$ 指入射光强度是频域函数。
若考虑分束器分光并非绝对均等,检测器的响应也与频率有关,则上式变为

$$I(\delta) = B(\bar{\nu})\cos 2\pi ft \tag{5.32}$$

$B(\bar{\nu})$ 与 $I(\bar{\nu})$ 等有关。将 $f = 2v_m$, $v_m = \delta/2t$ 代入上式,则

$$I(\delta) = B(\bar{\nu})\cos 2\pi\delta\bar{\nu} \tag{5.33}$$

式(5.33)表明,干涉信号强度是光程差和入射光波数的函数。

对于 $\bar{\nu}_1$, $\bar{\nu}_2$ 两束光,其干涉结果为

$$I(\delta) = B_1(\bar{\nu})\cos 2\pi\delta\bar{\nu}_1 + B_2(\bar{\nu})\cos 2\pi\delta\bar{\nu}_2 \tag{5.34}$$

对连续光,则需要对整个波段积分:

$$I(\delta) = \int_{-\infty}^{+\infty} B(\bar{\nu})\cos 2\pi\delta\bar{\nu}\,d\bar{\nu} \tag{5.35}$$

傅里叶变换将式(5.35)所示时域谱变换为式(5.36)的频域谱:

$$B(\bar{\nu}) = \int_{-\infty}^{+\infty} I(\delta)\cos 2\pi\delta\bar{\nu}\,d\delta \tag{5.36}$$

式(5.35)、式(5.36)为波长连续分布的光的总干涉结果。

时域谱和频域谱的关系以及多色光干涉的时域谱如图 5.9 及图 5.10 所示。图 5.9 中(b)为(a)中 ν_1, ν_2 两束光干涉的结果。

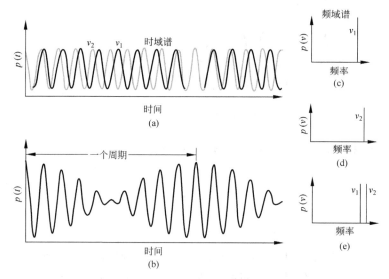

图 5.9 时域谱(a),(b)和频域谱(c),(d),(e)的关系

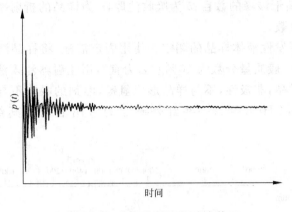

图 5.10 多色光干涉的时域谱

从图 5.10 中可以看出,光程差为零时有一极大值。这是因为任一波长的单色光在该处均为相长干涉且位相相同。反之,偏离零光程差的位置,总的干涉光强度则迅速下降。

3. 傅里叶变换红外光谱仪的优点

(1) 大大提高了谱图的信噪比。FT-IR 仪器所用的光学元件少,无狭缝和光栅分光器,因此到达检测器的辐射强度大,信噪比大。

(2) 波长(数)精度高($\pm 0.01 \text{cm}^{-1}$),重现性好。

(3) 分辨率高。

(4) 扫描速度快。傅里叶变换仪器动镜一次运动完成一次扫描所需时间仅为一至数秒,可同时测定所有的波数区间。而色散型仪器在任一瞬间只观测一个很窄的频率范围,一次完整的扫描需数分钟。

由于傅里叶变换红外光谱仪的突出优点,目前已经取代了色散型红外光谱仪。

5.3.4 红外光谱测定中的样品处理技术

1. 液体样品

液体样品常用液膜法。该法适用于不易挥发(沸点高于 80℃)的液体或粘稠溶液。使用两块 KBr 或 NaCl 盐片,滴 1~2 滴液体到盐片上,用另一块盐片将其夹住,用螺丝固定后放入样品室测量。若测定吸收较低的碳氢化合物,可以在中间放入夹片(0.05~0.1 mm 厚)以增加膜厚。测定时需注意不要让气泡混入,螺丝不应拧得过紧以免窗板破裂。使用以后要立即拆除,用脱脂棉沾氯仿、丙酮擦净。

吸收池厚度可以通过干涉条纹求得:

$$b = \frac{N}{2n}\left(\frac{1}{\bar{\nu}_1 - \bar{\nu}_2}\right) \tag{5.37}$$

式中，N 为 $\bar{\nu}_1$ 与 $\bar{\nu}_2$ 间干涉峰的数目；b 为吸收池厚，n 为样品的折射率。如图 5.1 中的基线噪声即为干涉条纹数。

溶液法适用于挥发性液体样品的测定。使用固定液池，将样品溶解于适当溶剂中配成一定浓度的溶液（一般质量分数为 10% 左右为宜），用注射器注入液池中进行测定。所用溶剂应易于溶解样品，非极性，不与样品形成氢键，溶剂的吸收不与样品吸收重合。常用溶剂为 CS_2，CCl_4，$CHCl_3$ 等。一些红外测定的常用溶剂及其红外吸收范围示于图 5.11 中。

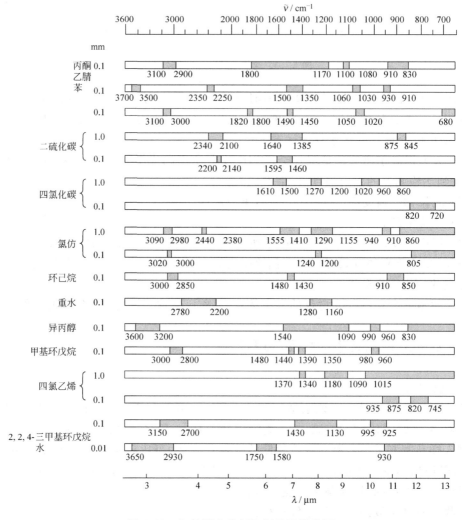

图 5.11　红外测定常用溶剂的透明范围
（给定厚度的透射比为 75% 或以上即算透明）

由于盐片窗口怕水,因此一般水溶液不能测定红外光谱。水溶液红外光谱测定的一种简易方法是利用聚乙烯薄膜。需注意的是,聚乙烯、水及重水都有红外吸收。

2. 固体样品

固体样品常用压片法,这也是固体样品红外测定的标准方法。将固体样品 0.5~1.0mg 与 150mg 左右的 KBr 一起粉碎,用压片机压成薄片。薄片应透明均匀。压片模具及压片机因生产厂家不同而异。

固体样品还可用调糊法(或重烃油法即 Nujol 法)。将固体样品(5~10mg)放入研钵中充分研细,滴 1~2 滴重烃油调成糊状,涂在盐片上组装后测定。若重烃油的吸收妨碍样品测定,可改用六氯丁二烯。

薄膜法适用于高分子化合物的测定。将样品溶于挥发性溶剂后倒在洁净的玻璃板上,在减压干燥器中使溶剂挥发后形成薄膜,固定后进行测定。

3. 气体样品

气体样品的测定可使用窗板间隔为 2.5~10cm 的大容量气体池。抽真空后,向池内导入待测气体。测定气体中的少量组分时使用池中的反射镜,其作用是将光路长增加到数十米。气体池还可用于挥发性很强的液体样品的测定。

4. 特殊红外测定技术

(1) 全反射法(ATR)

全反射法可用于样品深度方向及表面分析。利用一特殊棱镜,如 KRS-5 棱镜(TlBr 和 TlI 制成)在 250cm^{-1} 以上透明,在其两面夹上样品(如图 5.12),入射光从样品一侧照射进入(入射角为 35°~50°),经在样品、棱镜中多次反射后到达检测器。

入射光到达深度:

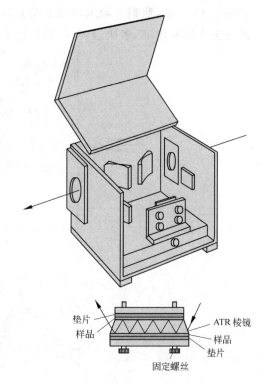

$$d_p = \frac{\lambda}{2\pi \sqrt{\sin^2\theta - (n_2/n_1)^2}}$$

(5.38)

图 5.12 全反射法附件及棱镜

式中,λ 为入射波长;θ 为入射角;n_1,n_2 分别为棱镜及样品的折射率。此法用于测定不易溶解、熔化,难于粉碎的弹性或粘性样品,如涂料、橡胶、合成革、聚氨基甲酸乙酯等表面及其涂层。也可用于表面薄膜的测定。

(2) 反射吸收法(RAS)

反射吸收法用于样品表面、金属板上涂层薄膜的测定,甚至还可用于单分子层的解析。反射吸收测定的原理是,只有与基板垂直的偶极矩变化可以被选择性地检测。反射率的变化由下式确定:

$$\frac{\Delta R}{R_0} = -\frac{4n_1^3 \sin^2\theta}{n_2^3 \cos\theta}\alpha d \tag{5.39}$$

其中,ΔR 为薄膜存在时的反射率变化;R_0 为基板反射率;n_1 为大气折射率;n_2 为薄膜折射率;θ 为入射角;α 为薄膜的吸收系数;d 为薄膜厚度。

(3) 粉末反射法

粉末反射法又称扩散反射法(DR)。无论适用或不适用 KBr 压片法的样品都可用 DR 法测定,也用于微小样品、色谱馏分定性、吸着在粉末表面的样品分析。

如图 5.13 所示,照射到粉末样品上的光首先在其表面反射,一部分直接进入检测器,另一部分进入样品内部,多次透射、散射后再从表面射出,后者称为扩散反射光。

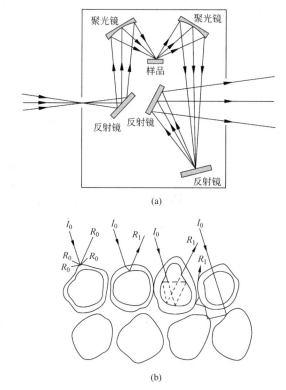

图 5.13 粉末反射法测定光路(a)及原理(b)
I_0:入射光;R_0:常规反射光;R_1:扩散反射光;$R = R_0 + R_1$

DR 法就是利用扩散散射光获取吸收光谱的方法。与压片法相比,DR 法由于测定的是多次透过样品的光,因此两者的光谱强度比不同,压片法中的弱峰有时会增强。在利用 DR 法进行定量分析时要进行 K-M(Kubelka-Munk)变换,一般仪器软件可以自动进行。

$$R = R_0 + R_1 \tag{5.40}$$

$$f(\gamma^\infty) = \frac{(1-\gamma^\infty)^2}{2\gamma^\infty} = \frac{K}{S} \tag{5.41}$$

$f(\gamma^\infty)$ 称 Kubelka-Munk 函数;$\gamma^\infty = \gamma_{样品}/\gamma_{标准}$,称为相对反射率,指样品与溴化钾粉末混合物的 DR 强度与溴化钾粉末的 DR 强度之比;K 为粉末层的吸收系数,与样品的吸收系数和浓度的乘积成正比;S 是粉末层的散射系数。

(4) 显微红外法

显微红外法可以进行微小部分的结构解析。检测限可达 10^{-12} g 级,空间分辨率为 $10\mu m$。图 5.14 为 MFT-2000 型显微红外仪的光学系统。

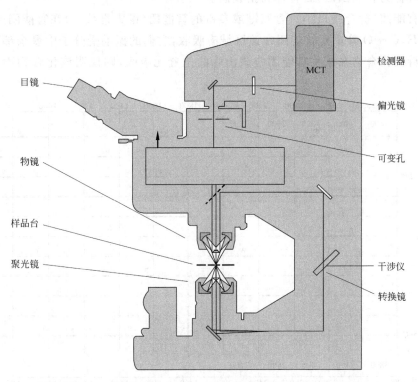

图 5.14　日本分光 MFT-2000 型显微红外仪的光学系统

(5) 红外光声光谱法(PAS)

用光声池、前置放大器代替傅里叶变换红外光谱仪的检测器,就构成了傅里叶变换红外光声光谱仪。样品置于光声池中测定。红外光声光谱法主要用于下列样品的测定：①强吸收、高分散的样品，如深色催化剂、煤及人发等；②橡胶、高聚物等难以制样的样品；③不允许加工处理的样品，如古物表层等。

5.4 红外光谱与分子结构的关系

红外光谱源于分子振动产生的吸收，其吸收频率对应于分子的振动频率。大量实验结果表明，一定的官能团总是对应于一定的特征吸收频率，即有机分子的官能团具有特征红外吸收频率（图5.15）。这对于利用红外谱图进行分子结构鉴定具有重要意义。

红外谱图有两个重要区域。4 000～1 300 cm^{-1} 的高波数段和1 300 cm^{-1}以下的低波数段。前者称为官能团区，后者称为指纹区。

含氢官能团（折合质量小）、含双键或叁键的官能团（键力常数大）在官能团区有吸收，如OH，NH，C＝O等重要官能团在该区域有吸收，它们的振动受分子中剩余部分的影响小。如果待测化合物在某些官能团应该出峰的位置无吸收，则说明该化合物不含有这些官能团。

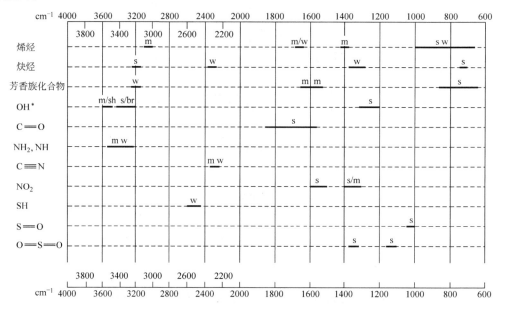

图5.15 红外特征吸收频率的大致位置
s：强；m：中强；w：弱；sh：尖峰；br：宽峰
＊：游离羟基吸收强度中等，尖峰；缔合羟基为宽而强的吸收

不含氢的单键(折合质量大)、各键的弯曲振动(键力常数小)出现在 1 300 cm^{-1} 以下的低波数区。该区域的吸收特点是振动频率相差不大,振动的耦合作用较强,因此易受邻近基团的影响。同时吸收峰数目较多,代表了有机分子的具体特征。大部分吸收峰不容易找到归属,犹如人的指纹。因此,指纹区的谱图解析不易,但与标准谱图对照可以进行最终确认。指纹区还包含了分子的骨架振动。

5.4.1 官能团的特征吸收频率

1. 4 000～2 500 cm^{-1}

这是 X—H(X=C, N, O, S 等)的伸缩振动区。

(1) OH 的吸收出现在 3 600～2 500 cm^{-1}。游离氢键的羟基在 3 600 cm^{-1} 附近,为中等强度的尖峰。形成氢键后,键力常数减小,移向低波数,产生宽而强的吸收。一般羧酸羟基的吸收频率低于醇和酚,吸收峰可移至 2 500 cm^{-1},并且为宽而强的吸收。需注意的是,水分子在 3 300 cm^{-1} 附近有吸收。样品或用于压片的溴化钾晶体含有微量水分时会在该处出峰。

(2) CH 吸收出现在 3 000 cm^{-1} 附近。不饱和 CH 在 >3 000 cm^{-1} 处出峰,饱和 CH(三员环除外)出现在 <3 000 cm^{-1} 处。CH$_3$ 有两个明显的吸收带,出现在 2 962 cm^{-1} 和 2 872 cm^{-1} 处。前者对应于反对称伸缩振动,后者对应于对称伸缩振动。分子中甲基数目多时,上述位置呈现强吸收峰。CH$_2$ 的反对称伸缩和对称伸缩振动分别出现在 2 926 cm^{-1} 和 2 853 cm^{-1} 处。脂肪族以及无扭曲的脂环族化合物的这两个吸收带的位置变化在 10 cm^{-1} 以内。一部分扭曲的脂环族化合物其 CH$_2$ 吸收频率增大。

(3) NH 吸收出现在 3 500～3 300 cm^{-1},为中等强度的尖峰。伯胺基因为有两个 N—H 键,具有对称和反对称伸缩振动,因此有两个吸收峰。仲胺基有一个吸收峰,叔胺基无 N—H 吸收。

2. 2 500～2 000 cm^{-1}

这是叁键和累积双键的伸缩振动区。此区间包含 C≡C, C≡N, C=C=C 等的吸收。CO$_2$ 的吸收在 2 300 cm^{-1} 附近。除此之外,此区间的任何小的吸收峰都提供了结构信息。

3. 2 000～1 500 cm^{-1}

这是双键伸缩振动区,是红外光谱中很重要的区域。

(1) 羰基的吸收一般为最强峰或次强峰,常出现在 1 760～1 690 cm^{-1},受与羰基相连的基团影响,会移向高波数或低波数。

(2) 芳香族化合物环内碳原子间伸缩振动引起的环的骨架振动有特征吸收峰,分别出现在 1 600～1 585 cm^{-1} 及 1 500～1 400 cm^{-1}。因环上取代基的不同吸收峰有所差异,一般在上述两个波数范围内分别出现吸收峰。杂芳环和芳香单环、多环化合物的骨架振动相似。

(3) 烯烃类化合物的 C=C 振动出现在 1 667～1 640cm^{-1}，为中等强度或弱的吸收峰。

4. 1 500～1 300 cm^{-1}

这个区主要提供了 C—H 弯曲振动的信息。CH_3 在 1 375cm^{-1} 和 1 450cm^{-1} 附近同时有吸收，分别对应于 CH_3 的对称弯曲振动和反对称弯曲振动。前者当甲基与其他碳原子相连时吸收峰位几乎不变，吸收强度与 1 450cm^{-1} 的反对称弯曲振动和 CH_2 的剪式弯曲振动相比要大。1 450cm^{-1} 的吸收峰一般与 CH_2 的剪式弯曲振动峰重合。但戊酮-3 的两组峰区分得很好，这是由于 CH_2 与羰基相连，其剪式弯曲吸收带移向 1 439～1 399cm^{-1} 的低波数并且强度增大之故。CH_2 的剪式弯曲振动出现在 1 465cm^{-1}，吸收峰位几乎不变。

两个甲基连在同一碳原子上的偕二甲基有特征吸收峰。如异丙基$(CH_3)_2CH$—在 1 385～1 380cm^{-1} 和 1 370～1 365cm^{-1} 有两个同样强度的吸收峰（即原 1 375cm^{-1} 的吸收峰分叉）。叔丁基$(CH_3)_3C$—在 1 375cm^{-1} 的吸收峰也分叉（1 395～1 385 cm^{-1} 和 1 370cm^{-1} 附近），但低波数的吸收峰强度大于高波数的吸收峰。分叉的原因在于两个甲基同时连在同一碳原子上，因此有同位相和反位相的对称弯曲振动的相互耦合。图 5.16 是异辛烷的红外光谱，其中叔丁基和异丙基的吸收峰叠加，1 400～1 340cm^{-1} 间低波数的吸收峰强度大于高波数的吸收峰。

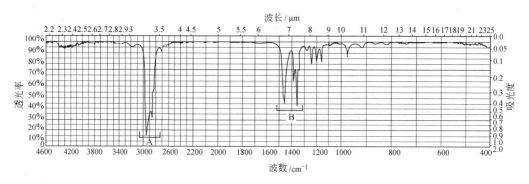

图 5.16　2,2,4-三甲基戊烷（异辛烷）的红外光谱
A：C—H 伸缩振动；　B：C—H 弯曲振动
1 400～1 340cm^{-1} 为叔丁基和异丙基吸收峰的叠加

5. 1 300～910 cm^{-1}

为单键伸缩振动区。C—O 单键振动在 1 300～1 050cm^{-1}，如醇、酚、醚、羧酸、酯等，为强吸收峰。醇在 1 100～1 050cm^{-1} 有强吸收，酚在 1 250～1 100cm^{-1} 有强吸收；酯在此区间有两组吸收峰，为 1 240～1 160cm^{-1}（对称）和 1 160～1 050cm^{-1}（反对称）。C—C，C—X（卤素）等也在此区间出峰。将此区域的吸收峰与其他区间的吸收峰一起对照，在谱

图解析时很有用。

6. $<910\text{cm}^{-1}$

苯环面外弯曲振动、环弯曲振动出现在此区域。如果在此区间内无强吸收峰,一般表示无芳香族化合物。此区域的吸收峰常常与环的取代位置有关。

图 5.17 为常见官能团红外吸收的特征频率。需注意的是,特征吸收峰中苯环的取代位置对于烷基取代苯比较准确,但对于极性基团取代苯,如硝基苯、芳香羧酸的酯或酰氨等会有较大变化,解析时应注意。

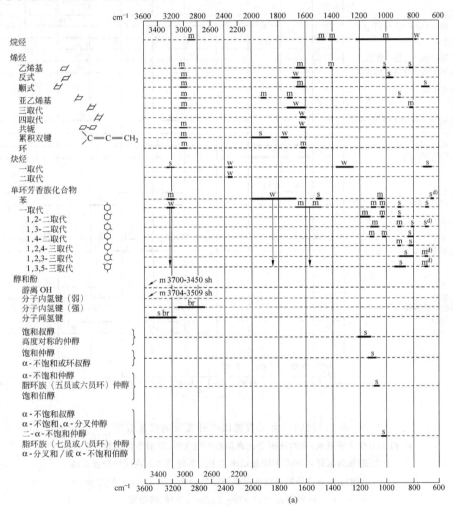

图 5.17(a) 常见官能团红外吸收的特征频率
(a) 特征吸收带以粗横线表示 s＝强；m＝中强；w＝弱；sh＝尖峰；br＝宽峰
(b) 有时观测不到 (c) 常常出现双峰 (d) 环变角吸收带

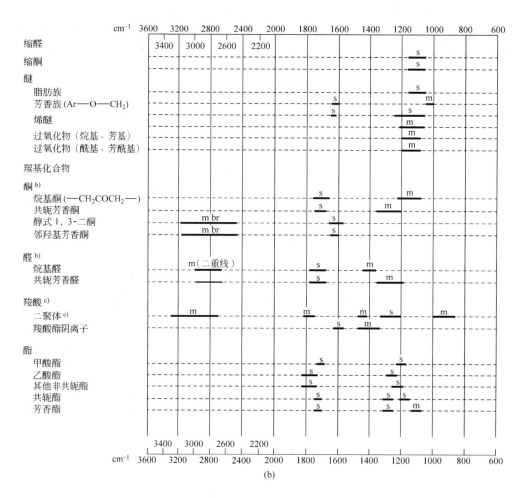

图 5.17(b) 常见官能团红外吸收的特征频率

a) 由 3 个吸收带组成,有时缩酮会出现第四个吸收带,缩醛会出现第五个吸收带

b) 脂肪族共轭时,C=O伸缩振动事实上与共轭芳香族在同样位置出峰

c) 共轭时 C=O 伸缩振动在更低波数区($1710\sim1680\,cm^{-1}$)出峰,O—H 伸缩振动($3300\sim2600\,cm^{-1}$)的峰很宽

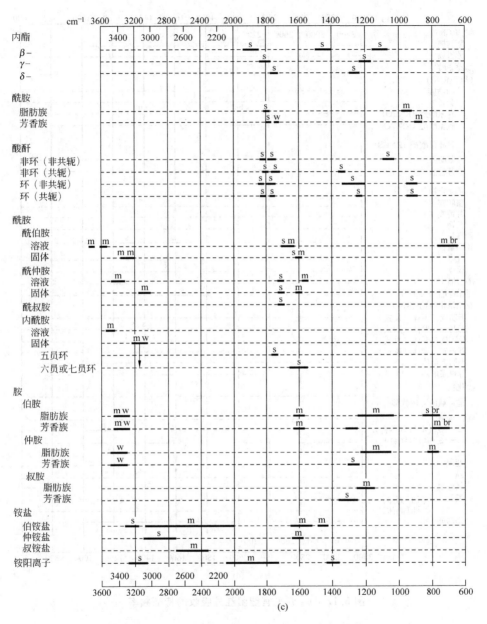

图 5.17(c) 常见官能团红外吸收的特征频率

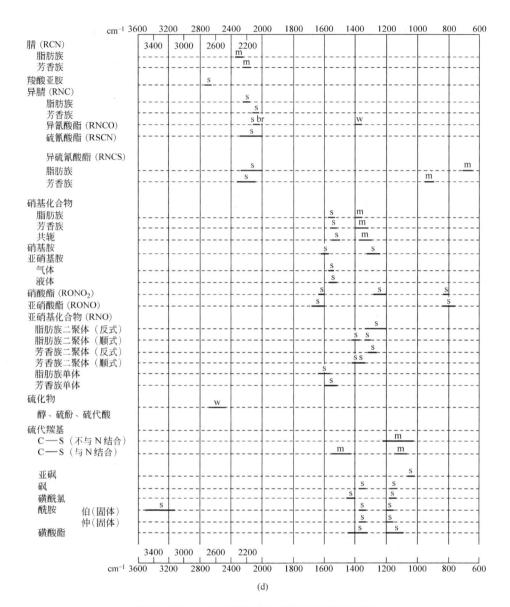

图 5.17(d) 常见官能团红外吸收的特征频率

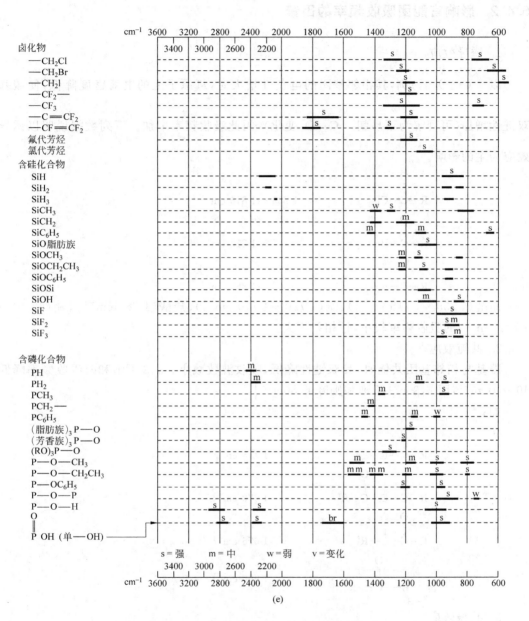

图 5.17(e) 常见官能团红外吸收的特征频率

5.4.2 影响官能团吸收频率的因素

1. 诱导效应

以 $\overset{\delta+}{\underset{}{\diagdown}}C=\overset{\delta-}{O}$ 为例,其相邻基团的电负性增大时,氧原子上的电荷密度降低,使羰基双键性增加(可理解为不易朝 $\overset{+}{\underset{}{\diagdown}}C-\overset{-}{O}$ 变化),因此吸收频率增加。下列数据说明以诱导效应为主的影响。

$$R-\overset{O}{\overset{\|}{C}}-Cl \qquad 1785 \sim 1815 \text{ cm}^{-1}$$

$$R-\overset{O}{\overset{\|}{C}}-Br \qquad \sim 1812 \text{ cm}^{-1}$$

$$R-\overset{O}{\overset{\|}{C}}-F \qquad \sim 1869 \text{ cm}^{-1}$$

而醛($1735 \sim 1715 \text{ cm}^{-1}$)、酮($1720 \sim 1710 \text{ cm}^{-1}$)、羧酸($1760 \text{ cm}^{-1}$)、酯($1740 \sim 1720 \text{ cm}^{-1}$)的吸收频率较小,且相差不大。

2. 共轭效应

羰基与相邻基团共轭时,其双键性降低,吸收波数减小。α,β 不饱和时吸收频率降低 $10 \sim 40 \text{ cm}^{-1}$,而 α,β-α,β 不饱和则降低 50 cm^{-1}。

如:

$$R-\overset{O}{\overset{\|}{C}}-R' \qquad 1715 \text{ cm}^{-1}$$

$$R-\overset{}{\underset{}{C}}=\overset{}{\underset{}{C}}-\overset{O}{\overset{\|}{C}}-R' \qquad 1670 \text{ cm}^{-1}$$

$$R-\overset{O}{\overset{\|}{C}}-\overset{O}{\overset{\|}{C}}-R' \qquad 1675 \text{ cm}^{-1}$$

$$\text{Ph}-\overset{O}{\overset{\|}{C}}-R' \qquad 1690 \text{ cm}^{-1}$$

3. 共振效应

存在共振结构时,羰基的双键性降低,吸收频率减小,如酰胺:

$$R-\overset{O}{\overset{\|}{C}}-NH_2 \longleftrightarrow R-\overset{O^-}{\overset{|}{C}}=\overset{+}{N}H_2$$

4. 空间效应

共轭体系的共平面性被破坏时,共轭性受到影响或破坏,吸收频率移向高波数(与共轭效应的影响相反)。

5. 氢键的影响

如羟基吸收的情况,当形成分子内或分子间氢键时,羟基的吸收峰移向低波数,且峰形变宽,强度大。

5.5 红外光谱的应用

红外光谱主要用于有机化合物的结构鉴定。如果从样品的出处可以大致推测结构,则确认特定原子团或原子团间的结合就比较容易。通过测定已知物与待测样品的红外光谱并进行比较,两者应一致。但需要注意以下几点:

(1) 即使是同一物质,其红外谱图的测定条件(如测定方法,样品状态、浓度,仪器操作条件等)不同,谱图也有所差别。

(2) 特征吸收受分子整体的影响会略有偏移。这种偏移在得出结论时要考虑。如相邻基团的状态、与溶剂的作用等。

(3) 如果有一部分不一致,还应考虑杂质的存在。

对于完全未知的样品,则需要进行谱图解析。但完全依靠红外光谱来进行化合物的最后确认比较困难,需要结合其他谱图信息(核磁共振、质谱、紫外光谱等)。

5.5.1 红外谱图解析

1. 红外光谱解析的三要素

在解析红外光谱时,要同时注意吸收峰的位置、强度和峰形。以羰基为例。羰基的吸收一般为最强峰或次强峰。如果在 $1\,680\sim1\,780\ cm^{-1}$ 有吸收峰,但其强度低,这表明该化合物结构中并不存在羰基,而是该样品中存在少量的羰基化合物,它以杂质形式存在。吸收峰的形状取决于官能团的种类,从峰形可以辅助判断官能团。以缔合羟基、缔合伯胺基及炔氢为例,它们的吸收峰位只略有差别,但主要差别在于峰形:缔合羟基峰宽、圆滑而钝;缔合伯胺基吸收峰有一个小小的分叉;炔氢则显示尖锐的峰形。

2. 同一基团的几种振动相关峰应同时存在

任何一个官能团由于存在伸缩振动(某些官能团同时存在对称和反对称伸缩振动)和多种弯曲振动,因此,会在红外谱图的不同区域显示出几个相关吸收峰。所以,只有当几处应该出现吸收峰的地方都显示吸收峰时,方能得出该官能团存在的结论。以甲基为例,在 2 960,2 870,1 460,1 380 cm^{-1} 处都应有 C—H 的吸收峰出现。以长链 CH_2 为例,2 920,2 850,1 470,720 cm^{-1} 处都应出现吸收峰。

3. 谱图解析顺序

(1) 根据质谱、元素分析结果得到分子式。由分子式计算不饱和度 U。

$U=$ 四价元素数 $-$ (一价元素数/2) $+$ (三价元素数/2) $+1$

如苯,$U=6-\dfrac{6}{2}+1=4$

(2) 先观察官能团区,找出存在的官能团,再看指纹区。如果是芳香族化合物,应定出苯环取代位置。

(3) 根据官能团及化学合理性,拼凑可能的结构。

(4) 进一步的确认需要与标样、标准谱图对照并结合其他仪器分析手段的结论。

标准红外谱图集最常见的是萨特勒(Sadtler)红外谱图集。目前已有红外谱图的数据库供检索。

4. 红外谱图解析举例

例题 1 某未知物的分子式为 $C_{12}H_{24}O_2$,试从其红外谱图(图 5.18)推测它的结构。

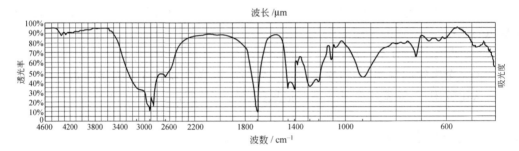

图 5.18 化合物 $C_{12}H_{24}O_2$ 的红外光谱

解 由分子式可计算出该化合物的不饱和度为 1,即该分子含有一个双键或一个环。1 700 cm^{-1} 的强吸收表明分子中含有羰基,正好占去一个不饱和度。

3 300~2 500 cm^{-1} 的强而宽的吸收表明分子中含有羟基,且形成氢键。吸收峰延续到 2 500 cm^{-1} 附近,且峰形强而宽,说明是羧酸。

叠加在羟基峰上 2 920,2 850 cm^{-1} 为 CH_2 的吸收,而 2 960 cm^{-1} 为 CH_3 的吸收峰。从两峰的强度看,CH_2 的数目应远大于 CH_3 数。720 cm^{-1} 的 C—H 弯曲振动吸收说明 CH_2 数应大于 4,表明该分子为长链烷基羧酸。

综上所述,该未知物的结构为:$CH_3(CH_2)_{10}COOH$。

对照 5.17 官能团的特征频率,其余吸收峰的指认为:1 460 cm^{-1} 处的吸收峰为 CH_2 (也有 CH_3 的贡献)的 C—H 弯曲振动。1 378 cm^{-1} 为 CH_3 的 C—H 弯曲振动。1 402 cm^{-1}

为 C—O—H 的面内弯曲振动。1 280,1 220cm^{-1} 为 C—O 的伸缩振动。939cm^{-1} 的宽吸收峰对应于 O—H 面外弯曲振动。

例题 2 某未知物的分子式为 $C_8H_8O_2$,试从其红外谱图(图 5.19)推测它的结构。

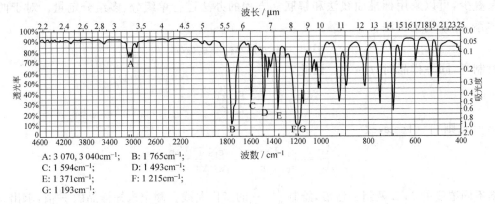

A: 3 070,3 040cm^{-1}; B: 1 765cm^{-1};
C: 1 594cm^{-1}; D: 1 493cm^{-1};
E: 1 371cm^{-1}; F: 1 215cm^{-1};
G: 1 193cm^{-1};

图 5.19 化合物 $C_8H_8O_2$ 的红外光谱

解 由其分子式可计算出该化合物的不饱和度为 5。不饱和度大于 4,分子中可能含有一个苯环。

1 765cm^{-1} 处的强吸收峰说明分子中含有羰基;1 600,1 500cm^{-1} 处的吸收峰证实了苯环的存在。上述结构正好满足 5 个不饱和度。1 371,1 460cm^{-1} 处的吸收峰证明分子中含有 CH$_3$。1 215,1 193cm^{-1} 两个强吸收峰的存在表明该分子应为酯,因此只能是单取代。750,696cm^{-1} 的吸收峰也与苯环的单取代对应。因此可能的结构为

与标准谱图对照后,确认该化合物为

5.5.2 定量分析应用

红外光谱用于定量分析远远不如紫外-可见光谱法。其原因是:

(1) 红外谱图复杂,相邻峰重叠多,难以找到合适的检测峰。

(2) 红外谱图的峰形窄,光源强度低,检测器灵敏度低,因而必须使用较宽的狭缝。这些因素导致对比尔定律的偏离。

(3) 红外测定时吸收池厚度不易确定,参比池难以消除吸收池、溶剂的影响。

选择合适的吸收峰也可以利用红外光谱进行定量分析。定量分析的依据是比尔定律:$\varepsilon cl = \lg I_0/I$ 或 $A = \varepsilon cl$。如果有标准样品,并且标准样品的吸收峰与其他成分的吸收峰重叠少,可以采用标准曲线法和解联立方程的办法进行单组分、多组分定量。对于两组分体系,可采用比例法:

$$A_1 = \varepsilon_1 c_1 l_1, A_2 = \varepsilon_2 c_2 l_2$$

同时制样,同一样品时,$l_1 = l_2$。因此,

$$\frac{A_1}{A_2} = \frac{\varepsilon_1}{\varepsilon_2} \frac{c_1}{c_2}$$

设 $c_2 = x$,则 $c_1 = 1 - x$,故

$$\frac{A_1}{A_2} = \frac{\varepsilon_1}{\varepsilon_2} \frac{1-x}{x} = \frac{\varepsilon_1}{\varepsilon_2} \frac{1}{x} - \frac{\varepsilon_1}{\varepsilon_2}$$

配制不同浓度的 1,2 两组分溶液,绘制 $\frac{A_1}{A_2} - \frac{1}{x}$ 的工作曲线。测定未知样品的 $\frac{A_1}{A_2}$ 值,求出 x。

上述方法在工业分析中常用。但一般误差较大,不适用于精密测定。

习 题

1. 计算图 5.1 所示聚苯乙烯薄膜的厚度。

2. 环己酮在 $5.86\mu m$ 处的红外峰最强,并且在此波长下其吸光度与浓度呈线性关系。

(1) 选择什么溶剂有利于在该波长下对环己酮进行定量?

(2) 浓度为 2.0 mg/mL 的环己酮在该溶剂中的溶液其吸光度为 0.40,液池厚度为 0.025 mm。如果噪声为 0.001 个吸光度单位,则该条件下环己酮的检测限是多少?

3. 某未知物的红外谱图如图 5.20 所示。其分子量为 $C_4H_{10}O$,写出可能的结构。

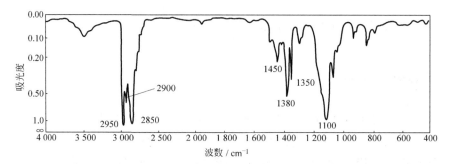

图 5.20 未知化合物的红外谱图

4. 某未知物用液膜法测得的红外谱图如图 5.21 所示。其分子量为 $C_5H_8O_2$，试推出其结构。

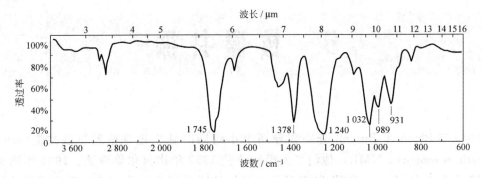

图 5.21　未知化合物的红外谱图

5. 某未知物的红外谱图如图 5.22 所示。其分子量为 C_8H_9NO，写出可能的结构。

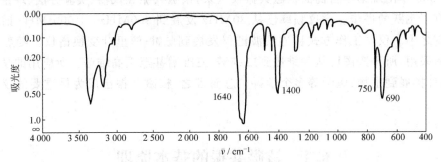

图 5.22　未知化合物的红外谱图

参考文献

1　邓勃,宁永成,刘密新.仪器分析.北京:清华大学出版社,1991
2　Skoog D A, and Leary J J. Principles of instrumental analysis,4th ed. Saunders College Publ. ,1992
3　荒木　峻,益子洋一郎,山本　修訳,Silverstein,Bassler,Morrill.有機化合物のスペクトルによる同定法.第五版.東京化学同人,1992
4　泉　美治,小川雅彌等.機器分析のてびき(1).増補改訂版.化學同人,1987
5　田中誠之,寺前紀夫.赤外分光法.共立出版,1993
6　中西香爾,梶原正宏,堤　憲太郎訳,Pretsch E, Clerc T, Seibl J, Simon W. 有機化合物スペクトルデータ集.東京:講談社,1982
7　宁永成,有机化合物结构鉴定与有机波谱学.第二版.北京:科学出版社,2000

6 核磁共振

1945 年 Bloch 和 Purcell 分别领导两个小组同时独立地观察到核磁共振(nuclear magnetic resonance，NMR)，他们二人因此荣获 1952 年诺贝尔物理奖。1991 年诺贝尔化学奖授予 R. R. Ernst 教授，以表彰他对二维核磁共振理论及傅里叶变换核磁共振的贡献。这两次诺贝尔奖的授予，充分地说明了核磁共振的重要性。

自 1953 年出现第一台商品核磁共振仪以来，核磁共振在仪器、实验方法、理论和应用等方面有了飞跃的进步。谱仪频率已从 30MHz 发展到 900MHz。1 000 MHz 谱仪亦在加紧试制之中。仪器工作方式从连续波谱仪发展到脉冲-傅里叶变换谱仪。随着多种脉冲序列的采用，所得谱图已从一维谱到二维谱、三维谱甚至更高维谱。所应用的学科已从化学、物理扩展到生物、医学等多个学科。总而言之，核磁共振已成为最重要的仪器分析手段之一。

6.1 核磁共振的基本原理

6.1.1 核磁共振的产生

1. 原子核的磁矩

原子核由中子和质子所组成，因此有相应的质量数和电荷数。很多种同位素的原子核都具有磁矩，这样的原子核可称为磁性核，是核磁共振的研究对象。原子核的磁矩取决于原子核的自旋角动量 P，其大小为

$$P = \sqrt{I(I+1)}\frac{h}{2\pi} = \sqrt{I(I+1)}\hbar \tag{6.1}$$

式中，I 为原子核的自旋量子数；h 为普朗克常数。

原子核可按 I 的数值分为以下 3 类：

(1) 中子数、质子数均为偶数，则 $I=0$，如 ^{12}C, ^{16}O, ^{32}S 等。此类原子核不能用核磁共振法进行测定。

(2) 中子数与质子数其一为偶数,另一为奇数,则 I 为半整数,如

$I=1/2$：^{1}H,^{13}C,^{15}N,^{19}F,^{31}P,^{37}Se 等

$I=3/2$：^{7}Li,^{9}Be,^{11}B,^{33}S,^{35}Cl,^{37}Cl 等

$I=5/2$：^{17}O,^{25}Mg,^{27}Al,^{55}Mn 等

以及 $I=7/2,9/2$ 的原子核。

(3) 中子数,质子数均为奇数,则 I 为整数,如^{2}H(D),^{6}Li,^{14}N 等 $I=1$；^{58}Co,$I=2$；^{10}B,$I=3$。

上述(2),(3)类原子核是核磁共振研究的对象。其中,$I=1/2$ 的原子核,其电荷均匀分布于原子核表面,这样的原子核不具有电四极矩,其核磁共振的谱线窄,最宜于核磁共振检测。

凡 I 值非零的原子核即具有自旋角动量 P,也就具有磁矩 μ,μ 与 P 之间的关系为

$$\mu = \gamma P \tag{6.2}$$

式中,γ 称为磁旋比,是原子核的重要属性。

2. 核动量矩及磁矩的空间量子比

当空间存在着静磁场,且其磁力线沿 z 轴方向时,根据量子力学原则,原子核自旋角动量在 z 轴上的投影只能取一些不连续的数值：

$$P_z = m\hbar \tag{6.3}$$

式中 m 为原子核的磁量子数,$m=I,I-1,\cdots,-I$,如图 6.1 所示。

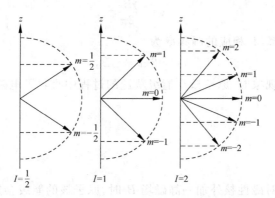

图 6.1　在静磁场中原子核自旋角动量的空间量子化

与此相应,原子核磁矩在 z 轴上的投影：

$$\mu_z = \gamma P_z = \gamma m\hbar \tag{6.4}$$

磁矩和磁场的相互作用能为

$$E = -\boldsymbol{\mu} \cdot \boldsymbol{B}_0 = -\mu_z B_0 \tag{6.5}$$

将(6.4)式代入上式,则有

$$E = -\gamma m \hbar B_0 \qquad (6.6)$$

式中 B_0 为静磁感强度。

原子核不同能级之间的能量差为

$$\Delta E = -\gamma \Delta m \hbar B_0 \qquad (6.7)$$

由量子力学的选律可知,只有 $\Delta m = \pm 1$ 的跃迁才是允许的,所以相邻能级之间发生跃迁所对应的能量差为

$$\Delta E = \gamma \hbar B_0 \qquad (6.8)$$

另外,$m = I, I-1, \cdots, -I$,即核磁矩共有 $2I+1$ 个取向,再利用式(6.5),可得出相邻能级之间的能量差为

$$\Delta E = \frac{\mu_z B_0}{I} \qquad (6.9)$$

当用(6.9)式时,μ_z 表示 μ 在 z 轴上的最大投影。

3. 核磁共振的产生

在静磁场中,具有磁矩的原子核存在着不同能级。此时,如运用某一特定频率的电磁波来照射样品,并使该电磁波满足(6.8)式,原子核即可进行能级之间的跃迁,这就是核磁共振。当然,跃迁时必须满足选律,即 $\Delta m = \pm 1$。所以产生核磁共振的条件为

$$h\nu = \gamma \hbar B_0$$

$$\nu = \frac{\gamma B_0}{2\pi} \qquad (6.10)$$

式中 ν 为该电磁波频率,其相应的圆频率为

$$\omega = 2\pi\nu = \gamma B_0 \qquad (6.11)$$

当发生核磁共振现象时,原子核在能级跃迁的过程中吸收了电磁波的能量,由此可检测到相应的信号。

6.1.2 弛豫过程

从(6.8)式可知,对磁性核外加一静磁场 B_0 时,原子核的能级会发生分裂。处于低能级的粒子数 n_1 将多于高能级的离子数 n_2,这个比值可用玻尔兹曼定律计算。由于能级差很小,n_1 和 n_2 很接近。设温度为 300K,磁感强度为 1.409 2T(相应于 60MHz 射频仪器的磁感强度),可算出:

$$\frac{n_1}{n_2} = e^{\Delta E/kT} = e^{\gamma \hbar B_0/kT} = 1.000\ 009\ 9$$

式中 k 为玻尔兹曼常数。

在符合式(6.10)的电磁波的作用下，n_1减少，n_2增加。因二者相差不多，当$n_1=n_2$时不能再测出核磁共振信号，称作饱和。

由此看出，为能连续检出核磁共振信号，必须有从高能级返回低能级的过程，这个过程即称为弛豫过程。

弛豫过程有两类。其一为自旋-晶格弛豫，亦称为纵向弛豫。其结果是一些核由高能级回到低能级。该能量被转移至周围的分子(固体为晶格，液体则为周围的同类分子或溶剂分子)而转变成热运动，即纵向弛豫反映了体系和环境的能量交换。第二种弛豫过程为自旋-自旋弛豫，亦称为横向弛豫。这种弛豫并不改变n_1,n_2的数值，但影响具体的(任一选定的)核在高能级停留的时间。这个过程是样品分子的核之间的作用，是一个熵的效应。

类似于化学反应动力学中的一级反应，纵向弛豫、横向弛豫过程的快慢分别用$1/T_1$，$1/T_2$来描述。T_1叫纵向弛豫时间，T_2叫横向弛豫时间。

6.1.3 核磁共振参数

1. 化学位移

设想在某静磁场B_0中，不同种的原子核因有不同的磁旋比γ，因而也就有不同的共振频率。从这个角度来看，用核磁共振法可以检测出不同种的同位素(也就能检测不同种的元素)。这点确是可以做到，但核磁共振法的最主要功效在于：对某一选定的磁性核种(某一同位素)来说，不同官能团中的核，其共振频率稍有变化，即在谱图中的位置有所不同，因此由不同的谱峰的位置可以确定样品分子中存在着哪些官能团。这是因为核外电子对原子核有一定的屏蔽作用，实际作用于原子核的静磁感强度不是B_0而是$B_0(1-\sigma)$。σ称为屏蔽常数。它反映核外电子对核的屏蔽作用的大小，也就是反映了核所处的化学环境，所以式(6.10)应写为

$$\nu = \frac{\gamma}{2\pi}B_0(1-\sigma) \tag{6.12}$$

不同的同位素的σ相差很大，但任何同位素的σ均远远小于1。

σ和原子核所处化学环境有关，可用下式表示：

$$\sigma = \sigma_d + \sigma_p + \sigma_a + \sigma_s \tag{6.13}$$

式中，σ_d反映抗磁屏蔽的大小。以氢原子为例，氢核外的s电子在外加磁场的感应下产生对抗磁场，使原子核实际所受磁场的作用稍有降低，故此屏蔽称为抗磁屏蔽。

σ_p反映顺磁屏蔽的大小。原子周围化学键的存在，使其原子核的核外电子运动受阻，即电子云呈现非球形。这种非球形对称的电子云所产生的磁场和抗磁效应的相反，故称为顺磁屏蔽。因s电子是球形对称的，所以它对顺磁屏蔽项无贡献，而p,d电子则对顺磁

屏蔽有贡献。

σ_a 表示相邻基团磁各向异性的影响,请参阅 6.4.1 节。

σ_s 表示溶剂、介质的影响。

对于所有的同位素,σ_d,σ_p 的作用大于 σ_a,σ_s。对于 ^1H,σ_d 起主要作用,但对所有其他的同位素,σ_p 起主要作用。

按式(6.12),各种官能团的原子核因有不同的 σ,故其共振频率 ν 不同,我们也可以设想为:选用某一固定的电磁波频率,扫描磁感强度并作图。核磁谱图的横坐标从左到右表示磁感强度增强的方向。σ 大的原子核,$(1-\sigma)$ 小,B_0 需有相当增加方能满足共振条件,即这样的原子核将在右方出峰。因 σ 总是远远小于 1,峰的位置不便精确测定,故在实验中采用某一标准物质作为基准,以其峰位作为核磁谱图的坐标原点。不同官能团的原子核谱峰位置相对于原点的距离,反映了它们所处的化学环境,故称为化学位移,用 δ 表示:

$$\delta = \frac{B_{标准} - B_{样品}}{B_{标准}} \times 10^6 \tag{6.14}$$

式中 $B_{样品}$,$B_{标准}$ 分别为在固定电磁波频率时,样品和标准物质满足共振条件时的磁感强度。δ 的单位是 ppm(10^{-6}),是无量纲的。

如作图时 B_0 保持不变,扫描电磁波频率,按传统的说法,谱图左方为高频方向,于是式(6.14)成为

$$\delta = \frac{\nu_{样品} - \nu_{标准}}{\nu_{标准}} \times 10^6$$

$$\approx \frac{\nu_{样品} - \nu_{标准}}{\nu_0} \times 10^6 \tag{6.15}$$

上式分子比分母小几个数量级,因而基准物质的共振频率可用仪器的公称频率 ν_0 代替。

在测定 ^1H 及 ^{13}C 的核磁共振谱时,最常采用四甲基硅烷(TMS)作为测量化学位移的基准,因 TMS 只有一个峰(4 个甲基对称分布);一般基团的峰均处于其左侧;且 TMS 又易除去(沸点 27℃)。在氢谱及碳谱中都规定 $\delta_{TMS}=0$。按"左正右负"的规定,一般化合物各基团的 δ 值均为正值。

需要强调的是,δ 为一相对值,它与仪器所用的磁感强度无关。用不同磁感强度(也就是用不同电磁波频率)的仪器所测定的 δ 数值均相同。

不同的同位素因 σ 变化幅度不等,δ 变化的幅度也不同,如 ^1H 的 δ 小于 20ppm,^{13}C 的 δ 可达 600ppm,^{195}Pt 的 δ 可达 13 000ppm。

2. 耦合常数

(1) 自旋-自旋耦合引起峰的裂分(分裂)

一般情况下,核磁共振谱都呈现谱峰的分裂,称之为峰的裂分。产生峰裂分的原因在于核磁矩之间的相互作用,这种作用称为自旋-自旋耦合作用。

现以氢谱为例,讨论因氢核之间的耦合作用引起的峰的裂分。

设想分子中有结构单元 —C—C—H,讨论其中的 H^* 原子。

由于甲基可以自由旋转,甲基中任何一个氢原子和 H^* 的耦合作用相同。甲基中的每一个氢有两种取向,即大体和磁场平行或大体和磁场反平行。粗略讲,这两种取向的几率是相等的,3 个氢就有 8 种可能的取向($2^3=8$),其中任何一种出现的几率都为 1/8。现设甲基上的 3 个氢原子为 H_1,H_2,H_3。其核磁矩大体和外磁场方向相同者标注"+",它对 H^* 产生的附加磁场为 $+B'$。反之,甲基氢核磁矩大体和外磁场方向相反者标注"—",它对 H^* 产生附加磁场为 $-B'$。考虑甲基上 3 个氢的总效果,这 8 种取向可归纳为表 6.1 所列 4 种分布情况。

表 6.1 甲基 3 个氢对邻碳氢产生的附加磁场

甲基中 3 个氢原子的取向	Ⅰ			Ⅱ			Ⅲ			Ⅳ		
	H_1	H_2	H_3	H_1	H_2	H_3	H_1	H_2	H_3	H_1	H_2	H_3
	+	+	+	+	+	−	+	−	−	−	−	−
				+	−	+	−	+	−			
				−	+	+	−	−	+			
甲基产生的总附加磁场	$3B'$			B'			$-B'$			$-3B'$		
出现几率	1/8			3/8			3/8			1/8		

在表 6.1 中,将 ++−、+−+ 和 −++ 列在一起,因为它们之中 3 个氢产生的总附加磁场都为 $+B'$,与此类似,+−−、−+−、−−+ 产生的总附加磁场都为 $-B'$。

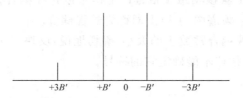

图 6.2 受甲基耦合作用产生的峰的裂分

由上述可知,H^* 应呈现图 6.2 所示的峰形。图中 0 为 H^* 按式(6.12)计算的共振位置,即无自旋-自旋耦合时的共振位置。由于相邻甲基的存在,该处已不复存在共振谱线,该谱线分裂成了 4 条谱线。左端的谱线对应于 CH^* 与"+++"甲基相连的分子,这样的分子占总分子数的 1/8。由于甲基产生的附加磁场为 $+3B'$,因此在固定电磁波频率从低到高增强磁感强度扫描时,左端的谱线首先出峰。其余谱线均可按此理分析。

从上面的讨论,可以得出下列结论:①受耦合作用而产生的谱线裂分数为 $n+1$,n 表示产生耦合的原子核(其自旋量子数为 1/2)的数目,这称为 $n+1$ 规律。若考虑一般情况,因受自旋量子数为 I 的 n 个原子核耦合,产生的谱线数目为 $2nI+1$,这称为 $2nI+1$ 规律。$n+1$ 规律虽是 $2nI+1$ 规律的特例($I=1/2$),却是最经常使用的。需要强调,n 为产生耦合作用的核数。在上面的例子中,产生耦合的基团为甲基,$n=3$,受甲基的耦合作用,CH^* 的谱线裂分为 4 条。②每相邻两条谱线间的距离都是相等的。③谱线间强度比为 $(a+b)^n$ 展开式的各项系数。

n	二项式展开系数	峰形
0	1	单峰
1	1　1	二重峰
2	1　2　1	三重峰
3	1　3　3　1	四重峰
4	1　4　6　4　1	五重峰
5	1　5　10　10　5　1	六重峰

以前面的例子为例,$n=3$,产生的四重峰的各峰的强度比为 1∶3∶3∶1。

(2) 耦合常数

从图 6.2 可知,谱线裂分所产生的裂距是相等的,它反映了核之间耦合作用的强弱,称为耦合常数 J,以 Hz 为单位。

耦合常数 J 反映的是两个核之间作用的强弱,故其数值与仪器的工作频率无关。耦合常数的大小和两个核在分子中相隔化学键的数目密切相关,故在 J 的左上方标以两核相距的化学键数目。如 $^{13}C-^1H$ 之间的耦合常数标为 ^1J,而 $^1H-^{12}C-^{12}C-^1H$ 中两个 ^1H 之间的耦合常数标为 ^3J。耦合常数随化学键数目的增加而迅速下降,因自旋耦合是通过成键电子传递的。两个氢核相距 4 根键以上即难以存在耦合作用,若此时 $J\neq0$,则称为远程耦合或长程耦合。碳谱中 ^2J 以上即称为长程耦合。

谱线分裂的裂距反映耦合常数 J 的大小,确切地说,反映了 J 的绝对值。J 是有正负号的,但在常见的谱图中往往不能确定它的符号。

3. 其他参数

(1) 峰面积

峰面积反映了某种(官能团)原子核的定量信息。这对推测未知物结构或对混合物体系进行定量分析均是重要的。核磁谱仪在画完样品的谱图之后,可以再画出相应的积分曲线,图 6.3 是一例。

图 6.3 是邻苯二甲酸二乙酯的氢谱,因而各含氢官能团均有相应的峰组。图中从左到右的 3 组峰,分别为邻位二取代苯环、CH_2 和 CH_3 的谱峰。积分曲线位于这些峰组的上方,即呈现若干水平阶梯状的曲线,相邻二水平阶梯之间的高度代表其下方所对应的峰面积,因此用直尺即可量出各峰组面积之比。图 6.3 是纯样的谱图,各峰组的面积之比反映

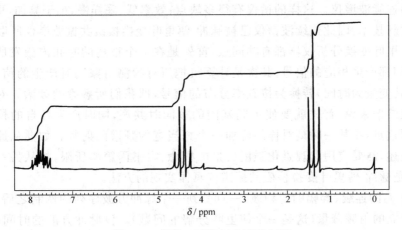

图 6.3 邻苯二甲酸二乙酯的氢谱

各官能团的氢原子数之比。如果样品为一混合物,而各组分的峰又可加以识别,由核磁共振谱图就可顺利地进行定量分析。

其他核的核磁共振谱图峰面积的作用与氢谱类似,但由于弛豫时间长、NOE效应(参阅 6.3.3 节)等,峰面积有可能和对应的原子核不呈准确的比例关系。核磁共振碳谱即是一个重要的例子。在记录这些核的核磁共振谱图时,为得到准确的定量信息,作图时的参数应恰当设置并需采用一定的方法(特定的脉冲序列),方能取得满意的结果。

(2) 纵向弛豫时间 T_1 和横向弛豫时间 T_2。

弛豫时间和所讨论的核在分子中的环境有关。弛豫时间的测定有助于谱线的标识,也可用来研究分子的大小、分子(或离子)与溶剂的缔合、分子内的旋转、链节运动、分子运动的各向异性等,需要补充的是 T_1 较 T_2 更能提供信息。

6.2 核磁共振波谱仪

本节所讨论的内容限于测试液态样品的高分辨核磁共振波谱仪,不涉及测定固体样品及生物活体的特殊要求。

6.2.1 脉冲-傅里叶变换核磁共振波谱仪

在上一节,我们了解了核磁共振的原理。为产生核磁共振,必须满足式(6.10)。最简单的方式就是固定电磁波频率,连续扫描静磁感强度来实现。当然也可以固定静磁感强度,连续改变电磁波频率。不论上述中的哪一种,都称为连续扫描方式,以这样方式工作的谱仪称为连续波谱仪。这样的谱仪有很多缺点：效率低，采样慢，难于累加，更不能实现核磁共振的新技术，因此连续波谱仪已被脉冲-傅里叶变换核磁共振波谱仪所取代。

所有傅里叶变换分析仪器都有共同点：首先是在一个很短的时间内激发所有的检测对象，使它们都产生相应的信号；其次是计算机把所有检测对象同时产生的信号（称为时域信号，因其变量为时间）转换为按频率分布的信号，即我们所熟悉的频谱。对傅里叶变换核磁共振波谱来说，首先就要使不同基团的核同时共振，同时产生各自的核磁共振信号。为达到这点，在某一时刻对样品应加一个相当宽的频谱的射频。如要从原理上作一较深刻的叙述，需要应用宏观磁化强度矢量的概念，本书因篇幅所限，故从另一角度加以解释，这恰是脉冲-傅里叶变换核磁共振谱仪具体实现的方法。

频率为 f_0 的连续、等幅的射频波，一旦受到一个脉冲方波序列的调制之后，实际上包含了多个分立的射频分量（这是一个傅里叶分解的问题）。设脉冲方波的时间间隔为 t_p；脉冲的周期为 PD，则射频分量的频率间隔为 $1/PD$。射频分量强度的外包络线用下式表示（参阅图 6.4）：

$$H(f-f_0) = \frac{At_p}{PD} \frac{\sin\pi(f-f_0)t_p}{\pi(f-f_0)t_p} \tag{6.16}$$

式中，$H(f-f_0)$ 为与 f_0 之差为 $f-f_0$ 的射频分量的强度；A 为脉冲方波的强度。

从上式可知，当 $f-f_0=1/t_p$ 时，$H(f-f_0)$ 为零。因 t_p 为 $10\mu s$ 数量级，故 $1/t_p$ 为 10^5 Hz 数量级，这是很宽的频谱。无论对于哪种同位素的核磁共振测量，化学位移的宽度都是有限的，即不同基团的共振频率离 f_0 都不远。在这样条件下，$H(f-f_0)$ 事实上可以近似认为相等。另外，因 PD 为数秒乃至更长，分立的射频分量其频率间隔实际上靠得相当近。综上所述，采用这样的方式，实际上能使样品中不同基团的核同时共振，且各射频分量的强度可近似认为相等。

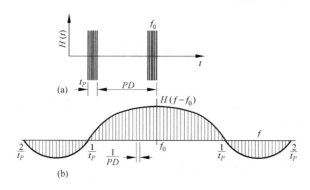

图 6.4　f_0 的射频受脉冲方波调制后含多个分立的射频分量

从上面的讨论可知，脉冲宽度应足够短。再从理论上分析，脉冲应有足够的强度。我们可以这样来理解，连续波谱仪在任一瞬间最多只有一种原子核共振，而现在，几微秒的时间间隔之内,所有的原子核(指所观测的但处于不同官能团的某种同位素)都要共振,它们吸收的能量都来自脉冲,因而脉冲需有足够强度。在连续波谱仪中,射频强度是 10^{-6} T 数量级,而在傅里叶变换谱仪中是几到几十 10^{-4} T 数量级。

在强而短的脉冲作用下,所观测的同位素的所有不同官能团的原子核都发生了核磁共振。在脉冲停止之后,它们都产生相应的核磁共振信号。这些信号含多种频率,总的信号是多种频率信号的叠加。这样的信号是以时间为变量的,也是随时间而衰减的,称作自由感应衰减信号。这样的信号是不能直接利用的,因它是时畴谱(时域谱),人们不能识别,需要把它转换成频畴谱(频域谱),这个转换由计算机完成,这是一个傅里叶变换过程。

$$F(\omega) = \frac{1}{2\pi} \int_{-\infty}^{\infty} f(t) e^{-i\omega t} dt \tag{6.17}$$

式中,$F(\omega)$ 为以圆频率 ω 为变量的核磁共振谱线强度;i 为单位复数。

傅里叶变换核磁共振波谱仪的原理早已被探讨清楚,但直至 1965 年 Cooley 和 Tukey 提出快速傅里叶变换计算方法后,商品傅里叶变换核磁共振波谱仪才得以在 20 世纪 70 年代问世。

采用脉冲-傅里叶变换仪器可方便地对少量样品进行累加测试。使对样品量的要求大为降低并大大改善了信噪比。由于采用脉冲,因而可以设计多种脉冲序列,完成多种用连续波谱仪根本无法完成的实验,有人称之为"自旋工程"。多种多样的核磁共振二维谱就是重要的例子。

核磁共振波谱仪在空间上由两部分组成:磁铁或磁体(内含探头)和谱仪主体。高频谱仪采用超导磁体,它与谱仪主体相距较大,以降低磁场对操作人员的影响。

1. 磁铁或磁体

磁铁或磁体产生强的静磁场,以满足产生核磁共振的要求。按式(6.10),谱仪的磁感强度 B_0 和谱仪工作频率是成正比的。100MHz(以氢核计)的谱仪所需磁感强度为 2.35T。100MHz 以下的低频谱仪采用电磁铁或永久磁铁。由于电磁铁不可避免地会消耗大量电能,已经停止生产,因此仅采用永久磁铁。200MHz 以上高频谱仪采用超导磁体,它利用含铌合金在液氦温度下的超导性质。超导磁体(及其中心的探头)的结构如图 6.5 所示。

由含铌合金丝缠绕的超导线圈完全浸泡在液氦中间。为减低液氦的消耗,其外围是液氮层。液氦及液氮均由高真空的罐体贮存,以降低蒸发量。在液氦、液氮均灌装以后,由一套专用的连接装置,通过液氦贮罐上方的管子,对超导线圈缓慢地通入电流。当超导线圈中的电流达到额定值(也即是产生额定的磁感强度时),使线圈的两接头闭合。只要液氦始终浸泡线圈,含铌合金在此温度下的超导性则使电流一直维持下去。以上过程称为谱仪安装过程中的升场。液氮需及时补充,为 3~10 月,视不同谱仪而定。7~10 天则需补加液氦。

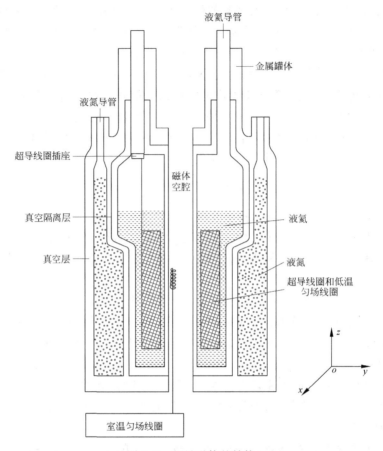

图 6.5 超导磁体的结构

磁体的中心为探头,为使磁力线均匀,铅垂,设置有两大组匀场线圈。每大组匀场线圈又由多组线圈构成,其每组线圈产生一组特殊的磁力线,由它们的综合作用,产生均匀的磁场。这两大组匀场线圈为低温匀场线圈和室温匀场线圈。低温匀场线圈浸泡在液氦中,升场以后进行调节;有关参数不再变化。室温匀场线圈由分析测试人员在放置样品管后进行调节。

无论是用磁铁或磁体,核磁共振谱仪均要求磁场高度均匀,若样品中各处磁场不均匀,按式(6.10),各处的原子核共振频率不同,这将导致谱峰加宽,即分辨率下降。为使磁场均匀,除前面所讲的采用低温和室温两大组匀场线圈之外,还有后面将叙述的使样品管旋转。

我们还要求磁场稳定,这就要采用锁场装置,其原理如图 6.6 所示。在核磁共振谱图上显示的是吸收信号,即以频率(或磁感强度)为横坐标,以垂直于共振频率的轴为对称轴的对称信号。事实上,通过对信号"相位"的调整,可以得到色散信号,即以频率变量为横坐标,以共振频率 ω_0 为反对称中心的信号。锁场就采用某一参考信号的色散信号。当磁场未漂移时,色散信号值为零。磁场漂移后,色散信号不为零,产生一个与磁场变化 ΔB_0 成正比的输出电压,该电压被放大后反馈到适当的线圈,后者反过来给出一个方向相反的磁场 $-\Delta B_0$。图 6.6 表明磁场漂移后信号的输出。

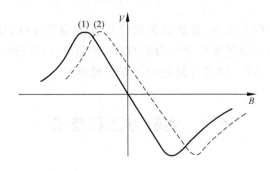

图 6.6　色散信号用于锁场
(1) 磁场未漂移(处于共振条件)时的色散信号;
(2) 磁场漂移时,ω_0 处的色散信号值不为零

2. 探头

探头是核磁谱仪的核心部件,它固定于磁体或磁铁的中心,为圆柱形。探头的中心放置装载样品溶液的样品管。探头对样品发射产生核磁共振的射频波脉冲并检测核磁共振的信号。这两个功能常可由一个线圈来完成。在此线圈之外有去耦线圈,用以测得去耦的谱图。

为改善磁场的均匀性,在样品管上部套有一个涡轮转子。压缩空气从其切向吹来,涡轮转子带动样品管一起转动。测试溶液样品的核磁谱仪,其转速约为 20r/s,另有一套气体管路系统,用于变温测量。

样品管旋转的副作用是可能产生旋转边带(仪器未调节好时产生),即在信号左右对称处出现边带峰(若谱图中有较强的信号,它的边带会对中、弱谱峰产生干扰)。改变旋转速度,边带峰与样品峰的距离相应变化,由此可以确认边带。

从产生射频的角度,探头分为两种:一种是产生固定频率的探头,另一种为频率连续可调的探头。前者如检测 ^1H 和 ^{13}C 的双核探头,以及检测 ^1H,^{31}P,^{13}C 和 ^{15}N 的四核探头。后者产生的射频连续可调,高频起于 ^{31}P 的共振频率,低频则有不同的产品,如终止于 ^{15}N 或 ^{109}Ag 的共振频率。

通常的探头检测线圈在里,去耦线圈在外,以便得到较高的检测灵敏度。除氢以外的磁性核,如 ^{13}C,^{19}F,^{31}P,^{15}N 等,它们的磁旋比 γ 均比氢低得多,检测灵敏度也就低得多。

现在有一种反向模式(inverse mode)探头,用于这些核的二维谱的测定,可大大提高检测灵敏度,因它实际检测的是 ^1H。

较新的谱仪探头配有产生脉冲场梯度的装置。它的功用为抑制溶剂峰和大大缩短测定二维核磁共振谱的时间(当样品有足够的量时)。当要测定扩散排序的二维谱时,也必须用这种探头。

3. 谱仪主体

除磁体(或磁铁)和探头之外,核磁共振谱仪尚包括多个部件,如射频发生器、前置放大器、接收器,等等。由于是傅里叶变换分析仪器,还必须有相应的计算机硬件、软件。高频核磁谱仪一般配有工作站,以进行复杂的运算和操作。

6.3 实验方法和技术

6.3.1 样品的制备

在测试样品时,选择合适的溶剂配制样品溶液。样品的溶液应有较低的粘度,否则,会降低谱峰的分辨率;若溶液粘度过大,应减少样品的用量或升高测试样品的温度(通常是在室温下测试)。

当样品需作变温测试时,应根据低温的需要选择凝固点低的溶剂或按高温的需要选择沸点高的溶剂。

对于核磁共振氢谱的测量,应采用氘代试剂以便不产生干扰信号。氘代试剂中的氘核又可作核磁谱仪锁场之用。以用氘代试剂作锁场信号的"内锁"方式作图,所得谱图分辨率较好。特别是在微量样品需作较长时间的累加时,可以边测量边调节仪器分辨率。

对低、中极性的样品,最常采用氘代氯仿作溶剂,因其价格远低于其他有机氘代试剂。极性大的化合物可采用氘代丙酮、重水等。

针对一些特殊的样品,可采用相应的氘代试剂,如氘代苯(用于芳香化合物和芳香高聚物)、氘代二甲亚砜(用于某些在一般溶剂中难溶的物质)、氘代吡啶(用于难溶的酸性或芳香化合物)等。

对于核磁共振碳谱的测量,为兼顾氢谱的测量及锁场的需要,一般仍采用相应的氘代试剂。

为测定化学位移值,需要加入一定的基准物质。基准物质加在样品溶液中称为内标。若出于溶解度或化学反应性等的考虑,基准物质不能加在样品溶液中,可将液态基准物质(或固态基准物质的溶液)封入毛细管再插到样品管中,称之为外标。

对碳谱和氢谱,最常用的基准物质是四甲基硅烷。

6.3.2 记录常规氢谱的操作

记录氢谱是单脉冲实验,即在一个脉冲作用之后,随即开始采样。为使所得谱图有好的信噪比,检测时可以进行累加,即重复上述过程。由于氢核的纵间弛豫时间一般较短,重复脉冲的时间间隔不用太长。

对于一些化合物,要设置足够的谱宽。羧酸、有缔合的酚、烯醇等的化学位移范围均可超过 10ppm。如设置的谱宽不够大,—OH 或—COOH 的峰会折叠进来,给出错误的 δ 值。

在完成记录氢谱谱图的操作之后,随即对每个峰组进行积分,最后所得的谱图含有各峰组的积分值,因而可计算各类氢核数目之比。

若怀疑样品中有活泼氢(杂原子上连的氢),可在作完氢谱之后,滴加两滴重水,振荡,然后再记谱,原活泼氢的谱峰会消失,这就确切地证明了活泼氢的存在(参阅 6.3.6 节)。

当谱线重叠较严重时,可滴加少量磁各向异性溶剂(如氘代苯),重叠的谱峰有可能分开。也可以考虑用同核去耦实验来简化谱图(请参阅 6.3.5 节)。

6.3.3 记录常规碳谱的操作

常规碳谱为对氢进行去耦的谱图。各种级数的碳原子(CH_3,CH_2,CH,C)均只出一条未分裂的谱线。由于各种碳原子的纵向弛豫时间有很大的差别以及核的 Overhauser 效应,谱线的高度(严格讲是谱线的峰面积)和碳原子的数目不成正比,但也可从谱线高度估计碳原子的数目。

记录常规碳谱是单脉冲实验,即在一个脉冲作用之后,随即开始采样。由于碳谱的灵敏度远比氢谱为低,记录碳谱必须进行累加。由于碳原子的纵向弛豫时间长,重复脉冲的时间间隔还不能太短,否则,纵向弛豫时间长的碳原子出峰效率差。在特殊的作图条件下,季碳原子的峰有可能漏掉,因此该时间间隔不可太短。

有时需要定量碳谱,即需要从碳谱中找到各种碳原子的比例,此时要求谱峰面积(近似看是谱线高度)和碳原子数成正比。减少脉冲倾倒角并加大重复脉冲的时间间隔,可逐渐向定量碳谱转变,但要记录较好的定量碳谱,需采用特定的脉冲序列。

在记录碳谱时,需设置足够的谱宽,以防止峰的折叠现象。

由于常规碳谱不能反映碳原子的级数,而这对推导未知物结构或进行结构的指认是不利的,因而必须予以补充。早期多采用偏共振去耦,自 20 世纪 80 年代以后,陆续采用各种脉冲序列,最常用的是 DEPT。该脉冲序列中有一个脉冲,其偏转角为 θ。当 $\theta=90°$ 时,只有 CH 出峰;当 $\theta=135°$ 时,CH,CH_3 出正峰,CH_2 出负峰。这两张谱图的结合,可指

认出 CH, CH_2 和 CH_3。对比全去耦谱图,则可知季碳(它们在 DEPT 谱中不出峰),于是所有碳原子的级数均可确定。

6.3.4 记录二维核磁共振谱

关于二维核磁共振谱的概念和应用,请参阅 6.6 节。

在进行二维核磁共振实验时,必须采用一定的脉冲序列。不同的脉冲序列得到不同的二维核磁共振谱,它们各有不同的功效和应用。

在每种二维谱脉冲序列中,都有一个时间变量,通常称为 t_1。例如,t_1 可能是某两个脉冲之间的时间间隔,在进行二维核磁共振实验时,t_1 是逐渐变化的,即

$$t_1 = t_0 + n\Delta t_1 \tag{6.18}$$

式中,t_0 为一个微秒级常数,由仪器决定;Δt_1 为 t_1 的增量;n 为正整数,$n=0, 1, 2, \cdots$。

n 的多少决定了二维核磁共振谱 $F_1(\omega_1)$ 维的分辨率。F_1 或 ω_1 维是二维核磁共振谱的垂直方向。常用的 n 的数值为 128 或 256,特殊时可到 512。

t_1 是从 t_0 开始然后逐渐增加的。对每一个 t_1 数值,还可能进行相循环,即按一定规则进行若干次采样(最多可达 16 次),然后相加。经相循环(若干次采样相加)可提高信噪比。然而,当样品浓度足够大时,为选出所需的信号,相循环仍是不可少的。如果核磁共振谱仪配有脉冲-场梯度装置,样品浓度又足够大,就不用相循环了。此时对每一个 t_1,只进行一次采样,因而可大大缩短记录二维核磁共振谱所需的时间。

当样品浓度不够大时,在每一个 t_1,均需进行采样的累加,如采用相循环,这二者就结合进行了。

在所设定的 n 个 t_1 采样都结束以后,需进行两次傅里叶变换,最后得到二维核磁共振谱。这个过程如图 6.7 所示。

下面对图 6.7 作一说明。

在脉冲序列结束之后的采样时间称为 t_2。图中从左到右为 t_2 增大的方向,曲线簇从下到上为 t_1 增大的方向。在采样结束之后,得到的是时域信号(a)。我们先暂把 t_1 作为非

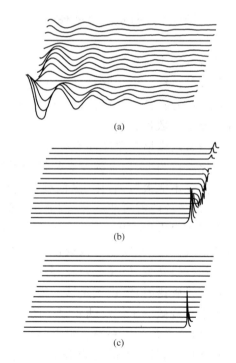

图 6.7 两次傅里叶变换产生二维核磁共振谱

变量,对 t_2 进行傅里叶变换,得到(b)。在(b)中从左到右的曲线是频域谱。从下到上的若干条频谱曲线仍形成一个曲线簇。如果在(b)的右端作一截面,从右端(t_1)的方向来看是一正弦曲线,因而可以再进行傅里叶变换,这是第二次傅里叶变换,是对 t_1 进行的,于是得到(c)。在(c)中从左到右是频率坐标,从下到上也是频率坐标,这就是一张二维核磁共振谱了。所以我们知道二维核磁共振谱的两个变量都是频率,具体是哪两个频率,由具体的二维核磁共振谱来确定。

6.3.5 多重共振

为产生核磁共振,必须应用电磁波(即交变电磁场,对核磁共振起作用的是交变磁场)来照射样品,以供给能级跃迁所需的能量。通常将交变磁场记为 B_1,以与静磁场 B_0 相区别。在此同时,我们可以用另一电磁波辐照某一官能团的某核种(或辐照所有官能团的某核种),该电磁波标记为 B_2,这时所记谱图会有一定的变化(峰形、裂距改变和峰面积改变等)。以同核自旋去耦为例,设有一 CH_2—CH_3 结构单元,CH_3 原应显示三重峰,现在若对 CH_2 照射 B_2(B_2 具有足够大强度),CH_2 的两个氢核都在两个能级间快速跃迁,对 CH_3 所产生的局部磁场平均为零,因此 CH_3 只显现单峰。因同时应用 B_1 和 B_2 两个交变磁场,故称为双照射,亦称双共振。一般而论,无论采用几个交变磁场,均可称为多重照射或多重共振。应当指出的是,双照射是最常见的情况。

当 B_2 为不同的功率及照射位置不同时,双共振有不同的实验现象(也就有不同的用途),分别有不同的名称,最常用的双共振方法列于表 6.2,并对谱图有改变者加以统一描述。

表 6.2 常用的双共振

名 称	实验现象	主要用途
同核自旋去耦(氢谱)	谱线简化	(1) 确定耦合体系 (2) 简化谱图 (3) 隐藏信号定位
异核自旋全去耦	异核对所观察核的耦合裂分被去除	(1) 避免因耦合裂分产生的峰组相互(或部分)重叠 (2) 增强谱线强度
偏共振去耦(碳谱)	氢核对碳-13 谱线的裂距缩短	减轻因耦合裂分产生的峰组相互(或部分)重叠
选择性去耦	某被观察核的谱峰变单峰,其余谱峰同偏共振去耦	确定某一对异核间的键合关系
核 Overhauser 效应(NOE,包括同核及异核)	峰面积增加(在照射核与观测核 γ 异号时,峰面积减小)	确认某两核在空间的距离相近

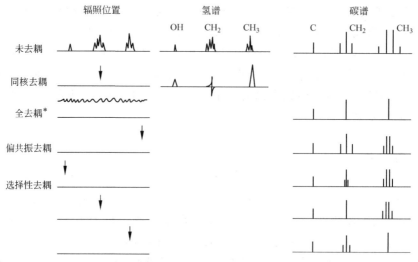

图 6.8 HO—C(CH$_2$—CH$_3$)$_3$ 的几种去耦结果
*：辐射范围包括化合物氢核所有官能团的共振频率

由于二维核磁共振谱及脉冲序列的发展，同核位移相关谱 COSY 已取代同核自旋去耦；DEPT 取代偏共振去耦；H,C-COSY 取代选择性去耦；所有 NOE 信息，由一张 NOE 的二维谱 NOESY 表示出来，见图 6.8。

6.3.6 动态核磁共振实验

1. 动态核磁共振实验

动态核磁共振实验是核磁共振波谱学中有一定独立性的分支。它以核磁共振为工具，研究一些动力学过程，得到动力学和热力学的参数。

每种仪器有其相应的"时标"，相当于照相机快门速度。当自然界过程远快于仪器时标时，仪器测量的是一个平均结果；当自然界过程远慢于仪器时标时，仪器测量的结果不反映变化的全过程而只是一个瞬间的写照。时标的量纲为秒，频率的量纲为 1/秒，即时标与频率互为倒数关系。从红外到紫外吸收光谱，电磁波频率范围为 $10^{12} \sim 10^{15}$ Hz，核磁共振氢谱所用的电磁波频率约为 10^8 Hz，比前者低了几个数量级。从时标的角度看，核磁的时标比红外、紫外的时标长(慢)了几个数量级。实际情况还不止于此。高分辨核磁共振氢谱所研究的对象为溶液，经常所遇到的课题为分子内旋转、化学交换反应等。在这样的过程中，某些官能团的化学位移值有一定的变化。对固定的仪器来说，化学位移之差可以频率之差 $\Delta \nu$ 来表示。对这样的动力学过程，实际时标为 $1/\Delta \nu$，这已经相应于毫秒的数量级了。因此，很多动力学过程速度变化的范围相应于核磁共振的时标可从快过程到慢过程,即用核磁共振可以对这些过程进行全面的研究。

动力学过程有若干种类,现以化合物 $O=C(CH_3)-N(CH_3)_2$ 为例来讨论受阻旋转。

由于分子内 C—N 单键具有双键的性质,它不能自由旋转,N 上两个甲基不是化学等价的,各自有其 δ 值,在室温下作图可以观察到两个峰。随着温度升高,阻碍 C—N 旋转的位叠(相当于化学反应中的活化能)起的作用相对减小,C—N 旋转加快,在相对于时标快速旋转的情况下,两个甲基各自的平均效果是一样的,因此,当温度由低到高时,核磁信号有如图 6.9 所示的从左至右的变化。

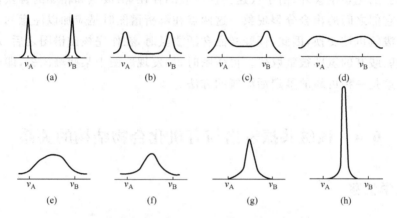

图 6.9　温度变化时核磁信号的变化

从图 6.9 可以看到,在图的左端(相当低的温度)或图的右端(相当高的温度),核磁信号都是尖锐的,中间部分信号则较钝。当两个宽的峰会合时,它们之间的凹处正好消失,这时的温度称作融合温度 T_c。它是动力学核磁实验的一个重要参灵敏,由 T_c 可求出一些重要的动力学和热力学参数。

构象互变、异构化反应、化学交换反应等过程都与上面所讲的受阻旋转类似。

2. 活泼氢(OH,NH,SH)的图谱

前述内容不完全属于结构分析的范畴,但掌握其基本概念对核磁谱图的分析是必要的。当存在着快速交换反应时,如

$$RCOOH_{(a)} + HOH_{(b)} \longleftrightarrow RCOOH_{(b)} + HOH_{(a)}$$

有相应的计算 δ 值的公式:

$$\delta_{观测} = N_a\delta_a + N_b\delta_b \tag{6.19}$$

式中,$\delta_{观测}$ 为观测到活泼氢的平均的化学位移值;N_a,N_b 分别为(a),(b)两种活泼氢的摩尔分数;δ_a,δ_b 分别为(a),(b)两种活泼氢的 δ 值。

从式(6.19)可知,以上述的羧酸水溶液为例,如为快交换反应,其核磁谱图并不显示纯水或纯羧酸的信号,而是观察到一个综合的、平均的活泼氢信号。

当体系存在多种活泼氢时,如样品分子既含羧基,也含胺基或羟基时,如均为快交换反应,其核磁谱图也只显示一个综合的、平均的活泼氢信号。此时式(6.19)演变为

$$\delta_{观测} = \sum N_i \delta_i \tag{6.20}$$

式中,N_i为第i种活泼氢的摩尔分数;δ_i为第i种活泼氢的δ值。

—OH,—NH—SH 是常见的活泼氢基团,其交换速度的顺序为 OH>NH>SH(巯基在一般条件下不显示快交换反应)。当它们进行快速交换反应时,除有由式(6.20)所示的一个"表观"的化学位移外,由于快速交换反应的存在,活泼氢和相邻的含氢基团的谱线都不再存在它们之间的耦合分裂现象。这两点在解析谱图时是应加以注意的。

由于活泼氢可被交换,因此,怀疑样品含活泼氢时,在作完核磁谱图之后,加几滴重水并振荡,羟基、胺基的氢即被氘取代。再作图时,如发现原图中某些峰消失,即确认了活泼氢的存在。这是一种可靠的鉴定活泼氢的方法。

6.4 核磁共振氢谱与有机化合物结构的关系

6.4.1 化学位移

1. 氢谱中影响化学位移的因素

化学位移的大小决定于屏蔽常数σ的大小。屏蔽常数的一般表达式如式(6.13)所示。氢的原子核外只有s电子,故抗磁屏蔽σ_d起主要作用,σ_p不用考虑。σ_a及σ_s对σ有一定的影响。

由于抗磁屏蔽起主导作用,可以预言:若结构上的变化或介质的影响使氢核外电子云密度降低,将使谱峰的位置移向低场(谱图的左方),这称作去屏蔽作用;反之,屏蔽作用则使峰的位置移向高场(谱图的右方)。

关于^{1}H谱化学位移的影响因素已有较好的归纳,主要有下列几点:

(1) 取代基电负性

由于诱导效应,取代基电负性越强,与取代基连接于同一碳原子上的氢的共振峰越移向低场,反之亦然。以甲基的衍生物为例:

化合物	CH$_3$F	CH$_3$OCH$_3$	CH$_3$Cl	CH$_3$I	CH$_3$CH$_3$	CH$_3$Li
δ/ppm	4.26	3.24	3.05	2.16	0.88	−1.95

取代基的诱导效应可沿碳链延伸,α碳原子上的氢位移较明显,β碳原子上的氢有一定的位移,γ位以后的碳原子上的氢位移甚微。

(2) 相连碳原子的 s-p 杂化

与氢相连的碳原子从 sp^3（碳碳单键）到 sp^2（碳碳双键），s 电子的成分从 25% 增加至 33%，键电子更靠近碳原子，因而对相连的氢原子有去屏蔽作用，即共振位置移向低场。至于炔氢谱峰相对烯氢处于较高场，芳环氢谱峰相对于烯氢处于较低场，则因另有较重要的影响因素所致。

(3) 环状共轭体系的环电流效应

乙烯的 δ 值为 5.23ppm，苯的 δ 值为 7.3ppm，而它们的碳原子都是 sp^2 杂化。有人曾计算过，若无别的影响，仅从 sp^2 杂化考虑，苯的 δ 值应该大约为 5.7ppm。实际上，苯环上氢的 δ 值明显地移向了低场，这是因为存在着环电流效应。

设想苯环分子与外磁场方向垂直，其离域 π 电子将产生环电流。环电流产生的磁力线方向在苯环上、下方与外磁场磁力线方向相反，但在苯环侧面（苯环的氢正处于苯环侧面），二者的方向则是相同的。即环电流磁场增强了外磁场，氢核被去屏蔽，共振谱峰位置移向低场（图 6.10）。

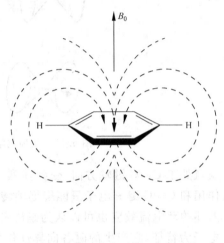

图 6.10　苯环的环电流效应

高分辨核磁共振所测定的样品是溶液，样品分子在溶液中处于不断翻滚的状态。因此，在考虑氢核受苯环 π 电子环电流的作用时，应以苯环平面相对磁场的各种取向进行平均。苯环平面垂直于外磁场方向时，前已论及。若苯环平面与外磁场方向一致时，则外磁场不产生诱导磁场，氢不受去屏蔽作用。对苯环平面的各种取向进行平均的结果，氢受到的是去屏蔽作用。

不仅是苯，所有具有 $4n+2$ 个离域 π 电子的环状共轭体系都有强烈的环电流效应。如果氢核在该环的上、下方，则受到强烈的屏蔽作用，这样的氢在高场方向出峰，甚至其 δ 值可小于零。在该环侧面的氢核则受到强烈的去屏蔽作用，这样的氢在低场方向出峰，其 δ 值较大。

(4) 相邻键的磁各向异性

首先考虑试样为双原子分子 AB。外磁场 $\boldsymbol{B}_0$ 作用于 A 原子，在该处诱导出一个磁矩 $\boldsymbol{\mu}_A$。

$$\boldsymbol{\mu}_A = \chi_A \boldsymbol{B}_0 \tag{6.21}$$

式中 χ_A 为 A 原子的磁化率。

以 A—B 键为 x 轴方向，并由此定出 y，z 轴方向，$\boldsymbol{\mu}_A$ 可分解为 3 个分量：$\mu_A(x)$，$\mu_A(y)$，$\mu_A(z)$。虽然处于液态试样中的 AB 分子在不断地翻滚，但理论计算指出，若 $\boldsymbol{\mu}_A$

的 3 个分量数值不等，A 会对 B 的屏蔽常数产生影响。这种讨论可以推广到多原子分子。对于任一指定的原子，连接该原子的化学键因具有磁各向异性，会对该原子的屏蔽常数产生影响（也就是影响了该原子的化学位移）。

化学键的磁各向异性是普遍存在的。图 6.11 表示了几种化学键的磁各向异性作用。从该图可以看到，在键轴方向或在其垂线方向形成了一对圆锥面。若圆锥面内为屏蔽作用（以"＋"表示）则圆锥面外为去屏蔽作用（以"－"表示）。值得注意的是，碳碳单键也具有磁各向异性，因此环上 CH_2 的两个氢的化学位移值略有差别。

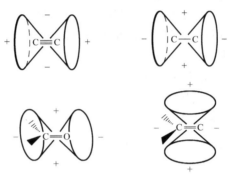

图 6.11　几种化学键的屏蔽或去屏蔽圆锥

炔氢处于 C≡C 键轴方向，受到强烈的屏蔽，因此相对烯氢在高场出峰，这种强烈的屏蔽作用和 C≡C 键 π 电子只能绕键轴转动密切相关。

前述的环电流效应也可以认为是磁各向异性作用，但环电流效应更以存在较多的离域 π 电子为特征，它产生的磁各向异性作用也较强，故单独列为一项讨论。

(5) 相邻基团电偶极和范德华力的影响

当分子内有强极性基团时，它在分子内产生电场，这将影响分子内其余部分的电子云密度，从而影响其他核的屏蔽常数。

当所讨论的氢核和邻近的原子间距小于范德华半径之和时，氢核外电子被排斥，σ_d 减小，共振移向低场。

(6) 介质的影响

不同溶剂有不同的容积导磁率，使样品分子所受的磁感强度不同；不同溶剂分子对溶质分子有不同的作用，因此介质影响 δ 值。值得指出的是，当用氘代氯仿作溶剂时，有时加入少量氘代苯，利用苯的磁各向异性，可使原来相互重叠的峰组分开。这是一项有用的实验技术。

(7) 氢键

作为实验结果，无论是分子内还是分子间氢键的形成都使氢受到去屏蔽作用。羧基形成强的氢键，因此其 δ 值一般都超过 10ppm。

2. 化学位移的具体数值

各种含氢官能团的 δ 值参阅表 6.3。

表 6.3　各种含氢官能团的 δ 值范围

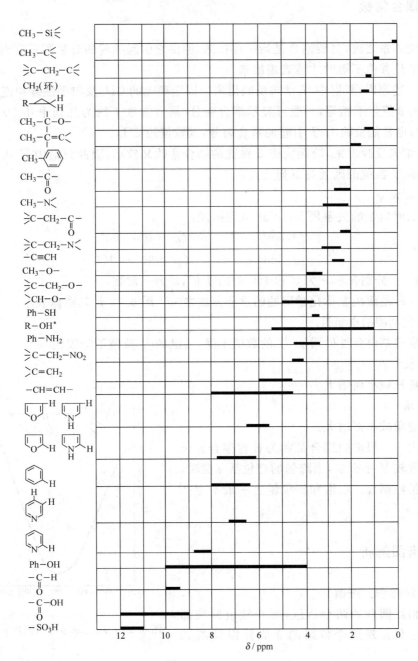

CH_3、CH_2、CH、烯氢、苯环氢等的 δ 均有经验计算公式及相应的参数,也有若干图表对其 δ 值加以标注。请参阅文献 1、3 和 4。

6.4.2 耦合常数

在自旋体系之内,自旋耦合是始终存在的,但由它引起的峰的分裂则只有当相互耦合的核的化学位移值不等时才能表现出来。

由于上述原因,氢谱中 ^2J 常未反映出来。固定环上的 CH_2 及与手性碳相连的 CH_2 中的两个氢的 δ 值常不相等,一般可显示耦合裂分,耦合常数 J 约为几到十几 Hz。$>C=CH_2$(端烯)也常能反映出 ^2J 引起的耦合裂分,其数值约 2 Hz。

因 ^2J 常未反映出来,跨距大于 3 根键的耦合常数又较小,因此氢谱中 ^3J 占有突出的位置。影响 ^3J 数值的因素有下列几点:

1. 二面角 φ

^3J 与二面角 φ 的关系用 Karplus 方程描述:

$$^3J = \begin{cases} J_0 \cos^2\varphi + C & (\varphi = 0° \sim 90°) \\ J_{180} \cos^2\varphi + C & (\varphi = 90° \sim 180°) \end{cases} \tag{6.22}$$

式中 J_0 与 J_{180} 分别表示 φ 为 0° 和 180° 时的 J 值,C 为一常数。

式(6.22)是解决立体化学问题的重要方法之一。图 6.12 是其图像表示。

2. 取代基团的电负性

随着取代基电负性的增加,^3J 的数值下降,烯氢的 ^3J 数值下降较快。

3. 键长

^3J 随键长减小而增大。

4. 键角

^3J 随键角减小而增大。

跨距大于 3 根键的耦合都称为长程耦合。长程耦合常数较 ^3J 小很多,当跨越的键包括 π 键时,一般存在长程耦合。在饱和碳氢键上一般不存在长程耦合。

6.4.3 谱图解析

1. 一级谱和二级谱

设有相互耦合的两个核组,每个核组的核都有相同的 δ 值。现两个核组的 δ 值分别为 δ_1 和

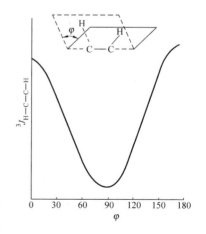

图 6.12 $^3J_{H-C-C-H}$ 与二面角 φ 的关系

δ_2。再设任一核组的所有核对另一核组中的任一核都具有相同的耦合常数 J。我们可以计算 $|\delta_1-\delta_2|/J$ 的数值(分子、分母用同一单位)。这个比值对核磁谱图的复杂程度起着重要作用。当该比值大时(至少大于3),核磁谱图较简单;当该比值小时,谱图复杂。

这个比值和使用的仪器有关。设 $|\delta_1-\delta_2|=0.1$ ppm,$J=6$ Hz,当使用 60 MHz 仪器时,0.1 ppm 对应 $60\times10^6\times0.1\times10^{-6}=6$ (Hz),故 $|\delta_1-\delta_2|/J=1$;当使用 300 Hz 仪器时,0.1 ppm 对应 $300\times10^6\times0.1\times10^{-6}=30$ (Hz),则 $|\delta_1-\delta_2|/J=5$。这两个数值分别对应上一段所述的两种情况,由此可见使用高频仪器可简化谱图。

两个核组之间的耦合关系对谱图的复杂程度是重要的。如果它们之间只有一个耦合常数,则谱图较简单;如果不只一个耦合常数,则谱图较复杂。

由于上述原因,核磁谱图分为一级谱和二级谱。

一级谱图可用 $n+1$ 规律来分析(或用其近似分析;对于 $I\neq1/2$ 的原子核,应采用更普遍的 $2nI+1$ 规律分析),二级谱则不能用 $n+1$ 规律分析。产生一级谱的条件为:

(1) $|\delta_1-\delta_2|/J$ 的数值较大,至少大于3。

(2) 相同 δ 值的几个核对任一另外的核有相同的耦合常数。

一级谱具有下列特点:

(1) 峰的数目可用 $n+1$ 规律描述。需要注意的是,$n+1$ 规律是对应一个固定的 J 而言的。若所讨论的核组相邻 n 个氢,但与其中 n_1 个氢有耦合常数 J_1,与其余的 n_2 个氢有耦合常数 $J_2(n_1+n_2=n)$,则所讨论的核组具有 $(n_1+1)(n_2+1)$ 个峰,其余类推。

(2) 峰组内各峰的相对强度可用二项式展开系数近似地表示。

(3) 从图可直接读出 δ 和 J。峰组中心位置为 δ,相邻两峰之间距(以 Hz 计)为 J。

若不能同时满足上述一级谱的两个条件,则产生二级谱。二级谱与一级谱的区别为:

(1) 一般情况下,峰的数目超过由 $n+1$ 规律所计算的数目。

(2) 峰组内各峰之间的相对强度关系复杂。

(3) 一般情况下,δ,J 都不能直接读出。

应用量子力学的方法,对各种二级谱的计算取得了很满意的结果,这超出了本书的范围。但是,若对几种常见官能团直接进行谱图的分析,在绝大部分情况下,可较好地分析核磁共振氢谱。下面即以这条线索进行讨论。

2. 常见官能团的氢谱

(1) 烷基链

在烷基链很短时,因各个碳原子上的氢的 δ 有一定的差异,常呈现为一级谱或近似为一级谱。

正构长链烷基—$(CH_2)_n CH_3$ 若与一电负性基团相连,α-CH_2 的谱峰将移向低场方向。β-CH_2 亦会稍往低场移动。位数更高的 CH_2 化学位移很相近,在 $\delta\approx1.25$ ppm 处形成一个粗的单峰。因它们的 δ 值很接近且 $J=6\sim7$ Hz,因此形成一个强耦合体系($|\delta_1-\delta_2|/J$

小),峰形是复杂的,只因其所有谱线集中,故粗看为一单峰。由于与 CH_3 相连的 CH_2 属于强耦合体系之列,甲基的峰形较 $n+1$ 规律有畸变:左外侧峰钝,右外侧峰不明显。当用高场谱仪时,甲基则显示标准三重峰。

(2) 取代苯环

① 单取代苯环

在谱图的苯环区内,从积分曲线得知有 5 个氢存在时,由此可判定苯环是单取代的。

从前面我们知道,核磁谱图的复杂性取定于 $\Delta v/J$。随着取代基变化,苯环的耦合常数改变并不大,因此取代基的性质(它使邻、间、对位氢的化学位移偏离于苯)决定了谱图的复杂程度和形状。Chamberlain[4]提出了苯环分别被两类取代基取代后,苯环上剩余氢的谱峰形状的分析方法。本书结合苯环取代基的电子效应,综合分析苯环上剩余氢的谱峰的峰形及化学位移,并明确提出 3 类取代基的概念,以此来讨论取代苯环的谱图,现论述如下:

第一类取代基是使邻、间、对位氢的 δ 值(相对未取代苯)位移均不大的基团。属于第一类取代基团的有:—CH_3,—CH_2—,—CH$<$,—Cl,—Br,—CH=CHR,—C≡C 等。

由于邻、间、对位氢的化学位移差别不大,它们的峰拉不开,总体来看是一个中间高、两边低的大峰。

第二类取代基团是有机化学中使苯环活化的邻、对位定位基。从有机化学的角度看,其邻、对位氢的电子密度增高使亲电反应容易进行。从核磁的角度看,电子密度增高使谱峰移向高场。邻、对位氢的谱峰往高场的移动较大,间位氢的谱峰往高场移动较小,因此,苯环上的 5 个氢的谱峰分为两组:邻、对位的氢(一共 3 个氢)的谱峰在相对高场位置;间位的两个氢的谱峰在相对低场位置。由于间位氢的两侧都有邻碳上的氢,^3J 又大于 ^4J 及 ^5J,因此其谱峰粗略看是三重峰。高场 3 个氢的谱图则很复杂。属于该类取代基的有:—OH,—OR,—NH_2,—NHR,—NR'R'' 等。

第三类取代基团是有机化学中的间位定向基团。这些基团使苯环钝化,电子云密度降低。从核磁的角度看,就是共振谱线(相对于未取代苯环)移向低场。邻位两个氢谱线位移较大,处在最低场,粗略呈双峰。间、对位 3 个氢谱线也往低场移动,但因为位移较小,相对处于高场。属于第三类基团的有—CHO,—COR,—COOR,—COOH,—CONHR,—NO_2,—N=N—Ar,—SO_3H 等。

知道单取代苯环谱图的上述 3 种模式对于推测结构很有用处。比如未知物谱图苯环部分低场两个氢的谱线的 δ 值靠近 8ppm,粗看是双重峰,高场 3 个氢的谱线的 δ 值也略大于 7.3ppm,(苯的 δ 值),由此可知有羰基、硝基等第三类基团的取代。

② 对位取代苯环

对位取代苯有二重旋转轴。其谱图是左右对称的。

苯环上剩余的 4 个氢之间仅存在两对 ^3J 耦合关系,因此它们的谱图简单。对位取代苯环谱图具有鲜明的特点,是取代苯环谱图中最易识别的。粗看它是左右对称的四重峰,中间一对峰强,外面一对峰弱,每个峰可能还有各自小的卫星峰(以某谱线为中心,左右对称的一对强度低的谱峰)。

③ 邻位取代苯环

相同基团邻位取代,其谱图左、右对称。

不同基团邻位取代,其谱图很复杂。单取代苯环分子有对称性;在二取代苯环中,对位、间位取代的谱图比邻位取代简单;多取代则使苯环上氢的数目减少,从而谱图得以简化,因此不同基团邻位取代苯环具有最复杂的苯环谱图。

④ 间位取代苯环

间位取代苯环的图谱一般也是相当复杂的,但两个取代基团中间的隔离氢因无 ^3J 耦合,经常显示粗略的单峰。

⑤ 多取代苯环

可仿照上面进行分析。

(3) 取代的杂芳环

由于杂原子的存在,杂芳环上不同位置的氢的 δ 值已拉开一定距离,取代基效应使之更进一步拉开,因此取代的杂芳环的氢谱可按一级谱近似地分析,但需注意,氢核之间的耦合常数(^3J,^4J 等)的数值和它们相对杂原子的位置有关。

(4) 烯氢

烯氢谱峰处于烷基与苯环氢谱峰之间。由于常存在几个耦合常数,峰形较复杂。在许多情况下,烯氢谱峰可按一级谱近似分析。若在同一烯碳原子上有两个氢(端烯),其 ^2J 值仅为 2Hz 左右,这使裂分后的谱线复杂又密集。

(5) 活泼氢

因氢键的作用,活泼氢的出峰位置不定,与样品浓度、介质、作图温度等有关。重氢交换可去掉活泼氢的谱峰,由此可以确认其存在。

6.5 核磁共振碳谱与有机化合物结构的关系

碳原子构成有机化合物的骨架,掌握有关碳原子的信息在有机结构分析中具有重要意义。有些官能团不含氢,但含碳(如羰基),因此从氢谱不能得到直接信息,但从碳谱可以得到。氢谱中各官能团的 δ 值很少超过 10ppm,但碳谱 δ 的变化范围可超过 200ppm,因此结构上的细微变化可望在碳谱上得到反映。分子量在三四百以内的有机化合物,若分子无对称性,原则上可期待每个碳原子有其分离的谱线。碳谱还有多种去耦方法,后来又发展了几种区别碳原子级数的方法。

综上所述,与氢谱相比,碳谱有很多优点,然而其测定较氢谱困难得多,因灵敏度太低,因此只有在脉冲-傅里叶变换核磁谱仪大量问世之后,碳谱才能用于常规分析并得到了迅速的发展。

6.5.1 化学位移

1. 影响 ^{13}C δ 值的因素

在 6.1.3 中已讲到除 ^1H 之外,顺磁屏蔽对 δ 值起主要作用。^{13}C 自然属于此列,其 δ 值有较大的变化范围。

从顺磁屏蔽的角度考虑,顺磁屏蔽系数绝对值 $|\sigma_p|$ 和电子跃迁的能级差 ΔE 成反比。饱和碳原子电子能级的跃迁为 $\sigma \to \sigma^*$,其 ΔE 大,故 $|\sigma_p|$ 小。因 σ_p 和抗磁屏蔽系数 σ_d 作用方向相反,因此 $|\sigma_p|$ 小,去屏蔽弱,共振在高场。同理,可解释烯碳原子共振在较低场(其电子能级跃迁为 $\pi \to \pi^*$)及羰基碳原子共振在最低场(其电子能级跃迁为 $n \to \pi^*$,ΔE 最小)。

仍从顺磁屏蔽的角度考虑,$|\sigma_p|$ 和 r^3 成反比,r 为 $2p$ 电子和原子核之间的平均距离,当碳原子与电负性基团相连时,碳原子的电子密度下降,轨道收缩,r 减小,去屏蔽作用强,共振移向低场。

$|\sigma_p|$ 还和碳原子的键级有关,由此可以解释炔碳原子共振位置介于饱和碳原子与烯碳原子之间。

从上面的讨论可知,碳原子的 δ 值主要决定于顺磁屏蔽,但其结果和氢谱有着惊人的相似之处:① 从高场到低场,共振的顺序为饱和碳原子、炔碳原子、烯碳原子、羰基碳原子(氢谱为饱和氢、炔氢、烯氢、醛基氢等);② 与电负性基团相连,共振都移向低场。

在碳谱中,因 $|\sigma_p|$ 远远大于 σ_a(磁各向异性屏蔽)的影响,因此苯环的碳和烯碳 δ 值很接近。

除上面所讨论的碳原子 δ 值主要由顺磁屏蔽决定之外,下面两个因素亦需考虑:

① 重原子效应(重卤素效应)

碘、溴取代碳原子上的氢时,该碳原子 δ 值减小,这是因为卤素原子的众多电子对碳原子有抗磁屏蔽作用,从而其共振移向高场。

② 空间效应

空间效应表现为下面两点:碳原子与大的烷基(或具多分支的烷基)相连,则其 δ 值明显增大;各种基团的取代均使 γ-位的碳原子 δ 值稍减小(即其共振移向高场)。

其他影响较小的因素我们不拟讨论。

下面对羰基作一附加的讨论,羰基在碳谱中占据最低场位置,可清楚地与其他基团相区别。总的看来,醛、酮的 δ 值最大,连杂原子的羰基(羧酸酯等)则有较小的 δ 值。共轭效应亦使羰基的 δ 值减小,但其作用不如杂原子强。上述结果和羰基在红外吸收中位置的变化相对应,因为这二者都可用取代基对羰基碳原子电子短缺的影响来解释。凡不利于羰基碳原子电子短缺的取代基,在红外谱中使羰基的吸收移向较高波数;在核磁共振碳谱中则使羰基的吸收移向高场。

2. 化学位移的具体数值

各种含碳原子官能团的 δ 值请参阅表 6.4。

表 6.4 各种含碳官能团的 δ 值范围

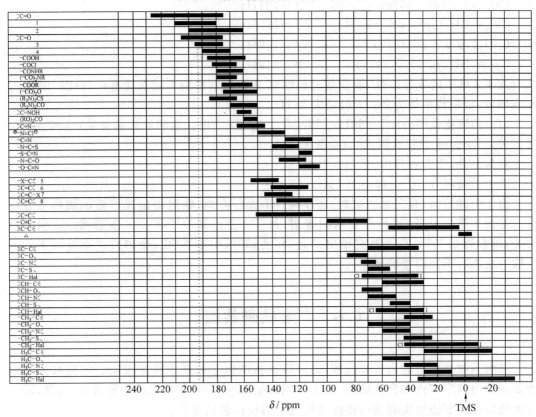

1. α,β-不饱和酮; 2. α-卤代酮; 3. α,β-不饱和醛; 4. α-卤代醛;
5. 杂芳环 α-C; 6. 杂芳环; 7. 芳环中的取代碳; 8. 芳环。

烷烃、取代的烷基、环己烷、烯、苯环等均有经验计算公式及相应的参数,本书不再叙述,请读者参考有关著作。

6.5.2 耦合常数

因为 ^{13}C 的天然丰度仅为 1.1%,^{13}C-^{13}C 的耦合可以忽略,但是 ^1H 的天然丰度为 99.98%,因此,若不对 ^1H 去耦,^{13}C 谱线总会被 ^1H 分裂。这种情况与氢谱中难以观察到

的 ^{13}C 引起 ^1H 的分裂（^{13}C 的卫星峰）是不同的。

^{13}C 与 ^1H 最重要的耦合作用当然是 $^1J_{^{13}C-^1H}$。决定它的重要因素是 C—H 键的 s 电子成分，近似有：

$$^1J_{^{13}C-^1H} = 5 \times (s\%) (\text{Hz})$$

式中，$s\%$ 为 C—H 键 s 电子所占的百分数。可用下列数据加以说明：

$$\text{CH}_4 (sp^3, s\% = 25\%) \quad\quad ^1J = 125\,\text{Hz}$$
$$\text{CH}_2 = \text{CH}_2 (sp^2, s\% = 33\%) \quad\quad ^1J = 157\,\text{Hz}$$
$$\text{C}_6\text{H}_6 (sp^2, s\% = 33\%) \quad\quad ^1J = 159\,\text{Hz}$$
$$\text{CH} \equiv \text{CH} (sp, s\% = 50\%) \quad\quad ^1J = 249\,\text{Hz}$$

除了 s 电子的成分以外，取代基电负性对 ^1J 也有所影响。随取代基电负性的增强，^1J 相应增加，以取代甲烷为例，^1J 可增大 41 Hz。

$^2J_{CH}$ 的变化范围为 $-5 \sim 60$ Hz。$^3J_{CH}$ 在十几 Hz 之内。这和取代基有关，也和空间位置有关。Karplus 方程近似成立（参阅 6.4.2 节）。

有趣的是，在芳香环中，$|^3J| > |^2J|$。

除少数情况外，^4J 一般小于 1 Hz。

由于上述原因，在记录碳谱时，若不对 ^1H 进行去耦，碳谱将出现严重的谱峰重叠现象。常规碳谱为对 ^1H 进行全去耦的碳谱，每一 δ 值的碳原子仅出一条谱线。其他去耦方法，请参阅 6.3.5。需要补充指出的是：在去耦时，由于 NOE，碳谱线的强度视不同的去耦方法而有不同程度的增强。

6.6 二维核磁共振谱

二维核磁共振谱的出现和发展，是核磁共振波谱学的最主要里程碑。核磁共振的最重要用途为鉴定有机化合物结构，二维核磁共振谱的应用，使鉴定结构更客观、可靠，而且大大地提高了所能解决问题的难度和增加了解决问题的途径。

二维核磁共振谱的种类很多。在此不可能一一介绍。我们在这里仅讨论最重要的几种。所有的二维核磁共振谱均要采用脉冲序列，其原理的分析更需大量篇幅，对以上内容感兴趣的读者，可阅读参考文献[1]。

从二维核磁共振又可延伸至三维或更高维核磁共振谱，它们主要用于分子生物学（蛋白质）的研究。

6.6.1 同核位移相关谱

同核位移相关谱是最重要的一类二维核磁共振谱，使用最为频繁。

最常用的同核位移相关谱称为 COSY(correlated spectrosopy)。

COSY 的图形为正方形,或在纵向略加压缩而成为矩形。该图的上方有一氢谱与之对应,图的侧面也可能有一氢谱与之对应。COSY 谱中有一条对角线,常见的为左低右高。对角线上有若干峰组,它们和氢谱的峰组一一对应。这些峰称为对角线峰或自动相关峰,它们不提供耦合信息。对角线外的峰组称为交叉峰或相关峰,它反映两峰组之间的耦合关系。通过任一交叉峰组作垂线,会与另一对角线峰组及上方氢谱中的一个峰组相交,此峰组是参与耦合的一个峰组。仍通过该交叉峰作水平线,会与一对角线峰组相交,通过后者作垂线,会与氢谱中的另一峰组相交,此峰组则是参与耦合的另一峰组。因此从任一交叉峰即可确定相应的两峰组之间的耦合关系,我们完全不用管(一维)氢谱中的峰形。COSY 主要反映相距三根键的氢(邻碳氢)的耦合关系。跨越两根键的氢(同碳氢)或耦合常数较大的长程耦合也可能被反映出来。

交叉峰是沿对角线对称分布的,因而只分析对角线一侧的交叉峰即可。

COSY 的具体例子如图 6.13 所示。该图的解释请参阅 6.7.1.2 小节。

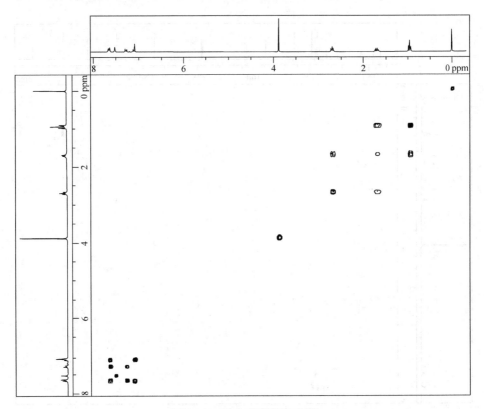

图 6.13　某化合物的 COSY

有好几种二维核磁共振谱和COSY相近,请阅参考文献[1]。这里只简单介绍一下长程同核位移相关谱(long range correlation spectroscopy,COSYLR)。它显示长程耦合的相关,在通常的(一维)氢谱中,长程耦合只能表现为谱峰半高宽的稍微增加,表露是不明显的。现以交叉峰的形式出现,自然就明显多了。

6.6.2 异核位移相关谱

异核位移相关谱把氢核和与其直接相连的其他核关联起来。有机化合物以碳原子为骨架,因此异核位移相关谱主要就是 H,C-COSY。

H,C-COSY 的谱图呈矩形。水平方向刻度为碳谱的化学位移,该化合物的碳谱置于此矩形的上方。垂直方向刻度为氢谱的化学位移,该化合物的氢谱置于此矩形的左侧。矩形中出现的峰称为相关峰或交叉峰。每个相关峰把直接相连的碳谱谱线和氢谱峰组关联起来。季碳原子因其上不连氢因而没有相关峰。如一碳原子上连有两个化学位移值不

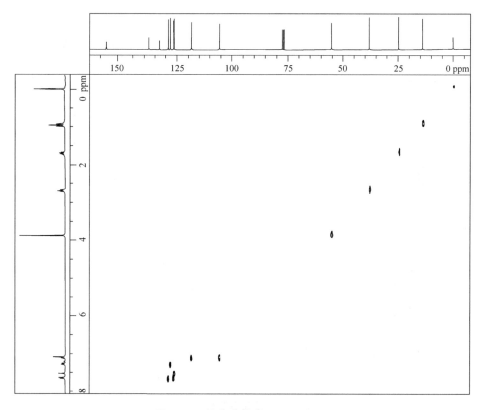

图 6.14　某化合物的 H,C-COSY

等的氢核,则该碳谱谱线对着两个相关峰。因此,这样的碳一定是 CH_2。从一般情况来看,H,C-COSY 结合氢谱的积分值,每个碳原子的级数(CH_3,CH_2,CH,C)都能确定。

由于碳谱的分辨率高,若有几个氢谱峰组化学位移值相近,有一定的重叠,它们在 H,C-COSY 中可分开。这对 COSY(或进一步明确为 H,H-COSY)的分析是大有裨益的。

H,C-COSY 的例子如图 6.14 所示。该图的解析请参阅 6.7.1.2 小节。

H,C-COSY 确定直接相连的 C,H 的相关性。也有确定 C,H 长程耦合的异核位移相关谱。常用之一为 COLOC(异核位移)长程耦合相关谱((heteronuclear shift) correlation spectroscopy via long range couplings),它显示跨越两三根键的碳、氢耦合关系。这对于推断包含季碳原子的未知物的结构至关重要,我们将在 6.7.1.2 小节中进一步讨论。

不论是 H,C-COSY 还是 COLOC,检测的核种都是 ^{13}C,由于 ^{13}C 的磁旋比为 ^1H 的 1/4,加之同位素天然丰度仅 1.1%,因此灵敏度很低。为提高异核位移相关谱的检测灵敏度,可以利用反向模式探头。这时检测的是 ^1H 核,但仍得到 ^{13}C 和 ^1H 的相关谱。与 H,C-COSY 对应的是 HMQC 或 HSQC。与 COLOC 对应的是 HMBC。在这样的二维谱中,水平方向刻度为氢谱的化学位移,垂直方向的刻度为碳谱的化学位移。二维谱中垂直方向的分辨率比水平方向要低得多,因此当样品有足够的量时,还是采用 H,C-COSY,COLOC 较好。

6.6.3 总相关谱

总相关谱(total correlation spectroscopy,TOCSY)把 COSY 的作用延伸,从任一氢的峰组可以找到与该氢核在同一耦合体系的所有氢核的相关峰。这对于研究包含几个自旋耦合体系的化合物特别有用,因 TOCSY 可把几个体系相互区别。

TOCSY 的外形与 COSY 相似,但交叉峰的数目大大增加。

另外,还可见到同核 Hartmann-Hahn 谱,HOHAHA(homonuclear Hartmann-Hahn spectroscopy)这一名称的二维核磁共振谱。它的基本原理与 TOCSY 相近,作用则完全相同。

6.6.4 2D INADEQUATE

INADEQUATE(incredible natural abundance double quantum transfer experiment)可以确定碳原子的连接顺序。它测定的是 ^{13}C 与 ^{13}C 之间的耦合。^{13}C 的同位素丰度是 1.1%,因而两个 ^{13}C 相连的几率就近似为 1/10 000 了,因此这是一个很弱的信号。最先发展起来的是一维的 INADEQUATE,它有若干缺点,后来发展为二维的 INADEQUATE,即

2D INADEQUATE。

在这样的二维谱中，横坐标（ω_2）为碳谱化学位移，在该谱上方有常规碳谱。纵坐标为双量子频率 ω_1，在 2D INADEQUATE 谱中有一条 $\omega_1=2\omega_2$ 的准对角线。所有耦合的（相邻的）一对碳-13 核在同一水平线上（ω_1 相同），左右对称地处于准对角线的两侧，且 ω_2 分别等于它们的 δ 值处有相关峰。据此可以找出相邻的两个碳原子，进而可以连出整个分子的碳原子骨架。

采用微量样品管、魔角旋转、特殊软件，2D INADEQUATE 的用样量及累加时间可大大减少。

以上我们讨论了与鉴定有机物结构最密切相关的四类二维核磁共振谱。其他类别的二维谱从略。值得一提的是，记录 NOE 效应的一类二维谱常用于蛋白质分子的研究，对确定有机化合物立体结构也有很大的帮助，本书因篇幅所限，从略。

6.7 核磁共振的应用

核磁共振的应用面越来越广，发挥着越来越重要的作用。我们最关心的是（将在后面重点讨论）用于鉴定有机化合物结构。值得一提的是，现已有可移动的核磁共振波谱仪，它可按需要移动到不同位置进行测试。核磁共振在医学上日益受到重视（常称为磁共振成像，MRI），它比 CT 具有更高的分辨率并可使病人免受 X 射线照射。小型台式核磁共振谱可用于测定粮食中的水分、含油量等。

在生物学领域，核磁共振越来越受到青睐，它使蛋白质分子在水溶液中的构象研究成为可能。这是推动核磁共振波谱仪往更高频率发展的重要推动力之一。

6.7.1 核磁共振用于鉴定有机化合物结构

自从 20 世纪 70 年代后期以来，核磁共振成为鉴定有机化合物结构的最重要工具。这是因为核磁共振可提供多种一维、二维谱，反映了大量的结构信息。再者，所有的核磁共振谱具有很强的规律性，可解析性最强。以上两点是任何其他谱图（质谱、红外、拉曼、紫外、荧光等）所无法相比的。

6.7.1.1 基于常规（一维）核磁共振谱推导有机化合物结构

对于结构较简单的有机化合物，利用其氢谱、碳谱，再结合其分子式（甚至仅知低分辨的分子量）便可推导出结构。

对于结构相当简单的有机化合物，仅利用氢谱和其分子式，便可能推出其结构。

分析氢谱的步骤如下：

(1) 区分出杂质峰、溶剂峰、旋转边带。

杂质含量较低，其峰面积较样品峰小很多，样品和杂质峰面积之间也无简单的整数比关系。据此可将杂质峰区别出来。

氘代试剂不可能100%氘代，其微量氢会有相应的峰，如$CDCl_3$中的微量$CHCl_3$在约7.27ppm处出峰。边带峰的区别请阅6.2.1节。

(2) 计算不饱和度。

不饱和度即环加双键数。当不饱和度大于等于4时，应考虑到该化合物可能存在一个苯环(或吡啶环)。

(3) 确定谱图中各峰组所对应的氢原子数目，对氢原子进行分配。

根据积分曲线，找出各峰组之间氢原子数的简单整数比，再根据分子式中氢的数目，对各峰组的氢原子数进行分配。

(4) 对每个峰的δ，J进行分析。

根据每个峰组氢原子数目及δ值，可对该基团进行推断，并估计其相邻基团。

对每个峰组的峰形应仔细地分析。分析时最关键之处在于寻找峰组中及峰组间的等间距。每一种等间距相应于一个耦合关系。通过此途径可找出邻碳氢原子的数目。

当从裂分间距计算J值时，应注意谱图是多少兆周的仪器作出的，有了仪器的工作频率才能从化学位移之差$\Delta\delta$(ppm)算出$\Delta\nu$(Hz)。当谱图显示烷基链^3J耦合裂分时，其间距(相应6～7Hz)也可以作为计算其他裂分间距所对应的赫兹数的基准。

(5) 根据对各峰组化学位移和耦合常数的分析，推出若干结构单元，最后组合为几种可能的结构式。每一可能的结构式不能和谱图有大的矛盾。

(6) 对推出的结构进行指认。

每个官能团均应在谱图上找到相应的峰组。峰组的δ值及耦合裂分(峰形和J值大小)都应该和结构式相符。如存在较大矛盾，则说明所设结构式是不合理的，应予以去除。通过指认校核所有可能的结构式，进而找出最合理的结构式。必须强调，指认是推结构的一个必不可少的环节，下面将举例说明解析谱图的过程。

如果未知物的结构稍复杂，在推导其结构时就需应用碳谱。在一般情况下，解析碳谱和解析氢谱应结合进行。从碳谱本身来说，有一套解析步骤和方法。

核磁共振碳谱的解析和氢谱有一定的差异。在碳谱中最重要的信息是化学位移δ。常规碳谱主要提供δ的信息。从常规碳谱中只能粗略地估计各类碳原子的数目。如果要得出准确的定量关系，作图时需用很短的脉冲、长的脉冲周期，并采用特定的分时去耦方式。用DEPT确定碳原子的级数。若仪器不能用脉冲序列，则用偏共振去耦。

碳谱解析步骤如下：

(1) 鉴别谱图中的真实谱峰。溶剂峰：氘代试剂中的碳原子均有相应的峰，这和氢谱中的溶剂峰不同(氢谱中的溶剂峰仅因氘代不完全引起)。幸而由于弛豫时间的因素,氘代试剂的量虽大,但其峰强并不太高。常用的氘代氯仿呈三重峰,中心谱线位置在77.0ppm。

杂质峰:可参考氢谱中杂质峰的判别。

作图时参数的选择会对谱图产生影响。当参数选择不当时,有可能遗漏掉季碳原子的谱峰。

(2) 由分子式计算不饱和度。

(3) 分子对称性的分析。若谱线数目等于分子式中碳原子数目,说明分子无对称性;若谱线数目小于分子式中碳原子的数目,这说明分子有一定的对称性,相同化学环境的碳原子在同一位置出峰。

(4) 碳原子 δ 值的分区。碳谱大致可分为 3 个区:①羰基或叠烯区 $\delta>150$ ppm,一般 $\delta>165$ ppm。$\delta>200$ ppm 只能属于醛、酮类化合物,靠近 $160\sim170$ ppm 的信号则属于连杂原子的羰基。②不饱和碳原子区(炔碳除外)$\delta=90\sim160$ ppm。由前两类碳原子可计算相应的不饱和度,此不饱和度与分子不饱和度之差表示分子中成环的数目。③脂肪链碳原子区 $\delta<100$ ppm。饱和碳原子若不直接连氧、氮、氟等杂原子,一般其 δ 值小于 55ppm。炔碳原子 $\delta=70\sim100$ ppm,其谱线在此区,这是不饱和碳原子的特例。

(5) 确定碳原子的级数。由 DEPT 或偏共振去耦确定。由此可计算化合物中与碳原子相连的氢原子数。若此数目小于分子式中氢原子数,二者之差值为化合物中活泼氢的原子数。

(6) 结合上述几项推出结构单元,并进一步组合成若干可能的结构式。

(7) 进行对碳谱的指认,通过指认选出最合理的结构式,此即正确的结构式。

以上我们分别介绍了氢谱的解析和碳谱的解析。需再次强调的是,在一般情况下,需把这两者的解析结合起来。通过这两者谱图的解析,找出若干结构单元,进而组合成若干可能的结构式。

通过对氢谱和碳谱的指认,选出最合理的结构式,此即正确的结构式。

无论是在推结构时,还是在指认时,都应特别注意氢谱的峰形分析,在大部分情况下,峰形分析比 δ 值的分析更为可靠。因此当二者有矛盾时,作者建议首先考虑峰形分析的结果。

例 未知物分子式为 $C_{11}H_{12}ON_2$,其氢谱及碳谱如图 6.15(a)和(b)所示。试推出该未知物结构。

解 氢谱积分曲线从低场到高场显示各种氢原子数目之比为 $1:2:2:2:3:2$,再结合各峰组的 δ 值及峰形,氢谱从低场到高场对应的官能团为:醛基、对位取代苯环、$-CH_2-CH_2-$ 及 $-C-CH_3$(自旋去耦实验证明两个 CH_2 相连)。

结合全去耦及偏共振去耦碳谱,可看出上述官能团的存在,但碳谱的苯环区多出一个

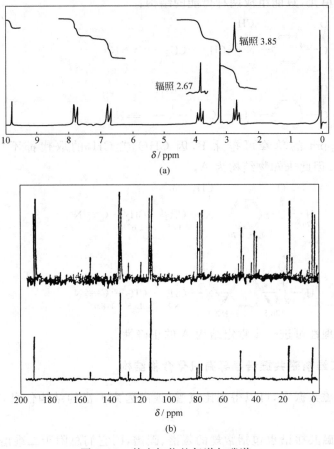

图 6.15 某未知物的氢谱与碳谱

单峰。

苯环及醛基有 5 个不饱和度,而从分子式计算有 7 个不饱和度,3 个饱和碳原子又不可能成环,而分子又含氮,明显地,该未知物存在腈基,它的谱线正好在碳谱的不饱和碳原子区。存在腈基也使 7 个不饱和度的要求得到满足。

碳谱醛基的信号在 190.5ppm,明显地低于饱和醛的 δ 值,因此醛基应与不饱和键相连,对本题来讲,只能是与苯环相连(若与腈基相连则造成结构封闭)。

由上所述,该未知物所含的结构单元为

H—C(=O)—C₆H₄—, —CH₃, —CH₂—CH₂—, —C≡N

上述结构单元与分子式相比,还余一个 N 原子。

由上述结构单元，只能组成两种可能的结构：

A: $HC(=O)-C_6H_4-N(CH_3)-CH_2-CH_2-C\equiv N$

B: $HC(=O)-C_6H_4-CH_2-CH_2-N(CH_3)-C\equiv N$

从碳谱 152ppm 的单峰可排除 B，因 CHO 或 CH_2 的取代都不可能产生 δ 高达 152ppm 的谱线。因此未知物结构为 A。

氢谱指认：

$\underset{9.75}{H}-\underset{}{C(=O)}-\underset{7.75\ 6.70}{C_6H_4}-\underset{}{N(\underset{3.20}{CH_3})}-\underset{3.85}{CH_2}-\underset{2.67}{CH_2}-C\equiv N$

碳谱指认：

$\underset{190.5}{H-C(=O)}-\underset{126.5\ 132.0\ 111.5\ 152.0}{C_6H_4}-N(\underset{38.7}{CH_3})-\underset{48.2}{CH_2}-\underset{15.5}{CH_2}-\underset{118.0}{C}\equiv N$

从指认的合理性可进一步肯定结构 A 的正确性。

6.7.1.2 基于二维核磁共振谱推导有机化合物结构

利用二维核磁共振谱，可以得到比氢谱、碳谱远为丰富的结构信息，因而可解决更复杂的结构问题。

采用二维核磁共振谱也包括常规的氢谱、碳谱，因它们总附于二维谱上方及侧面。事实上，在作二维谱之前必须先作一维谱。

用二维核磁共振谱推导结构在大多数情况下也需要质谱的数据，至少是低分辨质谱的数据。

基于二维核磁共振谱推导未知物结构可归纳为 3 套方法，简述如下。

1. 以位移相关谱为核心推导未知物结构

这是目前应用最多，也是发展最成熟的方法。本书重点介绍这种方法。

(1) 确定未知物中所含碳氢官能团

结合氢谱、碳谱、DEPT，H,C-COSY 可以知道未知物中所含的所有碳氢官能团及它们在何处出峰。

(2) 确定未知物中各耦合体系

由于 COSY 可反映所有邻碳氢的耦合关系，因而从 COSY 的交叉峰可以把耦合关系一个个找出来。即从耦合体系的一起点开始，依次找到邻碳氢，直至最后一个邻碳氢。耦合体系终止于季碳或杂原子。

(3) 确定未知物中季碳原子的连接关系

季碳原子上不直接连氢,因此 COSY 上没有与其对应的交叉峰。要把季碳原子和别的耦合体系连接起来需要 COLOC 或 HMBC。

(4) 确定未知物中的杂原子,并完成它们的连接

从碳谱、氢谱有可能确定杂原子的存在形式,如 —C≡N,—C=N—,—OH, —OCH$_3$ 等。

从 δ_C,δ_H 的数值,可判断碳氢官能团与杂原子的连接关系。

从碳-氢长程相关谱可确定杂原子与碳氢官能团之间的连接,因碳-氢长程耦合可跨过杂原子。

(5) 通过对谱图的指认来核实结构

2. 以 2D INADEQUATE 为核心推导未知物结构

从 2D INADEQUATE 可以确定未知物中所有碳原子的连接关系。再按前述原则把杂原子加进去,未知物的结构就完整了。以这种方法所得结构的准确性是很高的。随着谱仪的进步及有关技术、专用探头和软件的应用,它的应用将不断推广。

3. 以 HMQC-TOCSY 为核心推导未知物结构

HMQC 的作用相当于 H,C-COSY,但样品的用量可大大减少。

作 TOCSY 实验时,有个重要参数是等频混合时间。当它逐渐增长时(也就是说要作几次实验,得出对应不同等频混合时间的谱图),相关峰的数目逐渐增加,从某个碳原子或氢原子出发所找出的有耦合关系的碳、氢原子也就越来越多。用这样的方法,逐步得到未知物的结构。

下面举例说明以位移相关谱为核心推导未知物结构的方法。

例 未知物分子式为 $C_{14}H_{16}O$,其氢谱如图 6.16 所示,碳谱及 DEPT 如图 6.17 所示,COSY 及 H,C-COSY 分别已在图 6.13 及图 6.14 示出。试推导其结构。

解 图 6.17 最下方为全去耦碳谱。注意,在 129ppm 处有两条几近重叠的谱线,其 δ 值分别为 128.89 和 129.12ppm。它们在谱图上仅显示出一条谱线。另两条谱线(126.25 和 126.59ppm)在谱图上可区分。在碳谱上一共有 14 条谱线,说明分子无任何对称性。

在 DEPT 90°的谱图(图 6.17 中间谱图)可看见芳香区共 6 条谱线,说明有 6 个芳香区的 CH。该谱脂肪区有几个小峰,这是由于耦合常数值不是完全理想而引起的。DEPT 135°的谱图(图 6.17 上部)中在那些位置上有很好的峰,因而可以判断它们不是 CH,而是两个 CH$_3$(13.85,55.26ppm)和两个 CH$_2$(24.54,38.30ppm)。

与全去耦碳谱相比,该化合物应包含 4 个季碳原子。最大 δ 值(157.09ppm)的谱线表明该碳原子应被氧原子取代。

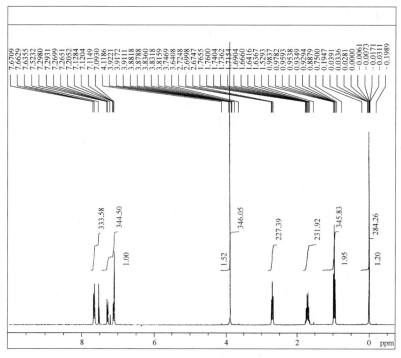

图 6.16 某未知物氢谱

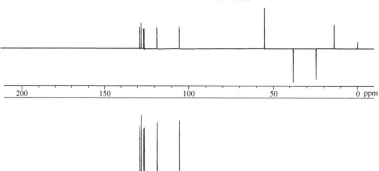

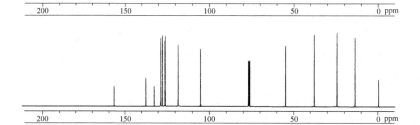

图 6.17 某未知物碳谱

氢谱(图6.16)与碳谱完全呼应。这从该氢谱所总结出的下列表格可看出来：

δ/ppm	0.935	1.738	2.700	3.816	7.093	7.107	7.282	7.523	7.651
H 原子数	3	2	2	3	1	1	1	1	2
峰形*	3	6	6	1	3	3	2	1	2**

* 指几重峰；
** 两个双峰重叠。

从分子式可计算出该未知物的不饱和度为7。从碳谱知该未知物无羰基。未知物在芳香区有10个碳原子，不饱和度又为7，因此应为一被取代的萘环。萘环上只有6个CH，说明是二取代。

这个例子的氢谱峰形并不复杂，因而可从峰形推测耦合顺序。当未知物结物复杂时(特别是含脂环的分子)，这条路就不行了。COSY则无需对峰形进行分析即可得到确切的连接顺序。从图6.13我们可以清楚地看到：

$$CH_3—CH_2—CH_2—$$
$$(0.935)\ (1.738)\ (2.700)$$

的连接顺序。3.816ppm的尖锐单峰则和其他氢无 ^3J 耦合关系。在芳香区我们可以看到如下的耦合关系：

$$—CH—CH— \qquad —CH—CH—$$
$$(7.107)(7.651) \qquad (7.282)(7.651)$$

综合以上分析，未知物仅有两种可能结构：

A: [结构图：2-甲氧基-6-丙基萘]

B: [结构图：2-甲氧基-7-丙基萘]

这两种可能结构的进一步取舍，需要有COLOC的数据(现结构为A)。
通过H,C-COSY，我们可以完成对碳谱的指认。
以上关于氢谱的分析仅考虑了 ^3J，即邻碳氢之间的耦合。未考虑 ^4J, ^5J。

6.7.2 核磁共振用于有机化合物定量分析

前面一小节我们讨论了核磁共振用于有机化合物结构鉴定，是在定性方面的应用。这一小节我们将讨论核磁共振在定量方面的应用，主要是在一个混合物体系中确定各组分之间的相互比例。

在核磁共振氢谱中,峰组面积和其对应的氢原子成正比。虽然通常在高场的峰面积比在低场的峰面积(相同氢原子数)稍大一点点,但仍不失为一种很好的定量方法。

在核磁共振碳谱中,如采用特定的脉冲序列,减小脉冲倾倒角,增长脉冲之间的间隔,也可以达到较好的定量关系。

对一个混合物体系来说,如果其中的每一个组分都能找到一个不与其他组分相重叠的氢谱峰组,我们就可以用氢谱来进行定量工作,因氢谱的灵敏度高,定量性好。如果在氢谱中不能满足上述的要求,就采用碳谱来定量,因为碳谱的分辨率高,很不容易发生谱线的重叠。当然,这时需作定量碳谱。

需要强调的是,核磁共振用于混合物中各组分的定量往往优于其他方法。相比于常用的有机定量方法——气相色谱和高效液相色谱来说,核磁共振的定量可用于一些平衡体系中各组分的定量,如体系内共存酮式和烯醇式、顺式和反式。核磁共振能在难持平衡体系的条件下进行各组分的定量。

再举一个例子。一种常用的非离子型表面活性剂为烷基酚聚氧乙烯醚,其结构式为

$$R-\underset{}{\bigcirc}-O-(C_2H_4O)_n-H$$

在这样的产品中 n 为正整数。有一个分布,利用核磁共振氢谱的积分值可以方便地求出 n 的平均数。用别的方法则难以完成。

6.7.3 固体高分辨核磁共振谱

本章前面所讨论的全限于液态样品(且要求低粘度)。在实际工作中,常要求用固态样品作图。一方面,有些样品找不到任何溶剂以配制它们的溶液,如某些高聚物、煤;另一方面,对某些样品,人们担心配制成溶液后结构会有一些变化。

如果按照通常的作图方法,用固态样品作图会得到很宽的谱线,得不到什么信息。产生这种现象主要有两个原因:第一是自旋核之间的偶极-偶极相互作用;第二是化学位移的各向异性。这两个原因都和分子在磁场中的取向有关。在液体试样中,分子在不断地翻滚,因此以上两种作用都被平均掉了。

除上述谱线变宽的问题需要解决以外,碳谱本身灵敏度低,受氢核的耦合将使谱线裂分(也就降低了信噪比),这亦需要解决。

作固体高分辨核磁共振谱的方法为交叉极化/魔角旋转法(cross polarization/magic angle spinning,CP/MAS)。实际上还包括对氢核去耦。交叉极化法涉及对脉冲作用的分析,此处不拟讨论,下面仅介绍魔角旋转。

前面所提到的偶极-偶极相互作用及化学位移的各向异性,其数值的大小均包含

($3\cos^2\theta-1$)项,θ是所讨论的两核连线和静磁场 B_0 之间的夹角。如果我们取 $\cos^2\theta=1/3$ ($\theta=54°44'$),($3\cos^2\theta-1$)项为零,于是这样就可消除上述两项作用。$54°44'$ 这个角度就叫做魔角。绕魔角旋转的速度是非常高的:液体试样旋转的速度是几十赫兹,固体试样绕魔角旋转的速度是几千到过万赫兹,高出两三个数量级。由于采用魔角旋转,磁铁间隙也需增大。

采用 CP/MAS 方法已得出与液态试样分辨率相近的可供解析的谱图。

6.7.4 核磁成像

核磁成像是 20 世纪 80 年代发展起来的先进医疗诊断方法。它提供类似于 X 射线的 CT 的图像,但患者免受 X 射线的剂量且分辨率高,因而备受青睐。

前面所讨论的液态试样及固体试样测定的都是平均的结果。核磁成像测定的对象是氢核,需要测出物体内部氢核在空间的分布(常以若干截面图表示出来),这样才可得出诊断信息(如某一部位患有肿瘤)。

核磁成像的原理可结合图 6.18 来说明。设两支试管插在磁极之间,如图 8.18(a)所

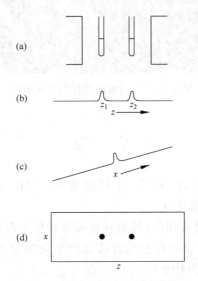

图 6.18 核磁成像原理说明

示。磁力线方向为 z 轴方向,两根试管的 z 坐标不相同。为区别两支试管在 z 方向的不同位置,在静磁场 B_0 之外,附加一个线性梯度磁场,由于后者的作用,两支试管内的样品所受磁感强度稍有差别(共振频率也就稍有差别)。因线性梯度场为已知,从两个共振频率可以知道两管的位置 z_1 和 z_2(b)。同理,在 x 方向(图中为从前至后的方向)应用线性

梯度磁场,可确定两试管在 x 轴上的坐标(c)。(b)和(c)的结合,得到(某一固定 y 值的) xz 平面上成的像。

高清晰度的人脑核磁成像纵向截面图如图 6.19 所示。

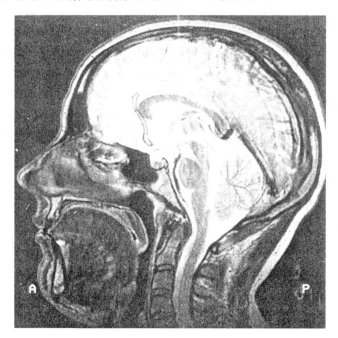

图 6.19　人脑核磁成像纵向截面图

习　题

1. 用 Boltzmann 分布定律,计算 ^{1}H 同位素在 300K,核磁共振谱仪工作谱率为 300MHz 时,高、低能级布居数之比。

2. 对于 800MHz 的核磁共振仪,其超导磁场的强度是多少特(斯拉)？

3. 什么是核磁共振的化学位移？为什么会产生化学位移？化学位移如何表示？通常用什么化合物作为内标？为什么？

4. 用 60MHz 的核磁共振仪测得一质子在 TMS 左侧 90Hz 处出峰,如果用 90MHz 的仪器,会在 TMS 左侧多少 Hz 处出峰,该质子的化学位移 δ 是多少？

5. 如果将正丙苯和异丙苯等量混合后做核磁共振谱,能否预计出谱图形状？有几组峰？每组峰的化学位移和裂分情况如何？

6. 未知物分子为 $C_{11}H_{14}O_3$，其核磁共振氢谱如图 6.20 所示，试推出其结构式。

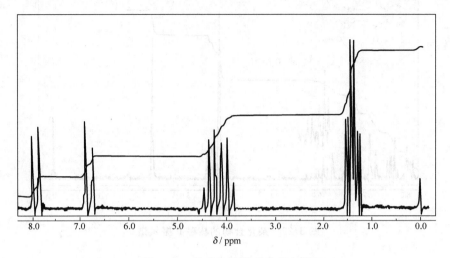

图 6.20 某未知物核磁共振氢谱

7. 某未知物分子式为 $C_{12}H_{17}O_2N$，其核磁共振氢谱如图 6.21 所示，试推出其结构式。

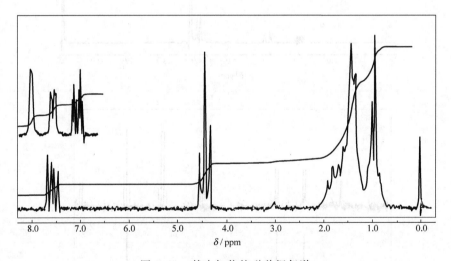

图 6.21 某未知物核磁共振氢谱

8. 根据化合物的结构，试对图 6.22 所示的核磁共振氢谱进行对谱峰的指认(标识)。

9. 某未知物分子式为 $C_5H_7O_2Br$，其核磁共振氢谱及碳谱分别如图 6.23 (a)，(b) 所示，试推出其结构。在碳谱中，下方为全去耦谱，上方为偏共振去耦谱。

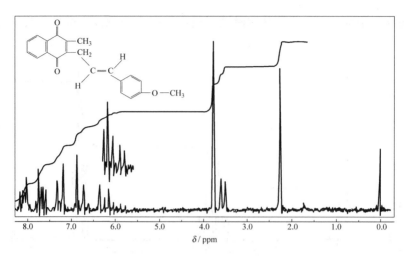

图 6.22 某化合物的核磁共振氢谱

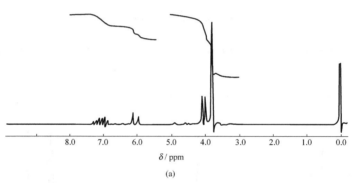

(a)

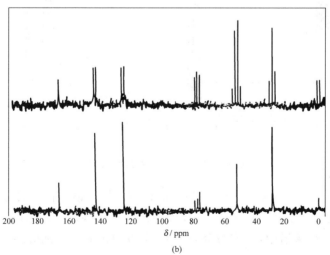

(b)

图 6.23 某未知物的核磁共振氢谱及碳谱

10. 试对图 6.24 所示同核位移相关谱 COSY 进行分析,找出下列化合物各含氢官能团的化学位移值:

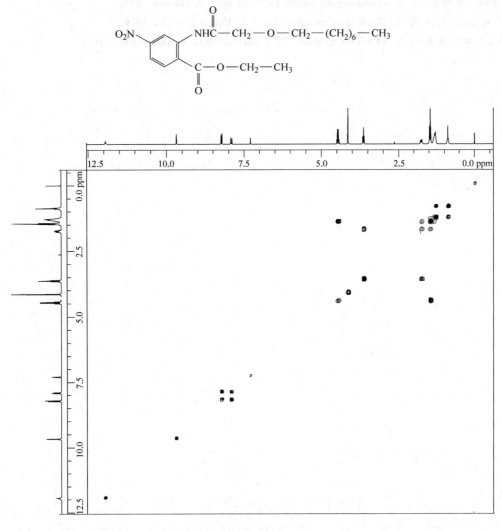

图 6.24　某化合物 COSY

参考文献

1　宁永成.有机化合物结构鉴定与有机波谱学.第二版.北京:科学出版社,2000
2　马丹 M L 等著.实用核磁共振波谱学.蒋大智等译.北京:科学出版社,1987

3　Günther H. NMR Spectroscopy. An Introduction. Wiley, 1980
4　Chamberlain N F. The Practice of NMR spectroscopy, with spectra structure correlations for hydrogen-1. Plenum. 1974
5　Wehrli F W et al. Interpretation of carbon-13 NMR spectra. Heyden, 1976
6　Breitmaier E et al. ^{13}C NMR spectroscopy. 2nd Ed. Verlag Chemie, 1978
7　Croasmun W R et al. Two-Dimensional NMR spectroscopy. Verlag Chemie, 1987

7 气相色谱法

7.1 概　　述

色谱法是一种重要的分离分析方法,它是利用混合物不同组分在两相中具有不同的分配系数(或吸附系数、渗透性等),当两相作相对运动时,不同组分在两相中进行多次反复分配实现分离后,通过检测器得以检测,进行定性定量分析。其中不动的一相称为固定相,而携带混合物流过此固定相的流体称为流动相。混合物由流动相携带经过固定相时,不同组分因其性质和结构上的差异,与固定相发生作用的大小、强弱有所差异。在同一推动力作用下,不同组分与固定相进行多次反复分配,使其在固定相中滞留时间有所不同,从而按先后不同次序从固定相中流出。这种在两相间反复分配而使混合物中各组分分离的技术,称为色谱法(chromatography),又称色层法、层析法。

色谱法可按不同角度分为多种类型。

(1) 按流动相的物态,色谱法可分为气相色谱法(流动相为气体)、液相色谱法(流动相为液体)和超临界色谱法(流动相为超临界流体)。按固定相的物态,则可分为气固色谱(固定相为固体吸附剂)、气液色谱(固定相为涂在固体担体上或毛细管壁上的液体)、液固色谱和液液色谱法等。

(2) 按固定相使用的形式,可分为柱色谱(固定相装在色谱柱中)、纸色谱(固定相为滤纸)和薄层色谱法(将吸附剂粉末制成薄层作固定相)等。

(3) 按分离过程的机制,可分为吸附色谱(利用吸附剂表面对不同组分的物理吸附性能的差异进行分离)、分配色谱法(利用不同组分在两相中有不同的分配系数进行分离)、离子交换色谱(利用离子交换原理)和排阻色谱(利用多孔性物质对不同大小分子的排阻作用)等。

色谱法因其分离效能高、灵敏度高和分析速度快等特点,已成为现代仪器分析方法中应用最广泛的一种方法。本章介绍气相色谱法。

气相色谱法(gas chromatography,GC)是采用气体作为流动相的一种色谱法。典型的气相色谱仪流程如图 7.1 所示。

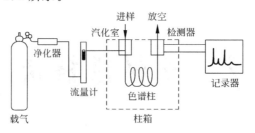

图 7.1 气相色谱仪流程示意图

具有稳定流量的载气(不与被测物作用、载送试样的惰性气体,如氢气、氮气等),将进样后的样品在汽化室汽化后,带入色谱柱得以分离,不同组分先后从色谱柱中流出,经过检测器和记录仪,得到由代表不同组分及浓度的色谱峰组成的色谱图(组分的浓度信号为纵坐标,时间为横坐标)。色谱仪通常由下列 5 部分组成:

(1) 载气系统,包括气源、净化器、气体流量控制和测量等;
(2) 进样系统,包括进样器和汽化室;
(3) 分离系统,包括色谱柱和温控柱箱;
(4) 检测系统,主要是检测器;
(5) 记录和数据处理系统,包括放大器、记录仪和色谱数据处理系统。

7.2 气相色谱的基本理论

色谱分析的关键是样品中各组分的分离。欲使两组分分离,它们的色谱峰之间必须有足够的距离,同时色谱峰必须很窄,才能达到完全分离的目的。前者是由各组分在两相之间的分配系数所决定,即与色谱过程的热力学因素有关,而峰的宽度则由色谱柱的柱效决定,即与色谱动力学过程有关。本节简要介绍有关术语和基本理论,以助于正确选择色谱条件,达到组分完全分离的目的。

7.2.1 气相色谱常用术语

试样中各组分经色谱柱分离,先后流出色谱柱,由检测器得到的信号大小随时间变化形成的色谱流出曲线如图 7.2 所示。一般色谱峰是一条高斯分布曲线。

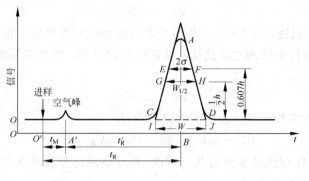

图 7.2　色谱流出曲线图

7.2.1.1　基线、峰高、峰宽

1. 基线

当色谱柱后没有组分通过检测器时,仪器记录到的信号称为基线。它反映了随时间变化的检测器系统噪声。稳定的基线是一条直线。

2. 峰高

色谱峰最高点与基线之间的距离称为色谱峰高,用 h 表示。

3. 峰宽

色谱峰宽有 3 种表示方法:

(1) 标准偏差 σ——0.607 倍峰高处色谱峰宽度的一半。

(2) 半峰宽——峰高为一半处的宽度,用 $W_{1/2}$ 表示。它与标准偏差的关系为

$$W_{1/2} = 2\sigma \sqrt{2\ln 2} = 2.35\sigma \tag{7.1}$$

(3) 基线宽度——从峰两边拐点做切线,切线与基线交点间的距离,用 W 表示。它与标准偏差的关系是

$$W = 4\sigma \tag{7.2}$$

7.2.1.2　保留值

保留值为试样中各组分在色谱柱中滞留时间的数值。通常用时间或用将组分带出色谱柱所需载气的体积来表示。

1. 保留时间

从进样到组分出现最大浓度的时间叫该组分的保留时间,用 t_R 表示。不被固定相吸附的组分(如空气、甲烷)的保留时间称为死时间,用 t_M 表示。扣除死时间后的保留时间称为调整保留时间,用 t'_R 表示:

$$t'_R = t_R - t_M \tag{7.3}$$

2. 保留体积

从进样到组分出现最大浓度时所通过的载体体积称为保留体积,用 V_R 表示:

$$V_R = t_R F_0 \qquad (7.4)$$

式中 F_0 为载气体积流速(mL/min)。死体积系指色谱柱柱管内固定相颗粒间所剩留的空间、色谱仪中管路连接头间的空间及检测器的空间的总和。当后两项很小可忽略不计时,死体积可由下式计算:

$$V_M = t_M F_0 \qquad (7.5)$$

调整保留体积 V_R' 系指扣除死体积后的保留体积,即

$$V_R' = t_R' F_0 \quad 或 \quad V_R' = V_R - V_M \qquad (7.6)$$

死体积反映了柱和仪器系统的几何特性,它与被测组分性质无关,故 t_R' 或 V_R' 更合理地反映了被测组分的保留特性。

3. 相对保留值

某一组分 i 的调整保留值与标准物 s 的调整保留值之比,称为组分 i 对 s 的相对保留值 r_{is}:

$$r_{is} = \frac{t_{Ri}'}{t_{Rs}'} = \frac{V_{Ri}'}{V_{Rs}'} \qquad (7.7)$$

r_{is} 仅随柱温及固定相变化。当柱温、固定相不变时,即使柱径、柱长、流动相流速有所改变,r_{is} 值仍保持不变,故可作为色谱定性分析的参数。

7.2.1.3 分配系数和容量因子

1. 分配系数

组分在固定相和流动相(气相)之间发生的吸附、脱附和溶解、挥发的过程,叫做分配过程。色谱分离是基于组分在两相中的分配情况不同,可用分配系数来描述。分配系数是在一定温度和压力下,组分在固定相和流动相中平衡浓度之比值,用 K 表示:

$$K = \frac{c_S}{c_M} \qquad (7.8)$$

式中 c_S 为组分在固定相中的浓度(g/mL),c_M 为组分在流动相中的浓度(g/mL)。

分配系数具有热力学意义。在气相色谱中,K 取决于组分及固定相的热力学性质,并随柱温、柱压而变化。同一条件下,如两组分的 K 值相同,则色谱峰重合。分配系数小的组分,因每次分配后在气相中的浓度较大,因而较早流出色谱柱。

2. 容量因子

表示在一定温度和压力下,两相平衡时,组分在两相中的质量比,用 k 表示:

$$k = \frac{p}{q} \qquad (7.9)$$

式中,p 为组分在固定相中的质量;q 为组分在流动相中的质量。分配系数与容量因子之间的关系式如下:

$$K = \frac{c_S}{c_M} = \frac{p/V_S}{q/V_M} = k\frac{V_M}{V_S} = k\beta \tag{7.10}$$

式中 V_M 为色谱柱中流动相体积,即柱内固定相颗粒间的空隙体积。V_S 为色谱柱中固定相体积,对不同类型色谱分析,V_S 有不同内容。例如在气固色谱中为吸附剂表面容量,而在气液色谱中为固定液体积。V_M 与 V_S 之比称为相比率 β。

组分在两相中的质量比等于组分在液相中的停留时间与在气相中的停留时间之比,即

$$k = \frac{t_R'}{t_M} \tag{7.11}$$

可见 k 值可据上式直接由色谱图数据求得。

7.2.1.4 分离度

分离度定义为相邻两组分保留时间之差与两组分基线宽度总和之半的比值,用 R 表示。

$$R = \frac{t_{R(2)} - t_{R(1)}}{\frac{1}{2}(W_1 + W_2)} \tag{7.12}$$

欲将两组分完全分开,首先要两组分的保留时间相差较大,其次是色谱峰要尽可能窄。前者取决于固定液的热力学性质,后者反映了色谱过程的动力学因素。分离度 R 综合了这两个因素,故可用作为色谱柱的总分离效能指标。若峰形对称且满足高斯分布,当 $R \geqslant 1.5$ 时,分离程度可达 99.7%,两组分完全分离;当 $R \leqslant 1$ 时,分离程度小于 98%,两组分没有分开。

当峰形不对称或两峰有重叠时,基线宽度很难测定,分离度可用半峰宽来表示:

$$R = \frac{t_{R(2)} - t_{R(1)}}{\frac{1}{2}(W_{1/2(1)} + W_{1/2(2)})} \tag{7.13}$$

试样在色谱柱中分离过程的基本理论包括两方面:一方面是试样中各组分在两相间的分配情况。它与各组分在两相间的分配系数以及组分、固定相和流动相的分子结构与相互作用有关。保留时间反映了各组分在两相间的分配情况,与色谱过程中的热力学因素有关。另一方面是各组分在色谱柱中的运动情况。它与各组分在流动相和固定相之间的传质阻力有关,色谱峰的半峰宽反映了各组分运动情况,和动力学因素有关。色谱理论须全面考虑这两方面因素。

7.2.2 塔板理论

塔板理论是把色谱柱假想成一个精馏塔,由许多塔板组成,在每个塔板上,组分在气、

液两相间达成一次平衡。经过多次分配平衡后，各组分由于分配系数不同而得以分离。分配系数小的组分，先离开精馏塔（色谱柱）。当板数足够多时，色谱流出曲线（色谱峰）可用高斯分布表示：

$$c = \frac{c_0}{\sigma\sqrt{2\pi}} e^{-\frac{(t-t_R)^2}{2\sigma^2}} \tag{7.14}$$

式中，c 为时间 t 时组分的浓度；c_0 为进样浓度；t_R 为保留时间；σ 为标准偏差。

假定色谱柱长为 L，每达成一次分配平衡所需的柱长为 H（塔板高度），则理论塔板数为

$$n = \frac{L}{H} \tag{7.15}$$

由上式看出，当色谱柱长 L 固定时，每次平衡所需的理论塔板高度 H 愈小，则理论塔板数 n 就愈大，柱效率就愈高。理论塔板数的经验表达式为

$$n = 5.545\left(\frac{t_R}{W_{1/2}}\right)^2 = 16\left(\frac{t_R}{W}\right)^2 \tag{7.16}$$

由上式可知，组分保留时间愈长，峰形愈窄，理论塔板数就愈大。因而 n 或 H 可作为描述柱效能的指标，高柱效有大的 n 值和小的 H 值。

由于死时间的存在，n 和 H 不能确切地反映柱效，尤其是对出峰早（t_R 较小）的组分更为突出，因此提出用有效理论塔板数 $n_{有效}$ 和有效塔板高度 $H_{有效}$ 作为柱效能指标：

$$n_{有效} = 5.545\left(\frac{t_R'}{W_{1/2}}\right)^2 = 16\left(\frac{t_R'}{W}\right)^2 \tag{7.17}$$

$$H_{有效} = \frac{L}{n_{有效}} \tag{7.18}$$

塔板理论在解释流出曲线的形状（呈高斯分布）、浓度极大点的位置及计算评价柱效能方面都取得了成功。但塔板理论是半经验性理论，它的某些基本假设不完全符合色谱的实际过程，如忽略了纵向扩散的影响、色谱体系不可能达到真正的平衡状态等。因此它只能定性地给出塔板高度的概念，不能找出影响塔板高度的因素，也不能说明为什么峰会展宽等。尽管塔板理论有缺陷，但以 n 或 H 作为柱效能指标很直观，故目前仍为色谱工作者所接受。

7.2.3 速率理论

1956 年荷兰学者范弟姆特（Van Deemter）在塔板理论基础上，考虑了影响塔板高度的动力学因素，导出了塔板高度 H 和载气线速度 u 的关系，提出了范弟姆特方程：

$$H = A + \frac{B}{u} + Cu \tag{7.19}$$

式中 A, B, C 为 3 个常数项,其物理意义在下面讨论。

7.2.3.1 涡流扩散项 A

涡流扩散项是因气流碰到填充物颗粒时,不断改变流动方向,使组分在气相中形成紊乱的类似涡流的流动。由于填充物颗粒大小的不同及填充的不均匀性,使组分在气流中路径长短不一,因此同时进入色谱柱的组分到达柱出口所用的时间也不相同,引起色谱峰的扩张。由于 $A = 2\lambda d_p$,表明 A 与填充物的平均颗粒直径 d_p(单位为 cm)的大小和填充不规则因子 λ(填充不均匀性)有关,而与载气性质、线速度和组分性质无关。因此使用较细粒度和颗粒均匀的填料,并尽量填充均匀,可减少涡流扩散,提高柱效。对于空心毛细管柱,因无填充物,不存在涡流扩散,故 A 项为零。

7.2.3.2 分子扩散项 B/u

分子扩散项又称纵向扩散项,其中 B 为分子扩散系数,$B = 2rD_g$,式中 r 表示填充柱内因载体引起气体扩散路径曲折的曲折性校正因子,D_g 是组分在气相中的分子扩散系数(单位为 cm^2/s)。由于组分被载气带入色谱柱后,是以一个个组分"塞子"的形式存在于色谱柱中,由于"塞子"前后存在着纵向浓度梯度,从而使组分沿纵向产生扩散。

纵向扩散的大小与组分在色谱柱内的保留时间有关。载气流速小,组分保留时间长,纵向扩散项就大,其对色谱峰扩张的影响就大。分子扩散项与 D_g 的大小成正比,而 D_g 与组分的性质、载气的性质、温度、压力等有关。增加载气密度,即增加压力或载气分子量,可以降低 D_g,使 B 项降低。D_g 随柱温增高而增加。曲折校正因子与填充物有关,空心毛细管柱中,$r = 1$;填充柱中,由于填充物的阻碍,使扩散程度降低,$r < 1$。对硅藻土担体,r 为 0.5~0.7,随着填料粒度的加大,r 也增加。

为减小 B 项,希望采用分子量大的载气和增加其线速度。

7.2.3.3 传质阻力项 Cu

Cu 包括气相传质阻力和液相传质阻力。C 为传质阻力系数,为气相传质阻力系数 C_g 和液相传质阻力系数 C_l 之和。气相传质阻力是由于组分分子由气相到气、液两相界面进行浓度分配时形成的。C_g 可表示为

$$C_g = \frac{0.01 k^2 d_p^2}{(1+k)^2 D_g} \tag{7.20}$$

式中 k 为容量因子。气相传质阻力与填充物粒度 d_p 的平方成正比,与组分在载气中的扩散系数成反比。因此采用粒度小的填充物和分子量小的载气(如 H_2)可使 C_g 减小,提高柱效。液相传质阻力是指组分分子从气、液两相界面到液相(固定液)内部并发生质量交换,达到分配平衡,然后又返回气液界面的传质过程。此过程需一定时间,与此同时,气相

中组分随载气不断向柱出口方向运动,引起峰形扩张。C_l可表示为

$$C_l = \frac{2}{3} \frac{k d_f^2}{(1+k)^2 D_l} \tag{7.21}$$

式中,d_f为固定相液膜厚度;D_l为组分在液相的扩散系数。为降低液相传质阻力,应采用低固定液配比(d_f小)和低粘度的固定液(D_l小)。

对于填充柱,固定液含量较高、中等线速时,塔板高度的主要控制因素是液相传质项,气相传质项很小,可以忽略。现采用低固定液配比柱,高载气线速,可提高柱效,并在较低温度下快速分析沸点较高的组分。此时 C_g 对 H 的影响有时会成为主要控制因素。还需注意,液膜过薄,担体的吸附性能将显露出来,柱负荷降低,d_f值降低,使 k 变小等问题。

范弟姆特方程较好地说明了填充均匀程度、粒度、载气种类、流速、柱温、固定相液膜厚度和组分性质等对柱效、峰扩张的影响,故对气相色谱分离条件的选择有指导意义。

7.2.4 分离条件的选择

7.2.4.1 色谱分离的基本方程

色谱柱对试样的分离效果,可从三方面进行评价:一是具有很低的塔板高度或很大的理论塔板数。二是要有较好的选择性。所谓选择性是指难分离物质对的调整保留时间之比,用选择因子 α 表示:

$$\alpha = \frac{t'_{R(2)}}{t'_{R(1)}} \tag{7.22}$$

α 愈大,两组分分离就愈好。三是分离度的大小,分离度反映了真实的分离情况。

对于难分离物质对,假定相邻二峰峰宽相等,$W_1 = W_2 = W$,因为它们的保留值的差别小,可合理地认为 $k_1 \approx k_2 = k$,由式(7-12)得

$$R = \frac{2(t'_{R(2)} - t'_{R(1)})}{W_1 + W_2} = \frac{t'_{R(2)} - t'_{R(1)}}{W}$$

得

$$W = \frac{t'_{R(2)} - t'_{R(1)}}{R} \tag{7.23}$$

将式(7-23)代入式(7-17),并用式(7-22)代入得

$$n_{有效} = 16 \left(\frac{t'_{R(2)} R}{t'_{R(2)} - t'_{R(1)}} \right)^2 = 16 R^2 \left(\frac{\alpha}{\alpha - 1} \right)^2 \tag{7.24}$$

从式(7-16)和式(7-17)可得

$$n_{有效} = \left(\frac{k}{1+k} \right)^2 n$$

代入上式整理后得色谱分离基本方程式：

$$R = \frac{\sqrt{n}}{4}\left(\frac{\alpha-1}{\alpha}\right)\left(\frac{k}{k+1}\right) \tag{7.25}$$

式(7-24)和式(7-25)将分离度和柱效 n(或 $n_{有效}$)、选择因子 α 和容量因子 k 联系在一起。

分离度与 n 的平方根成正比，增加柱长可改进分离度，同时也增加了各组分的保留时间，将引起峰扩展。故在达到一定 R 时应使用短一些的色谱柱。增加 n 值的另一办法是减小柱的 H 值，可通过制备性能优良的柱，并在最优化条件下进行操作。

容量因子 k 值较大，对 R 有利。当 $k>10$ 时，$k/(k+1)$ 的改变不大，对 R 改进不明显，故 k 值最佳范围是 $1<k<10$，这样，既可得到较大的 R 值，亦可减少分析时间和峰的扩展。改变柱温会影响分配系数而使 k 改变。减少柱的死体积，能使 $k/(k+1)$ 增加，从而改善分离度。

选择因子 α 愈大，柱选择性愈好，分离效果愈好。增大 α 值是提高分离度的有效办法。如 α 值为 1.10 时，获得分离度为 1.0 的色谱柱的有效理论塔板数为 1 900，但只要把 α 值增至 1.15，在同一柱上的分离度就可超过 1.5 以上。通过改变固定相，使各组分的分配系数有较大差别即可增加 α 值。

例 有一根 1m 长的柱子，分离组分 1 和 2，色谱图数据为：$t_M=5s$, $t_1=45s$, $t_2=49s$, $W_1=W_2=5s$。若欲得到 $R=1.2$ 的分离度，有效塔板数应为多少？色谱柱要加到多长？

解 选择因子

$$\alpha = \frac{t'_{R(2)}}{t'_{R(1)}} = \frac{49-5}{45-5} = 1.1$$

分离度

$$R = \frac{2(t_{R(2)}-t_{R(1)})}{W_1+W_2} = \frac{2(49-45)}{5+5} = 0.8$$

由式(7-17)，有效塔板数

$$n_{有效} = 16\left(\frac{t_{R(2)}}{W}\right)^2 = 16\times\left(\frac{49-5}{5}\right)^2 = 1\,239(块)$$

由式(7-24)得

$$n_{需要} = 16R^2\left(\frac{\alpha}{\alpha-1}\right)^2 = 16\times(1.2)^2\times\left(\frac{1.1}{0.1}\right)^2 = 2\,788(块)$$

所需柱长

$$L = \frac{2\,788}{1\,239}\times 1 = 2.25(m)$$

7.2.4.2 载气及其流速的选择

根据范弟姆特方程，用在不同流速下测得的塔板高度 H 对载气线速度 u 作图，得

H-u 曲线图(图 7.3)。从图上可看出,当线速 u 较小时,纵向扩散项 B/u 起主导作用,采用相对分子质量较大的载气(N_2,Ar),可降低组分在载气中的扩散系数 D_g,改善峰扩张。增加线速 u,板高 H 减小很快。当线速较大时,传质阻力项 Cu 起主导作用,宜采用分子质量较小的载气(H_2,He),可减少气相传质阻力,提高柱效。对范弟姆特方程微分,求得最佳线速 u_{opt} 和最小板高 H_{min}

$$\frac{dH}{du} = -\frac{B}{u^2} + C = 0 \tag{7.26}$$

$$u_{opt} = \sqrt{\frac{B}{C}}$$

$$H_{min} = A + 2\sqrt{BC} \tag{7.27}$$

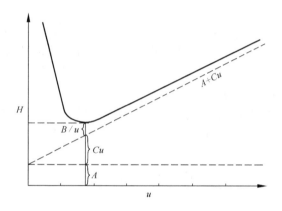

图 7.3　板高 H 与载气线速 u 的关系

图 7.3 中曲线最低点为最小塔板高度 $H(H_{min})$,此时柱效最高,对应线速即为 u_{opt}。为缩短分析时间,可使用略大于 u_{opt} 的载气流速。

7.2.4.3　柱温的选择

提高柱温可使气相、液相传质速率加快,有利于降低塔板高度,改善柱效。但增加柱温又使纵向扩散加剧,从而加大了塔板高度,导致柱效下降。为了改善分离,提高选择性,希望柱温较低,但这又使分析时间增长。因此,选择柱温时要兼顾这几方面的因素。一般采用的柱温需低于固定液的最高使用温度。在使最难分离的组分尽可能分离的前提下,要采取较低的柱温,但以保留时间适宜、峰形不拖尾为度。同时,减少固定液的含量和适当增加流速。表 7.1 列出了分离各类组分的参考柱温和固定液配比。

表 7.1　柱温与固定液含量参考值

混合物沸点/℃	固定液参考含量	参考柱温/℃
300~400	<3%	200~250
200~300	5%~10%	150~200
100~200	10%~15%	80~150
气体	15%~25%	<50

对于宽沸程的多组分混合物,如果柱子恒定在一个温度上,则会出现低沸点组分出峰拥挤以至不易辨认,高沸点组分拖延时间很长甚至停在柱中不能出峰的缺陷。为此,可采用程序升温法。即在分析过程中,按一定速度随时间程序地提高柱温,在程序开始时,柱温是低的,低沸点的组分得到分离,沸点不高不低的组分移动得很慢,高沸点的组分可能还被冷捕集于柱的入口端。温度上升时,低沸点组分到达检测器,沸点不高不低组分正在分离。再升温,高沸点组分才开始分离。由于温度不断提高,高沸点组分在到达检测器时,分配系数 K 值已大大降低,因此,它们在气相中的浓度也随着提高,检测器可以在短时间内接收到高浓度的组分(也就是说,可以得到锐而窄的峰)。图 7.4 是正构烷烃恒温和程序升温色谱图的比较。

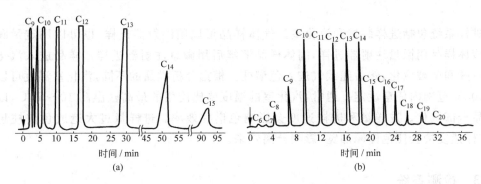

图 7.4　正构烷烃恒温和程序升温色谱图比较

(a) 恒温(150℃)　(b) 程序升温(50~250℃,8℃/min)

程序升温的条件,包括起始温度、维持起始温度的时间、升温速率、最终温度、维持最终温度的时间,通常都要反复实验加以选择。起始温度要足够低,以使混合物中低沸点组分达到所需要的分离程度。如果含有一组低沸点组分,则需将起始温度维持一段时间。峰和峰之间很近的复杂混合物要使用低的升温速率。如果先出一簇峰,然后是一段基线,再出一簇峰,则基线段可以用快的升温速率,以减少两簇峰间基线区域的长度,节省分析时间。总之,采用程序升温后,不仅可以改善分离,而且可以缩短分析时间,得到的峰形也比较好。

7.3 气相色谱仪

气相色谱仪流程图见图7.1。分离系统主要是色谱柱,在7.4节介绍。本节介绍载气系统、进样系统,特别是检测器系统。

7.3.1 载气系统

载气通常为氮、氩和氢气,由高压气瓶供给。由高压气瓶出来的载气需经过装有活性炭或分子筛的净化器,以除去载气中的水、氧等有害杂质。由于载气流速的变化会引起保留值和检测灵敏度的变化,因此,一般采用稳压阀、稳流阀或自动流量控制装置,以确保流量恒定。载气气路有单柱单气路和双柱双气路两种。前者比较简单,后者可以补偿因固定液流失、温度波动所造成的影响,因而基线比较稳定。

7.3.2 进样系统

进样系统包括进样装置和汽化室。气体样品可以用注射器进样,也可以用定量阀进样。液体样品用微量注射器进样,固体样品溶解后用微量注射器进样。样品进入汽化室后在一瞬间就被汽化,然后随载气进入色谱柱。根据分析样品的不同,汽化室温度可以在 50~400℃范围内任意设定。通常,汽化室的温度要比使用的最高柱温高10~50℃,以保证样品全部汽化。进样量和进样速度会影响色谱柱效率。进样量过大造成色谱柱超负荷,进样速度慢会使色谱峰加宽,影响分离效果。

7.3.3 检测系统

从色谱柱流出的各个组分,通过检测器把浓度信号转换成电信号,经放大后送到记录器得到色谱图。所以检测器是测定流动相中组分的敏感器,是色谱仪的关键部件之一。

根据不同的检测原理,检测器可分为浓度型检测器和质量型检测器两种。浓度型检测器测定流出组分浓度的瞬间变化,即响应值和组分的浓度成正比。常用的有热导池检测器和电子捕获检测器等。质量型检测器测定的是组分的质量流速,即响应值和单位时间内进入检测器的该组分质量成正比。常用的为氢火焰离子化检测器和火焰光度检测器等。

7.3.3.1 检测器的性能指标

各种检测器有不同的工作原理。为了便于比较其性能,通常以响应速度、灵敏度、稳定性、线性范围等来考察各种检测器性能。

1. 灵敏度 S

单位浓度(或质量)的组分通过检测器时所产生的信号的大小,称为该检测器对该组分的灵敏度(或称响应值)。灵敏度 S 可用下式表示:

$$S = \frac{\Delta R}{\Delta Q} \tag{7.28}$$

式中,ΔR 为记录仪信号变化率;ΔQ 为通过检测器的样品量(浓度或质量)的变化率。

测定检测器灵敏度时,一般将一定量的物质(W,单位为 mg)注入色谱仪,将所测定的色谱峰面积和操作参数进行计算。对浓度型检测器而言,其灵敏度 S_c(下标 c 表示浓度型)为

$$S_c = \frac{F_0 A}{W} = \frac{h}{c} \tag{7.29}$$

式中,h 为峰高(mV);A 为峰面积(单位为 mV·min);c 为该物质在流动相的浓度(mg/mL);F_0 为校正到检测器温度和大气压时的载气流速,即色谱柱出口流速(单位为 mL/min)。如果是液体或固体样品,S_c 的单位是 mV·mL/mg,即单位体积(mL)载气中含有单位质量(mg)组分在检测器上产生的响应信号数(mV)。如试样为气体,则 S_c 的单位是 mV·mL/mL,即单位体积(mL)载气中含有单位体积(mL)待测组分在检测器上产生的 mV 数。

对质量型检测器,灵敏度 S_m 表示为

$$S_m = \frac{A}{W} \tag{7.30}$$

式中符号意义同前。S_m 的单位为 mV·s/mg。由上式可见,对质量型检测器,S_m 值与载气流速无关,其原因在于它对载气没有响应。

2. 检测限 D

检测器的优劣不仅取决于灵敏度,还与噪声大小有关。检测限也称敏感度,是指检测器恰能产生和噪声相鉴别的信号时,在单位体积与单位时间内通过检测器的组分的物质量(或浓度)。过去常用产生的信号大小为二倍噪声,现在采用恰能鉴别的响应信号应等于检测器噪声的 3 倍,即

$$D = \frac{3N}{S} \tag{7.31}$$

式中,N 为检测器的噪声,指由各种因素引起的基线波动的响应数值(单位为 mV);S 为检测器的灵敏度。D 值越小,说明仪器越敏感。

实际上也有用最小检出量来表示色谱仪的灵敏程度。最小检出量 Q_0 指检测器恰能产生 3 倍于噪声的信号时所需进入色谱柱的最小物质量（或最小浓度）。对质量检测器可推导得

$$Q_0 = 1.065 W_{1/2} D \tag{7.32}$$

式中，$W_{1/2}$ 为色谱峰的半宽度（单位为 s）；D 为检测限。对浓度型检测器，考虑载气流速 F_0，可得

$$Q_0 = 1.065 W_{1/2} F_0 D \tag{7.33}$$

需要注意，检测限 D 只与检测器的灵敏度和噪声有关，而最小检出限 Q_0 不仅与 D 成正比，还与柱效率和操作条件有关。色谱峰的半宽度越窄，Q_0 就越小。

3. 线性范围

检测器线性范围是指检测器信号大小与被测组分的量成线性关系的范围，通常用线性范围内最大进样量和最小进样量之比值来表示。线性范围越大，越有利于准确定量。

总之，一个理想的检测器应该是灵敏度高，检测限（最小检出量）小，响应快（一般要求响应时间小于 1s），线性范围宽和稳定性好。对通用型检测器，要求对各种组分均有响应，而对选择性检测器则要求仅对某类型化合物有响应。

7.3.3.2 热导检测器

热导检测器（thermal conductivity detector，TCD）是最早的商品检测器，因其结构简单，线性范围宽及对所有物质均有响应，至今仍然是气相色谱最重要的检测器之一。

1. 工作原理

TCD 的原理是基于不同的物质具有不同的热导系数，通过测量参比池和测量池中发热体热量损失的比率，即可用来量度气体的组成和质量。

热导检测器由热导池体和热敏元件组成，其基本结构和测量线路见图 7.5。

热导池体由不锈钢块制成，有两个大小相同、形状完全对称的孔道，内装由直流电加热的热敏元件。热敏元件为两根长度、直径及电阻值完全相同的金属丝（钨丝或铂丝），其中一根作为参比用（R_1），另一根为测量用（R_2），它们和另两个电阻 R_3，R_4 构成惠斯顿电桥，由恒定的电流加热。如果热导池只有载气通过，由于载气的热传导作用，使热敏元件钨丝的温度下降，电阻减小。因载气从参比池和测量池中钨丝带走的热量相同，两根钨丝的温度变化相同，其电阻值变化也相同，电桥处于平衡状态，故 $R_1 R_4 = R_2 R_3$。当载气携带样品组分流过测量池，而参比池中仍为载气通过，由于被测组分与载气组成的混合气体的热导系数和载气的热导系数不同，两边带走的热量也不相等，使两边钨丝的温度和阻值变化也有差异，使电桥失去平衡，记录器上就有相应的信号产生。由于各种物质的热导系数不同，就可用此差异来测定各组分。各物质的热导系数可查相应手册。一般随着分子量的增加，热导系数降低。

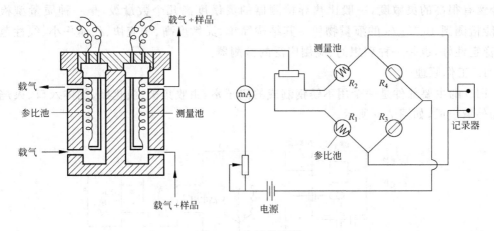

图 7.5 热导检测器

2. 影响 TCD 灵敏度的因素

TCD 是一种通用型检测器,其灵敏度 S 可用下式表示

$$S = KI^2R \frac{(\lambda_c - \lambda_s)}{\lambda_c}(T_f - T_b) \tag{7.34}$$

式中,K 为池常数,取决于池的几何特性;I 为桥路工作电流(热丝电流);R 为热丝电阻;λ_c 为载气热导系数;λ_s 为样品气热导系数;T_f 为热丝温度;T_b 为热导池体温度。

(1) 热丝工作电流增加,由 S 正比于 I^2 可知,灵敏度显著增加,而且随着电流增加,热丝温度显著增加,热丝电阻也增加。热丝电流增加一倍,灵敏度将提高 4~8 倍。但热丝电流太大,将引起基线不稳,缩短钨丝的寿命。

(2) 如载气 λ_c 较大,则 $\frac{\lambda_c - \lambda_s}{\lambda_c}$ 增大。通常选用热导系数大的气体(如 H_2 或 He)作载气,灵敏度就高,而用 N_2 作载气,除灵敏度低外,有时会出现不正常色谱峰,如倒峰等。

(3) 当热丝温度一定时,降低池体温度,可增加灵敏度。但池体温度不能太低,以免组分在检测器内冷凝,一般池体温度不应低于柱温。

(4) 提高池常数,可从减少热导池死体积达到提高灵敏度的目的。

TCD 是填充柱气相色谱仪中最常用检测器,但在毛细管气相色谱(capillary gas chromatography,CGC)中应用有限。主要原因在于 TCD 检测池体积过大,需要采用补充气来减少死体积影响,只有样品浓度高时才能得到足够响应。CGC 分析组分一般均可用下面将介绍的氢火焰离子化检测器检测。

7.3.3.3 氢火焰离子化检测器

氢火焰离子化检测器(flameuionization detector,FID)简称氢焰检测器,对含碳有机化合物有很高的灵敏度,一般比热导检测器的灵敏度高几个数量级,是一种质量型检测器,能检测到 10^{-12} g/s 的痕量物质。其结构简单、灵敏度高、响应快、死体积小、线性范围宽、稳定性好,也是一种理想的、应用广泛的检测器。

1. 工作原理

FID 的主要部件是一个用不锈钢制成的离子室,由收集极、极化极、气体入口、火焰喷嘴和外罩组成,如图 7.6 所示。

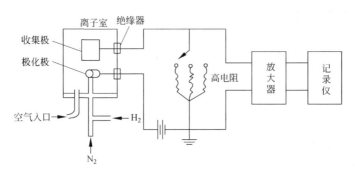

图 7.6　氢焰检测器原理图

在离子室下部,载气(N_2)携带组分流出色谱柱后,与氢气混合,通过喷嘴,再与空气混合点火燃烧,形成氢火焰。氢火焰附近设有由收集极(正极)和极化极(负极)形成的从 +150V 到 300V 的直流电场。无样品时两极间离子很少。当有机物组分进入氢火焰时,发生离子化反应,电离成正、负离子。产生的离子在收集极和极化极的静电场作用下定向运动而形成电流,经放大、记录即得色谱峰。

有机物的氢火焰离子化反应是一种化学电离,即有机物在火焰中发生高温裂解和氧化反应生成自由基,进一步反应生成离子,现以苯的离子化过程为例:

$$C_6H_6 \xrightarrow{\text{裂解}} CH \cdot \text{(自由基)}$$

$$6CH \cdot + 3O_2 \longrightarrow 6e + 6CHO^+ \text{(正离子)}$$

$$6CHO^+ + 6H_2O \longrightarrow 6CO + 6H_3O^+ \text{(正离子)}$$

化学电离产生的正离子(主要是稳定的 H_3O^+)和负离子(由一些游离基,如 $OH \cdot$、H_2O 等捕获游离电子而成)在外加静电场作用下,向两极移动而产生微电流,放大后得色谱峰。

2. 影响 FID 灵敏度的因素

(1) 氢氮比

载气 N_2 的流量系由色谱最佳分离条件而定。氢气流量则以能达到最高响应值来确定。氢气流量低,易引起灵敏度降低和熄火;氢气流量太高,热噪声大。最佳氢氮比目前还无法进行理论计算。一般氢气与氮气流量之比是 1∶1～1∶1.5,此时灵敏度高,且稳定性好。

(2) 空气流量

空气是助燃气,且提供 O_2 生成 CHO^+。低流量时,响应值随空气流量增加而增大,到一定值后(一般为 400mL/min),对响应值影响不大。一般 H_2 流量与空气流量之比为 1∶10。空气流量不宜超过 800mL/min,否则,会使火焰晃动,噪声增大。此外,各种气体如含微量有机杂质,将严重影响基线稳定性。

(3) 极化电压

极化电压的大小直接影响响应值。低电压时,响应值随极化电压的增加而增大,超过一定值后,增加电压对响应值没有多大的影响。为了线性范围宽一些,电压应高一些,通常为 150～300V。

与热导检测器不同,FID 对温度不敏感,适合于不同温度条件下使用。其缺点是不能检测惰性气体、空气、水、CO、CO_2、NO、SO_2 及 H_2S 等。

7.3.3.4 电子捕获检测器

电子捕获检测器(electron capture detector,ECD)是一种具有选择性、高灵敏度的浓度型检测器,它只对含有电负性元素(如卤素、硫、磷、氮、氧等)的物质有响应。电负性愈强,灵敏度愈高,能测出 10^{-14} g/mL 的电负性物质。ECD 的构造如图 7.7 所示。

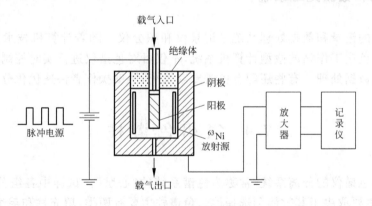

图 7.7 电子捕获检测器

检测器池体内有一个圆筒状 β 放射源(^{63}Ni 或 ^{3}H)作为负极,一个不锈钢棒作为正极,两极间加一适当电压。当载气(N_2)进入检测器时,受 β 射线的辐照发生电离:

$$N_2 \xrightarrow{\beta} N_2^+ + e^-$$

生成的正离子和电子分别向负极和正极移动,形成恒定的基流。含有电负性元素的组分 AB 进入检测器后,就会捕获电子而生成稳定的负离子:

$$AB + e^- \longrightarrow AB^-$$

生成的负离子又与载气正离子复合成中性化合物,并被载气携出检测器外:

$$AB^- + N_2^+ \longrightarrow N_2 + AB$$

由于被测组分捕获电子,结果导致基流下降,产生负信号而形成倒峰。组分浓度越高,倒峰越大。

载气纯度和流速对 ECD 有很大的影响,一般要求 N_2 纯度在 99.99% 以上。温度对响应值也有较大的影响。ECD 灵敏度高,选择性好,故在农药残留量分析、环境保护工作中有很多应用。其缺点是线性范围较窄。也有在载气中通入 5%~10% 的甲烷或二氧化碳等气体与载气混合,可降低电子能量,便于被组分捕获,有扩大检测范围的作用。

7.3.3.5 火焰光度检测器

火焰光度检测器(flame photometric detector,FPD)是一种对硫、磷化合物的专用高灵敏度的检测器。结构和氢焰检测器类似,由火焰喷嘴、滤光片和光电倍增管组成。当含有硫(或磷)的试样进入氢焰离子室,在富氢焰中燃烧时,所产生的激发态的 S_2^* 分子和含磷的 HPO 碎片分别发射出 394nm(对 S)和 526nm(对 P)的特征光,通过滤光片照射到光电倍增管,所得光电流经放大得色谱图。

7.3.4 记录和数据处理系统

最早使用的记录和数据处理系统是记录仪和积分仪。随着计算机技术的广泛使用,现在基本采用色谱工作站的微型计算机系统,不仅可对色谱仪进行实时控制,还可自动采集数据和完成数据处理。有些还配有色谱专家系统,协助操作者快速优化分离条件。

7.4 气相色谱柱

色谱柱是色谱仪的分离系统,常称为色谱系统的"心脏"。试样中各组分的分离在色谱柱中进行,主要取决于其效能和选择性。色谱柱主要有两类:填充柱和毛细管柱。填充柱又可分为气固色谱填充柱和气液色谱填充柱。选择合适的固定相是色谱分析中的关键问题。

7.4.1 气固色谱填充柱

填充柱由柱管和固定相组成,柱管材料为不锈钢或玻璃,是内径为 2~6mm,长

0.5～10m 的 U 形或螺旋形管子。在管内填充具有多孔性及较大表面积的吸附剂颗粒作为固定相，即构成气固色谱填充柱。试样由载气带入柱子时，立即被吸附剂所吸附。载气不断流过吸附剂时，被吸附的组分又被洗脱下来，称为脱附。由于试样中各组分性质不同，在吸附剂上的吸附能力不一样，较难被吸附的组分就容易被脱附，移动速度快。经多次反复吸附、脱附，试样中各组分彼此分离，先后流出色谱柱。

气固色谱主要用于惰性气体和 H_2,O_2,N_2,CO,CO_2,CH_4 等一般气体及低沸点有机物的分析。因为这些气体在固定液中溶解度很小，没有一种满意的固定液可以分离它们。而在吸附剂上其吸附能力相差较大，可以得到满意的分离。

常用的吸附剂有非极性的活性炭、弱极性的氧化铝、强极性的硅胶和新型的高分子多孔微球（国产商品牌号为 GDX）。一些常用的吸附剂及用途列于表 7.2 中。固体吸附剂吸附容量大，热稳定性好，价钱便宜，但存在柱效低，吸附剂活性中心易中毒，不同批制备的吸附剂性能不易重复，色谱峰有拖尾现象等缺点。近年来，通过对吸附剂表面进行物理化学改性，大大改善了性能，新型高分子多孔微球（GDX）是以二乙烯基苯作为单体，经悬浮共聚所得的交联多孔聚合物。将它用于测定有机物或气体中水的含量，既克服了气液色谱柱因组分含水给固定液及担体的选择带来的困难，又克服了因水的吸附系数过大而无法用气固色谱柱进行测定的困难。GDX 柱上分离基本按分子质量顺序分离，故分子量小的水分子可在一般有机物之前出峰。它也可用于多元醇、脂肪酸、腈类等强极性物质和强腐蚀性的 HCl,NH_3,Cl_2,SO_2 等气体的分离测定。该固定相又可作为担体涂上固定液作气液色谱固定相。

表 7.2　气固色谱法常用的吸附剂

吸附剂	使用温度/℃	性质	分析对象	使用前活化处理
活性炭	<200	非极性	惰性气体、N_2、CO_2 和低沸点碳氢化合物	装柱，在 N_2 保护下加热到 140～180℃，活化 2～4h
氧化铝	<400	弱极性	烃类及有机异构物	粉碎过筛，600℃ 下烘烤 4h，装柱，高于柱温 20℃ 下活化
硅胶	<400	氢键型极性	永久性气体及低级烃类	装柱，在 200℃ 下通载气活化 2～4h
分子筛	<400	极性	惰性气体和永久性气体	粉碎过筛，在 550℃ 下烘烤 4h
GDX	<250	按聚合原料不同，可从非极性到强极性	各种气体、低沸点化合物、微量水等	170～180℃ 下烘去微量水分后，在 H_2 或 N_2 气中活化处理 10～20h

7.4.2　气液色谱填充柱

气液色谱柱中的固定相是在化学惰性的固体微粒(用来支持固定液,称为担体)表面,涂上一层高沸点有机化合物的液膜(固定液)。基于被分离组分在固定液中溶解度的不同,经反复分配,达到分离。

7.4.2.1　担体

担体(载体)是一种多孔性的、化学惰性固体颗体,其作用是提供具有较大表面积的惰性表面,用以承担固定液。要求担体比表面积大,化学惰性,无吸附性,有适宜的孔隙结构,热稳定性和机械强度好,颗粒规则、均匀。颗粒细小有利于提高柱效,但若过细,使柱压降增大,对操作不利,一般选用范围为40～100目。

气液色谱常用担体可分为硅藻土型和非硅藻土型两类。硅藻土型担体又可分为红色担体和白色担体两种。红色担体系天然硅藻土煅烧而成,因含氧化铁而呈红色,其表面结构紧密,孔径较小(约$1\mu m$),比表面积大(约$4.0 m^2/g$),机械强度好,可涂布较多固定液。缺点是表面有氢键及酸碱活性作用点,用于非极性固定液,分离非极性样品。

白色担体系将硅藻土加助熔剂(碳酸钠)后煅烧而成,氧化铁变成无色铁硅酸钠配合物而呈白色。结构疏松,表面孔径较大(约$8\mu m$),比表面积为$1.0\ m^2/g$,机械强度不如红色担体。其表面极性中心显著减少,用于极性固定液,分离极性物质。

硅藻土型担体表面含有相当数量的硅醇基团,成为具有吸附活性或催化活性的极性中心,常常引起色谱峰的拖尾,或与试样中组分发生化学变化和不可逆吸附,需要对其表面加以处理。

非硅藻土型担体有氟担体、玻璃微球担体、高分子多孔微球等。常用担体见表7.3。

表7.3　常用气相色谱担体

担体类型	名　　称	适用范围	国外相应型号
红色担体	201担体 6201担体	分析非极性或弱极性组分	C-22 Chromosorb P
	301担体 釉化担体	分析中等极性组分	Chegasorb Gas chrom R
白色担体	101白色担体 102白色担体	分析极性或碱性组分	Celite 545 Gas chrom (A. P. Q. S. Z)
	101硅烷化白色担体 102硅烷化白色担体	分析高沸点氢键型组分	Chromosorb A. G. W.
非硅藻土担体	聚四氟乙烯担体	分析强极性和腐蚀性组分	Teflon-6

7.4.2.2 担体的表面处理

担体表面处理的目的是改进担体孔隙结构,屏蔽活性中心,提高柱效。处理方法包括酸洗、碱洗和硅烷化等。

酸洗是用浓盐酸浸泡担体,除去担体表面的铁等金属氧化物杂质。碱洗是用氢氧化钾甲醇溶液浸泡担体,除去其表面氧化铝酸性作用点。

用硅烷化试剂和担体表面的硅醇、硅醚基团起反应,可消除担体表面的氢键结合能力,改进担体性能。常用的硅烷化试剂有二甲基二氯硅烷和六甲基二硅氨烷,其反应为

$$\begin{array}{c}OH\ \ \ OH\\ |\ \ \ \ \ |\\ -Si-O-Si-\end{array} + \begin{array}{c}CH_3\ \ \ CH_3\\ \ \ \backslash\ \ /\\ Si\\ /\ \ \backslash\\ Cl\ \ \ \ Cl\end{array} \longrightarrow \begin{array}{c}CH_3\ \ \ \ CH_3\\ \ \ \backslash\ \ \ /\\ Si\\ /\ \ \ \backslash\\ O\ \ \ \ \ \ O\\ |\ \ \ \ \ \ \ \ |\\ -Si-O-Si-\end{array} + 2HCl$$

7.4.2.3 固定液

固定液是气液色谱的固定相,当组分在两相间的分配等温线为线性时,能得到对称的色谱峰,且组分保留值的再现性好。理想的固定液应满足热稳定性好,在操作温度下不热解,呈液态,蒸气压低,不易流失;化学稳定性好,不与组分、担体、柱材料发生不可逆反应;对组分有适当的溶解度和高的选择性;粘度低,能在担体表面形成均匀液膜,以增加柱效。固定液通常是高沸点的有机化合物,现在已有上千种固定液,必须针对被测试样的性质选择合适的固定液。

试样中各组分在固定液中溶解度或分配系数的大小与各组分和固定液分子间相互作用力的大小有关。分子间相互作用力包括静电力、诱导力、色散力和氢键力等。

(1) 静电力由极性分子的永久偶极间的静电作用形成。极性固定液柱分离极性试样时,分子间作用力主要是静电力。

(2) 诱导力是在极性分子永久偶极的电场作用下,邻近的可极化的非极性分子可产生诱导偶极,因而两分子间产生相互作用力,诱导力一般很小。

(3) 色散力是由非极性分子的瞬间偶极产生的相互作用力,较诱导力更弱。对非极性和弱极性分子而言,分子间作用力主要是色散力。如用非极性的角鲨烷固定液分离 $C_1 \sim C_4$ 烃类时,色谱流出次序与色散力大小有关。由于色散力与沸点成正比,所以组分基本按沸点顺序分离。

(4) 氢键力是特殊类型的定向力。电负性很大的原子(用 X,Y 表示,如 F,O,N 等)

能和 H 原子形成氢键作用力,表示为 X—H⋯Y,其中,X 与 H 之间的实线表示共价键;H 与 Y 之间的点线表示氢键。

由上可见,分子间的相互作用力与分子的极性有关。为此,固定液的极性常以"相对极性"(relative polarity) P 来分类。以非极性的固定液角鲨烷的相对极性为零,强极性固定液 β,β'-氧二丙腈的相对极性为 100,用一对物质正丁烷-丁二烯或环己烷-苯分别测定在 3 根色谱柱(包括待测固定液色谱柱)上调整保留值,按下两式可计算待测固定液的相对极性 P_x:

$$P_x = 100 - 100 \frac{(q_1 - q_x)}{q_1 - q_2} \tag{7.35}$$

$$q = \lg \frac{t'_R(\text{苯})}{t'_R(\text{环己烷})} \quad \text{或} \quad q = \lg \frac{t'_R(\text{丁二烯})}{t'_R(\text{正丁烷})} \tag{7.36}$$

式中,下标 1,2 和 x 分别表示 β,β'-氧二丙腈、角鲨烷和待测固定液。这样测得的相对极性,从 0~100 分为 5 级,每隔 20 分为 1 级,P 在 0~20 为非极性固定液,在 21~40 为弱极性固定液,41~60 为中等极性固定液,61~100 为强极性固定液。

7.4.2.4 固定液选择原则

固定液的选择,一般根据"相似相溶"原理进行,即固定液的性质和被测组分的化学结构相似,极性相似,则分子之间的作用力就强,选择性就高。分离非极性物质一般选用非极性固定液,组分与固定液之间作用力主要是色散力,没有特殊选择性,各组分按沸点顺序先后流出,沸点低的先出峰,沸点高的后出峰;分离极性物质,选用极性固定液,起作用的是定向力,各组分按极性顺序分离,极性小的先出峰;分离非极性和极性混合物时,选用极性固定液,非极性组分先出峰,极性组分后出峰;能形成氢键的试样,选择极性或氢键型固定液,不易形成氢键的先出峰,易形成氢键的后出峰。

固定液的选择至今在很大程度上是依赖经验,最好参考已发表的相似化合物的文献。对于不了解性质的试样,可选择若干种不同极性固定液作初步色谱分离,观察情况作适当调整或更换,确定较适宜的固定液。对复杂混合物的分离,如无适当的单一固定液可使用时,根据混合固定液的保留值具有加和性,可求出最佳配比的混合固定液进行色谱分离。由于毛细管气相色谱已得到广泛使用,其柱效很高,也有人认为大部分气相色谱分离可用 3 根毛细管柱来完成:甲基硅橡胶柱(SE-30,非极性)、三氟丙基甲基聚硅氧烷柱(QF-1,中等极性)和聚乙二醇柱(PEG-20M,中强极性)。

7.4.3 毛细管柱

毛细管柱又叫空心柱(open tubular column)。按其固定相的涂布方法可分为以下几种：

7.4.3.1 涂壁空心柱

将固定液直接均匀地涂在内径 0.1～0.5mm 的毛细管内壁而成，固定相膜厚 0.2～8.0μm。涂壁空心柱（wall coated open tubular，WCOT）具有渗透性好，传质阻力小，柱子可以做得很长（一般几十米，最长可到 300m），柱效很高，可以分析难分离的复杂样品。缺点是样品负荷量小，进样需采用分流技术。现发展了大内径厚液膜 WCOT 柱（如称 megabore 的商品毛细管柱），是内径可达 0.5mm 的弹性石英毛细管柱。特点是可直接取代填充柱，无须分流直接柱头进样，分析速度、柱效和分离效果远优于填充柱。与细内径薄液膜 WCOT 柱相比，它靠牺牲柱效来增加柱容量，以代替填充柱，故一般要增加柱长来弥补柱效损失。据研究报道，兼顾柱效和柱容量两者的矛盾，以 0.32mm 内径的柱为好。不锈钢做毛细管柱时液膜厚度常为 0.5～0.6μm；玻璃做柱材时，液膜厚度常为 0.2～0.5μm。1μm 以上的厚液膜柱适用于低沸点、活性较大的化合物和痕量组分。

7.4.3.2 多孔层开管柱

多孔层开管柱（porous layer open tubular，PLOT）在管壁上涂一层多孔性吸附剂固体微粒，不再涂固定液，为气固色谱开管柱。吸附剂可分为无机和有机吸附剂两大类。无机吸附剂包括活性氧化铝、分子筛（5Å 和 13X）、石墨化碳黑和碳分子筛、硅胶等。有机吸附剂包括多孔高聚物和环糊精等。特别是多孔高聚物 PLOT 柱的出现，使非极性与极性化合物都可很好分离，应用范围很广。

7.4.3.3 涂载体空心柱

涂载体空心柱（support coated open tubular，SCOT）先在毛细管内壁涂布多孔颗粒，再涂渍上固定液，液膜较厚，柱容量较 WCOT 柱高，但柱效略低。有些 SCOT 可看成是 PLOT 柱再用不同极性的固定液进行改性而成，有时可兼有吸附和分配两种分离机理，具有吸附柱的高选择性和分配柱的高分离效率的优点，能解决用单一柱难分离的组分，如一些难分离的异构体组分。

7.4.3.4 交联和化学键合相毛细管柱

将固定相用交联引发剂交联到毛细管管壁上，或用化学键合方法键合到硅胶涂布的柱表面制成的柱称为交联或化学键合相毛细管柱，具有热稳定性高、柱效高、柱寿命长等特点,现得到广泛应用。

7.4.3.5 毛细管柱用气相色谱固定液

固定液是色谱柱分离选择性的关键。固定液应具有良好的热稳定性、化学稳定性、高分离选择性,以及良好的润湿性,以有助于液膜稳定。常用的固定液有聚硅氧烷类、聚乙二醇类、高温固定液和特殊用途的固定液。

聚硅氧烷类固定液因 Si—O,Si—C 键能大,故热稳定性和化学稳定性好,使用温度范围宽,应用面广。因其粘度系数小,能制备出性能稳定的高效柱。常用的聚硅氧烷类固定液有甲基和二甲基聚硅氧烷(如 OV-101,SE-30,QF-1 等);含苯基的聚甲基硅氧烷(如 OV-17,SE-54);含氰基的聚硅氧烷(如 OV-225,OV-1701);含氟聚硅氧烷(如 OV-210)等。PEG20M 是最常用的聚乙二醇类极性固定液,但易受盐、少量的水或载气中氧的催化而分解。高温固定液指可在 350℃柱温下工作的固定液,如 SE-30,OV-1 和 OV-73 等。特殊用途固定液包括适用于手性分离的环糊精衍生物固定液、冠醚固定液和液晶固定液等。

7.4.3.6 毛细管柱的制备

毛细管柱内表面首先须粗糙化,以提高被固定液的湿润性。常用氯化氢刻蚀法、晶须法、沉积固体颗粒(如碳黑、碳酸钡、氯化钠等)法。再进行钝化前处理,一般用酸除去玻璃表面的金属氧化物和增加表面硅醇基。然后,进行表面钝化(亦称去活),常用硅烷化方法。用各种硅烷化去活试剂屏蔽柱表面的活性中心并改善固定相的润湿性。

处理后的毛细管柱才可涂布固定液。有动态和静态涂布法两种。动态涂布法是迫使含有约 10% 固定液的低沸点溶剂的溶液,在严格控制流速下通过色谱柱,如在氮气压力下以大约 1~2cm/s 的速度通过柱。涂布完毕后继续用氮气吹洗,以除去残留溶剂。动态涂布法不易得到均匀的液膜。静态涂布法是把色谱柱用溶于适当低沸点溶剂的稀固定液($3\sim10\text{mg/cm}^3$)完全充满,将柱子的一端仔细封上。然后,把完全充满的柱子放在真空中,让溶剂平静地蒸发掉,留下薄薄的一层液膜。其缺点是费时长。为了提高液膜的稳定性,已广泛采用化学键合和交联两种方法,将要键合固定液单体试剂灌到柱中与柱表面的硅醇基发生键合反应称为化学键合涂布法。将固定液在引发剂作用下和毛细管内壁发生交联反应,形成三维结构的高聚物液膜叫交联法。此两种方法所得液膜稳定性好,流失小,柱效稳定。

7.5 定性与定量分析

7.5.1 样品制备

气相色谱分析的对象是在汽化室温度下能成为气态的物质。除了少数情况外，大多数物质都需要进行预处理以适应色谱分析的需要。有些精油以及诸如浓度较大的化学反应物或低沸点石油馏分试样，可以原样注射进色谱柱。即使在这种情况下，也存在预分离或分馏处理的问题，以便将某些痕量组分提高到可检测的水平。水或空气中有机污染损的分析更需要对样品进行浓缩处理。而对生物样品，这种处理就更必不可少了。如果样品中含有大量的水、乙醇或被强烈吸附的物质，这些物质进到柱内可能导致某些色谱柱变坏。一些非挥发性物质进入色谱柱，除了导致柱损坏外，它们本身还会逐渐降解，生成挥发物质，造成严重的噪声。这些物质都需要事先除去或者将欲分析组分分离出来。样品的预处理主要有两类：一类是把要研究的物质从干扰物质中提取出来；另一类是把浓度低的样品浓缩富集。当然，有时在去掉干扰物质的同时，待测组分也就得到了浓缩。常用的分离富集方法有蒸馏、萃取、吸附和冷冻富集等。有时要把这几种方法联合使用。

还有一些物质，如有机酸，极性很强，挥发性低，热稳定性差，必须进行化学处理才能进行色谱分析。特别是一些含碳数较高的有机酸，一般需甲酯化后进行色谱分析。甲酯化的方法很多，可以在浓硫酸或三氟化硼催化下，通过和甲醇的酯化反应实现甲酯化，也可以利用有机酸和重氮甲烷反应实现甲酯化。

7.5.2 定性分析

气相色谱法是一种高效、快速的分离分析技术，它可以在很短的时间内分离含几十种甚至上百种组分的混合物，这是其他方法所不能比拟的。但是，由于色谱法定性分析主要依据每个组分的保留值，所以需要标准样品。而且，单靠色谱法对每个组分进行鉴定是比较困难的。只能在一定程度上给出定性结果，或配合其他仪器进行定性分析。下面介绍几种常用的定性方法。

7.5.2.1 用已知物对照定性

用已知物对照定性是气相色谱定性分析中最简便、最可靠的方法。在一定的操作条件下，各组分的保留时间是一定的，因此，可以用已知物的保留时间和未知物的保留时间对照定性。图7.8中，(a)为未知醇类混合物的色谱图；(b)为已知醇类混合物的色谱图。

通过对照可以判断,图(a)中的 2,3,4,7,9 等 5 个组分分别为甲醇、乙醇、正丙醇、正丁醇和正戊醇。

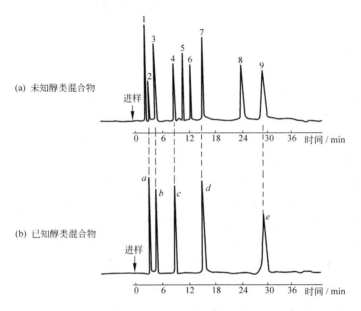

图 7.8　用已知物对照定性

a:甲醇;b:乙醇;c:正丙醇;d:正丁醇;e:正戊醇

7.5.2.2　用保留指数定性

保留指数(retention index)又称 Kovats 指数,是将正构烷烃的保留指数规定为 $100N$(N 代表碳数),而其他物质的保留指数,则用两个相邻正构烷烃保留指数进行标定而得到,并以均一标度来表示。某物质 A 的保留指数可由下式计算:

$$I_A = 100N + 100n \frac{\lg t'_{R(A)} - \lg t'_{R(N)}}{\lg t'_{R(N+n)} - \lg t'_{R(N)}} \tag{7.37}$$

式中,I_A 是被测物质的保留指数;$t'_{R(A)}$ 是被测物质的调整保留时间;$t'_{R(N)}$,$t'_{R(N+n)}$ 分别为碳数为 N 和 $N+n$ 的正构烷烃的调整保留时间。一般取 $n=1$ 或 2。

利用上式求出未知物的保留指数,然后与文献值对照,即可实现未知物的定性。

例　图 7.9 给出了乙酸正丁酯在阿皮松 L 柱上的流出曲线(柱温 100 ℃)。由图中测得调整保留距离为:乙酸正丁酯 310.0mm、正庚烷 174.0mm、正辛烷 373.4mm,求乙酸正丁酯的保留指数。

解　已知 $N=7$,$n=1$,将上述值代入式(7.37)

$$I_A = 100 \times 7 + 100 \times \frac{\lg 310.0 - \lg 174.0}{\lg 373.4 - \lg 174.0} = 775.6$$

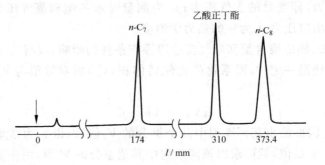

图 7.9 保留指数测定示意图

即乙酸正丁酯的保留指数为 775.6。

因 I_A 值和柱温呈线性关系,可用插入法求出不同柱温下的 I_A 值。其准确度和重现性都很好,相对误差<1%。只要柱温和固定液相同,就可用文献上发表的保留指数进行定性鉴定,而不需纯物质和标准试样。

由于毛细管柱的使用,色谱柱的分离效能大大提高,如果精确控制温度和流速,所得到的保留指数重现性非常好。据报道,即使在不同的实验室之间,也可以把误差保持在 0.02% 以下。因此,利用保留指数进行未知物定性的可靠性提高了。目前很多实验室积累了大量的保留指数资料,有些已经编辑出版。

在利用保留指数定性时需要注意两个问题:其一是由于使用毛细管柱,柱效能大大提高,在一根柱上两个化合物表现出相同保留指数的可能性减少了,但这种可能性依然存在。因此,最好在两根极性不同的色谱柱上测定保留指数,即所谓双柱定性,这样鉴定的置信度就大大提高了。其二是文献上给出的保留指数多为恒温下测定的结果,不能直接用于程序升温,需要将程序升温下测得的保留指数进行校正,方可利用恒温下保留指数数据定性。校正方法可参阅有关文献。

7.5.2.3 用保留值经验规律定性

如果欲鉴定组分既无纯物质,又无保留指数文献数据时,可利用如下经验规律。

1. 碳数规律

比保留体积 V_g 是指经过压力校正,在 0℃(273K)时,每克固定液的调整保留体积(单位 mL/g)V_g 的计算公式:

$$V_g = \frac{V_R'}{g} \times \frac{273}{T_c} = \frac{t_R - t_M}{g} \times F' \times \frac{(p_o - p_w)}{p_o} \times \frac{3}{2} \frac{\left(\frac{p_i}{p_o}\right)^2 - 1}{\left(\frac{p_i}{p_o}\right)^3 - 1} \times \frac{273}{T_c} \tag{7.38}$$

式中,t_R 为保留时间;t_M 为死时间;g 为固定液量(g);F' 为柱出口用皂膜流速计测得的流速；p_o 为柱出口压力，即当时的大气压力；p_w 为测量时水的饱和蒸气压力；p_i 为柱入口压力，即等于表压加出口压力；t_c 为柱的热力学温度。

V_g 值不受柱长、固定液含量和载气流速等操作条件的影响，仅与柱温有关。

实验证明，当柱温一定时，同系物的比保留体积(V_g)的对数值与分子中的碳原子数(n)有线性关系：

$$\lg V_g = An + C \tag{7.39}$$

式中 A,C 是常数，因此测出某同系列中几个组分的 V_g 值后，以 n 为横坐标，$\lg V_g$ 为纵坐标，作图或计算出 A,C 值，就可求出该同系列中其他组分的 V_g 值，用作鉴别未知组分。

显然，同系物的调整保留时间、相对保留值等的对数值与分子中的碳原子数目也有线性关系。

2. 双柱定性

用两根(或两根以上)性质不同的色谱柱进行定性，比使用一根柱定性更为可靠。实验证明，当柱温一定时，同系物中的同一成分在两根极性不同的色谱柱上的相对保留值或比保留体积等的对数值彼此有线性关系：

$$\lg r_{\rm I} = A' \lg r_{\rm II} + C' \tag{7.40}$$

式中，$r_{\rm I}$ 和 $r_{\rm II}$ 为同系物中的同一成分在色谱柱 I 和色谱柱 II 上的相对保留值；A'，C' 为常数。

7.5.2.4 与其他方法结合的定性方法

1. 化学方法配合进行定性分析

带某些官能团的化合物，可用特殊试剂处理，根据所发生物理变化或化学变化的色谱图的差异来辨认试样所含官能团。或用衍生化试剂来专属性地鉴别某类化合物。但现在大多采用与其他仪器联用的方式。

2. 质谱、红外光谱等仪器联用

GC-IR 和 GC-MS 现已有商品化仪器。复杂混合物经 GC 分离为单组分，再利用 IR 或 MS 进行定性鉴别，特别是和 MS 联用，是最有效的定性鉴别方法。目前已积累大量数据，可推测鉴定未知组分。

7.5.3 定量分析

在一定操作条件下，被分析物质的质量 W 与色谱峰面积成正比，即

$$W_i = f_i' A_i \tag{7.41}$$

式中，A_i 为 i 组分色谱峰的面积；f_i' 为定量校正因子。因此要进行定量分析，必须要测定峰面积和定量校正因子。

7.5.3.1 峰面积的测量

1. 近似测量法

对于对称峰,峰面积用下式计算

$$A = 1.065 \times h \times W_{h/2} \qquad (7.42)$$

式中,h 为峰高;$W_{h/2}$ 为半峰宽。对于不对称峰,峰面积用下式计算

$$A = h \times \frac{1}{2}(W_{0.15} + W_{0.85}) \qquad (7.43)$$

式中,$W_{0.15}$ 和 $W_{0.85}$ 分别代表峰高的 0.15 和 0.85 处的峰宽。

2. 峰高乘保留时间法

一定操作条件下,色谱峰保留时间和半峰宽之间有线性关系,可得

$$A = h\, t_R \qquad (7.44)$$

此法用于窄峰,简便快速,可用于工厂控制分析。

3. 峰高定量

操作条件严格不变时,在一定进样范围内,峰的 $W_{1/2}$ 是不变的,因此峰高可直接代表组分含量。对出峰早的组分,可用峰高定量。

4. 自动积分器法

目前气相色谱仪大多带有自动积分器或由计算机控制的色谱数据处理软件。自动积分器(或色谱数据处理软件)能自动测量色谱峰的全部面积,对于不规则的峰也能给出准确的结果,并且可以自动打印出每个峰的保留时间、峰面积等数据。

7.5.3.2 定量校正因子

同一检测器对不同的物质具有不同的敏感度,即使两种物质含量相同,得到的色谱峰面积也往往不同。为使峰面积能够准确地反映物质的量,在定量分析时需要对峰面积进行校正,即要引入定量校正因子。

1. 质量校正因子

由式(7.41)可知

$$f'_i = \frac{W_i}{A_i} \qquad (7.45)$$

f'_i 表示单位峰面积的组分量,又称为绝对校正因子。绝对校正因子受操作条件的影响,而且很难准确测定。因此,实际上都使用相对校正因子。相对校正因子为某一物质的绝对校正因子与一标准物质的绝对校正因子之比:

$$f_m = \frac{f'_i}{f'_s} = \frac{W_i/A_i}{W_s/A_s} = \frac{W_i A_s}{W_s A_i} \qquad (7.46)$$

式中，f_m是某物质的相对校正因子；W_i, W_s分别为某物质与标准物质的质量；A_i, A_s分别为某物质与标准物质的峰面积。

2. 摩尔校正因子

如果物质的质量改为摩尔数，则摩尔校正因子f_M为

$$f_M = \frac{f'_{i(M)}}{f'_{s(M)}} = \frac{A_s W_i M_s}{A_i W_s M_i} = f_m \frac{M_s}{M_i} \tag{7.47}$$

式中，M_i, M_s分别为某物质与标准物质的相对分子质量。

3. 体积校正因子

对气体试样，如用体积计量，则称为体积校正因子f_V即f_M，因为1mol任何气体在标准状态下其体积都是22.4 L。

有些化合物的校正因子可以在文献中查到，当文献查不到时需要实验测定。测定方法是，准确称取一定量的被测物质和标准物质，混合均匀后取样注入色谱仪，从谱图上求出相应的峰面积，由公式(7.46)计算被测物质的校正因子。使用热导检测器时，可以用苯作为标准物质；用氢焰检测器时，可以用正庚烷作为标准物质。

7.5.3.3 定量计算方法

色谱定量计算方法很多，目前最广泛使用的有归一化法、内标法、外标法等。

1. 归一化法

如果样品中所有组分均能流出色谱柱并显示色谱峰时，则其中第i个组分的含量可用下式计算：

$$W_i\% = \frac{A_i f_i}{A_1 f_1 + A_2 f_2 + \cdots + A_i f_i + \cdots + A_n f_n} \times 100\% \tag{7.48}$$

f_i为质量校正因子，得质量分数；如为摩尔校正因子，则得摩尔分数或体积分数(气体)。

若各组分的f值相近，如同系物中沸点接近的组分，则

$$W_i\% = \frac{A_i}{A_1 + A_2 + \cdots + A_i + \cdots + A_n} \times 100\% \tag{7.49}$$

若操作条件稳定，在一定进样量范围内，峰的半宽度不变，可进一步简化为峰高归一法：

$$W_i\% = \frac{h_i f''_i}{h_1 f''_1 + h_2 f''_2 + \cdots + h_i f''_i + \cdots + h_n f''_n} \times 100\% \tag{7.50}$$

式中，f''_i为峰高校正因子，测定方法同峰面积校正因子。此法简便快速，适用于固定分析任务的常规控制。

2. 内标法

当试样中某些组分不能流出色谱柱(如不汽化、不分解或检测器检测不到信号)或只需测定试样中某几个组分时，可用此法。

内标法是在一定量(W)的样品中,加入一定量(W_s)的内标物,根据待测组分和内标物的峰面积及内标物质量计算待测组分质量(W_i)的方法。由式(7.41)可得

$$\frac{W_i}{W_s} = \frac{f_i A_i}{f_s A_s} \tag{7.51}$$

即

$$W_i = \frac{f_i A_i W_s}{f_s A_s} \tag{7.52}$$

一般常以内标物为基准,$f_s = 1$,则待测组分含量 $W_i'\%$ 为

$$W_i'\% = \frac{W_i}{W} \times 100\% = \frac{A_i f_i W_s}{A_s f_s W} \times 100\%$$

内标法可消除操作条件变化所引起的误差,故定量较准确,使内标法在很多仪器分析方法上得以广泛应用。但内标物选择至关重要,需要满足以下条件:应是试样中不存在的纯物质,能溶于样品且与样品中各组分能分离开,加入的量与待测组分相近,而且内标物与待测组分色谱峰位置相近。缺点是每次分析都要准确称取试样和内标物的质量,不宜于作快速控制分析。

例 测定二甲苯氧化母液中乙苯和二甲苯含量,采用内标法。称取试样 1 500mg,加入内标物壬烷 150mg,混合均匀后进样,测得如下数据:

组　分	壬　烷	乙　苯	对二甲苯	间二甲苯	邻二甲苯
峰面积	98	70	95	120	80
校正因子	1.02	0.97	1.00	0.96	0.98

计算样品中乙苯、对二甲苯、间二甲苯、邻二甲苯的含量。

解 根据式(7.52)

$$W_i\% = \frac{A_i f_i W_s}{A_s f_s W} \times 100\% = A_i f_i \times \frac{W_s}{A_s f_s W} \times 100\%$$

$$\frac{W_s}{A_s f_s W} = \frac{150}{98 \times 1.02 \times 1\,500} = 0.001$$

$$W_{乙苯} = 0.001 \times 70 \times 0.97 \times 100\% = 6.8\%$$

$$W_{对二甲苯} = 0.001 \times 95 \times 1.00 \times 100\% = 9.5\%$$

$$W_{间二甲苯} = 0.001 \times 120 \times 0.96 \times 100\% = 11.5\%$$

$$W_{邻二甲苯} = 0.001 \times 80 \times 0.98 \times 100\% = 7.84\%$$

在工厂控制分析中,可以在各种浓度待测物的标准溶液中,加入相同量的内标物,这样,f_i,W_s,f_s,W 均为常数,被测组分含量可表示为

$$W_i\% = K \frac{A_i}{A_s} \times 100\% \tag{7.53}$$

画 W_i-A_i/A_s 标准曲线,只要测出 A_i/A_s 值,即可由标准曲线求出待测物的含量,此法即为内标法和标准曲线法结合。

在不知校正因子时,还可采用内标对比法来进行定量测定。先称取一定量的内标物,加入到待测物已知含量的标准品溶液中,组成标准品溶液。再将相同量的内标物,加入到同体积的待测物样品溶液中,组成样品溶液。两种溶液分别进样,样品溶液中待测物的含量可由下式计算:

$$\frac{(A_i/A_s)_{样品}}{(A_i/A_s)_{标准}} = \frac{(W_i\%)_{样品}}{(W_i\%)_{标准}} \tag{7.54}$$

式中,$(A_i/A_s)_{样品}$、$(A_i/A_s)_{标准}$ 分别为样品溶液和标准品溶液中,待测物(i)和内标物(s)峰面积的比。$(W_i\%)_{样品}$ 和 $(W_i\%)_{标准}$ 为待测物(i)在样品溶液和待测物标准品在标准溶液中的含量。

3. 叠加法

将待测组分 i 的纯品加至待测样品溶液中,测定增加纯品后的溶液比原样品溶液中 i 组分的峰面积增量,可按下式求出 i 组分的含量 W_i 为

$$W_i = \frac{A_i}{\Delta A_i}\Delta m_i \tag{7.55}$$

式中,A_i 为未加待测物纯品时,样品溶液中 i 组分的峰面积;Δm_i 为在样品溶液中追加的待测组分 i 的纯品的增加量;ΔA_i 是相应增加的峰面积。

若要消除进样量不同引起的定量测定误差,可选择与待测组分(i)色谱峰相近的另一组分的色谱峰作参比峰(r),用 A_i/A_r 来代替 A_i,按下式进行计算:

$$W_i = \Delta m_i \times \frac{A_i/A_r}{A_i'/A_r' - A_i/A_r} \tag{7.56}$$

式中,A_i 与 A_r 分别为待测物与参比物的原峰面积,A_i' 与 A_r' 为增加待测物纯品后的峰面积。

用叠加法进行含多组分样品的定量分析时,可以不用寻找内标物,还可克服由于进样量不准确带来的定量分析的误差。

4. 外标法

外标法是用纯物质配制成不同浓度的标准样品,在一定操作条件下定量进样,测定不同浓度标准样品的峰面积,绘出浓度对峰面积的标准曲线。进行样品分析时,在与标准样品严格相同的条件下定量进样,由所得峰面积可以在标准曲线上查出被测组分的含量。

外标法的优点是操作简单,计算方便,不需要校正因子,但对操作条件及进样量要求严格控制,否则不易得到准确结果。

当被测试样中各组分浓度变化范围不大时,可用单点校正法。即配制一个和待测组分含量十分接近的标准溶液,定量进样。由待测组分和外标组分峰面积比或峰高比来求待测组分的质量分数。此法假定标准曲线是通过坐标原点的直线,因此可用一点决定直

线的斜率,故称单点校正法。

7.6　毛细管气相色谱

采用毛细管柱作为气相色谱柱的毛细管气相色谱(capillary gas chromatography, CGC)已成为 GC 中的主流,具有高效、快速、高灵敏度等优点。其柱效可高达 100 万理论塔板数,可分离复杂混合物。由于柱效高,即使对复杂混合物,只要 2～3 根非极性、弱极性、极性的毛细管柱(如 OV-101,OV-17,PEG-20M)即可解决分离问题,克服了 GC 中众多固定液的选择难题。采用毛细管柱后,渗透性好,分析速度快。如环境污染物检测用 100m 长毛细管柱,2h 内分离出近 300 个组分,1m 长的柱在几秒内可分离十几个组分,故 CGC 应用范围日益扩大。其缺点在于对仪器和操作条件要求严格,特别是对进样和检测器,死体积要小,如连接不当就会影响柱效。目前毛细管气相色谱仪已实现高度自动化,如压力、流量均由仪器自动控制,可实现恒压、恒流等模式。

7.6.1　毛细管气相色谱的特点

7.6.1.1　毛细管气相色谱的速率理论——高雷方程

填充柱色谱中用范弟姆特方程来阐述色谱峰的扩张,高雷(Golay)在此基础上提出了 CGC 的速率理论——高雷方程:

$$H = \frac{B}{u} + C_g u + C_l u \tag{7.57}$$

式中,B 为纵向扩散项,$B = 2D_g$;C_g 为气相传质阻力系数

$$C_g = \frac{(1 + 6k + 11k^2)}{24(1+k)^2} \frac{r^2}{D_g} \tag{7.58}$$

C_l 为液相传质阻力系数

$$C_l = \frac{2k}{3(1+k)^2} \frac{d_f^2}{D_l} \tag{7.59}$$

k 为容量因子;r 为毛细管柱内径;d_f 为固定相液膜厚度;D_g,D_l 分别为组分在气相与液相的扩散系数;u 为载气线速度。

对于 PLOT 柱,修正的高雷方程如下:

$$H = \frac{2D_g}{u} + \frac{(1+6k+11k^2)}{3(1+k)^2} \frac{d_p r}{D_g} u + \frac{2k}{3(1+k)^2} \frac{d_p r}{D_g} u \tag{7.60}$$

式中,d_p 为多孔层颗粒的平均直径。

$C_g u$ 为流动相传质阻力引起的峰扩张,指载气在毛细管内层流动时,载气分布呈抛物线型,中间流动快,靠近管壁处流动慢,造成峰扩张。$C_l u$ 为固定相传质阻力引起的峰扩张。柱直径<200μm 时,此值比 $C_g u$ 小很多,可以忽略。

7.6.1.2 CGC 和 GC 的比较

CGC 和 GC 不同之处在于采用了毛细管柱作为分离通道,有关比较列于表 7.4。

表 7.4　GC 和 CGC 的比较

项 目		GC	CGC
色谱柱	内径/mm	2～6	0.1～0.5
	长度/m	0.5～6	20～200
	相比 β	6～35	50～1 500
	总塔板数	$\sim 10^3$	$\sim 10^6$
动力学方程式	方程式	$H = A + \dfrac{B}{u} + (C_g + C_l)u$	$H = \dfrac{B}{u} + (C_g + C_l)u$
	涡流扩散项	$A = 2\lambda d_p$	$A = 0$
	分子扩散项	$B = 2rD_g, r = 0.5 \sim 0.7$	$B = 2D_g$
	气相传质项	$C_g = \dfrac{0.01k^2}{(1+k)^2} \dfrac{d_p^2}{D_g}$	$C_g = \dfrac{(1+6k+11k^2)}{24(1+k)^2} \dfrac{r^2}{D_g}$
	液相传质项	$C_l = \dfrac{2}{3} \dfrac{k}{(1+k)^2} \dfrac{d_f^2}{D_l}$	$C_l = \dfrac{2}{3} \dfrac{k}{(1+k)^2} \dfrac{d_f^2}{D_l}$
柱效	理论塔板数	$n = 5.54 \left(\dfrac{t_R}{W_{1/2}}\right)^2$	$n = 5.54 \left(\dfrac{t_R}{W_{1/2}}\right)^2$
	理论塔板高度	$H = L/n$	$H = L/n$
色谱仪	进样量/μL	0.1～10	0.01～0.2
	进样器	直接进样	采用分流器
	检测器	TCD,FID 等	常用 FID
	柱的制备	简单	复杂
	定量结果	重现性较好	比 GC 重现性差

在 GC 中,气液色谱填充柱相当于一束涂了固定液的毛细管,但这束毛细管弯曲多径,传质阻力大,引起峰扩张,使柱效降低。CGC 中,固定液直接涂在毛细管壁上,使载气流动阻力大为减小,可采用长柱达到既有高柱效,又可实现快速分析。虽然毛细管柱的单位柱长的柱效优于填充柱,但二者处于同一数量级。可是毛细管柱的总柱长比填充柱大 1～2 个数量级,故总柱效可比填充柱大 3 个数量级。

对 CGC 而言,载气线速 u 和板高 H 仍为双曲线关系,有一最佳线速 u_{opt}。毛细管柱所涂液膜须根据样品特点考虑。对高沸点样品,应采用高效快速的液膜柱;对低沸点样品,用厚液膜较好,此时 C_1 成主要影响因素。毛细管柱径对柱效也有影响。对薄液膜柱,内径越细,柱效越高;对厚液膜柱,柱径不是重要的参数,可用较大孔径的柱。升高柱温,液相扩散系数 D_1 增加,C_1 及 H 均下降,可提高柱效。CGC 最佳操作条件的选择原则基本可参考 GC 的选择原则,但在进样量上要特别注意,CGC 有一最大进样量,过载会使柱效降低,色谱峰扩展、拖尾。对液体试样,进样量通常为 $10^{-3} \sim 10^{-2}\mu$L。因此 CGC 系统进样时需采用分流进样技术。

7.6.2 毛细管气相色谱进样系统

由于毛细管柱的柱容量很小,为了满足定性及定量分析的要求,进样系统成为关键技术。

7.6.2.1 对进样系统的基本要求

对进样系统有两个基本要求:避免产生"歧视"现象和减小由进样系统带来的谱带展宽。

所谓"歧视"(discrimination)就是通过进样系统进入色谱柱中的样品组成与实际样品的组成不一致,即发生变异的现象。CGC 分流进样中有时会产生歧视现象,即非线性分流,这需要加以克服。色谱峰谱带总展宽系由色谱柱本身引起的峰展宽、进样系统引起峰展宽和柱外效应引起峰展宽 3 部分之加和,故 CGC 进样系统需从避免歧视和减小峰展宽两方面来考虑。

7.6.2.2 分流进样

一般 GC 汽化室体积大,CGC 柱容量小,会产生进样峰展宽太大,而微量注射器无法准确、重复注入 nL 级体积的样品,所以 CGC 最早使用的是分流进样。液体样品通过注射器进入分流进样器的汽化室,样品和溶剂迅速汽化,并与载气均匀混合,少量样品进入毛细管柱,大量样品放空,以保证样品形成窄的谱带。

分流进样的主要参数是分流比,指进入毛细管柱试样与放空的试样量的比值。一般毛细管柱分流比为 1∶50～1∶500;对稀释样品、气体样品和大口径柱分流比为 1∶5～1∶15;对小口径柱、低容量柱和十分浓的样品分流比可高达 1∶1 000。高分流比可减小样品分解,但会引起歧视增大,故需考虑样品量和分流比及检测灵敏度的匹配。

7.6.2.3 无分流进样

无分流进样指样品注入进样器后全部迁移进入毛细管柱进行分离,可在分流进样器上实施。其优点是把全部样品注入色谱柱中,灵敏度大大提高,特别适用于痕量分析。但容易产生因进样引起的峰展宽,包括时间性谱带展宽(由进样时间拖长引起)和空间性谱带展宽(由样品占据色谱柱较大长度引起),需要采用优化仪器操作参数加以克服。

7.6.2.4 柱头进样

柱头进样是指液体样品由注射器针头直接迁移进毛细管柱,样品不需蒸发,可消除样品歧视问题,也称为冷柱头进样,其进样装置较复杂,但定量分析准确。

7.6.2.5 直接进样

和冷柱头进样不同,直接进样是指样品在进样器中快速蒸发进样的方法。进样器单独加热不受柱温的影响,此法只能用于大口径毛细管柱。

7.6.2.6 程序升温蒸发进样

程序升温蒸发(programmed temperature vaporizer,PTV)综合了分流、无分流和柱头进样的优点,结构与分流进样器相似,关键是进样器可以快速程序升温和冷却,已作为商品仪器的通用进样方式。

此外,新近出现的适用于快速气相色谱的冷阱聚焦进样系统等均有特色。

7.6.3 毛细管气相色谱的一些特殊检测器

CGC 系统需特别注意解决柱的两端连接管路的接头部件、进样器、检测器等处的死体积。死体积过大会引起色谱峰的柱外展宽效应。为了减少组分的柱后扩散,在毛细管柱出口到检测器流路中增加一股叫尾气的辅助气路,以增加柱出口到检测器的载气流速,减少这段死体积的影响而导致的色谱峰展宽。尾吹气的另一个作用是补充各种检测器所需的适当的气体种类及流速。如对氢焰检测器而言,因 CGC 系统的载气 N_2 流速低,尾吹 H_2 能增加氢氮比从而提高检测器灵敏度。由于使用尾吹气后,使色谱柱分离条件的优化与检测器响应的优化各自独立,能使检测器在最佳状态下工作,即使载气流速发生变化(如程序升温),检测器响应也不致变化。

CGC 检测器除了 GC 中常用的 FID,ECD 和 FPD 外,还有两种检测器也较常用,即热离子检测器(TID)和光离子化检测器(PID)。

7.6.3.1 热离子检测器

热离子检测器(thermionic detector,TID),也称为氮磷检测器(NPD),可选择检测含氮、磷有机化合物。其结构与 FID 相似,主要差别是在火焰喷嘴上方有一个含有碱金属

(如 Rb,Na,Cs)盐的陶瓷珠,碱金属盐受热后离解成离子和电子,在电场中形成电流。当含氮、磷的组分通过时,受热分解并离子化,使电流强度增加从而得以检出。TID 已成为测定含氮含磷化合物的常用检测器。

7.6.3.2 光离子化检测器

光离子化检测器(photoionization detector,PID)由激发源和离子化室两部分组成。激发源常用紫外灯,发射出光子进入离子化室,当光子的能量大于样品组分的电离势时,样品分子吸收光子发生离子化,产生检测信号。高能量(如 11.7eV 和 10.2eV)紫外灯对多数化合物都有信号,类似通用型检测器。9.5eV 灯对芳烃选择性最高,特别是多核芳烃,而 8.3eV 灯对多核芳烃和多氯联苯选择性高。

7.7 气相色谱应用及进展

气相色谱是一种高效能,选择性好,灵敏度高,操作简单,应用广泛的分离、分析方法。因此在环境检测、药物分析及工业分析上得到了广泛的应用。气相色谱法适用于沸点在 500℃ 以下,热稳定性良好,相对分子质量在 400 以下的物质。目前 GC 所能分析的有机物,约占全部有机物的 15%～20%,而这些有机物恰是目前应用很广泛的部分。对于高沸点或高熔点,或带有羧基、羟基、氨基或酰胺等基团的化合物,用 GC 直接分析有困难,往往拖尾严重,或被吸附、热解等。现在发展了衍生化技术及其他一些技术来解决这些困难。

7.7.1 衍生化技术

将原来不挥发或挥发性差的物质,制成各类具有一定挥发性的衍生物,使之可用 GC 进行测定,称为衍生化技术。它可以降低沸点或熔点,增加热稳定性,或降低极性,减小拖尾和吸附。也可通过衍生化来改变组分的理化性质以改进分离,或引入氟原子等,增加电子捕获能力,来提高检测灵敏度等。

常用的重要衍生化试剂分成 3 类。第一类是三甲基硅烷化试剂(TMS 化试剂),所做成的衍生物对热稳定,吸附性小。常用的试剂有三甲基氯硅烷(TMCS)、六甲基二硅氨烷(HMDS)等,主要用于含羟基化合物的衍生物制备。第二类是甲酯化试剂,主要用于具有羧基的化合物,生成相应的甲酯,进行 GC 分析。常用的试剂为甲醇制 HCl(或 H_2SO_4)液或重氮甲烷乙醚液。第三类为卤素试剂,大多是含氟化合物,如三氟醋酐(TFAA)、甲基双三氟乙酰胺(MBTFA)等。卤素试剂主要用于含氨基、羟基化合物的衍生物制备,对 ECD 显示很高灵敏度,可检测 pg 数量级的样品。

7.7.2　裂解色谱技术

对于难挥发的固体样品,例如高聚物样品,用一般的气相色谱法分析比较困难。可以采用裂解色谱技术。裂解色谱法是用一个裂解器作为进样器,欲分析样品在裂解器被裂解成低分子碎片,再由载气带入色谱仪进行分离和鉴定。常用的裂解器有管式炉裂解器、居里点裂解器和激光裂解器。管式炉裂解器主要由一个石英管和管外加热器组成,加热温度可以在 400～1 000 ℃ 调节。分析时先将欲分析样品放到铂金舟中并推到石英管内加热,管式炉内样品即被裂解。居里点裂解器也叫高频感应加热裂解器。样品涂在铁磁丝上,再放入高频线圈中,当线圈通电后,铁磁丝感应加热,使样品裂解。裂解产物由载气带入色谱柱中进行分析。由于铁磁物质被加热到居里点温度后失磁,这时加热自动停止,因此,裂解温度可稳定控制在居里点温度。选择不同组成的铁磁体,可以得到不同的居里点温度。激光裂解器是靠激光照射使样品裂解。

7.7.3　顶空进样技术

顶空分析是通过对一个密封体系中处于平衡状态的蒸气的分析,间接地测定液体或固体样品中挥发性成分的一种分析方法。在进行顶空分析时,液体上方的气相样品可以用手动取样,即抽取密封平衡体系上空的气体进行色谱分析,也可以采用自动顶空取样器进行。自动顶空取样器是利用给密封的样品瓶加压,将液体上方的气相样品带入色谱柱。开始分析时,首先将连有载气的注射器插入样品瓶中给气相加压,到一定压强后加压停止,通过阀的切换,样品瓶中具有一定压强的气体将样品带入定量环管,然后进入色谱柱,整个过程可以自动完成。此外,利用气提技术可以捕集、浓缩液体上方的挥发成分。气提技术是利用泵使液体上方的气体在由样品容器、捕集阱和泵形成的封闭气路中循环,捕集阱内装有吸附剂,有机组分经过捕集阱后被吸附。可以用溶剂将有机组分洗脱、浓缩,也可以直接接到色谱进样器,解吸后进样分析。

7.7.4　二维气相色谱

使用一根色谱柱的称为一维气相色谱,一般适合于含几十至几百个化合物的样品分析。当样品更复杂时,就要用到多维色谱技术。把二根色谱柱用串联的形式组合在一起,即构成了二维气相色谱。新近出现的全二维气相色谱(comprehensive two-dimensional gas chromatography,GC×GC)是把分离机理不同而又互相独立的两根色谱柱以串联方式结合,两根色谱柱之间装有一个调制器,起捕集再传送的作用。经第一根色谱柱分离后的每一个组分,先进入调制器,进行聚焦后再以脉冲方式送到第二根色谱柱进行进一步的分离,所有组分从第二根色谱柱进入检测器。信号经数据处理系统处理,得到以柱1保留时间为 x 轴,柱2保留时间为 y 轴,信号强度为 z 轴的三维色谱图。全二维气相色谱具有高分辨率和高灵敏度等优点。据报道,此技术一次进样可从煤油中分出一万多个峰,灵敏度比通常的一维色谱提高 20~50 倍,并于 1999 年实现了仪器商品化。

习 题

1. 气相色谱仪是由哪几部分组成的?各有什么作用?
2. 热导检测器和氢焰检测器的工作原理是什么?
3. 在某温度下 H_2,He,N_2 的热导系数分别为 $22.3×10^{-4}$,$17.4×10^{-4}$,$3.1×10^{-4}$ J/(cm·℃·s)。该温度下一般有机物热导系数为 3~6。若只从提高检测器灵敏度考虑,应选择哪种气体作为气相色谱载气,为什么?
4. 什么是色谱的保留时间、校正保留时间?保留时间受哪些因素影响?
5. 什么是定量校正因子?色谱定量分析时为什么要测定校正因子?
6. 试比较毛细管气相色谱和一般气相色谱之差异,并说明其优越性。
7. 有一色谱柱长 2m,测得空气峰为 30s,某组分保留时间为 390s,该组分基线宽度为 36s,求有效理论板数和有效塔板高度。
8. 用一根长 2m 的色谱柱分离 A,B 两种物质,测得两物质的保留时间分别为 520s 和 560s,空气的保留时间为 40s,两物质色谱峰的基线宽度均为 1min。若要使两物质分离度达到 1.5,求所需柱长为多少?
9. 用气相色谱法分析丙酮、乙醇混合物中各自的含量,以双环戊二烯为标准测定校正因子。将双环戊二烯、丙酮、乙醇以质量比 30∶40∶30 混合,测得 3 个峰面积分别为 15,30,25cm^2。如果测得样品中丙酮的峰面积为 15cm^2,乙醇的峰面积为 10cm^2,用归一化法求上述样品中丙酮和乙醇的百分含量。
10. 某色谱柱的理论塔板数为 7 744。化合物 A 和 B 在该柱上的保留时间分别为 8.4min 和 8.8min,空气的保留时间为 0.4min。计算化合物 A 和 B 在该柱上的分离度。如果要实现基线分离,需要的最短柱长是多少?(假设 A,B 保留时间不变,理论塔板高度为 0.1mm。)
11. 用气相色谱测定试样中一氯乙烷、二氯乙烷和三氯乙烷的含量。用甲苯作内标,甲苯质量为 0.2400g,试样质量为 2.880g,校正因子及测得峰面积如下：

组分	甲苯	一氯乙烷	二氯乙烷	三氯乙烷
f_i	1.00	1.15	1.47	1.65
A/cm^2	2.16	1.48	2.34	2.64

计算各组分含量。

参考文献

1 邓勃,宁永成,刘密新.仪器分析.北京:清华大学出版社,1991
2 朱明华.仪器分析.北京:高等教育出版社,2000
3 俞惟乐,欧庆瑜等.毛细管气相色谱和分离分析新技术.北京:科学出版社,1999
4 傅若农,刘虎威.高分辨气相色谱及高分辨裂解气相色谱.北京:北京理工大学出版社,1992
5 孙传经.气相色谱分析原理与技术.第二版.北京:化学工业出版社,1985
6 周良模等.气相色谱新技术.北京:科学出版社,1994
7 李 M L,杨 F J,巴特尔 K D 著.毛细管柱气相色谱法.王其昌等译.北京:化学工业出版社,1988
8 Grob R L. Modern practice of gas chromatography. 2nd. Ed. John, Willey & Sons,1985
9 Skoog D A, Holler F J, Nieman T A. Principles of instrumental analysis. 15th Ed. Saunders College Publishing,1998

8 液相色谱法

8.1 概　　述

　　气相色谱法具有分析速度快、分离效能好和灵敏度高等优点,缺点在于仅能分析在操作温度下能汽化而不分解的物质。据估计,在已知化合物中能直接进行气相色谱分析的化合物约占 15%,加上制成衍生物的化合物,也不过 20% 左右。对于高沸点,难挥发和热不稳定的化合物、离子型化合物和高聚物乃至生物大分子,如蛋白、DNA 等,很难用气相色谱法分析。为此,于 20 世纪 60 年代末出现的高效液相色谱法得到高速发展,现已成为色谱法中应用最广的一类方法。在经典的液体柱色谱法基础上,采用高压泵、高效固定相和高灵敏度检测器,引入气相色谱理论后发展起来的柱色谱技术称为高效液相色谱法(high performance liquid chromatography, HPLC)。HPLC 采用高压泵,供液压力和进样压力可达 $300 \times 10^5 \sim 500 \times 10^5$ Pa,载液在色谱柱内的流速可达 $1 \sim 10$ mL/min;所用固定相粒度一般为 $5 \sim 10 \mu m$,更小的可达 $1.5 \mu m$,新型固定相(如化学键合固定相)的柱效可达 $10^3 \sim 10^4$ 塔板/m;采用高灵敏度的检测器,如紫外检测器的最小检测量可达纳克(10^{-9} g)级、荧光检测器的灵敏度可达 10^{-11} g。HPLC 的特点:色谱柱可反复使用,流动相可选择范围宽,流出组分容易收集;分离效率高,分析速度快,灵敏度高,操作自动化,应用范围广。

　　20 世纪 80 年代还发展了两类液相色谱技术,一类是毛细管电泳,另一类是高速逆流色谱。高速逆流色谱(high speed counter current chromatography, HSCCC)的流动相和固定相均为互不混溶的两种液体,是一种液液分配技术。本章仅介绍高效液相色谱和毛细管电泳,以高效液相色谱为主。

8.2 高效液相色谱的理论基础

高效液相色谱法的基本概念及理论基础,如各种保留值、分配系数、分配比、分离度、塔板理论、速率理论等与气相色谱法基本一致,其不同之处系由流动相采用液体和气体的性质差异所引起。液体是不可压缩的,其扩散系数只有气体的万分之一至十万分之一,粘度比气体大100倍,而密度为气体的1 000倍。这些差别对液相色谱的扩散和传质过程影响很大,Giddings等在范弟姆特方程基础上提出了液相色谱速率方程。

8.2.1 液相色谱的速率方程

Giddings等提出的液相色谱速率方程如下:

$$H = H_e + H_d + H_s + H_m + H_{sm} \tag{8.1}$$

式中,H 为塔板高度;H_e,H_d,H_s,H_m 和 H_{sm} 分别为涡流扩散项、纵向扩散项、固定相传质阻力项、流动相传质阻力项和滞留流动相传质阻力项。

8.2.1.1 涡流扩散项 H_e

$$H_e = 2\lambda d_p \tag{8.2}$$

其含义与气相色谱法的涡流扩散项相同。减小 H_e 可提高液相色谱柱的柱效,可采用减小粒度(d_p)和提高柱内填料装填的均匀性(降低 λ)。目前多采用 $3\sim5\mu m$ 的球形固定相,柱效可达 10^4 塔板/m。

8.2.1.2 纵向扩散项 H_d

试样中组分在流动相带动下流经色谱柱时,由组分分子本身运动引起的纵向扩散导致色谱峰展宽称为纵向扩散。

$$H_d = \frac{C_d D_m}{u} \tag{8.3}$$

式中,C_d 为一常数;D_m 为组分分子在流动相中的扩散系数;u 为流动相线速度。液相色谱中流动相为液体,粘度比载气大得多,柱温多采用室温,比气相色谱的柱温低得多,因此组分在液体中的扩散系数 D_m 比在气体中的 D_g 要小 $4\sim5$ 个数量级。当流动相的线速度大于 1cm/s 时,纵向扩散项 H_d 对色谱峰展宽的影响可以忽略,而气相色谱中此项却很重要。

8.2.1.3 固定相传质阻力项 H_s

组分分子从流动相进入到固定液内进行质量交换的传质阻力 H_s 可表示为

$$H_s = \frac{C_s' d_f^2}{D_S} u \tag{8.4}$$

式中,C_s' 是与容量因子 k 有关的系数;d_f 为固定液的液膜厚度;D_S 为组分在固定液内的扩散系数。由上式可见,它与气相色谱中液相传质项含义一致。对由固定相的传质过程引起的峰展宽,可从改善传质,加快组分分子在固定相上的解吸过程加以解决。对液液分配色谱,可使用薄的固定相层。如采用化学键合相,"固定液"只是在载体表面的一层单分子层时,此项就可忽略。对吸附、排阻和离子交换色谱法,可使用小的颗粒填料来改进。

8.2.1.4 流动相传质阻力项 H_m

当流动相流过色谱柱内的填充颗粒形成流路时,靠近填充物颗粒的流动相流动得慢一些,而流路中部的流动相流动最快,即柱内流动相的流速并不是均匀的;靠近填充颗粒的组分分子流速要比流路中部的组分分子流速来得慢,这是因为处于边缘的分子与固定相的作用相对大于处于流路中心的分子而引起的。其对峰展宽的影响可表示为

$$H_m = \frac{C_m' d_p^2}{D_m} u \tag{8.5}$$

式中,C_m' 为一与容量因子 k 有关的常数,其值取决于柱的直径、形状和填料颗粒的结构。

8.2.1.5 滞留流动相传质阻力项 H_{sm}

由于固定相填料的多孔性,微粒的小孔内所含的流动相处于停滞不动的状态。流动相中的组分分子要与固定相进行质量交换,必须先由流动相扩散到滞留区。有些分子在滞留区内扩散较短距离又回到流动相,而向小孔深处扩散的分子则在滞留区停留时间较长,由此引起的峰展宽可表示为

$$H_{sm} = \frac{C_{sm}' d_p^2}{D_m} u \tag{8.6}$$

式中,C_{sm}' 为一与颗粒中被流动相所占据部分的分数及容量因子有关的常数。

综上所述,由于柱内色谱峰展宽所引起的塔板高度的变化可归纳为

$$H = 2\lambda d_p + \frac{C_d D_m}{u} + \left(\frac{C_s' d_f^2}{D_S} + \frac{C_m' d_p^2}{D_m} + \frac{C_{sm}' d_p^2}{D_m}\right) u \tag{8.7}$$

简化后为

$$H = A + \frac{B}{u} + Cu$$

此式与气相色谱速率方程式在形式上一致,但因其纵向扩散项可忽略不计,影响柱效的主

要因素是传质项,其中 C 为传质阻力系数,可表示为

$$C = C_s + C_m + C_{sm} \tag{8.8}$$

式中,C_s 为固定相传质阻力系数

$$C_s = \frac{C_s' d_f^2}{D_s}$$

C_m 为流动相传质阻力系数

$$C_m = \frac{C_m' d_p^2}{D_m}$$

C_{sm} 为滞留流动相传质阻力系数

$$C_{sm} = \frac{C_{sm}' d_p^2}{D_m}$$

忽略纵向扩散项后,液相色谱速率方程为

$$H = A + Cu = A + (C_s + C_m + C_{sm})u \tag{8.9}$$

对于化学键合相,其固定相传质阻力可以忽略,得

$$H = A + (C_m + C_{sm})u \tag{8.10}$$

从以上讨论可知,要提高液相色谱分离的效率,必须得到小的 H 值,可从液相色谱柱、流动相及流速等综合考虑。一般来说,柱填料颗粒较小、填充均匀和流动相流速较低时,H 值较小;流动相粘度较低和柱温较高时,H 值较小;样品分子较小时,H 值较小。采用薄壳型填料,可消除滞留流动相传质阻力的影响,从而降低 H。减小粒度是提高柱效的最有效途径。采用湿法匀浆装柱技术后,目前使用的高效液相色谱柱粒径均小于 $10\mu m$,得到了高柱效。多孔微粒填料的 H 值低且分离效率高,样品负荷量比薄壳型填料要大,成为目前广泛应用的高柱效填料。采用低粘度的流动相及增加柱温可以增大 D_m。但用有机溶剂作流动相时,增加柱温而产生气泡,故一般均在室温下进行实验。虽然甲醇对人体有害,因其粘度是乙醇的 1/2,故常用溶剂仍选甲醇,还可达到降低柱压的作用。降低流速可降低传质阻力项的影响,但增加了分析时间。应根据液相色谱速率方程,对各影响因素予以综合考虑。

8.2.2 峰展宽的柱外效应

速率方程研究的是柱内溶质的色谱峰展宽(谱带扩张)和板高增加(柱效降低)的因素,此外,在色谱柱外尚存在着引起色谱峰展宽的因素,称之为峰展宽的柱外效应或柱外峰展宽。可分为柱前峰展宽和柱后峰展宽。

8.2.2.1 柱前峰展宽

柱前峰展宽包括由进样及进样器到色谱柱连接管引起的峰展宽。液相色谱法的进样

方式,大都是将试样注入到色谱柱顶端滤塞上或注入到进样器(如阀)的液流中。由于进样器的死体积,进样时液流扰动引起的扩散及进样器到色谱柱连接管的死体积均会引起色谱峰的展宽和不对称,故进样时希望样品直接进在柱头的中心部位。

8.2.2.2 柱后峰展宽

柱后峰展宽主要由检测器流通池体积、连接管等所引起。如通用紫外检测器的池体积为 $8\mu L$,微量池的体积可更小。

柱外峰展宽在液相色谱中的影响要比在气相色谱中更为显著。为了减少其不利影响,应当尽可能减小柱外死空间,即从进样器到检测池之间除柱子本身外的所有死空间,包括进样器、检测器和连接管、接头等,如采用零死体积接头来连接各部件等方法。

8.3 高效液相色谱法的主要类型及分离原理

根据分离机制的不同,高效液相色谱法可分为以下几种主要类型:液液分配色谱法、液固吸附色谱法、离子交换色谱法、离子对色谱法、离子色谱法和空间排阻色谱法等。

8.3.1 液液分配色谱法

流动相和固定相都是液体,因试样组分在固定相和流动相之间的相对溶解度存在差异,而在两相间进行不同分配得以分离的方法称为液液分配色谱(liquid-liquid partition chromatography)。其分配系数和容量因子同样服从于下式:

$$K = \frac{c_S}{c_M} = k\frac{V_M}{V_S}, \quad k = \frac{t_R'}{t_M}$$

式中,K 是分配系数;k 为容量因子;c_S 和 c_M 分别是溶质在固定相和流动相中的浓度;V_S 和 V_M 分别为固定相和流动相的体积;t_M 为死时间;t_R' 为调整保留时间。液液分配色谱法与气液分配色谱法相比,相同之处在于分离的顺序均取决于分配系数,分配系数大的组分保留值大;不同之处在于气相色谱法中流动相的性质对分配系数影响不大,而液相色谱法中流动相的种类对分配系数有较大的影响。按照固定相与流动相的极性差别,液液分配色谱可分为正相色谱和反相色谱法两类。

8.3.1.1 正相色谱法

流动相极性小于固定相极性的称为正相色谱,如以含水硅胶为固定相,烷烃为流动相即为一例。由于固定相是极性填料,流动相是非极性或弱极性溶剂,故样品中极性小的组分先流出,极性大的组分后流出。由于固定液易流失,现已采用正相键合相色谱替代,常用氰基或氨基化学键合相。氰基键合相以硅胶作载体,用氰乙基取代硅胶的羟基,形成氰基化学键合相,其分离选择性与硅胶相似,但极性小于硅胶。分离机制主要靠诱导作用力,分离对象主要是可诱导极化的化合物或极性化合物。氨基键合相是用丙氨基取代硅胶的羟基而成,与硅胶性质有较大差异,前者为碱性,后者为酸性,因而具有不同的选择性。分离机制主要为诱导作用力和氢键作用力,主要用于分析糖类物质。

8.3.1.2 反相色谱法

流动相极性大于固定相极性的称为反相色谱法,极性大的组分先流出色谱柱,极性小的组分后流出柱。在色谱分离过程中,由于固定液在流动相中仍有微量溶解,以及流动相通过色谱柱时的机械冲击,固定液会不断流失而导致保留行为的改变,柱效和分离选择性变坏等后果。将各种不同有机基团通过化学反应共价键合到硅胶(担体)表面的游离羟基上,形成化学键合固定相,取代了机械涂渍的液体固定相。它不仅可用于正相色谱、反相色谱,还用于离子对色谱、离子交换色谱等,特别是反相化学键合相色谱应用最广。

8.3.1.3 反相键合相色谱法

典型的反相键合相色谱是将十八烷基键合在硅胶表面所得的ODS柱上,采用甲醇-水或乙腈-水作流动相,分离非极性和中等极性的化合物。其分离机制常用疏溶剂理论来解释。

当非极性溶质或溶质分子中的非极性部分进入到极性流动相中时,由于疏溶剂效应,分子中的非极性部分总是趋向与其他非极性部分聚集在一起,以减少与溶剂接触的面积,而使体系的能量最低。如图8.1所示,溶质的非极性部分与极性溶剂分子间的排斥力(疏溶剂力)的作用下(图中黑箭头),和键合相的烃基发生疏溶剂缔合。此时溶质的保留主要不是由于溶质分子与键合相间的色散力。非离子型溶质分子与键合相非极性烃基间的缔合反应是可逆的。流动相的表面张力越高,缔合力越强。反之,若溶质分子有极性官能团存在时,则与极性溶剂间的作用力增强(图中空心箭头),而不利于缔合。

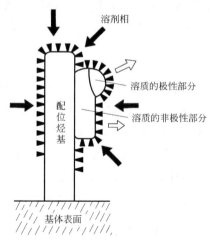

图8.1 疏溶剂缔合示意图

8.3.2 液固吸附色谱法

流动相为液体,固定相为固体吸附剂,根据吸附作用不同而进行分离的称为液固吸附色谱法(liquid-solid adsorption chromatography)。被分离组分的分子(溶质分子 X)和流动相分子(溶剂分子 Y)争夺吸附剂表面活性中心的过程用下式表示:

$$X_m + nY_a \rightleftharpoons X_a + nY_m \tag{8.11}$$

式中,下标 m 与 a 分别表示流动相与吸附剂;n 是被吸附的溶剂分子数。溶质分子 X 被吸附,将取代固定相表面上的溶剂分子,吸附过程达到平衡时,符合质量作用定律:

$$K = \frac{[X_a][Y_m]^n}{[X_m][Y_a]^n} \tag{8.12}$$

式中,K 为吸附平衡常数,K 大的组分,吸附剂对它的吸附力强,保留值就大。

液固吸附色谱法中,硅胶是最常用的吸附剂,流动相常用以烷烃为底剂的二元或多元溶剂系统,适用于分离相对分子质量中等的油溶性试样,对具有不同官能团的化合物和异构体有较高的选择性。

8.3.3 离子交换色谱法

以离子交换树脂为固定相,其上可电离的离子与流动相中具有相同电荷的溶质离子进行可逆交换,依据这些离子对交换剂具有不同的亲和力而得以分离的称为离子交换色谱法(ion-exchange chromatography)。离子交换树脂分为阳离子交换树脂和阴离子交换树脂,其交换过程可用下式表示:

阳离子交换

$$M_m^+ + R^- Y^+ \rightleftharpoons Y_m^+ + R^- M^+ \tag{8.13}$$

阴离子交换

$$X_m^- + R^+ Y^- \rightleftharpoons Y_m^- + R^+ X^- \tag{8.14}$$

式中,下标 m 代表流动相;R 代表树脂;Y 代表树脂上可电离的离子;M^+ 和 X^- 分别表示流动相中溶质的正、负离子。达到平衡后,对于阴离子交换的平衡常数 K_X 为

$$K_X = \frac{[R^+ X^-][Y^-]}{[R^+ Y^-][X^-]} \tag{8.15}$$

分配系数 D_X 为

$$D_X = \frac{[R^+ X^-]}{[X^-]} = K_X \frac{[R^+ Y^-]}{[Y^-]} \tag{8.16}$$

对于阳离子交换过程,类推可得相应的 K 和 D。

分配系数 D 值越大,表示溶质的离子与离子交换剂的相互作用越强。不同的溶质离子和离子交换剂具有不同的亲和力,产生不同的分配系数。亲和力高的,分配系数大,在柱中的保留值就越大。

常用的离子交换剂有以交联聚苯乙烯为基体的离子交换树脂和以硅胶为基体的键合离子交换剂。流动相为含水的缓冲溶液,主要用于分离离子或可离解的化合物,如无机离子、有机酸、有机碱、氨基酸、核酸和蛋白质等。

8.3.4 离子对色谱法

在固定相上涂渍或流动相中加入与溶质分子电荷相反的离子对试剂,来分离离子型或可离子化的化合物的方法称为离子对色谱法(ion pair chromatography)。该法又分为正相离子对色谱法和反相离子对色谱法,目前广泛应用反相离子对色谱法。早期反相离子对色谱法采用将离子对试剂涂渍在固定相上进行。现在多采用以 C_8 或 C_{18} 键合相为固定相,用含有离子对试剂的有机溶剂(甲醇或乙腈)-水溶液作流动相。用于阴离子分离的离子对试剂有烷基铵类,如氢氧化四丁基铵、氢氧化十六烷基三甲铵等;用于阳离子分离的离子对试剂有烷基磺酸类,如己烷磺酸钠等。离子对色谱分离机理可用离子对分配机理加以说明。在反相离子对色谱中,待分离的组分离子 X^+ 进入 C_{18} 或 C_8 柱内以后,与流动相(m)中离子对试剂 Y^- 生成不带电荷的疏水性离子对 X^+Y^-,然后在非极性疏水固定相(s)表面存在如下分配平衡:

$$X^+_m + Y^-_m \rightleftharpoons (X^+ \ Y^-)_m \rightleftharpoons (X^+ \ Y^-)_s \tag{8.17}$$

分配系数为

$$K = \frac{[X^+ \ Y^-]_s}{[X^+ \ Y^-]_m} = E_{XY}[Y^-]_m \tag{8.18}$$

其中 E_{XY} 为萃取常数,可表示为

$$E_{XY} = \frac{[X^+ \ Y^-]_s}{[X^+]_m [Y^-]_m} \tag{8.19}$$

E 值与容量因子 k' 之间的关系可用下式表示:

$$k' = \frac{V_s}{V_m} E [Y^-] \tag{8.20}$$

离子对试剂的烷基碳链越长,生成的离子对与固定相的亲和力越大,组分的保留值也越大。离子对试剂的浓度是控制反相离子对色谱溶质保留值的主要因素,可在较大范围内改变分离的选择性。

反相离子对色谱法兼有反相色谱和离子交换色谱共同的优点,还可借助离子对的生成给试样引入紫外吸收或发荧光的基团,以提高检测灵敏度,适用于有机酸、碱、盐,以及

用离子交换色谱法无法分离的离子和非离子混合物的分离。

8.3.5 离子色谱法

许多离子型化合物可用离子交换色谱法达到满意的分离,但对于一些无可见或紫外吸收的无机离子,因离子交换色谱的洗脱液通常为具有较高电导率的电解质溶液,试样离子所产生的微小电导变化难以用电导检测等电化学方法进行检测,直到20世纪70年代中发展起来的离子色谱法(ion chromatography,IC)才很好解决了无机离子,特别是阴离子的快速灵敏的分析问题。

离子色谱法用离子交换树脂为固定相,电解质溶液为流动相,通常以电导检测器为通用检测器,分为化学抑制型离子色谱法(双柱离子色谱法)和非抑制型离子色谱法(单柱离子色谱法)两类。

图8.2是化学抑制型离子色谱流程图。待测样品由流动相带入分离柱,由分离柱将不同离子分开,由检测器得色谱峰。但是,用于离子色谱的洗脱液,一般都是强电解质溶液,其电导值一般较待测离子高2~3个数量级,如果用电导检测器检测待测离子,待测离子信号将完全被洗脱液所淹没。为了解决这一问题,采取的办法是在分离柱后加一根抑制柱,抑制柱中装填与分离柱电荷相反的离子交换树脂,洗脱液由分离柱进入抑制柱后,在抑制柱进行两个重要反应:一是将洗脱液变成低电导组分,以降低来自洗脱液的电导值;二是将样品离子转变成其相应的酸或碱,以增加其电导。这样的离子色谱称为抑制型离子色谱或双柱离子色谱。

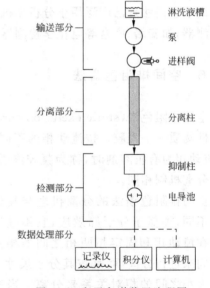

图8.2 离子色谱装置流程图

在抑制型离子色谱中,分析阴离子时,一般选用NaOH作为洗脱液,抑制柱中填充高容量H^+型阳离子交换树脂。当洗脱液带着样品阴离子通过抑制柱时,在抑制柱上发生下述两个重要反应:

$$R-H^+ + NaOH \longrightarrow R-Na^+ + H_2O$$
$$R-H^+ + Na^+ A^- \longrightarrow R-Na^+ + H^+ A^-$$

式中,R代表离子交换树脂;A^-为待测离子。由于抑制柱的作用,将洗脱液中的OH^-变成了H_2O,使电导值大大降低,同时,将样品阴离子变成了相应的酸。由于H^+的离子淌

度是 Na^+ 的 7 倍,所以提高了样品的检测灵敏度。

分析阳离子时,一般用无机酸作为洗脱液,抑制柱中填充高容量的 OH^- 型离子交换树脂。当洗脱液通过抑制柱时,发生下列反应:

$$R^+ - OH^- + H^+Cl^- \longrightarrow R^+ - Cl^- + H_2O$$
$$R^+ - OH^- + M^+Cl^- \longrightarrow R^+ - Cl^- + M^+OH^-$$

式中,R 代表离子交换树脂;M^+ 为待测阳离子。抑制柱将酸变成水,降低了洗脱液的电导值,同时,将样品离子变成了相应的碱,由于 OH^- 的离子淌度为 Cl^- 的 2.6 倍,因而提高了待测离子的检测灵敏度。

抑制柱使用一段时期以后,需要用酸或碱再生。

如果采用低电导的洗脱液,分离柱直接连接电导检测器而不采用抑制柱,称为非抑制型离子色谱法(单柱离子色谱法)。阳离子分离可选用稀硝酸、乙二胺硝酸盐稀溶液作洗脱液,阴离子分离选用苯甲酸盐或邻苯二甲酸盐稀溶液作洗脱液,均能有效分离、检测各种离子,但其检测灵敏度往往较抑制型低。

离子色谱法现已广泛用于分析无机、有机阴阳离子、糖类及氨基酸等。并采用了更多的检测器,如安培、库仑等电化学检测器、紫外和荧光等检测器。

8.3.6 空间排阻色谱法

空间排阻色谱(steric exclusion chromatography)所用固定相是具有一定孔径范围的多孔性物质——凝胶。按流动相的不同分为两类:流动相为水溶液时,称为凝胶过滤色谱,流动相为有机溶剂时,称为凝胶渗透色谱,二者的分离机制相同。

空间排阻色谱法的分离机理与其他色谱法完全不同,类似于分子筛效应,它不是靠被分离组分在流动相和固定相两相之间的相互作用力的不同来进行分离,而是按其分子尺寸与凝胶的孔径大小之间的相对关系来分离。当试样进入充填了具有一定孔径分布的凝胶色谱柱后,随流动相在凝胶外部间隙及孔穴旁流过。当某些分子的尺寸,大到不能进入所有的孔穴时,将随流动相由固定相间隙通过色谱柱,以一个单一的谱峰 C 出现(见图 8.3 下半部分标准试样的洗脱曲线),在保留体积 V_0 时一起被洗脱。V_0 相当于凝胶填料颗粒之间的体积。图 8.3 上半部分表示

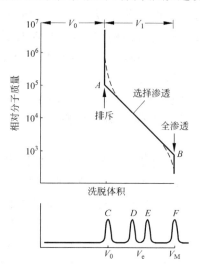

图 8.3 空间排阻色谱分离示意图

洗脱体积和被分离组分相对分子质量间的关系(即校正曲线)。图中 A 点,表示排斥极限,B 点为全渗透极限,凡是比 B 点相对应的相对分子质量小的分子都可完全进入凝胶所有孔穴中,这些组分也将以一个单一谱峰 F 出现,在保留体积 V_M 时被洗脱。因为溶剂分子通常很小,也在 t_M 时间内洗脱。相对分子质量介于 A 和 B 两个极限之间的被分离组分,可进入凝胶中某些孔穴而不能进入另一些孔穴,即走的路程有所差异,导致保留时间有所不同,将按相对分子质量降低的次序先后出峰,即在 $V_0 < V_e < V_M$ 这一分级范围内得以分离。

在排阻色谱中,溶质的大小是由分子的流体力学半径或溶质在流动相溶剂中的旋转半径所决定的,其有效尺寸由它的几何形状(如球形、无规缠绕线型或刚性棒形)、溶质分子间的缔合以及溶质与流动相溶剂的缔合所决定的。如用 V_S 表示色谱柱中凝胶的孔穴总体积,则排阻色谱中的保留值可通过分配系数来衡量:

$$K = \frac{V_R - V_0}{V_S} \tag{8.21}$$

K 值总是在 0(全排斥)和 1(全渗透)之间。

排阻色谱法因其分离机理特殊,故有本身特点。排阻色谱法的试样峰全部在溶剂的保留时间前出峰,故柱内峰展宽比其他分离方法小得多,所得峰较窄,便于检测。分离时间可以预测,分离时不存在其他色谱方法具有很强吸附力的问题,色谱柱也不存在失活的问题。其缺点在于峰容量有限,因仅在 $V_0 \sim V_M$ 内洗脱,故很难分离几十个化合物,排阻色谱不能用来分离分子大小相近的组分(分子量相差<10%的组分),如异构体等。排阻色谱常用于测定一些高聚物的分子量分布等。

8.3.7 高效液相色谱分离类型的选择

对试样进行分离、分析应采用何种类型高效液相色谱法,主要考虑试样的性质,如相对分子质量、化学结构、极性、溶解度参数等化学性质和物理性质,可参考图 8.4。

对于一些特殊试样,也可采用其他类型液相色谱,如异构体的分析可采用吸附色谱,也可采用利用手性固定相或含手性添加剂的流动相进行分离的色谱方法,常用的有键合手性固定相的 Pirkle 柱和环糊精、冠醚等手性添加剂。对于一些生物大分子,如蛋白、抗体等,亲和色谱选择性最高。亲和色谱是基于样品组分与固定在载体上的配基之间的亲和作用的差别实现分离。利用生物分子之间,如抗体与抗原、酶与抑制剂、激素和药物与细胞受体、维生素与结合蛋白等都具有专一的亲和力,可用亲和色谱来分离、纯化、制备这些生物分子。

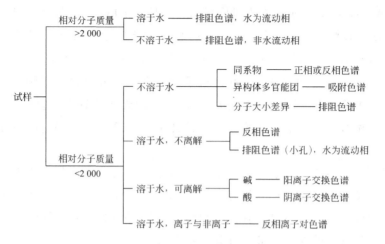

图 8.4　液相色谱分离类型选择

8.4　高效液相色谱仪

目前国内外高效液相色谱仪种类繁多。从仪器功能上可分为分析、制备、半制备、分析和制备兼用等形式，从仪器结构布局上可分为整体和模块组合两种类型。各种仪器的性能和结构各不相同，典型的高效液相色谱仪结构如图 8.5 所示，高压泵、色谱柱和检测器是其关键部件。

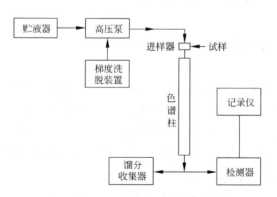

图 8.5　高效液相色谱仪结构示意图

8.4.1 高压泵

高效液相色谱利用高压泵输送流动相通过整个色谱系统。由于色谱柱很细(直径为1～6mm),填充剂粒度小(常用颗粒直径为 5～10μm),因此柱阻很大,要达到快速、高效的分离,必须有很高的柱前压力,才能获得高速的液流。高压泵应具备较高的输出压力,最大输出压力为 30 000～50 000kPa,输出流量精度要高,并有较大的调节范围,一般分析型仪器流量为 0.1～10mL/min,制备型为 50～100mL/min。流量要稳定,因为它不仅影响柱效,而且直接影响到峰面积的重现性、定量分析的精密度、保留值和分辨能力。高压泵输出压力要平稳无脉动。因压力不稳和脉动将使某些检测器的噪声加大,最小检测限变坏。

高压泵可分为恒压泵和恒流泵两类。恒压泵流量受柱阻影响,流量不稳定。恒流泵按结构不同,可分为螺旋泵和往复泵。往复泵又分为柱塞往复泵和隔膜往复泵。目前多用柱塞往复泵。柱塞往复泵类似具有单向阀的往复运动的小型注射器。其缸体内有一柱塞,向前运动,液体输出,流向色谱柱;向后运动,将贮瓶中的液体吸入缸体。前后往复运动,将流动相源源不断输送到色谱柱中。其优点是流量不受柱阻影响;改变柱塞移动距离及频率即可调节流量;死体积小,容易清洗及更换流动相,适用于梯度洗脱。缺点是输液有脉冲波动,虽然对紫外检测器影响不大,但对差示折光检测器等会产生基线噪音而影响检测灵敏度。为了消除输出脉冲,可用脉冲阻尼器或能对输出流量相互补偿的具有两个泵头的双头泵。

8.4.2 梯度洗脱装置

梯度洗脱(gradient elution)在液相色谱中所起的作用相当于气相色谱中的程序升温。所谓梯度洗脱,就是在一个分析周期中,按一定程序连续改变流动相中两种(或更多种)溶剂的组成(如溶剂的极性、离子强度、pH 值等)和配比,使各组分都在适宜的条件下获得分离。根据分离度的要求,样品组分的容量因子 k 值范围应控制在 1～10 之间。如果样品组分较少,性质差别不大,一般采用等度洗脱(溶剂组成保持恒定)即可使所有组分的 k 值都处于这个范围内。但对组分数目较多、性质相差较大的复杂混合物,采用等度洗脱的溶剂极性对一些组分不是太强就是太弱,致使弱保留组分很快流出,色谱峰虽尖但重叠在一起;强保留组分流出很慢,峰宽且矮平。此时采用梯度洗脱可提高各类组分的分离度,缩短分析时间,使峰形变窄,可提高最小检测量和定量分析精度,梯度洗脱缺点在于可能引起基线漂移,有时重现性较差,故需严格控制梯度洗脱实验条件。

梯度洗脱可分为高压梯度和低压梯度两类。高压梯度是利用两台高压泵将溶剂增压后输入梯度混合室,加以混合后送入色谱柱;低压梯度是在常压下先将溶剂按程序混合后,再用泵增压送入色谱柱。目前多采用低压梯度。

8.4.3 进样装置

进样方式对柱效和重现性有很大影响。好的进样装置应满足:样品被"浓缩"瞬时注入到色谱柱柱头中心成一小"点",重现性好,可在高压下操作,使用方便。常用的进样装置有以下两种:

1. 注射器进样

进样方式同气相色谱,试样用微量注射器穿过密封的弹性隔膜注入柱子。缺点是只能在低压或停流状态使用,易漏液且重现性差。

2. 六通进样阀

六通进样阀(图 8.6)可直接向压力系统内进样而不必停止流动相的流动。当六通阀处于进样位置时,样品用注射器注射入贮样管。转至进柱位置时,贮样管内样品被流动相带入色谱柱。进样体积由贮样管体积严格控制,进样准确,重现性好。如有大量样品需作常规分析,则可采用自动进样器实现全自动控制。高档仪器都采用六通进样阀。

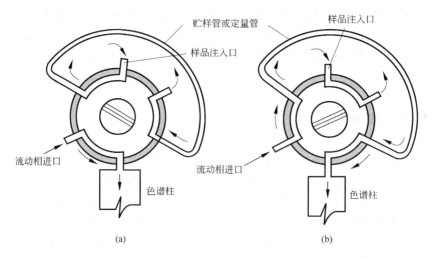

图 8.6 六通阀进样示意图
(a) 进样位置(样品进入定量管) (b) 进柱位置(样品导入色谱柱)

8.4.4 色谱柱

色谱柱由柱管与固定相组成。柱管通常为不锈钢,微柱液相色谱所用色谱柱也可用熔融石英毛细管作为柱管。色谱柱按规格可分为分析型和制备型两类。分析型柱可分为：常量柱，内直径为 2～4.6mm，柱长 10～30cm；半微量柱，内直径 1～1.5mm，柱长 10～20cm；毛细管柱，内直径 0.05～1mm，柱长 3～10cm。实验室制备型柱的内径为 20～40mm，柱长 10～30cm。

色谱柱的柱效主要取决于柱填料（固定相）的性能和装柱技术。减少填料颗粒直径（如 1.5～3μm），可提高柱效，缩短柱长，加快分析速度。液相色谱柱的装柱技术通常分为干法、半干法和湿法 3 类。干法适用于颗粒直径大于 20μm 的填料，将柱的出口装好筛板，上端与漏斗连接，填料分次小量倒入柱中，柱管内径为 2mm 时，每次倒入量应小于 0.5mL。倒入后，即在靠近填料表面柱壁处敲打、撞实。装完后继续撞实至紧密。也可在柱出口边抽气、边填充，或装实后用高压泵打入流动相，以较高流速运转 10min 以上。

半干法适用于颗粒直径在 10～20μm 或大于 20μm 的荷电颗粒。将填料用适量溶剂湿润至不结块为度。因溶剂存在于孔隙中，使填料密度增加，也不荷电，再按干法填充。

湿法也称匀浆法，适用于直径小于 20μm 的填料，常用等比重匀浆法。即选择大于填料密度和小于填料密度的两种溶剂，通过适当配比制成与填料密度相同的混合溶剂，将填料加入混合溶剂中在超声波下处理成稳定的匀浆。用高压泵将顶替液打入匀浆罐，把匀浆顶入色谱柱中，可制成均匀、紧密填充的高效柱。色谱柱填好后，输入流动相，基线平直后，检查柱效。用典型样品及适宜流动相，测定理论塔板数及分离度。测定方法按各厂家规定的方法进行，便于柱效比较。

连接在进样器和色谱柱之间的短柱称为预柱或保护柱，可以防止来自流动相和样品中不溶性微粒堵塞色谱柱。一般柱长为 30～50mm，柱内装有填料和孔径为 0.2μm 的过滤片。预柱可提高色谱柱使用寿命和不使柱效下降，缺点在于增加峰的保留时间，会降低保留值较小组分的分离效率。

8.4.5 检测器

理想的检测器应具有灵敏度高、响应快、重现性好、线性范围宽、适用范围广、死体积小、对流动相流量和温度波动不敏感等特性。现简要介绍几种常用检测器的基本原理及特性。

8.4.5.1 紫外光度检测器

紫外光度检测器（ultraviolet photometric detector）是 HPLC 应用最广的检测器，可分为固定波长、可变波长和光电二极管阵列 3 类检测器。

1. 固定波长检测器

图 8.7 为双光路紫外光度检测器光路图。从低压汞灯发出的光束经透镜和遮光板变

成两束平行光束,分别通过测量池和参比池,经滤光片滤掉非单色光,照射到构成惠斯顿电桥的两个紫外光敏电阻上,根据输出信号差可检测被测试样的浓度。检测池的设计应以减少死体积和光散射等为目标。池体积通常为 $5\sim10\mu L$,光路长 $5\sim10mm$,结构有 Z 型(图 8.8)和 H 型(图 8.7),检测波长一般为 254nm,也有 280 和 315nm 的。

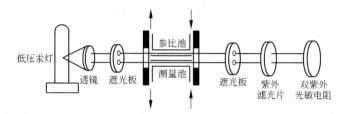

图 8.7 紫外光度检测器光路图

2. 可变波长检测器

实质为一装有流通池的紫外-可见分光光度计。波长可任意选择,采用样品最大吸收波长为检测波长,可增加灵敏度。

3. 光电二极管阵列检测器

光电二极管阵列检测器(photo-diode array detector,PDAD)由光源发出的紫外或可见光通过检测池,所得组分特征吸收的全部波长经光栅分光、聚焦到阵列上同时被检测(图 8.8),计算机快速采集数据,便得到三维色谱——光谱图,即每一个峰的在线(on line)紫外光谱图。如采用 512 个光电二极管阵列,对应于波长范围 $190\sim800nm$,平均 1.2nm 对应一个光电二极管;如果采用 1 024 个光电二极管,则分辨率能进一步提高。三维时间-色谱-光谱图包含大量信息,不但可根据色谱保留规律和光谱特征吸收曲线综合进行定性分析,还可根据每个色谱峰的多点实时吸收光谱图,用化学计量学方法来判别色谱峰的纯度及分离状况。

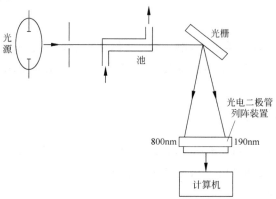

图 8.8 光电二极管阵列检测器光路示意图

紫外检测器的灵敏度高,主要用于具有 π-π 或 p-π 共轭结构的化合物。对温度和流速不敏感,可用于梯度洗脱,结构简单,属浓度型检测器,精密度及线性范围较好。缺点是不适用于对紫外光无吸收的样品,流动相选择有限制(流动相的截止波长必须小于检测波长)。

8.4.5.2 荧光检测器

在紫外光的激发下能发荧光的化合物或能用柱前或柱后衍生法制成荧光衍生物的物质均可进行荧光检测。在现有 HPLC 检测器中荧光检测器(fluorescence detector)的灵敏度最高,一般要比紫外检测器的灵敏度高 2 个数量级,选择性也好。其结构见图 8.9。由卤钨灯发出的光通过激发光滤光片(样品的最佳激发波长一般相当于其最大吸收波长)聚集在流通池上,与激发光成 90°方向发射的荧光,由一个半球面透镜收集,通过发射滤光片(样品荧光光谱中峰强度最大的波长,需避开溶剂的拉曼光与瑞利光的波长)聚焦到光电倍增管上进行检测。

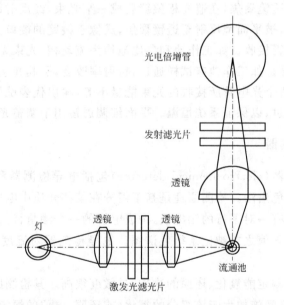

图 8.9　直角型滤色片荧光检测器光路图

8.4.5.3 示差折光检测器

示差折光检测器(differential refractive index detector)是浓度型检测器,在适当的条件下对所有的溶质都有响应,应用范围宽,但对温度和流速极敏感,故检测池要恒温,灵敏度较低,不适用于梯度洗脱。

示差折光检测器利用组分与流动相的折射率之差,进行检测,其检测原理可分为反射式和偏转式两类。偏转式示差折光检测器见图8.10。

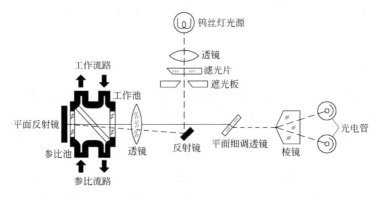

图8.10　偏转式示差折光检测器光路图

光源发出的光经透镜聚焦,在遮光板狭缝后成一窄光束,经反射镜反射,由透镜聚焦,穿过工作池和参比池,被平面镜反射至透镜聚焦,成像于棱镜的棱口上,分解成两束光,由左右对称的两个光电管接收。如工作池和参比池均为流动相,光束无偏转,左右光电管信号相同,输出基线信号。如工作池有试样通过,折射率改变,引起光速偏移,使到达棱镜的光束偏离棱口,左右两个光电管所接收的光束能量不等,输出代表试样浓度的色谱图。滤光片能阻止红外光通过,以保证系统恒温。平面细调透镜用于调整光路系统的不平衡。

8.4.5.4　电化学检测器

常用电化学检测器(electrochemical detector)包括电导检测器和安培检测器。电导检测器主要用于离子色谱法。检测原理是基于组分在某些介质中电离后电导的变化来测定其含量。检测池内有一对平行的铂电极,构成电桥的一个测量臂。当电离组分通过时,其电导值和流动相电导值之差被记录得色谱图。电导检测器对温度和流速敏感,不能用于梯度洗脱。

安培检测器用于测定能氧化、还原的物质,灵敏度很高。其检测原理是基于组分通过电极表面时,当两电极间施加大于该组分的氧化(或还原)电位的恒定电压时,组分被电解而产生电流,服从法拉第定律,记录得色谱图。检测池相当于一个微型电解池。

8.4.5.5　化学发光检测器

化学发光检测器(chemiluminescence detector)的结构见图8.11。

流出色谱柱的流动相与发光试剂混合,产生化学发光反应,在检测池内用光电倍增管检测和组分浓度成正比的发光强度,记录得色谱图。化学发光检测器不需要光源,结构简

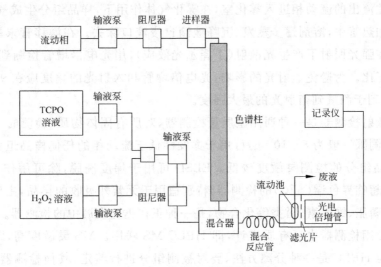

图 8.11 化学发光检测系统

单,灵敏度高,最小检测量可达 pg 级。有多种化学发光试剂可用,如鲁米诺、荧光素酶、TCPO、DNOP 等。使用化学发光检测器需要注意输送化学发光试剂的流量恒定和色谱柱流出的流动相混合均匀。

8.4.5.6 蒸发光散射检测器

蒸发光散射检测器(evaporative light scattering detector,ELSD)的结构见图 8.12。

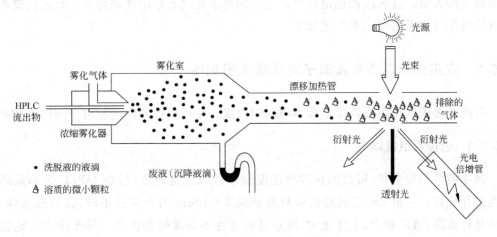

图 8.12 蒸发光散射检测器示意图

从色谱柱流出的流动相进入雾化室,在雾化气体作用下,样品组分生成气溶胶。在雾化室和漂移加热管中,溶剂逐步蒸发、沉降液滴自废液口除去。在漂移管末端,只含溶质的微小颗粒在强光照射下产生光散射(丁铎尔光效应),用光电倍增管检测到的散射光与组分的量成正比。为避免透射光的影响,光电倍增管和入射光的角度应在 $90°\sim160°$,一般选 $120°$,以利于测量到衍射光的最大强度。

蒸发光散射检测器是一种通用型质量检测器,对所有固体物质(检测时)均有几乎相等的响应,检测限一般为 $8\sim10$ ng,可用于挥发性低于流动相的任何样品组分,但对有紫外吸收的样品组分的检测灵敏度较低。ELSD 可用于梯度洗脱,除可用作 HPLC 检测器,还可用作超临界色谱(SFC)的检测器,特别适用于无紫外吸收的样品,主要用于糖类、高级脂肪酸、磷脂、维生素、甾类等化合物,是一种正在迅速发展中的检测器。

HPLC 常用检测器中还有质谱计,即 HPLC-MS 联用。MS 灵敏度高,既可定量,也可鉴定。因为 HPLC 是一种分离方法,要对被测组分进行鉴定,其他检测器均要靠标准品对照,而 MS 可用来进行鉴定。HPLC-MS 是复杂基质中痕量分析的首选方法,但价格太高,操作复杂,不易推广。

8.5 高效液相色谱固定相

色谱柱是高效液相色谱的心脏,其中的固定相及填充技术是保证色谱柱的高柱效和高分离度的关键。高效液相色谱法对固定相的要求比气相色谱法高得多。现将高效液相色谱法各类分离所用固定相分述如下。

8.5.1 液液分配色谱法及离子对色谱法固定相

分配色谱固定相由固定液与载体(担体)构成。常用担体和固定相可分为以下几类。

8.5.1.1 全多孔型担体

减小填料颗粒直径,可以加快传质速度和改善峰展宽现象,目前 HPLC 大都采用球形全多孔硅胶。它由 nm 级的硅胶微粒堆聚成 $3\sim10\mu m$ 的全多孔小球,表面孔径均一,优点是柱效高,表面积大,上样量大,缺点是透过性不如薄壳型担体。球形全多孔硅胶国内产品型号为 YQG,进口产品有 Zorbox、Lichrospher 等。

8.5.1.2 薄壳型微珠担体

又称表层多孔型担体,它由直径为 $3\sim 5\mu m$ 的实心玻璃微珠,表面包覆一层 $1\sim 2\mu m$ 的多孔材料(如硅胶、氧化铝、聚酰胺或离子交换树脂),因此提高了承受高压的机械强度和填充的均匀性。由于固定相仅是表面很薄的一层,因此传质速度快。国内产品代号为 YBK,国外常见型号为 Corasil,Zipax 等。薄壳型微珠担体的优点是透过性好,传质快,缺点是比表面积小,上样量低,柱效比全多孔微粒担体低。

8.5.1.3 无定形全多孔硅胶

虽为无定形,但近似球形,粒径一般为 $5\sim 10\mu m$,价格便宜,柱效高,载样量大,可作为分析型与制备型柱的固定相,也可作为载体使用。缺点在于涡流扩散项大,柱渗透性差。国内产品代号为 YWG,国外产品有 Lichrosorb,Zorbax-sil 等。

8.5.1.4 化学键合固定相

如将固定液采用物理涂布方式在载体表面形成固定相,因使用时固定液易流失,造成柱效、分离度和重现性均变坏,已基本淘汰。目前均采取化学反应方式将固定液的官能团键合在载体表面,形成化学键合固定相(chemical bonded phase)。键合固定相表面的官能团一般多是单分子层,化学键合相并非只是分配作用,也有一定的吸附作用(视键合覆盖率等因素而定)。其优点是:无固定液流失,增加了色谱柱的重现性和寿命;化学性能稳定,可在 pH $2\sim 7.5$ 范围使用;传质过程快,柱效高;载样量大;适于作梯度洗脱。

按固定液(基团)与载体(硅胶表面 $\equiv$Si—OH 基团)相结合的化学键类型可分为硅氧碳键型($\equiv$Si—O—C)、硅氧硅碳键型($\equiv$Si—O—Si—C)、硅氮键型($\equiv$Si—N)和硅碳键型($\equiv$Si—C)4 种类型。Si—O—C 键型是硅胶与醇类反应产物,因易发生水解或与酯发生交换反应而损坏,现已淘汰。Si—C 键型是硅胶与卤代烷反应的产物,虽稳定性好,但制备困难。Si—N 键型是硅胶与胺类反应产物,稳定性比 Si—O—C 键型好,但不如 Si—O—Si—C 键型。Si—O—Si—C 键型稳定性好,容易制备,是目前应用最广的键合相。如应用最广的十八烷基键合相(ODS 或 C_{18})由十八烷基氯硅烷试剂与硅胶表面硅醇基,经多步反应脱 HCl 生成 ODS 键合相,反应如下:

$$\equiv Si-OH + Cl-\underset{R_2}{\overset{R_1}{\underset{|}{\overset{|}{Si}}}}-C_{18}H_{37} \longrightarrow \equiv Si-O-\underset{R_2}{\overset{R_1}{\underset{|}{\overset{|}{Si}}}}-C_{18}H_{37} + HCl$$

Si—O—Si—C 键型键合相按极性可分为非极性、中等极性与极性 3 类,用途见表 8.1。

表 8.1 化学键合相分类

键合相极性	键合基团	试样极性	流动相	色谱类型	常用型号
非极性	—C_{18}	低极性	甲醇-水、乙腈-水	反相	YWG-C_{18}
		中等极性	甲醇-水、乙腈-水	反相	YQG-C_{18}
		高极性	水、甲醇、乙腈	反相离子对	Nucleosil C_{18}
	—C_8	中等极性	甲醇-水、乙腈-水	反相	YWG-C_8
		高极性	甲醇、乙腈、水	反相	Zorbox-C_8
中等极性	醚基	低极性	甲醇-水、乙腈-水	反相	YWG-ROR′
		高极性	正己烷	正相	Permaphase-ETH
极性	—NH_2	中等极性	异丙醇	正相	YWG-NH_2
					Nucleosil-NH_2
	—CN	中等极性	乙腈、正己烷	正相	YWG-CN
		中等极性	甲醇-水	反相	YQG-CN
		高极性	水、缓冲溶液	反相	Nucleosil-CN
其他	—SO_3^-	高极性	水、缓冲溶液	阳离子交换	YWG-SO_3H
	—NR_3^+	高极性	磷酸缓冲液	阴离子交换	YWGR_3NCl

8.5.2 液固吸附色谱法固定相

液固吸附色谱法固定相所用吸附剂有硅胶、氧化铝、高分子多孔微球及分子筛和聚酰胺等,仍可分为无定形全多孔、球形全多孔和薄壳型微珠等类型,特点如前所述。目前较常使用的是粒径为 $3\sim10\mu m$ 的硅胶微粒(全多孔型)。

高分子多孔微球常用苯乙烯和二乙烯苯交联而成的球形填料。国产品代号 YSG,进口产品如日立 3010 胶等。其表面为芳烃官能团,流动相为极性溶剂,相当于反相色谱,选择性较好,但柱效低。

液固吸附色谱中控制保留值和选择性的重要因素为吸附剂的比表面积和表面活性,如吸附剂硅胶表面的硅羟基的类型、分布和活性决定了吸附剂的吸附能力(表面活性)。硅胶吸附性能还与其表面吸附水有关,表面吸附水越多,活性越低。采用控制表面吸附水的量来调节吸附剂活性的方法称为吸附剂的去活化作用。吸附剂的比表面积则和其孔径和孔容有关。

8.5.3 离子交换色谱法固定相

早期离子交换色谱采用离子交换树脂作固定相，因其不耐压，具有膨胀性，现已不用。采用离子型键合相，将离子交换基团键合在担体表面，按担体不同可分为两种类型：薄壳型玻珠和全多孔微粒硅胶；按键合离子交换基团，可分为阳离子键合相（强酸性和弱酸性）和阴离子键合相（强碱性和弱碱性）。由于强酸性（如磺酸型—SO_3H）和强碱性（季胺盐型—NR_3Cl）离子交换键合相比较稳定，pH 适用范围宽，故应用较多。

薄壳型离子交换键合相柱效及载样量均较小，全多孔微粒硅胶键合相柱效高，载样量大，但在 pH>9 的流动相中，硅胶易溶解，故适用 pH 范围应小于 8。常用国产离子交换键合相有 YWG-SO_3H、YSG-SO_3Na、YWG-R_3NCl 和 YSG-R_3NCl；进口产品有 Zipax-SAX（薄壳强阴离子键合相）、Zipax-SCX（薄壳强阳离子键合相）和 Lichrosorb Si 100 SCX（全多孔无定型强阳离子键合相）等。

8.5.4 排阻色谱法固定相

排阻色谱法固定相为具有一定孔径范围的多孔性凝胶。所谓凝胶是含有大量液体（一般是水）的柔软而富于弹性的物质，是一种经过交联而具有立体网状结构的多聚体。按其原料来源可分为有机胶和无机胶；按制备方法可分为均匀、半均匀和非均匀三种凝胶；按强度可分为软胶、半硬胶和硬胶 3 大类；按对溶剂适用范围可分为亲水性、亲油性和两性凝胶等。

8.5.4.1 软质凝胶

常用葡聚糖凝胶、琼脂糖凝胶、聚丙烯酰胺凝胶等，用水为流动相。葡凝糖凝胶由葡聚糖的碱性水溶液与环氧氯丙烷反应，生成由甘油基链桥交联的多孔网状结构，孔径大小由交联剂的多少来控制。交联度大的凝胶孔隙小，吸水少，适用于相对分子质量小的物质分离。常用有 sephadex G 凝胶。聚丙烯酰胺凝胶由丙烯酰胺和 NN′-甲叉双丙烯酰胺（交联剂）共聚而成，按其不同单体比例，可制成不同交联度的凝胶，也就具有不同的溶胀度和孔径，用于不同相对分子质量物质的分离，常用的是 Bio-Gel 凝胶。

软质凝胶在压强 100kPa 左右即被压坏，故只能用于常压排阻色谱法。

8.5.4.2 半硬质凝胶

常用由苯乙烯和二乙烯苯共聚交联而成，颗粒直径约 $10\mu m$，表面是非极性的，适用于以非极性有机溶剂为流动相的凝胶渗透色谱。其优点是具有可压缩性，柱效高，能耐较高的压力；缺点是醇类、丙酮等极性溶剂对其有溶胀效应，不宜使用。交联聚苯乙烯凝胶具有很宽的分离范围，对于低分子量的溶质（相对分子质量小于 1 万）和高分子量的溶质（相对分子质量大于 200 万以上）均具有良好的分离能力。国产有 NGX 产品。

8.5.4.3 硬质凝胶

硬质凝胶主要为无机材料，如多孔硅胶、多孔玻珠等。其优点是在有机溶剂中不溶胀，化学稳定性、机械强度好，可在较高流速下操作，溶剂互换性好；缺点是柱效较低，一般为有机胶的 1/3～1/4。常用的有 NDG 多孔硅胶和 Bio-Glas 多孔玻珠等产品。

凝胶的主要参数是平均孔径和分子质量排阻极限（即无法进入凝胶所有孔径，而被排阻的相对分子质量极限）。每种商品填料都给出了此值。但须注意，分子质量排阻极限和分子量范围等参数，均是用一定物质的标准样品测得，在测其他样品时，可参考凝胶的平均孔径，使样品的平均分子尺寸略小于凝胶的平均孔径，或结合分子量范围，采用尝试法来选择适宜的凝胶柱。

8.5.5 手性固定相

手性对映体的拆分是分离科学一大难题，很多药物均有手性对映体存在，其药效、代谢途径及毒副作用与其分子的立体构型有密切关系，常常是一种对映异构体有效，另一种无效或有毒副作用。如 5-乙基-5-(1,3-二甲-丁基)巴比妥盐，其 S-(—)异构体是催眠镇痛药，而 R-(＋)异构体却是惊厥剂，两种异构体药效完全相反。故许多手性药物需要拆分。采用手性固定相(chiral stationary phase, CSP)具有高效、快速、简便和适用性广等优点而成为分离对映体最有效的方法。常用手性固定相有以下几种。

8.5.5.1 π-氢键型键合相

此种固定相是将具有光学活性的有机化合物键合到硅胶载体而成。常用的为 Pirkle 手性固定相，如把(R)-N-(3,5-二硝基苯甲酰)苯甘酸键合在具有丙氨基的硅胶载体上构成。手性固定相与样品分子间作用力有氢键、偶极作用、π-π 作用、疏水作用和空间位阻排斥等，其与对映异构体间相对作用力的强弱将引起对映异构体保留时间差异而得以分离。Pirkle 型手性固定相可拆分氨基酸、芳胺、芳酸及芳杂环等化合物的对映体。

8.5.5.2 环糊精

环糊精(cyclodextrin, CD)是由 6～12 个 D-(＋)-吡喃葡萄糖经 α-(1,4)苷键连接成大环低聚糖，其中含 6,7,8 个葡萄糖的 CD 分别称为 α-、β-、γ-CD，以 β-CD 应用最广。将

CD通过不水解的硅烷链连接在硅胶上即构成环糊精手性固定相。环糊精分子为中空的去顶锥形圆筒状结构,构成一个洞穴,孔径由CD环的大小所决定。洞穴边缘有羟基呈亲水性,洞穴内有缩醛氧原子呈疏水性。被拆分的对映体进入环糊精洞穴,并和洞穴边缘亲水基团发生作用,依据形成包络物能力大小的不同而得以分离。通过将CD烷基化或乙酰化等改性而成一系列选择性不同的CD衍生物的研究发展迅速。环糊精固定相在分离氨基酸、生物碱类对映体和立体异构体,如顺反异构、差向异构及结构异构体等方面获得了良好的分离效果。

8.5.5.3 其他

鉴于手性拆分的复杂性,迄今为止,没有一种手性固定相可解决所有对映体的分离。除上述两类手性固定相外,还有采用配体交换分离机制的配体交换固定相、蛋白质键合相、冠醚固定相等,如将牛血清蛋白(BSA)键合到硅胶载体上制成的手性固定相,可分离氨基酸及其衍生物以及芳香砜类、香豆素类衍生物的光学异构体。冠醚类同CD,也是具有一定大小空腔的大环聚醚化合物,呈王冠状结构,现已发展出很多冠醚衍生物,具有不同的选择性。

将上述手性拆分剂不连接到硅胶载体,而直接加入流动相进行分离对映体的方法称为手性流动相添加剂法,也是一类常用方法。如环糊精作为手性添加剂加入流动相,其分离机制与环糊精作手性固定相相同,但保留行为正好相反,即异构体越是能紧密进入环糊精的洞穴,则跟随流动相出柱越快,保留时间越短。

8.6 高效液相色谱流动相

在气相色谱中,流动相载气起输送样品的作用,主要是通过选择固定相来提高选择性和改善分离效果。在液相色谱中,固定相和流动相均可改变。当固定相选定时,流动相对分离的影响有时比固定相还要大,而且可供选用的流动相的范围也宽。

8.6.1 流动相选择的一般方法

8.6.1.1 流动相的一般要求

选择流动相,首先要考虑溶剂的理化性质,应满足以下要求:
1. 对样品有一定的溶解度,否则,在柱头易产生部分沉淀。
2. 适用于所选用的检测器,如对UV检测器,不能用对紫外光有吸收的溶剂。

3. 化学惰性好。如液液色谱中流动相不能与固定相互溶,否则,会造成固定相流失。液固色谱中,硅胶吸附剂不能用碱性溶剂(如胺类);氧化铝吸附剂不能用酸性溶剂。

4. 低黏度。黏度太大会降低样品组分的扩散系数,造成传质减慢,柱效下降,同时,也会引起柱压升高。

5. 纯度要高。一般宜采用专门的色谱纯试剂。如果不纯,会引起检测器噪声增加,基线出现较多杂质小峰,干扰定性和定量。

6. 使用安全,毒性低,对环境友好。

8.6.1.2 流动相对分离度的影响

分离度的影响因素可用色谱分离基本方程式(7.25)说明:

$$R = \frac{\sqrt{n}}{4}\left(\frac{\alpha-1}{\alpha}\right)\left(\frac{k}{1+k}\right)$$
$$\quad\text{(a)}\quad\quad\text{(b)}\quad\quad\text{(c)}$$

其中(a)为柱效项,影响色谱峰的宽度,主要由色谱柱的性能所决定;(b)为柱选择性项,影响色谱峰间距离;(c)为容量因子项,影响组分的保留时间。提高分离度有效的途径是在高效色谱柱上,通过改变 α 和 k 值来改善 R 值。流动相的种类和配比、pH 值及添加剂均影响溶质的 k 值和 α 值。一般,样品组分的 k 在 1~10 范围内,以 2~5 最佳。对复杂混合物,k 值可扩展至 0.5~20。k 值过大,不但分析时间延长,而且使峰形平坦,影响分离度和检测灵敏度。大多数分离工作可在选定样品 k 值处于 1~5 的流动相后,再经柱效最佳化完成。但对某些两个或多个色谱峰严重重叠时,须通过改变 α 值,即流动相的选择性来解决。

8.6.2 液液分配色谱流动相

液液分配色谱中,样品组分的 k 值主要受溶剂的极性(强度)的影响。如在正相色谱中,先选中等极性的溶剂作流动相,若组分的保留时间太短,表示溶剂的极性太大,改用极性较弱的溶剂,若保留时间又太长,则可选极性在上述两种溶剂之间的溶剂再进行试验,以选定最适宜的溶剂。在保持溶剂极性(强度)不变的条件下,改变流动相的种类,可通过改变其选择性来改变 α 值。

8.6.2.1 溶剂的极性(强度)

溶剂极性的表述方法有很多,最常用的是溶剂极性参数 P',一些溶剂的 P' 值见表 8.2,其中水的极性最大。

表 8.2 常用溶剂的极性参数 P' 与选择性分组

溶剂	P'	选择性分组	溶剂强度 ε^0	溶剂	P'	选择性分组	溶剂强度 ε^0
正戊烷	0.0			四氢呋喃	4.0	Ⅲ	0.35
正己烷	0.1		0.00	氯仿	4.1	Ⅷ	0.26
1-氯丁烷	1.0	Ⅵ		乙醇	4.3	Ⅱ	
四氯化碳	1.6		0.11	乙酸乙酯	4.4	Ⅵ	0.38
甲苯	2.4	Ⅶ		甲乙酮	4.7	Ⅵ	
苯	2.7	Ⅶ		丙酮	5.1	Ⅳ	
异丙醚	2.4	Ⅰ		甲醇	5.1	Ⅱ	0.73
乙醚	2.8	Ⅰ	0.38	乙腈	5.8	Ⅵ	0.50
二氯甲烷	3.1	Ⅴ	0.32	乙酸	6.0	Ⅳ	20.73
异丙醇	3.9	Ⅱ	0.63	甲酰胺	9.6	Ⅳ	
正丙醇	4.0	Ⅱ		水	10.2	Ⅷ	20.73

混合溶剂的 P'_{AB} 值可由下式计算

$$P'_{AB} = \varphi_A P'_A + \varphi_B P'_B \tag{8.22}$$

式中,φ_A,φ_B 分别为混合溶剂中 A 和 B 的体积百分数,P'_A 和 P'_B 是纯溶剂 A 和 B 的极性参数。

调节溶剂极性可使样品组分的 k 值在适宜范围。对正相色谱,二元溶剂的极性参数和组分 k 值有如下关系:

$$\frac{k_2}{k_1} = 10^{(P'_1 - P'_2)/2} \tag{8.23}$$

对反相色谱则为

$$\frac{k_2}{k_1} = 10^{(P'_2 - P'_1)/2} \tag{8.24}$$

式中,P'_1 和 P'_2 分别为初始和调整后二元溶剂的极性参数;k_1 和 k_2 则为组分相应的容量因子。

例 在一反相色谱柱上,当流动相为 30%甲醇和 70%水(体积比)时,某组分的保留时间为 25.6 min,死时间为 0.35 min。如何调整溶剂配比使组分容量因子为 5?

解:初始值 $\quad k_1 = \dfrac{25.6 - 0.35}{0.35} = 72.1$

$$P'_1 = 0.30 \times 5.1 + 0.70 \times 10.2 = 8.7$$

按式(8.24)

$$\frac{5}{72.1} = 10^{(P'_2 - 8.7)/2}$$

$$-1.16 = \frac{P'_2 - 8.7}{2}$$

$$P_2' = 6.38$$

接式(8.22)

$$6.38 = \varphi \times 5.1 + (1-X)10.2$$
$$\varphi = 0.75$$

即调整溶剂比例为75%甲醇和25%水,即可使该组分的k值为5。

8.6.2.2 溶剂的选择性

当二组分色谱峰相互重叠时,可在保持极性不变的情况下,通过改变溶剂种类来改善其选择性。Synder将溶剂和样品分子间的作用力作为溶剂选择性分类的依据,并将溶剂选择性参数分为3类:溶剂接受质子、给予质子和偶极作用的能力,根据此3类选择性参数(接受质子的能力X_e、给予质子X_d和偶极作用的能力X_n),将81种溶剂的X_e,X_d,X_n值作成三角坐标图(图8.13),按具有相似选择性原则可分为8组溶剂。如Ⅰ组溶剂的X_e较大,属于质子受体溶剂,如脂肪醚(参见表8.2);Ⅴ组溶剂的X_n较大,属偶极作用力溶剂,以二氯甲烷为代表;Ⅷ组溶剂的X_d值较大,属质子给予体溶剂,以氯仿为代表。同一组溶剂在分离中具有相似的选择性,不同组别的溶剂,其选择性差别较大。采用不同组别的溶剂,可显著改变溶剂的选择性。

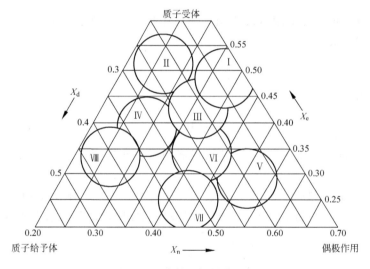

图8.13 溶剂选择性分组图

8.6.2.3 正相色谱流动相的选择

正相色谱的固定相是极性的,故增加溶剂的P'值,可增加洗脱能力,使组分k值下降。选择合适P'值的溶剂,使样品k值在1~10范围内,通常在饱和烷烃,如正己烷中加入极性溶剂,调节极性溶剂的比例使 P' 能达到理想的 k 值。若分离选择性不好,则改用其他组别的溶剂来改善选择性。若二元溶剂不行,还可考虑使用三元或四元溶剂体系。

8.6.2.4 反相色谱流动相的选择

反相色谱固定相是非极性的,所以溶剂的极性增加,洗脱能力增加,样品的 k 值增加。一般以水和甲醇或乙腈组成二元溶剂,已能满足多数分离要求。有时也可加入适当的酸或碱来控制流动相的 pH,以防止出现不对称色谱峰。反相色谱常采用梯度洗脱,使每个组分都在适宜条件下获得分离。

8.6.3 液固吸附色谱流动相

对于常用硅胶作吸附剂的液固吸附色谱,改变溶剂即可得到适宜的 k 值和选择性。

8.6.3.1 溶剂强度

Synder 用溶剂强度参数 ε^0 来定量表示溶剂强度,即其洗脱能力。以硅胶为吸附剂时一些溶剂的 ε^0 值参见表 8.2。如果选用初始溶剂太强,使样品组分 k 值过小,则可由表中选 ε^0 值较小的溶剂来替代;反之,若样品组分 k 值太大,则选 ε^0 大的溶剂。

通常吸附色谱使用二元混合溶剂作流动相,可使溶剂强度随其组成连续改变,而且保持溶剂的低粘度。二元混合溶剂的强度 ε^0 与强溶剂的体积百分比不呈线性变化,而是百分比越大,ε^0 值增加越缓慢。具体确定可参考有关文献。

8.6.3.2 溶剂的选择性

吸附色谱中,样品的 α 值的改变可在等溶剂强度(ε^0 不变)下,用不同性质的溶剂替换强溶剂来试验,找到最适宜的流动相。选择不同溶剂时,除考虑 ε^0 值外,还应考虑试样分子与溶剂分子间的氢键作用等因素。

因吸附色谱分离机制和薄层色谱相同,可以薄层色谱作先导试验来确定液固色谱的最优分离条件。

8.6.4 离子交换色谱流动相

离子交换色谱流动相常用含盐的水溶液(缓冲溶液),有时加入适量的有机溶剂如甲醇、乙腈等,以增加某些组分的溶解度。溶剂强度和选择性与盐的类型、浓度、pH 值以及加入的有机溶剂的种类和浓度有关。

8.6.4.1 盐的类型

由于流动相离子与离子交换树脂相互作用力的不同,盐的类型对样品组分的保留值有显著的影响。在阴离子交换中,各种阴离子的滞留次序为:柠檬酸根离子＞SO_4^{2-}＞草酸根离子＞I^-＞NO_3^-＞CrO_4^{2-}＞Br^-＞SCN^-＞Cl^-＞$HCOO^-$＞CH_3COO^-＞OH^-＞F^-,即离子交换树脂与柠檬酸根离子结合很强,而与氟离子结合很弱,所以样品组分用柠檬酸根离子洗脱要比用氟离子洗脱快得多;在阳离子交换中,阳离子的滞留次序为 Ba^{2+}＞Pb^{2+}＞Ca^{2+}＞Ni^{2+}＞Cd^{2+}＞Co^{2+}＞Zn^{2+}＞Mg^{2+}＞Ag^+＞Cs^+＞Rb^+＞K^+＞NH_4^+＞Na^+＞H^+＞Li^+,但差别较小,故样品组分随不同阳离子洗脱而引起保留值的变化较小。

8.6.4.2 流动相的离子强度

增加流动相中盐的浓度,即增加其离子强度会增加溶剂强度,降低组分的保留值和 k 值。

8.6.4.3 流动相的 pH 值

离子交换色谱中的样品保留也可通过改变流动相的 pH 值加以控制。阴离子交换中,流动相的 pH 增大,使样品保留值增大;而在阳离子交换中,保留值随 pH 的增大而减小。pH 值在分离中所起主要作用是影响样品组分的电离情况和改变离子交换基上可离解的阴离子或阳离子的数目。流动相 pH 值变化也能改变分离的选择性,但其变化较难预测。样品的保留值一般随着所加入的有机溶剂的增加而减小。

8.6.5 空间排阻色谱流动相

排阻色谱和其他方法不同之处是,不用采取改变流动相组成的方法来控制分离度。故选择流动相仅需考虑能很好溶解样品,粘度要低(有利于提高 n 值),要与柱填料匹配。为减少样品和填料表面之间的相互作用(除了排阻色谱保留作用之外),如填料吸附作用和离子交换作用等,可采用控制流动相的 pH 值和离子强度来解决。

流动相的选择应使样品中所有组分均出峰或尽可能多;各组分间达到满意的分离度;分析时间尽可能短。因此可选择适宜的色谱分离优化目标函数,通过一些最优化方法(如单纯形法等)来确定最佳分离条件。对一些复杂样品可采用梯度洗脱方式,使样品中各组分间达到最大分离度和灵敏度。

8.7 制备液相色谱

制备液相色谱(preparative liquid chromatography)是用大直径柱来分离、制备大量纯组分的一种技术。因其分离条件温和,能从复杂混合物中高度分离制备大量纯物质,故发展尤为迅速。特别是在标准品制备、制药工业和生物制品纯化等方面得到大量应用,并已达到工业制备的规模。本节讨论制备液相色谱和分析型色谱的不同和如何实现色谱制备。

8.7.1 制备液相色谱和分析型液相色谱的差异

色谱分离的3个主要指标(分离度、分离速度和柱容量)是相互关联的。分析型色谱强调分离度和分离速度,故进样量应大大小于柱容量。制备色谱需要大量纯组分,故强调柱容量而牺牲速度和分离度。进样量和柱效等关系见图8.14。

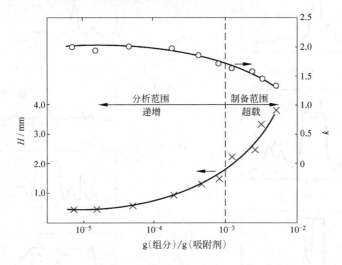

图 8.14 分析和制备液相色谱中进样量的影响

色谱柱:含有水10%(质量分数)的35~75μm Porasil-A(全多孔硅胶),50cm×10.9cm;
流动相:氯仿(50%水饱和);试样:二乙酮的氯仿溶液

图8.14是液固吸附色谱的情况,上面曲线为溶质的容量因子,下面曲线为塔板高度。对分析型分离来说,进样量小于1mg/g吸附剂时,保留值 k 和柱效 H 基本不随进样量的改变而变化。但超过此进样量时,即制备液相色谱中超载情况下,柱效将大幅度下降,分离度变差,保留值也改变,这是制备液相色谱的主要限制。

8.7.2 液相色谱制备方法

制备液相色谱遇到的典型问题见图 8.15。

图 8.15(a)为欲分离组分是一个单的主峰,可用图 8.16 方法进行制备。首先在分析型 HPLC 试验得图 8.16(a),再优化 k,α,n 的值以提高分离度(图 8.16(b)),增加进样量达到峰开始发生重叠即负荷极限(图 8.16(c))。将所用色谱柱柱径按比例扩大,增大输液泵流量,即可在类似分析型分离的柱负荷极限内分离制备纯组分。如需大量纯物质,可使柱超载运行而产生峰重叠(图 8.16(d)),然后按中心切割法收集较少量馏分,以薄层色谱或分析型 HPLC 检验其纯度,最后将得到的足够纯的馏分合并成为需要的纯组分。

图 8.15(b)为两个或多个主组分的情况,一般也采用中心切割法按图 8.16(d)的模式经多次重复制备得到足够纯度的组分。

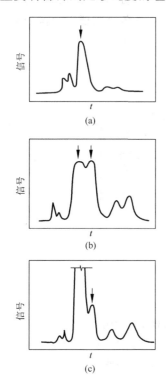

图 8.15　制备液相色谱遇到的典型问题
(a) 欲分离组分呈现一个单的主峰
(b) 两个或多个主组分
(c) 较少的组分是欲分离化合物

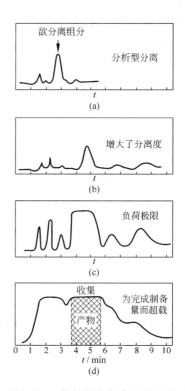

图 8.16　获得最大制备量的途径

图 8.15(c)为欲分离化合物是较少的组分,可采用图 8.17 所示的制备方法。

在色谱柱的负荷极限时的痕量组分(图 8.17(a)),可用前述方法在达到最佳分离度后,利用柱超载进行富集。在所期望的洗脱区收集要分离的组分(图 8.17(b)),将那些含这种痕量组分浓度较高的馏分合并,用类似图 8.15(a)的方法对经富集的馏分进行新一轮的色谱制备。

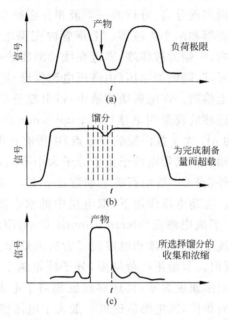

图 8.17 微量或痕量组分的分离制备

色谱制备有两种方法,一种是采用小粒径填料粗径柱,样品量不超载,以分析型色谱模式调节分离参数,可获得最大分离度、最高产品纯度和最短分离时间,适用于制备少量难分离物质;另一种是采用较大粒径填料粗径柱,在超载情况下制备较大量的纯物质,适用于 α 值较大(如>1.2)的情况,此时可用较高流量,分离时间也较短。

8.8 毛细管电泳

毛细管电泳(capillary electrophoresis,CE)是 20 世纪 80 年代以来发展最快的分析科学分支领域之一。1981 年 Jorgenson 等在 $75\mu m$ 内径的毛细管内用高电压进行分离,阐述了有关的理论,创立了现代的毛细管电泳。随着 CE 各种分离模式的提出和 80 年代末商品 CE 仪器的出现,由于 CE 符合了当时以生物工程为代表的生命科学各领域中对生物大分子(肽、蛋白、DNA 等)的高度分离分析的要求,使其迅速发展,成为生命科学及其他领域中常用的一种分析方法。本节介绍 CE 基本原理、分离模式和检测器。

8.8.1 毛细管电泳的基本原理

毛细管电泳统指以高压电场为驱动力,以毛细管为分离通道,依据样品中各组分之间淌度和分配行为上的差异而实现分离、分析的一类液相分离技术。其仪器装置见图 8.18,包括高压电源、毛细管、检测器和两个贮液器。毛细管内充满电解质溶液,两端分别插在装有电解质溶液的贮液槽内,一端为进样端,靠近在线检测器的一端为流出端。待分离的样品从进样端进入毛细管后,两端施加电压(由高压电源供给)进行电泳分离后,在毛细管检测窗口由检测器进行柱上检测。在电解质溶液中,带电粒子在电场作用下,以不同的速度向其所带电荷相反方向迁移的现象叫电泳(electrophoretic flow)。如蛋白质分子在偏酸性的缓冲液(即缓冲液的 pH 大于蛋白质的等电点)中带有正电,在外加电场作用下,蛋白质分子即向负极方向泳动。不同带电粒子由于分子大小不同,荷电量不同,电泳泳动的方向和速度也就不同。另外,当 CE 所用石英毛细管在 pH>3 时,其内壁表面带负电,与接触的缓冲液形成双电层。在高电压作用下,双电层中的水合阳离子层引起溶液在毛细管内整体向负极方向流动,形成电渗流(electroosmotic flow,EOF)。带电粒子在毛细管内电解质缓冲液中的迁移速度等于电泳和电渗流二者的矢量和。带正电的粒子迁移方向和电渗流相同,因此首先流出。所带正电荷越多,分子质量越小,即荷质比越大的正电粒子流出越快。中性粒子的电泳速度为零,其迁移速度相当于电渗流速度。带负电的粒子的电泳流方向和电渗流方向相反,因电渗流速度一般大于电泳速度,故其在中性粒子之后流出。各种粒子因差速迁移而达到区带分离,此即毛细管区带电泳分离的基本原理。

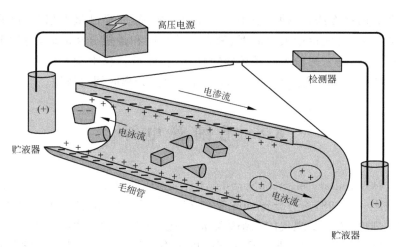

图 8.18 毛细管电泳原理示意图

8.8.2 毛细管电泳的特点

毛细管电泳将经典电泳技术和现代微柱分离技术有机结合,和 HPLC、平板凝胶电泳相比,其特点可概括为三高二少一广,即高分辨率、高分析速度、高质量灵敏度;所需样品少、成本低;应用范围广。CE 具有很高柱效,每米理论塔板数为几十万,高者可达几百万乃至几千万。其原因见下节所述。经典平板凝胶电泳因难以克服由两端高电压引起的自热(焦耳热)现象,无法解决因自热引起的区带展宽、迁移减慢、效率降低,故不能用高电场。CE 使电泳过程在散热效率很高的毛细管(内径 25~100μm)中进行,可采用较高电压(30kV),不但可获很高的分离效率,而且分析时间大大缩短。许多分析可在 10min 内完成,有的可在 60s 内实现。和 HPLC 相比,因毛细管平衡时间短,故在更换缓冲液或改变实验条件时,可大大缩短包括准备时间在内的总分析时间。采用紫外检测器的检测限可达 10^{-13}~10^{-15} mol,激光诱导荧光检测器可达 10^{-19}~10^{-21} mol。CE 仅需纳升(10^{-9} 升)的进样量,故可用于极少量生物样品,如单细胞的分析。CE 只需少量(mL 级)的流动相和低廉的毛细管,但其分离范围极广,除分离生物大分子(肽、蛋白、DNA 和糖等)外,还可用于小分子(氨基酸、药物等)及离子(无机及有机离子等),甚至可分离各种颗粒(如硅胶颗粒、细胞分级等)。

毛细管电泳因其进样量小,故质量灵敏度虽高,其浓度灵敏度要比 HPLC 低。也因进样量少(nL 级),故定量精度及重现性也低于 HPLC,有待于发展新方法,如和 HPLC 相似的定量环进样等予以克服。

8.8.3 毛细管电泳的分离模式

毛细管电泳现有 6 种分离模式,分述如下。

8.8.3.1 毛细管区带电泳

毛细管区带电泳(capillary zone electrophoresis,CZE)的分离原理是基于样品组分的净电荷与其质量比(荷质比)间的差异。CZE 的迁移时间 t 可用下式表示:

$$t = \frac{L_d L_t}{(\mu_{ep} + \mu_{eo})V} \tag{8.25}$$

式中,μ_{ep} 为电泳淌度;μ_{eo} 为电渗淌度;V 为外加电压;L_t 为毛细管总长度;L_d 为进样端到检测器间毛细管的长度。理论塔板数 n 为

$$n = \frac{(\mu_{ep} + \mu_{eo})}{2D} \tag{8.26}$$

式中，D 为扩散系数。分离度 R 为

$$R = 0.177(\mu_1 - \mu_2)\left[\frac{V}{D(\bar{\mu}_{ep} + \mu_{eo})}\right]^{1/2} \tag{8.27}$$

式中，μ_1，μ_2 分别为二溶质的电泳淌度；$\bar{\mu}_{ep}$ 为二溶质的平均电泳淌度。

以上是最简单的公式。从式(8.26)可见 CZE 的 n 是和 D 成反比，而 HPLC 的 n 是和 D 成正比，因此对扩散系数小的生物大分子而言，CZE 的柱效就要比 HPLC 高得多。CZE 比 HPLC 有更高的分离能力，主要源于两个因素：一是 CZE 在进样端和检测时均没有像 HPLC 那样的死体积存在；二是 CZE 用电渗作为推动流体前进的驱动力，整个流型呈扁平型的塞式流，使溶质区带在毛细管内原则上不会扩散。而 HPLC 用压力驱动，使柱内流型呈抛物线型，导致溶质区带本身扩散，引起柱效下降(见图 8.19)。CZE 常用电解质水溶液，还可加入不同有机溶剂或添加剂。现在还有非水 CZE。迄今 CZE 仍是应用最多的模式，可用于氨基酸、肽、蛋白、离子、对映体拆分和很多其他带电物质的分离。

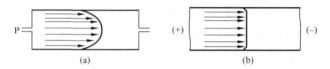

图 8.19　HPLC 和 CE 流型示意图

(a) HPLC　(b) CE

8.8.3.2　毛细管胶束电动色谱

当缓冲液内加入表面活性剂(如十二烷基硫酸钠，SDS)的浓度大于临界胶束浓度时，它在运动的缓冲液内形成具有一疏水内核、外部带负电的动态胶束球(见图 8.20)。因胶束表面带负电，故有向正极移动的电泳迁移，而缓冲液则以电渗流速度向负极方向迁移，形成快速流动的缓冲液相(水相)和慢速移动的胶束相(因电渗流大于胶束迁移速度)，溶质分子按其疏水性的不同在水相和胶束相(其作用类似色谱固定相，称为准固定相)之间分配有所差异而得以分离。疏水性强的溶质保留大，后流出。毛细管胶束电动色谱 (micellar electrokinetic capillary chromatography，MECC 或 MEKC)既能分离中性溶质，又能同时分离带电组分，大大拓宽了 CE 的应用范围，主要用于小分子、中性化合物、手性对映体，特别是各类药物。

MECC 可视作一种色谱方法，溶质的保留时间 t_R，容量因子 k 和分离度 R 可用下式表示：

$$t_R = \frac{1+k}{1+(t_o/t_{mc})k}t_o \tag{8.28}$$

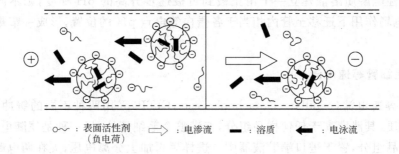

○~：表面活性剂（负电荷）　⇨：电渗流　━：溶质　◀：电泳流

图 8.20　MECC 分离原理图

$$k = \frac{t_R - t_o}{t_o(1 - t_R/t_{mc})} \tag{8.29}$$

$$R = \frac{\sqrt{n}}{4}\left(\frac{\alpha-1}{\alpha}\right)\left(\frac{k_2}{k_2+1}\right)\left[\frac{1 - t_o/t_{mc}}{1 + (t_o/t_{mc})k_1}\right] \tag{8.30}$$

式中，t_R 为溶质保留时间；t_o 为水相保留时间；t_{mc} 为胶束相保留时间；k_1，k_2 为两溶质的容量因子，其他符号同液相色谱。t_o/t_{mc} 是 MECC 中的重要参数，一般把 t_o 和 t_{mc} 之间的时间差称为"迁移窗口"，所有的组分均在此时间间隔内出峰。常用表面活性剂有各种阴离子表面活性剂、阳离子表面活性剂、非离子和两性表面活性剂，也可用混合胶束，如阴离子表面活性剂和胆酸盐组成混合胶束。也可用脂肪醇的微乳液胶束电动色谱来分离小分子和蛋白。

8.8.3.3　毛细管凝胶电泳

毛细管凝胶电泳（capillary gel electrophoresis，CGE）是将平板电泳的凝胶移到毛细管中作支持物进行电泳。不同体积的溶质分子在起"分子筛"作用的凝胶中得以分离。常用凝胶为聚丙烯酰胺、葡聚糖、琼脂糖等。CGE 常用于蛋白质、寡聚核苷酸、RNA、DNA 片段分离和测序及聚合酶链反应（PCR）产物分析。

现在还可采用"无胶筛分"方法，即采用低粘度的线性聚合物溶液代替高粘度交联的聚丙烯酰胺，同样具有分子筛作用，虽分离效率比聚丙烯酰胺差，但使用方便，价格低，常用无胶筛分剂有未交联的聚丙烯酰胺、甲基纤维素及其衍生物、聚乙二醇和葡聚糖等，前两种常用于 DNA 及其片段，后两种适用于蛋白质。

8.8.3.4　毛细管等电聚焦

蛋白质分子是典型的两性电解质，所带电荷与溶液 pH 有关，其表观电荷数为零时的溶液的 pH 称为蛋白的等电点。溶液 pH 小于等电点时，该蛋白带正电荷，溶液 pH 大于等电点时，蛋白带负电荷。毛细管等电聚焦（capillary isoelectric focusing，CIEF）是在毛细管内用两性电解质溶液建立一个由正极到负极逐步升高的 pH 梯度,则不同等电点的蛋白质,在电场作用下迁移至管内相当于各蛋白等电点 pH 的位置,形成一窄聚焦区带而得以分离。

8.8.3.5　毛细管等速电泳

毛细管等速电泳(capillary isotachophoresis,CITP)采用两种不同的缓冲溶液,一种是先导电解质,其淌度高于任何样品组分,充满整个毛细管柱;另一种是尾随电解质,淌度低于任何样品组分,置于进口端贮液器中。进样后再加上分离电压,夹在两电解质中间的样品各组分按其电泳淌度不同实现分离。CITP 是一种较老的方式,目前较多用作其他 CE 分离模式中的柱前浓缩方法来富集样品。

8.8.3.6　毛细管电色谱

将 HPLC 中众多的固定相微粒填充到毛细管中(或涂渍、键合到管壁),以样品与固定相之间的相互作用为分离机制,以电渗流为流动相驱动力的色谱过程称为毛细管电色谱(capillary electrochromatography,CEC)。虽然柱效有所下降,但增加了选择性,很有发展前景。目前 CEC 所用毛细管柱有填充柱、开管柱(管壁涂渍或键合)、无塞填充柱、整体床柱和分子印迹柱等。分离模式也发展出梯度电色谱(p-CEC),能同时在分离中施加液压梯度、电压梯度和浓度梯度,改善分离效果。

8.8.4　毛细管柱技术

毛细管是 CE 核心部件之一,毛细管柱技术主要是指对管壁进行改性和制备各种柱。为了消除吸附和控制电渗流,通常采用动态修饰和表面涂层两类方法。动态修饰采用在运行缓冲液中加入添加剂,如加入阳离子表面活性剂十四烷基三甲基溴化铵(TTAB),能在内壁形成物理吸附层,使电渗流(EOF)反向;内壁表面涂层包括物理涂布、交联和化学键合等,类似 HPLC 所用的方法。

毛细管凝胶柱是经丙烯酰胺和甲叉双丙烯酰胺共聚,并由四甲基乙二胺(TEMED)和过硫酸铵引发而成。关于电色谱柱的制备前已论述。

8.8.5　毛细管电泳检测器

CE 中溶质区带超小体积的特性,对光学类检测器的灵敏度要求很高,可以说检测是 CE 中的关键。CE 所用检测器有紫外、荧光、发光、电化学、质谱、激光类和其他种类。迄今为止,除了原子吸收光谱与红外光谱未作为 CE 检测器外,其他检测方法均已和 CE 结合,但已商品化的只有 UV,EC,LIF 和 CE/MS 联用。

CE 中应用最广的是紫外/可见检测器,可分为两类:固定波长或可变波长检测器和二极管阵列(DAD)或波长扫描检测器。第一类结构简单,灵敏度较高;第二类能提供时间-吸光度-光谱三维图谱,可用于定性鉴别,如药物分析。特别是 DAD 检测器可做到在线纯度检测,即在分离过程中可得知每个峰含几种物质。

激光诱导荧光检测器(LIF)是 CE 最灵敏的检测器之一,比 UV 检测器灵敏度要高 1 000 倍。虽然对某些样品需衍生化,但同时又增加了选择性,DNA 测序必须采用 LIF。

电化学检测器(EC)可分为电导和安培检测器两类,后者是一种很灵敏的检测器。CE/MS 联用在肽链序列及蛋白结构、分子量测定方面有卓越表现,特别适用于复杂体系样品的分离鉴定。

8.9 液相色谱的应用及进展

液相色谱法是分析化学中发展最快、应用最广的分析方法,特别是高效液相色谱已在生命科学、材料科学、环境科学和各行业等方面成为必不可少的手段。现代科学技术的发展使得分析对象越来越复杂,分析要求也越来越高。高效液相色谱和毛细管电泳能很快分离上百种组分,结合其他结构测定手段(如质谱等)的在线联用,可实现已知化合物的在线检测和未知化合物的在线分析。液相色谱的强大功能使其成为新世纪中解决生命科学、材料科学和环境科学等复杂体系的分析难题中最有力的技术和方法。面对复杂体系的分离分析任务,液相色谱正在不断发展。

8.9.1 高效液相色谱分离条件的优化

对复杂样品的分离分析,应满足以下 3 个条件:①样品中所有的组分都能被检出或者检出的组分(峰)数目尽可能多;②样品中各组分间都能达到满意的分离度;③分析时间短。目前许多仪器性能参数(如压力)和色谱柱参数(柱效)均能较好加以控制。故分离条件的优化主要集中在流动相组成、浓度、pH 和添加剂等方面。分离条件优化是色谱研究领域最活跃的课题之一,已提出了各种理论和技术,但都存在着或多或少的缺陷,现介绍一些较基本的分离条件优化方法。

8.9.1.1 优化指标

优化指标(optimization criteria)(或称为评价函数或目标函数)是在优化过程中评价色谱分离质量的指标。优化指标应为能表达上述 3 个条件的定量表达式。最基本的指标

是分离度 R、选择性 α 等。在此基础上,又提出了各种色谱响应函数(chromatography response function,CRF),如 $CRF=\Sigma R_i$。现在应用较广的 CRF 则包括出峰的数目、各个峰对的分离度、分析时间的限制等多方面因素,总体来说,现在所提出的各种 CRF 均存在一些缺陷,还需要进一步探索。

8.9.1.2 最优化方法

确定了优化指标后,高效液相色谱法发展了多种优化方法。优化方法包括对流动相系统选择优化和结合仪器操作参数一起的总体优化,也可按已知样品和未知样品采用不同的优化方法。目前常用的有单纯形法、窗口图形法、重叠分辨率图法和三角形法等。化学计量学各种方法在液相色谱优化中得到了充分的应用和发展。具体内容可参见有关文献。

8.9.1.3 液相色谱专家系统

随着计算机技术和信息科学在色谱技术中的广泛应用,将色谱专家拥有的大量色谱领域的专门知识,结合人工智能技术发展了各种色谱专家系统。所谓的专家系统(expert system),是能模拟某个领域内专家的思维过程,并且能够解决只有人类专家才能解决问题的智能计算机程序系统。目前已有的各种色谱专家系统能推荐最佳柱系统(包括分离模式、固定相、流动相、添加剂、柱长、粒度和流速等条件)和色谱定性等内容。色谱专家系统已取得一定的成功,目前正面临着如何解决复杂体系分析任务的挑战。

8.9.2 二维色谱及联用技术

将二种色谱方法联用,利用分离原理的不同,使一种色谱法补充另一种色谱法分离效果上的不足,称为二维色谱。将色谱和光谱、波谱等提供结构信息的仪器实现在线连接,称为联用技术。

8.9.2.1 二维色谱

二维色谱主要是在二种色谱之间,采用柱切换技术,即用多通切换阀来改变色谱柱与色谱柱之间的连接和溶剂流向,实现将一根色谱柱上未分开的组分在另一根柱上用不同分离原理加以完全分离,尤其适合复杂体系样品的分析。常见的二维色谱有 HPLC-GC、各种高效液相色谱-高效液相色谱联用(如 LLC-SEC,LLC-IEC 等)、高效液相色谱-毛细管电泳(HPLC-CE)等。

8.9.2.2 联用技术

将 HPLC 和光谱或波谱技术联用是解决复杂体系样品最有力的手段。现在最常用、也是最有效的是 HPLC-MS 联用。已发展的还有 HPLC-FTIR,CE-MS 和 HPLC-NMR。虽然 HPLC-NMR 已有商品仪器,仍需进一步改进。液相色谱-核磁共振-质谱联用(LC-NMR-MS)也已应用于研究中。各种仪器联用为复杂体系样品中未知组分的在线解析提供了可能。

8.9.3 毛细管电泳和微流控芯片的最新进展

8.9.3.1 毛细管电泳

毛细管电泳随着生命科学的发展而发展,尤其是在人类基因组计划中,基于 CE 原理的快速、高通量 DNA 测序方法和仪器的出现,解决了瓶颈问题,为提前完成人类基因组计划作出了卓越贡献。随着后基因时代的到来,基因组学和蛋白组学将快速发展,功能基因的分离、检测,功能蛋白的测定对 CE 及和其他仪器,如 MS 的联用,提出了更高的期望。目前 CE 在 DNA、肽和蛋白、手性分离、单细胞和单分子监测及药物分析和临床检测方面应用不断拓展。

8.9.3.2 微流控芯片

将样品的预处理、分离、反应、检测、收集等一个实验室的功能集成在一小块玻璃或高分子聚合物芯片上,称为微流控芯片(或叫芯片实验室 lab on chip)。和 DNA 阵列芯片(常称为生物芯片)不同,微流控芯片在芯片基质上蚀刻了各种管道和反应池等,通过电渗、微泵乃至离心等各种方法来实现分离、反应等实验室功能,是正在快速发展的研究领域。如测 DNA 序列的芯片在 3cm 距离内,只加 20V/cm 的电压,就可在 13min 内测定 400bp 的序列,分离度大于 0.5,柱效高于 3 000 万理论塔板数/m。

习 题

1. 从分离原理、仪器构造及应用范围上简要比较气相色谱、高效液相色谱和毛细管电泳间的异同点。
2. 高效液相色谱影响色谱峰展宽的因素有哪些?如何提高柱效?
3. 试比较高效液相色谱各种主要类型的保留机理和特点?如何选择分离类型?
4. 什么是正相色谱、反相色谱、化学键合相色谱?在应用上各有什么特点?

5. 试比较高效液相色谱各种检测器的测定原理和优缺点。

6. 试比较各种类型高效液相色谱法的固定相和流动相及其特点。

7. 试述高效液相色谱流动相的选择原则,举例说明。

8. 什么是梯度洗脱?如何实现梯度洗脱?

9. 试述制备液相色谱的方法。

10. 试述各类毛细管电泳的分离原理和 CE 的特点。

11. 在一正相色谱柱上,某组分用 50% 氯仿和 50% 正己烷(体积比)作流动相时,其保留时间为 29.1min,不保留物质的保留时间为 1.05min。问如何调整溶剂配比使组分 k 值为 10?

12. 组分 A 和 B 通过某色谱柱的保留时间分别为 16min 和 24min,而非保留组分只需 2.0min 洗出,组分 A,B 的峰宽分别为 1.6min 和 2.4min。计算:

(1) A 和 B 的分配比;

(2) B 对 A 的相对保留值;

(3) A,B 二组分的分离度;

(4) 该色谱柱的理论塔板数 n 和有效理论塔板数 $n_{有效}$。

13. 某色谱柱柱长 63cm,用它分离 A,B 组分的保留时间分别为 14.4min,16.8min,非保留组分出峰时间为 1.0min,组分 B 的峰宽为 1.2min。如果要使 A,B 组分刚好达到基线分离,最短柱长应该取多少?

参考文献

1 邓勃,宁永成,刘密新. 仪器分析. 北京:清华大学出版社,1991

2 朱明华. 仪器分析. 北京:高等教育出版社,2000

3 Skoog D A, Holler F J, Nieman T A. Principles of instrumental analysis,15th Ed. Saunders College Publishing,1998

4 孙毓庆,王延琮. 现代色谱法及其在医药中的应用. 北京:人民卫生出版社,1998

5 斯奈德 L R,柯克兰 J J,现代液相色谱法导论. 第二版. 高潮等译. 北京:化学工业出版社,1988

6 朱良漪主编. 分析仪器手册. 北京:化学工业出版社,1997

7 汪尔康主编. 21 世纪的分析化学. 北京:科学出版社,1999,102~111

9 质谱分析法

9.1 概　述

质谱分析法是通过对被测样品离子的质荷比的测定来进行分析的一种分析方法。被分析的样品首先要离子化,然后利用不同离子在电场或磁场运动行为的不同,把离子按质荷比(m/z)分开而得到质谱,通过样品的质谱和相关信息,可以得到样品的定性定量结果。

从 J.J. Thomson 制成第一台质谱仪,到现在已有 90 年了,早期的质谱仪主要是用来进行同位素测定和无机元素分析,20 世纪 40 年代以后开始用于有机物分析,60 年代出现了气相色谱-质谱联用仪,使质谱仪的应用领域大大扩展,开始成为有机物分析的重要仪器。计算机的应用又使质谱分析法发生了飞跃的变化,使其技术更加成熟,使用更加方便。80 年代以后又出现了一些新的质谱技术,如快原子轰击电离源、基质辅助激光解吸电离源、电喷雾电离源、大气压化学电离源,以及随之而来的比较成熟的液相色谱-质谱联用仪、感应耦合等离子体质谱仪、傅里叶变换质谱仪等。这些新的电离技术和新的质谱仪器使质谱分析又取得了长足的进展。目前,质谱分析法已广泛地应用于化学、化工、材料、环境、地质、能源、药物、刑侦、生命科学、运动医学等各个领域。

质谱仪种类非常多,工作原理和应用范围也有很大的不同。从应用角度,质谱仪可以分为下面几类:

1. 有机质谱仪

由于应用特点不同又分为:

(1) 气相色谱-质谱联用仪(GC-MS)。在这类仪器中,由于质谱仪工作原理不同,又有气相色谱-四极质谱仪、气相色谱-飞行时间质谱仪、气相色谱-离子阱质谱仪等。

(2) 液相色谱-质谱联用仪(LC-MS)。同样,有液相色谱-四器极质谱仪、液相色谱-离子阱质谱仪、液相色谱-飞行时间质谱仪,以及各种各样的液相色谱-质谱-质谱联用仪。

(3) 其他有机质谱仪,主要有:基质辅助激光解吸飞行时间质谱仪(MALDI-TOFMS)、傅里叶变换质谱仪(FT-MS)。

2. 无机质谱仪

包括：火花源双聚焦质谱仪（SSMS）、感应耦合等离子体质谱仪（ICP-MS）、二次离子质谱仪（SIMS）等。

3. 同位素质谱仪

包括进行轻元素（H,C,S）同位素分析的小型低分辨同位素质谱仪和进行重元素（U,Pu,Pb）同位素分析的具有较高分辨率的大型同位素质谱仪。

4. 气体分析质谱仪

主要有呼气质谱仪、氦质谱检漏仪等。

以上的分类并不十分严谨。因为有些仪器带有不同附件，具有不同功能。例如，一台气相色谱-双聚焦质谱仪，如果改用快原子轰击电离源，就不再是气相色谱-质谱联用仪，而是快原子轰击质谱仪（FAB-MS）。另外，有的质谱仪既可以和气相色谱相连，又可以和液相色谱相连，因此也不好归于某一类。在以上各类质谱仪中，数量最多，用途最广的是有机质谱仪。

除上述分类外，还可以从质谱仪所用的质量分析器的不同，把质谱仪分为双聚焦质谱仪、四极杆质谱仪、飞行时间质谱仪、离子阱质谱仪、傅里叶变换质谱仪等。

9.2 有 机 质 谱 仪

9.2.1 有机质谱仪的结构与工作原理

有机质谱仪包括离子源、质量分析器、检测器和真空系统。本节主要介绍有机质谱仪各部件的种类及工作原理。

9.2.1.1 离子源

离子源的作用是将欲分析样品电离，得到带有样品信息的离子。质谱仪的离子源种类很多，现将主要的离子源介绍如下。

1. 电子电离源

电子电离源（electron ionization，EI）是应用最为广泛的离子源，它主要用于挥发性样品的电离。图9.1是电子电离源的原理图，由GC或直接进样杆进入的样品，以气体形式进入离子源，由灯丝发出的电子与样品分子发生碰撞使样品分子电离。一般情况下，灯丝与接收极之间的电压为70V，此时电子的能量为70eV。目前，所有的标准质谱图都是在70eV下做出的。在70eV电子碰撞作用下，有机物分子可能被打掉一个电子形成分子离子，也可能会发生化学键的断裂形成碎片离子。由分子离子可以确定化合物分子量，由碎片离子可以得到化合物的结构。对于一些不稳定的化合物,在 70eV 的电子轰击下很难得到分子离子。为了得到分子量,可以采用 10～20eV 的电子能量,不过,此时仪器灵敏度将大大降低,需要加大样品的进样量,而且,得到的质谱图不再是标准质谱图。

离子源中进行的电离是很复杂的过程,有专门的理论对这些过程进行解释和描述。在电子轰击下,样品分子可能从 4 种不同途径形成离子:

(1) 样品分子被打掉一个电子形成分子离子;

(2) 分子离子进一步发生化学键断裂形成碎片离子;

(3) 分子离子发生结构重排形成重排离子;

(4) 通过分子离子反应生成加合离子。

此外,由于很多元素具有同位素,同位素电离会生成同位素离子。这样,一个样品分子可以产生很多带有结构信息的离子,对这些离子进行质量分析和检测,可以得到具有样品信息的质谱图。

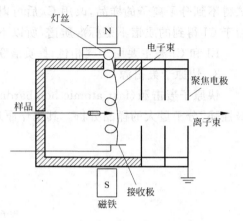

图 9.1 电子电离源原理图

电子电离源主要适用于易挥发有机样品的电离,GC-MS 联用仪中都有这种离子源。其优点是工作稳定可靠,结构信息丰富,有标准质谱图可以检索;缺点是只适用于易汽化的有机物样品分析,并且,对有些化合物得不到分子离子。

2. 化学电离源

有些化合物稳定性差,用 EI 方式不易得到分子离子,因而也就得不到分子量。为了得到分子量可以采用化学电离源(chemical ionization,CI)。CI 和 EI 在结构上没有多大差别,或者说主体部件是共用的。其主要差别是 CI 源工作过程中要引进一种反应气体,可以是甲烷、异丁烷、氨等。反应气的量比样品气要大得多。灯丝发出的电子首先将反应气电离,然后反应气离子与样品分子进行离子-分子反应,并使样品气电离。现以甲烷作为反应气为例,说明化学电离的过程。在电子轰击下,甲烷首先被电离:

$$CH_4^+ \longrightarrow CH_4^+ + CH_3^+ + CH_2^+ + CH^+ + C^+ + H^+$$

甲烷离子与分子进行反应,生成加合离子:

$$CH_4^+ + CH_4 \longrightarrow CH_5^+ + CH_3$$

$$CH_3^+ + CH_4 \longrightarrow C_2H_5^+ + H_2$$

加合离子与样品分子反应:

$$CH_5^+ + XH \longrightarrow XH_2^+ + CH_4$$

$$C_2H_5^+ + XH \longrightarrow X^+ + C_2H_6$$

生成的 XH_2^+ 和 X^+ 比样品分子 XH 多一个 H 或少一个 H，可表示为 $(M\pm1)^+$，称为准分子离子。事实上，以甲烷作为反应气，除 $(M\pm1)^+$ 之外，还可能出现 $(M+17)^+$，$(M+29)^+$ 等离子，同时还出现大量的碎片离子。化学电离源是一种软电离方式，有些用 EI 方式得不到分子离子的样品，改用 CI 后可以得到准分子离子，因而可以求得分子量。但是由于 CI 得到的质谱不是标准质谱，所以不能进行库检索。

EI 和 CI 源主要用于气相色谱-质谱联用仪，适用于易汽化的有机物样品分析。

3. 快原子轰击源

快原子轰击源(fast atomic bombardment, FAB)是另一种常用的离子源，它主要用于极性强、分子量大的样品分析。其工作原理如图 9.2 所示。

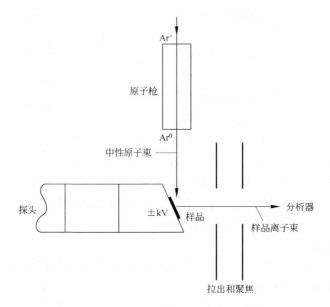

图 9.2 快原子轰击源工作原理图

氩气在电离室依靠放电产生氩离子，高能氩离子经电荷交换得到高能氩原子流，氩原子打在样品上产生样品离子。样品置于涂有底物(如甘油)的靶上。靶材为铜，原子氩打在样品上使其电离后进入真空，并在电场作用下进入分析器。电离过程中不必加热汽化，因此适合大分子量、难汽化、热稳定性差的样品分析。例如肽类、低聚糖、天然抗生素、有机金属配合物等。FAB 源得到的质谱不仅有较强的准分子离子峰，而且有较丰富的结构信息。但是，它与 EI 源得到的质谱图很不相同。其一是它的分子量信息不是分子离子峰 M，而往往是 $(M+H)^+$ 或 $(M+Na)^+$ 等准分子离子峰；其二是碎片峰比 EI 谱要少。FAB 源主要用于磁式双聚焦质谱仪。由于电喷雾源和激光解吸电离源的出现，目前，FAB 源的重要性已大大降低。

4. 电喷雾电离源

电喷雾电离源(electrospray ionization,ESI)是近年来出现的一种新的电离方式。它主要应用于液相色谱-质谱联用仪。它既作为液相色谱和质谱仪之间的接口装置,同时又是电离装置。它的主要部件是一个两层套管组成的电喷雾喷嘴。喷嘴内层是液相色谱流出物,外层是雾化气,雾化气常采用大流量的氮气,其作用是使喷出的液体分散成微滴。另外,在喷嘴的斜前方还有一个辅助气喷嘴,辅助气的作用是使微滴的溶剂快速蒸发。在微滴蒸发过程中表面电荷密度逐渐增大,当增大到某个临界值时,离子就可以从表面蒸发出来。离子产生后,借助于喷嘴与锥孔之间的电压,穿过取样孔进入分析器(见图9.3)。

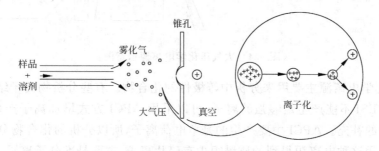

图9.3 电喷雾电离源原理图

加到喷嘴上的电压可以是正,也可以是负。通过调节极性,可以得到正或负离子的质谱。其中值得一提的是电喷雾喷嘴的角度,如果喷嘴正对取样孔,则取样孔易堵塞。因此,有的电喷雾喷嘴设计成喷射方向与取样孔不在一条线上,而是成一定角度,或设计成垂直方向或Z形方向,依靠电场将离子引入取样孔,进入分析器。这样溶剂雾滴不会直接喷到取样孔上,使取样孔比较干净,不易堵塞。

电喷雾电离源是一种软电离方式,即便是分子量大,稳定性差的化合物,也不会在电离过程中发生分解,它适合于分析极性强的大分子有机化合物,如蛋白质、肽、糖等。电喷雾电离源的最大特点是容易形成多电荷离子。这样,一个分子量为10 000Da的分子若带有10个电荷,则其质荷比只有1 000Da,进入了一般质谱仪可以分析的范围之内。根据这一特点,目前采用电喷雾电离,可以测量分子量在300 000Da以上的蛋白质。

5. 大气压化学电离源

大气压化学电离源(atmospheric pressure chemical ionization,APCI)的结构与电喷雾源大致相同,不同之处在于APCI喷嘴的下游放置一个针状放电电极,通过放电电极的高压放电,使空气中某些中性分子电离,产生H_3O^+、N_2^+、O_2^+和O^+等离子,溶剂分子也会被电离,这些离子与分析物分子进行离子-分子反应,使分析物分子离子化,这些反应过程包括由质子转移和电荷交换产生正离子,质子脱离和电子捕获产生负离子等。图9.4是大气压化学电离源的示意图。

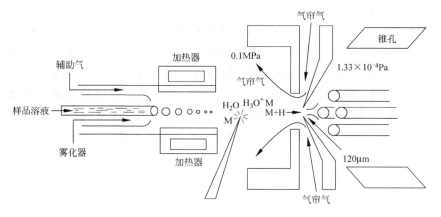

图 9.4　大气压化学电离源示意图

大气压化学电离源主要用来分析中等极性的化合物。有些分析物由于结构和极性方面的原因,用 ESI 不能产生足够强的离子,可以采用 APCI 方式增加离子产率,可以认为 APCI 是 ESI 的补充。APCI 主要产生的是单电荷离子,所以分析的化合物分子量一般小于 1 000 Da。用这种电离源得到的质谱很少有碎片离子,主要是准分子离子。

以上两种电离源主要用于液相色谱-质谱联用仪。

6. 激光解吸源

激光解吸源(laser description,LD)是利用一定波长的脉冲式激光照射样品,使样品电离的一种电离方式。被分析的样品置于涂有基质的样品靶上,激光照射到样品靶上,基质分子吸收并传递激光能量,与样品分子一起蒸发到气相并使样品分子电离。激光电离源需要有合适的基质才能得到较好的离子产率。因此,这种电离源通常称为基质辅助激光解吸电离源(matrix assisted laser desorption ionization,MALDI)。MALDI 特别适合于飞行时间质谱仪(TOF),组成 MALDI-TOF。MALDI 属于软电离技术,它比较适合于分析生物大分子,如肽、蛋白质、核酸等。得到的质谱主要是分子离子、准分子离子,而碎片离子和多电荷离子较少。MALDI 常用的基质有 2,5-二羟基苯甲酸、芥子酸、烟酸、α-氰基-4-羟基肉桂酸等。

9.2.1.2　质量分析器

质量分析器(mass analyzer)的作用是将离子源产生的离子按 m/z 顺序分开并排列成谱。用于有机质谱仪的质量分析器有磁式双聚焦分析器、四极杆分析器、离子阱分析器、飞行时间分析器、回旋共振分析器等。

1. 双聚焦分析器

双聚焦分析器(double focusing analyzer)是在单聚焦分析器的基础上发展起来的。

因此,首先简单介绍一下单聚焦分析器。单聚焦分析器的主体是处在磁场中的扁形真空腔体。离子进入分析器后,由于磁场的作用,其运动轨道发生偏转改做圆周运动。其运动轨道半径 R 可由下式表示:

$$R = \frac{1.44 \times 10^{-2}}{B} \times \sqrt{\frac{m}{z}V} \qquad (9.1)$$

式中,m 是离子质量,单位为 amu(原子质量单位);z 是离子电荷量,以电子的电荷量为单位;V 是离子加速电压,单位为 V;B 是磁感应强度,单位为 T。

由上式可知,在一定的 B,V 条件下,不同 m/z 的离子其运动半径不同,这样,由离子源产生的离子,经过分析器后可实现质量分离,如果检测器位置不变(即 R 不变),连续改变 V 或 B 可以使不同 m/z 的离子顺序进入检测器,实现质量扫描,得到样品的质谱。图 9.5 是单聚焦分析器原理图。

这种单聚焦分析器所用磁场可以是 180°的,也可以是 90°或其他角度的,其形状像一把扇子,因此又称为磁扇形分析器。这种分析器可以把从不同角度进入分析器的离子聚在一起,即具有方向聚焦作用,而且也只有方向聚焦作用,故称单聚焦分析器。单聚焦分析结构简单,操作方便,但其分辨率很低。不能满足有机物分析的要求,目前只用于同位素质谱仪和气体质谱仪。单聚集质谱仪分辨率低的主要原因在于它不能克服离子初始能

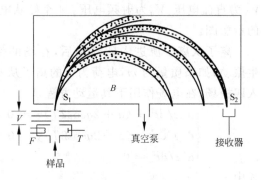

图 9.5 单聚焦分析器原理图

量分散对分辨率造成的影响。在离子源产生的离子当中,质量相同的离子应该聚在一起,但由于离子初始能量不同,经过磁场后其偏转半径也不同,而是以能量大小顺序分开,即磁场也具有能量色散作用。这样就使得相邻两种质量的离子很难分离,从而降低了分辨率。

为了消除离子能量分散对分辨率的影响,通常在扇形磁场前(或后)加一扇形静电场,它是一个能量分析器,不起质量分离作用。质量相同而能量不同的离子经过静电场后会彼此分开,即静电场也有能量色散作用。如果设法使静电场的能量色散作用和磁场的能量色散作用大小相等方向相反,就可以消除能量分散对分辨率的影响。只要是质量相同的离子,经过电场和磁场后可以会聚在一起,另外质量的离子会聚在另一点。改变离子加速电压可以实现质量扫描。这种由电场和磁场共同实现质量分离的分析器,同时具有方向聚焦和能量聚焦作用,叫双聚焦质量分析器(见图 9.6)。双聚焦分析器的优点是分辨率高,缺点是扫描速度慢,操作、调整比较困难,而且仪器造价也比较昂贵。

2. 四极杆分析器

四极杆分析器(quadrupole analyzer)由 4 根棒状电极组成。电极材料是镀金陶瓷或

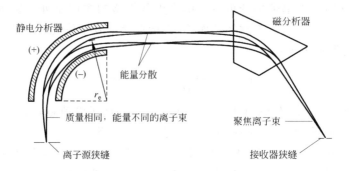

图 9.6 双聚焦分析器示意图

钼合金。相对两根电极间加有电压$(V_{dc}+V_{rf})$,另外两根电极间加有$-(V_{dc}+V_{rf})$。其中V_{dc}为直流电压,V_{rf}为射频电压。4个棒状电极形成一个四极电场。图9.7是这种分析器的示意图。

离子从离子源进入四极场后,在场的作用下产生振动,如果质量为m,电荷为e的离子从z方向进入四极场,在电场作用下其运动方程是

$$\begin{cases} d^2x/dt^2 + (a+2q\cos 2T)x = 0 \\ d^2y/dt^2 - (a+2q\cos 2T)y = 0 \\ d^2z/dt^2 = 0 \end{cases} \quad (9.2)$$

式中

$$a = \frac{8eV_{dc}}{mr_0^2\omega^2}$$

$$q = \frac{8eV_0}{mr_0^2\omega^2} \quad (V_{rf}=V_0\cos\omega t)$$

$$T = \frac{1}{2}\omega t$$

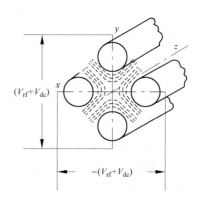

图 9.7 四极杆分析器示意图

式中,ω为角频率,r_0为四极场中心到电极的距离。

离子运动轨迹可由方程(9.2)的解描述,数学分析表明,在a,q取某些数值时,运动方程有稳定的解,稳定解的图解形式通常用a,q参数的稳定三角形表示(图9.8)。当离子的a,q值处于稳定三角形内部时,这些离子振幅是有限的,因而可以通过四极场达到检测器。在保持V_{dc}/V_0不变的情况下,对应于一个V_0值,四极场只允许一种质荷比的离子通过,其余离子则振幅不断增大,最后碰到四极杆而被吸收。通过四极杆的离子到达检测器被检测。改变V_0值,可以使另外质荷比的离子顺序通过四极场实现质量扫描。设置扫描范围实际上是设置V_0值的变化范围。当V_0值由一个值变化到另一个值时,检测器检测到的离子就会从m_1变化到m_2,也即得到m_1到m_2的质谱。

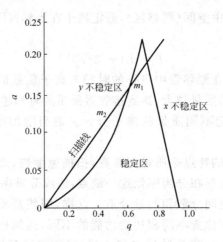

图 9.8 四极分析器稳定性图

V_0 的变化可以是连续的,也可以是跳跃式的。所谓跳跃式扫描是只检测某些质量的离子,故称为选择离子监测(select ion monitoring, SIM)。这种扫描方式灵敏度高,而且,通过选择适当的离子使干扰组分不被采集,可以消除组分间的干扰,适合于定量分析。但因为这种扫描方式得到的质谱不是全谱,因此不能进行质谱库检索和定性分析。

3. 飞行时间质量分析器

飞行时间质量分析器(time of flight analyzer)的主要部分是一个离子漂移管。图 9.9 是这种分析器的原理图。离子在加速电压 V 作用下得到动能,则

$$\frac{1}{2}mv^2 = eV \tag{9.3}$$

或

$$v = (eV/m)^{1/2}$$

式中,m 是离子的质量;e 是离子的电荷量;v 是离子速度。

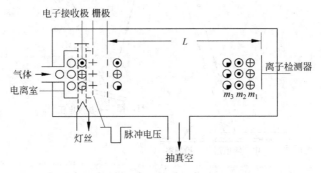

图 9.9 飞行时间质量分析器原理图

离子以速度 v 进入自由空间(漂移区),假定离子在漂移区飞行的时间为 T,漂移区长度为 L,则

$$T = L(m/2eV)^{1/2} \tag{9.4}$$

由式(9.4)可以看出,离子在漂移管中飞行的时间与离子质量的平方根成正比。也即,对于能量相同的离子,离子的质量越大,达到接收器所用的时间越长,质量越小,所用时间越短。根据这一原理,可以把不同质量的离子分开。适当增加漂移管的长度可以增加分辨率。

飞行时间质量分析器的特点是质量范围宽,扫描速度快,既不需要电场,也不需要磁场。但是,长时间以来一直存在分辨率低这一缺点,造成分辨率低的主要原因在于离子进入漂移管前的时间分散、空间分散和能量分散。这样,即使是质量相同的离子,由于产生时间的先后不同,产生空间位置不同和初始动能的不同,达到检测器的时间就不相同,因而降低了分辨率。目前,利用激光脉冲电离方式,采用离子延迟引出技术和离子反射技术,可以在很大程度上克服上述 3 个原因造成的分辨率下降。图 9.10 是带有反射器的飞行时间质量分析器,质量相同能量不同的离子进入反射器后,能量大的离子速度快,但走的距离远,能量小的离子速度慢,但走的距离近,经过反射后,二者同时到达检测器,这样就消除了由于能量分散造成的分辨率降低。现在,反射器有一次反射型(V 型)和二次型反射(W 型),W 型分辨率比 V 型更高。飞行时间质谱仪的分辨率可达 20 000 以上。最高可检质量超过 300 000Da,并且具有很高的灵敏度。目前,这种分析器已广泛应用于气相色谱-质谱联用仪、液相色谱-质谱联用仪和基质辅助激光解吸飞行时间质谱仪中。

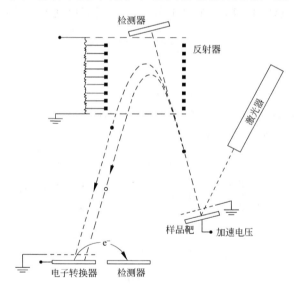

图 9.10 带有反射器的飞行时间质量分析器

4. 离子阱质量分析器

离子阱的结构如图 9.11 所示。离子阱的主体是一个环电极和上下两个端盖电极,环电极和上下两端盖电极都是绕 z 轴旋转的双曲面,并满足 $r_0^2 = 2Z_0^2$(r_0 为环形电极的最小半径,Z_0 为两个端盖电极间的最短距离的1/2)。直流电压 U 和射频电压 V_{rf} 加在环电极和端盖电极之间,两端盖电极都处于地电位。

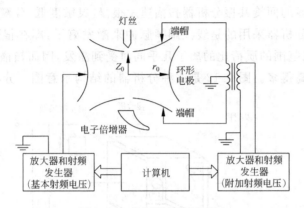

图 9.11 离子阱结构示意图

与四极杆分析器类似,离子在离子阱内的运动遵守所谓马蒂厄微分方程,方程的解也可以表示成类似四极杆分析器的稳定图。在稳定区内的离子,轨道振幅保持一定大小,可以长时间留在阱内,不稳定区的离子振幅很快增长,撞击到电极而消失。对于一定质量的离子,在一定的 U 和 V_{rf} 下,可以处在稳定区。改变 U 或 V_{rf} 的值,离子可能处于非稳定区。如果在引出电极上加负电压,可以将离子从阱内引出,由电子倍增器检测。离子阱的质量扫描方式与四极杆类似,是在恒定的 U/V_{rf} 下,扫描 V_{rf} 获取质谱。

离子阱的特点是结构小巧,质量轻,灵敏度高,而且还有多级质谱功能(见 9.2.2.3 节)。它可以用于 GC-MS,也可以用于 LC-MS。

5. 傅里叶变换离子回旋共振分析器

傅里叶变换离子回旋共振分析器(Fourier transform ion cyclotron resonance analyzer,FTICR)是在原来回旋共振分析器的基础上发展起来的。因此,首先叙述一下离子回旋共振的基本原理。假定质荷比为 m/e 的离子进入磁感应强度为 B 的磁场中,由于受磁场力的作用,离子做圆周运动(半径 R),如果没有能量的损失和增加,圆周运动的离心力和磁场力相平衡,即

$$mv^2/R = Bev \tag{9.5}$$

将式(9.5)整理后得

$$v/R = Be/m$$

或

$$\omega_c = Be/m \tag{9.6}$$

式中 ω_c 为离子运动的回旋频率(单位为弧度/秒)。由式(9.6)可以看出,离子的回旋频率与离子的质荷比成线性关系,当磁场强度固定后,只需精确测得离子的共振频率,就能准确地得到离子的质量。测定离子共振频率的办法是外加一个射频辐射,如果外加射频频率等于离子共振频率,离子就会吸收外加辐射能量而改变圆周运动的轨道,沿着阿基米德螺线加速,离子收集器放在适当的位置就能收到共振离子。改变辐射频率,就可以接收到不同的离子。但普通的回旋共振分析器扫描速度很慢,灵敏度低,分辨率也很差。傅里叶变换离子回旋共振分析器采用的是线性调频脉冲来激发离子,即在很短的时间内进行快速频率扫描,使很宽范围的质荷比的离子几乎同时受到激发,因而扫描速度和灵敏度比普通回旋共振分析器高得多。图 9.12 是这种分析器的结构示意图。分析室是一个立方体

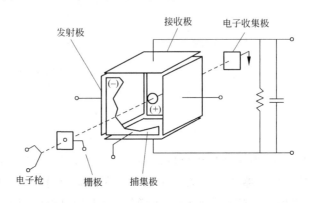

图 9.12 傅里叶变换离子回旋共振分析器示意图

结构,它是由 3 对相互垂直的平行板电极组成,置于高真空和由超导磁体产生的强磁场中。第一对电极为捕集极,它与磁场方向垂直,电极上加有适当正电压,其目的是延长离子在室内的滞留时间;第二对电极为发射极,用于发射射频脉冲;第三对电极为接收极,用来接收离子产生的信号。样品离子引入分析室后,在强磁场作用下被迫以很小的轨道半径做回旋运动,由于离子都是以随机的非相干方式运动,因此不产生可检出的信号。如果在发射极上施加一个很快的扫频电压,当射频频率和某离子的回旋频率一致时,共振条件得到满足。离子吸收射频能量,轨道半径逐渐增大,变成螺旋运动,经过一段时间的相互作用以后,所有离子都做相干运动,产生可被检出的信号。做相干运动的正离子运动至靠近接收极的一个极板时,吸收此极板表面的电子,当其继续运动到另一极板时,又会吸引另一极板表面的电子。这样便会感生出"象电流"(见图 9.13),象电流是一种正弦形式的时间域信号,正弦波的频率和离子的固有回旋频率相同,其振幅则与分析室中该质量的离子数目成正比。如果分析室中各种质量的离子都满足共振条件,那么,实际测得的信号是同一时间内做相干轨道运动的各种离子所对应的正弦波信号的叠加。将测得的时间域信

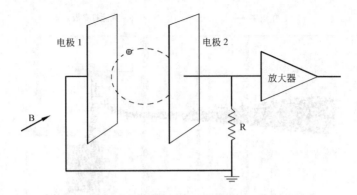

图 9.13 相干运动的离子在接收极上产生象电流

号重复累加,放大并经模数转换后输入计算机进行快速傅里叶变换,便可检出各种频率成分,然后利用频率和质量的已知关系,便可得到常见的质谱图。

利用傅里叶变换离子回旋共振原理制成的质谱仪称为傅里叶变换离子回旋共振质谱仪(Fourier transform ion cyclotron resonance mass spectrometer),简称傅里叶变换质谱仪(FT-MS)。FT-MS 有很多明显的优点:

(1) 分辨率极高,商品仪器的分辨可超过 1×10^6,在高分辨率下也不影响灵敏度,而双聚焦分析器为提高分辨率必须降低灵敏度。同时,FT-MS 的测量精度非常好,能达到百万分之几,这对于得到离子的元素组成是非常重要的。

(2) 分析灵敏度高,由于离子是同时激发同时检测,因此灵敏度比普通回旋共振质谱仪的高 4 个量级,而且在高灵敏度下可以得到高分辨率。

(3) 具有多级质谱功能。

(4) 可以和任何离子源相连,扩宽了仪器功能。

此外,还有诸如扫描速度快,性能稳定可靠,质量范围宽等优点。当然,另一方面,FT-MS 由于需要很高的超导磁场,因而需要液氦,仪器售价和运行费用都比较贵。

9.2.1.3 检测器

质谱仪的检测主要使用电子倍增器,也有的使用光电倍增管。图 9.14 是电子倍增器示意图。由四极杆出来的离子打到高能打拿极产生电子,电子经电子倍增器产生电信号,记录不同离子的信号即得质谱。信号增益与倍增器电压有关,提高倍增器电压可以提高灵敏度,但同时会降低倍增器的寿命,因此,应该在保证仪器灵敏度的情况下,采用尽量低的倍增器电压。由倍增器出来的电信号被送入计算机储存,这些信号经计算机处理后可以得到色谱图、质谱图及其他各种信息。

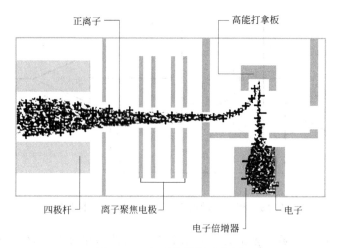

图 9.14　电子倍增器示意图

9.2.1.4　真空系统

为了保证离子源中灯丝的正常工作,保证离子在离子源和分析器中正常运行,消减不必要的离子碰撞、散射效应、复合反应和离子-分子反应,减小本底与记忆效应,因此,质谱仪的离子源和分析器都必须处在小于 10^{-4}Pa 的真空中才能工作。也就是说,质谱仪都必须有真空系统。一般真空系统由机械真空泵和扩散泵或涡轮分子泵组成。机械真空泵能达到的极限真空度为 10^{-1}Pa,不能满足要求,必须依靠高真空泵。扩散泵是常用的高真空泵,其性能稳定可靠,缺点是启动慢,从停机状态到仪器能正常工作所需时间长;涡轮分子泵则相反,仪器启动快,但使用寿命不如扩散泵。由于涡轮分子泵使用方便,没有油的扩散污染问题,因此,近年来生产的质谱仪大多使用涡轮分子泵。涡轮分子泵直接与离子源或分析器相连,抽出的气体再由机械真空泵排到体系之外。

以上是一般质谱仪的主要组成部分。当然,若要仪器能正常工作,还必须要有供电系统、数据处理系统等。

这样,一个有机化合物样品,由于其形态和分析要求不同,可以选用不同的电离方式使其离子化,再由质量分析器按离子的 m/z 将离子分开,经检测器检测即得到样品的质谱。图 9.15 是 α-紫罗酮的质谱图。质谱图的横坐标是质荷比 m/z,纵坐标是各离子的相对强度,每个峰表示一种 m/z 的离子。通常把最强的离子的强度定为 100,称为基峰(图 9.15 中为 $m/z=121$),其他离子的强度以基峰为标准来决定。对于一定的化合物,各离子间的相对强度是一定的,因此,质谱具有化合物的结构特征。

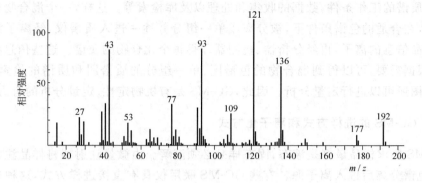

图 9.15 是 α-紫罗酮的质谱图

9.2.2 气相色谱-质谱联用仪

质谱仪是一种很好的定性鉴定用仪器,但对混合物的分析无能为力。色谱仪是一种很好的分离用仪器,但定性能力很差,二者结合起来,则能发挥各自专长,使分离和鉴定同时进行。因此,早在 20 世纪 60 年代就开始了气相色谱-质谱联用技术的研究,并出现了早期的气相色谱-质谱联用仪(gas chromatography-mass spectrometer,GC-MS)。在 70 年代末,GC-MS 已经达到很高的水平,近年来又有长足进展,并且已经相当普及,目前已成为一种重要的分析仪器。

9.2.2.1 GC-MS 的组成

GC-MS 主要由 3 部分组成:色谱部分、质谱部分和数据处理系统。色谱部分和一般的色谱仪基本相同,包括柱箱、汽化室和载气系统,也带有分流/不分流进样系统,程序升温系统,压力、流量自动控制系统等,一般不再有色谱检测器,而是利用质谱仪作为色谱的检测器。在色谱部分,混合样品在合适的色谱条件下被分离成单个组分,然后进入质谱仪进行鉴定。

色谱仪是在常压下工作,而质谱仪需要高真空,因此,如果色谱仪使用填充柱,必须经过一种接口装置——分子分离器,将色谱载气去除,使样品气进入质谱仪。如果色谱仪使用毛细管柱,则可以将毛细管直接插入质谱仪离子源,因为毛细管载气流量比填充柱小得多,不会破坏质谱仪真空。

GC-MS 的质谱仪部分可以是磁式质谱仪、四极质谱仪,也可以是飞行时间质谱仪和离子阱。目前使用最多的是四极质谱仪。离子源主要是 EI 源和 CI 源。

GC-MS 的另外一个组成部分是计算机系统。由于计算机技术的提高,GC-MS 的主要操作都由计算机控制进行,这些操作包括利用标准样品(一般用 FC-43)校准质谱仪,设置色谱和质谱的工作条件,数据的收集和处理以及库检索等。这样,一个混合物样品进入色谱仪后,在合适的色谱条件下,被分离成单一组分并逐一进入质谱仪,经离子源电离得到具有样品信息的离子,再经分析器、检测器即得每个化合物的质谱。这些信息都由计算机储存,根据需要,可以得到混合物的色谱图、单一组分的质谱图和质谱的检索结果等。根据色谱图还可以进行定量分析。因此,GC-MS 是有机物定性、定量分析的有力工具。

9.2.2.2 GC-MS 的进样方式和离子化方式

GC-MS 要求样品最好是液态,固态样品必须溶解。由微量注射器将样品注入色谱进样器,经色谱分离后进入离子源。有些 GC-MS 联用仪具有直接进样方式,这种进样方式是将样品放入小的玻璃坩埚中,靠直接进样杆将样品送入离子源,加热汽化后,由 EI 源电离。直接进样主要适用于分析高沸点的纯样品。

GC-MS 所用的离子源主要是电子电离源。对于热稳定性差的样品,可以采用化学电离源。采用双聚焦质量分析器的 GC-MS 联用仪,还有 FAB 电离方式。

9.2.2.3 GC-MS 的质谱扫描方式

GC-MS 的质谱仪部分种类很多,但最常见的是四极杆质谱仪,现以四极杆质谱仪为例,说明 GC-MS 的质谱扫描方式。扫描方式分为一般扫描和选择离子监测(select ion monitoring, SIM)两种。一般扫描方式是连续改变 V_{rf},使不同质荷比的离子顺序通过分析器到达检测器,用这种扫描方式得到的质谱是标准质谱,可以进行库检索。一般质谱分析大都采用这种扫描方式。选择离子监测是对选定的离子进行跳跃式扫描。采用这种扫描方式可以提高检测灵敏度。其原因如下:假定正常扫描 m/z 从 1amu 到 500amu 扫描时间为 1s,那么每个质量扫过的时间为 1/500=0.002s。如果采用选择离子扫描方式,假定只扫 5 个特征离子,那么每个离子扫过的时间则为 1/5=0.2s,是正常扫描时间的 100 倍。离子产生是连续的,扫描时间长,则接收到的离子多,也即灵敏度高。从上面的例子估计,选择离子扫描对特征离子的检测灵敏度比正常扫描要高大约 100 倍。利用选择离子方式不仅灵敏度高,而且选择性好,在很多干扰离子存在时,利用正常扫描方式可能得到的信号很小,噪音很大,但用选择离子扫描方式,只选择特征离子,噪音会变得很小,信噪比大大提高。在对复杂体系中某一微量成分进行定量分析时,常常采用选择离子扫描方式。

9.2.2.4 GC-MS 的主要信息

GC-MS 分析的关键是设置合适的分析条件,使各组分能够得到满意的分离,得到很好的总离子色谱图和质谱图,在此基础上才能得到满意的定性和定量分析结果。GC-MS 分析得到的主要信息有 3 个:样品的总离子色谱图、样品中每一个组分的质谱图、每个质谱图的检索结果。高分辨仪器还可以给出精确质量和组成式。

1. 总离子色谱图

在一般 GC-MS 分析中,样品连续进入离子源并被连续电离。分析器每扫描一次(比如 1s),检测器就得到一个完整的质谱并送入计算机存储。色谱柱流出的每一个组分,其浓度随时间变化,每次扫描得到的质谱的强度也随时间变化(但质谱峰之间的相对强度不变)。计算机就会得到这个组分不同浓度下的多个质谱。同时,可以把每个质谱的所有离子相加得到总离子强度,并由计算机显示随时间变化的总离子强度,就是样品总离子色谱图(图 9.16)。图中每个峰表示样品的一个组分,峰面积和该组分的含量成正比。横坐标是出峰时间,纵坐标是峰高。由 GC-MS 得到的总离子色谱图与一般色谱仪得到的色谱图基本上是一样的。只要所用色谱柱相同,样品出峰顺序就相同。其差别在于,总离子色谱图所用的检测器是质谱仪,除具有色谱信息外,还具有质谱信息,由每一个色谱峰都可以得到相应组分的质谱。而一般色谱图所用的检测器是氢焰、热导等,没有质谱信息。

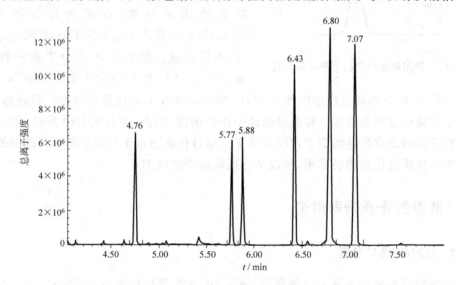

图 9.16 某样品的总离子色谱图

2. 质谱图

由总离子色谱图可以得到任何一个组分的质谱图。一般情况下,为了提高信噪比。通常由色谱峰峰顶处得到相应质谱图,但如果两个色谱峰相互干扰,应尽量选择不发生干扰的位置得到质谱,或通过扣本底,消除其他组分的影响。

3. 库检索

得到质谱图后可以通过计算机检索对未知化合物进行定性。检索结果可以给出几个可能的化合物,并以匹配度大小顺序排列出这些化合物的名称、分子式、分子量和结构式等。使用者可以根据检索结果和其他的信息,对未知物进行定性分析。目前的 GC-MS 联用仪有几种数据库,应用最为广泛的有 NIST 库和 Willey 库,前者现有标准化合物谱图 13 万张,后者有近 30 万张。此外,还有毒品库、农药库等专用谱库。

4. 质量色谱图

总离子色谱图是将每个质谱的所有离子加合得到的。同样,由质谱中任何一个质量的离子也可以得到色谱图,即质量色谱图。由于质量色谱图是由一种质量的离子得到的,因此,若质谱中不存在这种离子的化合物,也就不会出现色谱峰,一个样品中可能只有几个甚至一个化合物出峰。利用这一特点可以识别具有某种特征的化合物,也可以通过选择不同质量的离子做质量色谱图,使正常色谱不能分开的两个峰实现分离,以便进行定量分析。图 9.17(a)中总离子色谱图中 A,B 两组分未分开,不便定量。如果在 A 组分中选一特征质量,如 m/z 91,在 B 组分中选一特征质量,如 m/z 136,做 A 和 B 的质量色谱图图 9.17(b)和(c),则 A,B 两组分可以得到很好的分离。

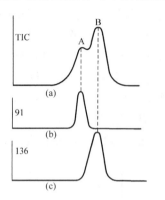

图 9.17 利用质量色谱图分开不同组分

由于质量色谱图是采用一种质量的离子作色谱图,因此,进行定量分析时,也要使用同一种离子得到的质量色谱图测定校正因子。质量色谱图由于是在总离子色谱图的基础上提取出一种质量得到的色谱图,所以又称提取离子色谱图。

9.2.3 液相色谱-质谱联用仪

9.2.3.1 LC-MS 接口装置

对于热稳定性差或不易汽化的样品,进行 GC-MS 分析存在一定的困难,必须改用液相色谱-质谱联用仪(liquid chromatography mass spectrometer,LC-MS)分析。特别是生物大分子的分析,更离不开 LC-MS。LC-MS 联用的关键是 LC 和 MS 之间的接口装置。接口装置的主要作用是去除溶剂并使样品离子化。早期曾经使用过的接口装置有传送带接口、热喷雾接口、粒子束接口等十余种,这些接口装置都存在一定的缺点,因而都没有得到广泛推广。20 世纪 80 年代,大气压电离源用作 LC 和 MS 联用的接口装置和电离装置之后,使得 LC-MS 联用技术提高了一大步。目前,几乎所有的 LC-MS 联用仪都使用大气压电离源作为接口装置和离子源。大气压电离源(atmosphere pressure ionization,API)包括电喷雾电离源(electrospray ionization,ESI)和大气压化学电离源(atmospheric pressure chemicel ionization, APCI)两种,其中电喷雾源应用最为广泛。电喷雾电离源的原理与特点请参见 9.2.1.1 节。

进行 LC-MS 联用分析时,样品由 LC 的六通阀进样,经色谱柱分离后,由 ESI 或 APCI 离子化。样品也可以不经 LC 进样,而是由一个微注射泵直接注入电喷雾喷嘴。这种进样方式相当于 GC-MS 分析中的直接进样杆进样。电喷雾接口最适宜的流量是 $5\sim200\mu L/min$,流量过大时最好采用分流。如果样品量过小,比如毛细管电泳的微小流量或珍贵的生物样品,则需要专门的微流量接口。

除了电喷雾和大气压化学电离两种接口之外,极少数仪器还使用粒子束喷雾和电子轰击相结合的电离方式,这种接口装置可以得到标准质谱,可以库检索,但只适用于小分子,应用也不普遍,故不详述。以外,还有超声喷雾电离接口,也因使用不普遍,故从略。

9.2.3.2 LC-MS 联用仪得到的信息

LC-MS 得到的信息与 GC-MS 联用仪的类似。由 LC 分离的样品经电喷雾电离之后进入分析器。随着分析器的质量扫描得到一个个质谱并存入计算机,由计算机处理后可以得到总离子色谱图、质量色谱图、质谱图等。一般情况下,质谱图只有分子量信息,如果使用串联质谱仪,还可以得到子离子谱、母离子谱和中性丢失谱等。图 9.18 是某样品的总离子色谱图和某一组分的质谱图,上图为总离子色谱图,下图是保留时间为 3.1min 的色谱峰的质谱图。由于 ESI 源只产生准分子离子,因此质谱图比较简单。根据样品的不同,质谱采集时可以采正离子、负离子或同时采集正、负离子。因此得到的质谱图可以有

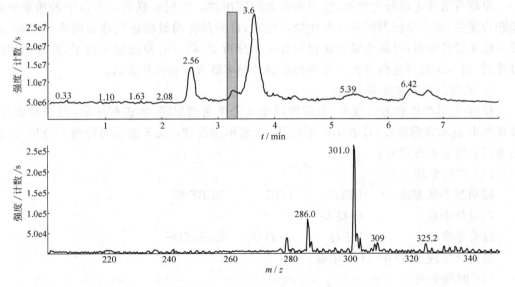

图 9.18　LC-MS 总离子色谱图和质谱图

正离子谱和负离子谱。这种质谱过于简单,没有结构信息,为了克服这一缺点,在 LC-MS 中 MS 部分最好采用串联质谱仪。

9.2.3.3 LC-MS 中的串联质谱法

为了得到更多的结构信息,LC-MS 中的 MS 部分经常采用串联质谱法(tandem mass spectrometry)。

早期的串联质谱法主要用于研究亚稳离子。所谓亚稳离子(metastable ion)是指离子源出来的离子,由于自身不稳定,前进过程中发生分解,丢掉一个中性碎片后生成的新离子,这个新的离子称为亚稳离子。这个过程可以表示为

$$m_1^+ \longrightarrow m_2^+ + N$$

新生成的离子在质量上和动能上都不同于 m_1^+,由于是在行进中途形成的,它也不处在质谱中 m_2 的质量位置。研究亚稳离子对搞清离子的母子关系,对进一步研究结构十分有用。于是,在双聚焦质谱仪中设计了各种各样的磁场和电场联动扫描方式,以求得到子离子、母离子和中性碎片丢失。尽管亚稳离子能提供一些结构信息,但是由于亚稳离子形成的几率小,亚稳峰太弱,检测不容易,而且仪器操作也困难,因此,后来发展成在磁场和电场间加碰撞活化室,人为地使离子碎裂,设法检测子离子、母离子,进而得到结构信息。20 世纪 80 年代以后出现了很多软电离技术,如 ESI,APCI,FAB,MALDI 等,基本上都只有准分子离子,没有结构信息,更需要串联质谱法得到结构信息。因此,近年来,串联质谱法发展十分迅速。串联质谱法可以用于 GC-MS,但更多的是用于 LC-MS。

串联质谱法可分为两类:空间串联和时间串联。空间串联是两个以上的质量分析器联合使用,两个分析器间有一个碰撞活化室,目的是将前级质谱仪选定的离子打碎,由后一级质谱仪分析;时间串联质谱仪只有一个分析器,前一时刻选定一离子,在分析器内打碎后,后一时刻再进行分析。本节将叙述各种串联方式和操作方式。

1. 质谱仪的主要串联方式

质谱-质谱的串联方式很多,空间串联型又分磁扇型串联、四极杆串联、混合串联等。如果用 B 表示扇形磁场,E 表示扇形电场,Q 表示四极杆,TOF 表示飞行时间分析器,那么串联质谱主要方式有:

(1) 空间串联

磁扇型串联方式:　　　BEB　　　　EBE　　　　BEBE 等

四极杆串联:　　　　　Q-Q-Q

混合型串联　　　　　BE-Q　　　Q-TOF　　　EBE-TOF

最近又出现了 TOF-TOF 串联。

(2) 时间串联

离子阱质谱仪

回旋共振质谱仪

这两种质谱仪都是只有一个分析器,前一时刻选定一个离子,在分析器内碰碎后,后一时刻进行分析。

无论是哪种方式的串联,都必须有碰撞活化室,从第一级 MS 分离出来的特定离子,经过碰撞活化后,再经过第二级 MS 进行质量分析,以便取得更多的信息。

2. 碰撞活化分解

利用软电离技术(如电喷雾)作为离子源时,所得到的质谱主要是准分子离子峰,碎片离子很少,因而也就没有结构信息。为了得到更多的信息,最好的办法是把准分子离子"打碎"之后测定其碎片离子。在串联质谱中采用碰撞活化分解(collision activated dissociation,CAD)技术把离子"打碎"。碰撞活化分解也称为碰撞诱导分解(collision induced dissociation,CID),碰撞活化分解在碰撞室内进行,带有一定能量的离子进入碰撞室后,与室内惰性气体分子或原子碰撞,离子碎裂。为了使离子碰撞、碎裂,必须使离子具有一定动能,对于磁式质谱仪,离子加速电压可以超过 1 000V,而对于四极杆,离子阱等,加速电压不超过 100V,前者称为高能 CAD,后者称为低能 CAD。二者得到的子离子谱是有差别的。

3. 串联质谱法的工作方式和主要信息

(1) 三级四极质谱仪(Q-Q-Q)的工作方式和主要信息

图 9.19 是三级四极质谱仪的原理图,三级四极质谱仪有 3 组四极杆,第一组四级杆用于质量分离(MS1),第二组四极杆用于碰撞活化(CAD),第三组四极杆用于质量分离(MS2)。其主要工作方式有 4 种(见图 9.20)。

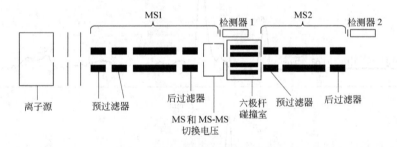

图 9.19 三级四极质谱仪的原理图

图 9.20 中(a)为子离子扫描方式,这种工作方式由 MS1 选定一质量,CAD 碎裂之后,由 MS2 扫描得子离子谱。(b)为母离子扫描方式,由 MS2 选定一个子离子,MS1 扫描,检测器得到的是能产生选定子离子的那些离子,即母离子谱。(c)是中性丢失谱扫描方式,是 MS1 和 MS2 同时扫描。只是二者始终保持一固定的质量差(即中性丢失质量),只有满足相差固定质量的离子才得到检测。(d)是多反应监测(multiple reaction

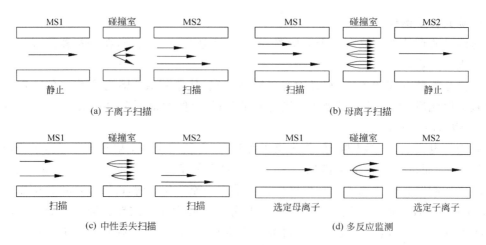

图 9.20 三级四极质谱仪的工作方式

monitoring,MRM)方式,由 MS1 选择一个或几个特定离子(图中只选一个),经碰撞、碎裂之后,由其子离子中选出一特定离子,只有同时满足 MS1 和 MS2 选定的一对离子时,才有信号产生。用这种扫描方式的好处是增加了选择性,即便是两个质量相同的离子同时通过了 MS1,仍可以依靠其子离子的不同将其分开。这种方式非常适合于从很多复杂的体系中选择某特定质量,经常用于微小成分的定量分析,图 9.21 是 MRM 应用的一个例子,上图是某药物提取物的总离子色谱图,由于待测组分含量极微,其色谱峰很

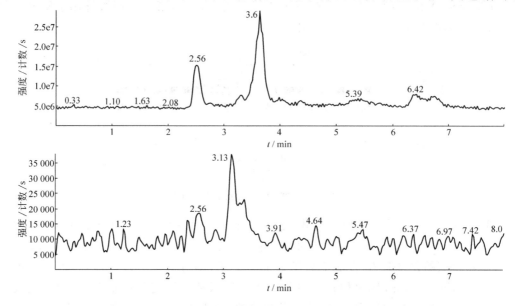

图 9.21 某药物提取物的总离子色谱图和提取离子色谱图

不明显(3.1min 处);下图是其提取离子色谱图,信噪比仍不理想,不能定量。如果改为 MRM 扫描方式,记录 309/241 一组离子的色谱图,则信噪比非常好(图 9.22)。

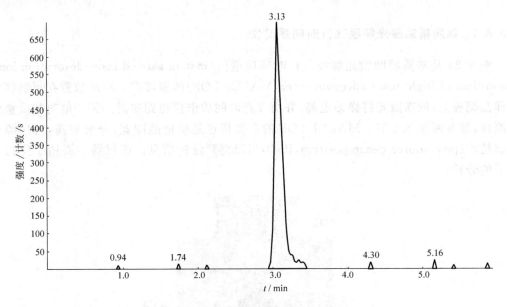

图 9.22　MRM 方式得到的色谱图

(2) 离子阱质谱仪 MS-MS 的工作方式和主要信息

离子阱质谱仪的 MS-MS 属于时间串联型,它的操作方式见图 9.23,在 A 阶段,打开电子门,此时基础电压置于低质量的截止值,使所有的离子被阱集,然后利用辅助射频电压抛射掉所有高于被分析母离子的离子。进入 B 阶段,增加基频电压,抛射掉所有低于被分析母离子的离子,以阱集即将碰撞活化的子离子。在 C 阶段,利用加在端电极上的辅助射频电压激发母离子,使其与阱内本底气体碰撞。在 D 阶段,扫描基频电压,抛射并接收所有 CID 过程形成的子离子,获得子离子谱。以此类推,可以进行多级 MS 分析。由离子阱的工作原理可以知道,它的 MS-MS 功能主要是多级子离子谱,但是利用计算机处理软件,还可以提供母离子谱、中性丢失谱和多反应监测(MRM)谱。

关于其他质谱仪的串联情况,限于篇幅,从略。

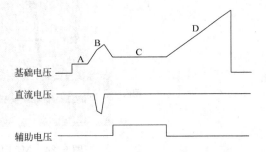

图 9.23　离子阱的 MS-MS 工作方式

9.2.4 其他类型的质谱仪

9.2.4.1 基质辅助激光解吸飞行时间质谱仪

图 9.24 是基质辅助激光解吸飞行时间质谱仪(matrix asisted laser desorption ionization-time of flight mass spectromenter,MALDI-TOF)的原理图。样品放置在可以移动的样品靶板上,依靠激光将样品电离,并由飞行时间质谱仪得到质谱。关于电离和质量分析原理,请参阅 9.2.1 节。MALDI-TOF 的主要特点是质量范围宽,分辨率高,利用源后裂解技术(post source decomposition,PSD)可以得到结构信息。该仪器主要用于生物大分子的分析。

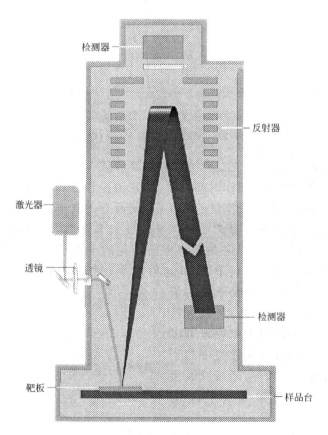

图 9.24　MALDI-TOF 原理图

9.2.4.2 傅里叶变换质谱仪

其工作原理和仪器特点请参阅 9.2.1 节。

9.2.5 质谱仪的性能指标

9.2.5.1 灵敏度

1. GC-MS 灵敏度

GC-MS 灵敏度表示一定的样品(如八氟萘或六氯苯),在一定的分辨率下,产生一定信噪比的分子离子峰所需的样品量。具体测量方法如下:通过 GC 进标准测试样品(八氟萘)1pg,质谱采用全扫描方式,从 m/z 200 扫描到 m/z 300,扫描完成后,用八氟萘的分子离子 m/z 272 做质量色谱图,并测定 m/z 272 离子的信噪比,如果信噪比为 20,则该仪器的灵敏度可表示为 1pg 八氟萘(信噪比 20∶1)。有的仪器用六氯苯作测试样品,那么测量时要改用六氯苯的分子离子 m/z 288。如果仪器灵敏度达不到 1pg,则要加大进样量,直到有合适大小的信噪比为止。用此时的进样量及信噪比规定灵敏度指标。

2. LC-MS 灵敏度

测定 LC-MS 的灵敏度常采用利血平作为测试样品。测试方法如下:配置一定浓度的利血平(如 10pg/μL),通过 LC 进一定量样品,以水和甲醇各 50% 为流动相(加入 1% 乙酸),全扫描,做利血平质子化分子离子峰 m/z 609 的质量色谱图。用进样量和信噪比规定灵敏度指标。

9.2.5.2 分辨率

质谱仪的分辨率表示质谱仪把相邻两个质量分开的能力。常用 R 表示。其定义是,如果某质谱仪在质量 M 处刚刚能分开 M 和 $M+\Delta M$ 两个质量的离子,则该质谱仪的分辨率为

$$R = \frac{M}{\Delta M}$$

例如某仪器能刚刚分开质量为 27.9949 和 28.0061 两个离子峰,则该仪器的分辨率为

$$R = \frac{M}{\Delta M} = \frac{27.9949}{28.0061 - 27.9949} \approx 2500$$

所谓两峰刚刚分开,一般是指两峰间的"峰谷"是峰高的 10%(每个峰提供 5%)。但是,在实际测量时,很难找到刚刚分开的两个峰,这时可采用下面的方法进行分辨率的测量:如果两个质谱峰 M_1 和 M_2 的中心距离为 a,峰高 5% 处的峰宽为 b(见图 9.25),则该仪器的分辨率为

$$R = \frac{M_1 + M_2}{2(M_2 - M_1)} \times \frac{a}{b} \tag{9.7}$$

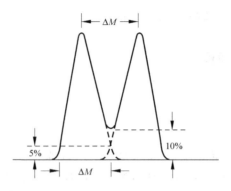

图 9.25 分辨率测试图

还有一种定义分辨率的方式:如果质量为 M 的质谱峰其峰高 50% 处的峰宽(半峰宽)为 ΔM,则分辨率为

$$R = \frac{M}{\Delta M}$$

这一种表示方法测量时比较方便。目前,FTMS 和 TOFMS 均采用这种分辨率表示方式。用这种表示方式时,通常在分辨率数值后面标注 FWHM(Full Width Half Maximum),如 $R = 10\ 000$(FWHM)。

对于磁式质谱仪,质量分离是不均匀的,在低质量端离子分散大,高质量端离子分散小,或者说 M 小时 ΔM 小,M 大时 ΔM 也大。因此,仪器的分辨率数值基本不随 M 变化。在四极质谱仪中,质量排列是均匀的,如果在 $M = 100$ 处,可分开一个质量,即 $\Delta M = 1$,则 $R = 100$;在 $M = 1\ 000$ 时,也是 $\Delta M = 1$,则 $R = 1\ 000$。由此可见,分辨率随质量变化。为了对不同 M 处的分辨率都有一个共同的表示法,四极质谱仪的分辨率一般表示为 M 的倍数,如 $R = 1.7M$ 或 $R = 2M$ 等。如果是 $R = 2M$,表示在 $M = 100$ 处,$R = 200$;$M = 1\ 000$ 处,$R = 2\ 000$。

高分辨质谱仪($R > 10\ 000$)可以给出有机物的元素组成,这对未知物定性分析十分有利。

9.2.5.3 质量范围

质量范围是质谱仪所能测定的离子质荷比的范围。对于多数离子源,电离得到的离子为单电荷离子。这样,质量范围实际上就是可以测定的分子量范围。对于电喷雾源,由于形成的离子带有多电荷,尽管质量范围只有几千,但可以测定的分子量可达 10 万以上。质量范围的大小取决于质量分析器。四极杆分析器的质量范围上限一般在 1 000 左右,也有的可达 3 000,而飞行时间质量分析器可达几十万。由于质量分离的原理不同,不同的分析器有不同的质量范围,彼此间的比较没有任何意义。同类型分析器则在一定程度上反映质谱仪的性能,质量范围宽,可测定的离子 m/z 范围就宽。当然,了解一台仪器的质量范围,主要为了知道它能分析的样品的分子量范围,不能简单认为质量范围宽,仪器就好。对于 GC-MS 来说,分析的对象是挥发性有机物,其分子量一般不超过 500,最常见的是 300 以下。因此,对于 GC-MS 的质谱仪来说,质量范围达到 800 应该就足够了,再高也不一定就好。如果是 LC-MS 用质谱仪,因为分析的很多是生物大分子,质量范围宽一点会好一些。

9.2.5.4 质量稳定性和质量精度

质量稳定性主要是指仪器在工作时质量稳定的情况,通常用一定时间内质量漂移的质量单位(amu)来表示。例如某仪器的质量稳定性为 0.1amu/12h,意思是该仪器在 12h 之内,质量漂移不超过 0.1amu。

质量精度是指质量测定的精确程度,是多次测定的相对标准偏差,常以百分比表示,对高分辨质谱仪,这个值通常在百万分之几,因此,质量精度是以百万分之一(ppm)作为单位,例如,可以说某质谱仪的质量精度为 5ppm。质量精度是高分辨质谱仪的一项重要指标,质量精度越好的质谱仪,给出的元素组成式越准确可靠,而对低分辨质谱仪没有太大意义。

9.3 质谱解析的基础知识

由于电子电离源(EI)得到的质谱和软电离源质谱有很大的差别,故将二者分开加以介绍。

9.3.1 EI 质谱中的各种离子

1. 分子离子

在电子轰击下,有机物分子失去一个电子所形成的离子叫分子离子:

$$M + e \longrightarrow M^{\ddot{+}} + 2e$$

式中 $M^{\ddot{+}}$ 是分子离子。由于分子离子是化合物失去一个电子形成的,因此,分子离子是自由基离子。通常把带有未成对电子的离子称为奇电子离子(OE),并标以"$\ddot{+}$",把外层电子完全成对的离子称为偶电子离子(EE),并标以"$+$",分子离子一定是奇电子离子。

关于离子的电荷位置,一般认为有下列几种情况:如果分子中含有杂原子,则分子易失去杂原子的未成键电子而带电荷,电荷位置可表示在杂原子上,如 $CH_3CH_2\overset{\cdot+}{O}H$;如果分子中没有杂原子而有双键,则双键电子较易失去,则正电荷位于双键的一个碳原子上;如果分子中既没有杂原子,又没有双键,其正电荷位置一般在分支碳原子上;如果电荷位置不确定,或者不需要确定电荷的位置,可在分子式的右上角标以"⌐⋅+",例如 $CH_3COOC_2H_5^{\neg\cdot+}$。

在质谱中,分子离子峰的强度和化合物的结构有关。环状化合物比较稳定,不易碎裂,因而分子离子较强;支链较易碎裂,分子离子峰就弱;有些稳定性差的化合物,经常看不到其分子离子峰。一般规律是,化合物分子稳定性差,键长,分子离子峰弱,有些酸、醇及支链烃的分子离子峰较弱甚至不出现,而芳香化合物往往都有较强的分子离子峰。分子离子峰强弱的大致顺序是:芳环>共轭烯>烯>酮>不分支烃>醚>酯>胺>酸>醇>高分支烃。

分子离子是化合物分子失去一个电子形成的,因此,分子离子的质量就是化合物的相对分子质量,所以分子离子在化合物质谱的解释中具有特殊重要的意义。

2. 碎片离子

碎片离子是分子离子碎裂产生的。当然,碎片离子还可以进一步碎裂形成更小的离子。碎片离子形成的机理有下面几种:

(1) 游离基引发的断裂(α 断裂)

游离基对分子断裂的引发是由于电子的强烈成对倾向造成的。由游离基提供一个奇电子与邻接原子形成一个新键,与此同时,这个原子的另一个键(α 键)断裂。这种断裂通常称为 α 断裂。α 断裂主要有下面几种情况:

① 含饱和杂原子:

$$R_1—CH_2—CH_2—\overset{\cdot+}{Y}—R_2 \longrightarrow R_1—CH_2\cdot + CH_2=\overset{+}{Y}—R_2$$

上式中 ⌒ 是单箭头,表示单电子转移;Y 为杂原子。现以乙醇的断裂进一步说明:

$$CH_3—CH_2—\overset{\cdot+}{O}H \longrightarrow CH_3\cdot + CH_2=\overset{+}{O}H$$
$$m/z\ 31$$

因为 α 断裂比较容易发生,因此,在乙醇质谱中,$m/z\ 31$ 的峰比较强。

② 含不饱和杂原子

以丙酮为例,说明断裂产生的机理:

$$CH_3—\underset{\underset{\|}{\overset{\cdot+}{O}}}{C}—CH_3 \longrightarrow CH_3\cdot + \underset{\underset{\|}{\overset{+}{O}}}{C}—CH_3$$
$$m/z\ 43$$

③ 烯烃（烯丙断裂）

$$R-CH_2-CH_2\overset{\cdot+}{-}CH_2 \xrightarrow{\alpha} R\cdot + CH_2=CH\overset{+}{-}CH_2$$
$$m/z\,41$$

烯丙断裂生成稳定的烯丙离子（$m/z\,41$）。

④ 烷基苯（苄基断裂）

断裂后生成很强的苄基离子（$m/z\,91$），这种离子是烷基苯类化合物的特征离子。

以上几种断裂都是由游离基引发的。游离基电子与转移的电子形成新键，同时伴随着相近键的断裂，形成相应的离子。断裂发生的位置都是电荷定位原子相邻的第一个碳原子和第二个碳原子之间的键，这个键称为 α 键，因此，这类自由基引发的断裂统称 α 断裂。

（2）正电荷引发的断裂（诱导断裂或 i 断裂）

诱导断裂是由正电荷诱导、吸引一对电子而发生的断裂，其结果是正电荷的转移。诱导断裂常用 i 来表示。双箭头表示双电子转移。

$$R\frown Y\overset{\cdot+}{-}R' \xrightarrow{i} R^+ + \cdot Y-R'$$

一般情况下，电负性强的元素诱导力也强。在有些情况下，诱导断裂和 α 断裂同时存在，由于 i 断裂需要电荷转移，因此，i 断裂不如 α 断裂容易进行。表现在质谱中，相应 α 断裂的离子峰强，i 断裂产生的离子峰较弱。例如乙醚的断裂：

$$C_2H_5\frown \overset{\cdot+}{O}-C_2H_5 \xrightarrow{i} C_2H_5^+ + \cdot OC_2H_5$$

$$CH_3\frown CH_2\frown \overset{\cdot+}{O}-C_2H_5 \xrightarrow{\alpha} CH_3\cdot + CH_2=\overset{+}{O}C_2H_5$$

i 断裂和 α 断裂同时存在，α 断裂的几率大于 i 断裂。但由于 α 断裂生成的 $m/z\,59$ 还有进一步的断裂，因此，在乙醚的质谱中，$m/z\,59$ 并不比 $m/z\,29$ 强。

（3）σ 断裂

如果化合物分子中具有 σ 键，如烃类化合物，则会发生 σ 键断裂。σ 键断裂需要的能量大，当化合物中没有 π 电子和 n 电子时，σ 键的断裂才可能成为主要的断裂方式。断裂后形成的产物越稳定，这样的断裂就越容易进行，阳碳离子的稳定性顺序为叔＞仲＞伯，因此，碳氢化合物最容易在分支处发生键的断裂，并且，失去最大烷基的断裂最容易进行，例如

$$CH_3-\underset{\underset{CH_3}{|}}{\overset{\overset{CH_3}{|}}{C}}-C_2H_5 \xrightarrow{-e} CH_3-\underset{\underset{CH_3}{|}}{\overset{\overset{CH_3}{|}}{\overset{+}{C}}}-C_2H_5 \xrightarrow{\delta} CH_3-\underset{\underset{CH_3}{|}}{\overset{\overset{CH_3}{|}}{\overset{+}{C}}} + \cdot C_2H_5$$

(4) 环烯的断裂——逆狄尔斯-阿德尔反应

利用有机合成中的狄尔斯-阿德尔反应，可以由丁二烯和乙烯制备环己烯：

在质谱的分子离子断裂反应中，环己烯可以生成丁二烯和乙烯，正好与上述反应相反，所以称为逆狄尔斯-阿德尔(Retro-Diels-Alder)反应，简称 RDA：

现在，RDA 反应已广泛用来解释含有环己烯结构的各类化合物，例如，萜烯化合物的裂解：

这类裂解反应的特点是，环己烯双键打开，同时引发两个 α 键断开，形成两个新的双键，电荷处在带双键的碎片上。

3. 同位素离子

大多数元素都是由具有一定自然丰度的同位素组成。表 9.1 是有机物中各元素的自然丰度。这些元素形成化合物后，其同位素就以一定的丰度出现在化合物中，因此，化合物的质谱中就会有不同同位素形成的离子峰。通常把由重同位素形成的离子峰叫同位素峰。例如，在天然碳中有两种同位素，^{12}C 和 ^{13}C，二者丰度之比为 100∶1.1，如果由 ^{12}C 组成的化合物质量为 M，那么，由 ^{13}C 组成的同一化合物的质量则为 $M+1$。同样一个化合物生成的分子离子会有质量为 M 和 $M+1$ 的两种离子。如果化合物中含有一个碳，则 $M+1$ 离子的强度为 M 离子强度的 1.1%；如果含有两个碳，则 $M+1$ 离子强度为 M 离子强度的 2.2%。这样，根据 M 与 $M+1$ 离子强度之比，可以估计出碳原子的个数。氯有两个同位素，^{35}Cl 和 ^{37}Cl，两者丰度比为 100∶32.5，或近似为 3∶1。当化合物分子中含有一个氯时，如果由 ^{35}Cl 形成的分子质量为 M，那么，由 ^{37}Cl 形成的分子质量为 $M+2$。生成离子后，离子质量分别为 M 和 $M+2$，离子强度之比近似为 3∶1。如果分子中有两个氯，其组成方式可以有 R ^{35}Cl ^{35}Cl，R ^{35}Cl ^{37}Cl，R ^{37}Cl ^{37}Cl，分子离子的质量有 M，$M+2$，$M+4$，离子

强度之比为 9∶6∶1。同位素离子的强度之比,可以用二项式展开式各项之比来表示:
$$(a+b)^n \tag{9.8}$$

表 9.1　有机物中各元素的同位素丰度

元素	C		H		N		O		
同位素	^{12}C	^{13}C	^{1}H	^{2}H	^{14}N	^{15}N	^{16}O	^{17}O	^{18}O
丰度	100	1.08	100	0.016	100	0.38	100	0.04	0.20
元素	P	S			F	Cl		Br	
同位素	^{31}P	^{32}S	^{33}S	^{34}S	^{19}F	^{35}Cl	^{37}Cl	^{79}Br	^{81}Br
丰度	100	100	0.78	4.4	100	100	32.5	100	98

式中,a 是某元素轻同位素的丰度;b 是某元素重同位素的丰度;n 是同位素个数。

例如,某化合物分子中含有两个氯,其分子离子的 3 种同位素离子强度之比,由上式计算得:
$$(a+b)^n = (3+1)^2 = 9+6+1$$

即 3 种同位素离子强度之比为 9∶6∶1。这样,如果知道了同位素的元素个数,可以推测各同位素离子强度之比。同样,如果知道了各同位素离子强度之比,也可以估计出元素的个数。

4. 重排离子

有些离子不是由简单断裂产生的,而是发生了原子或基团的重排,这样产生的离子称为重排离子。当化合物分子中含有 C═X(X 为 O,N,S,C)基团,而且与这个基团相连的链上有 γ 氢原子,这种化合物的分子离子碎裂时,此 γ 氢原子可以转移到 X 原子上去,同时 β 键断裂,例如

这种断裂方式是 Mclafferty 在 1956 年首先发现的,因此称为 Mclafferty 重排,简称麦氏重排。对于含有像羰基这样的不饱和官能团的化合物,γ 氢是通过六员环过渡态转移的。凡是具有 γ 氢的醛、酮、酯、酸、烷基苯及长链烯等,都可以发生麦氏重排,例如

麦氏重排的特点如下:同时有两个以上的键断裂并丢失一个中性小分子,生成的重排离子的质量数为偶数。

除麦氏重排外,重排的种类还很多,经过四员环、五员环都可以发生重排。重排既可以是自由基引发的,也可以是电荷引发的。

自由基引发的重排:

电荷引发的重排:

9.3.2 常见有机化合物的质谱

1. 烃类

正构烷烃的断裂方式主要是简单的 σ 键断裂,其质谱特征是具有质量相差 14 个质量单位的 C_nH_{2n+1} 离子系列。图 9.26 是正十二烷的质谱。

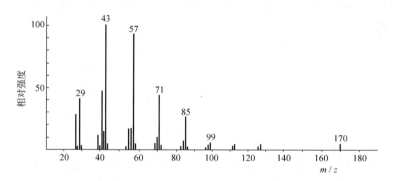

图 9.26 正十二烷的质谱

在有支链的烷烃质谱中,由于分支处的链易断裂,产生的离子也较稳定,因此丰度就大一些,例如在 5-甲基十五烷的质谱中,m/z 85 和 169 的离子比较强:

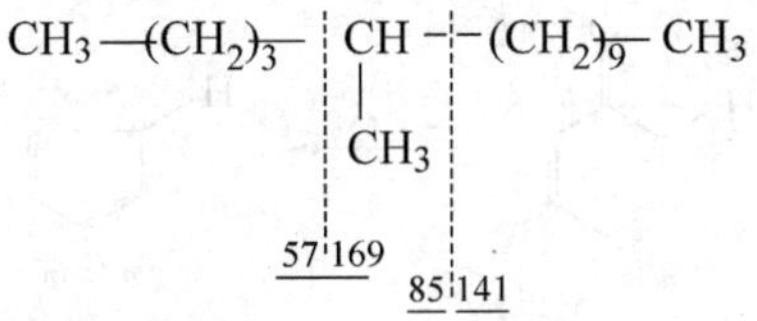

$$CH_3-(CH_2)_3-CH-(CH_2)_9-CH_3$$
$$\qquad\qquad\qquad\quad |$$
$$\qquad\qquad\qquad\ CH_3$$
$$\qquad\qquad\ \underline{57|169}\ \ \underline{85|141}$$

利用强度增加的离子峰,可以判断支链烃的分支位置。

烯烃除具有烷烃的质谱特征外,因为有双键存在,所以长链烯烃可以发生麦氏重排:

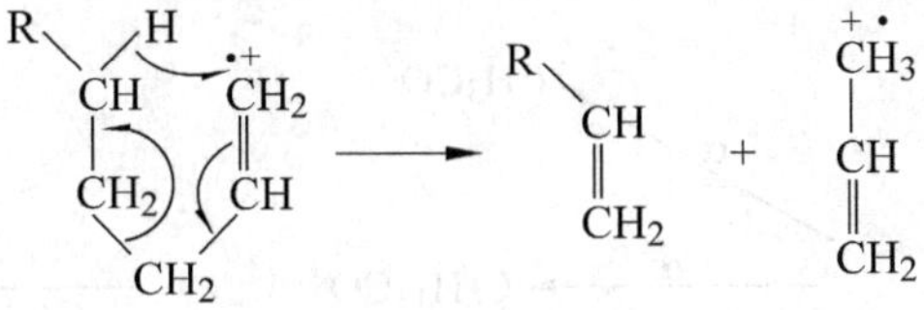

同时,烯烃容易发生烯丙断裂,生成很强的烯丙离子。

芳烃最容易发生苄基断裂,生成苄基离子:

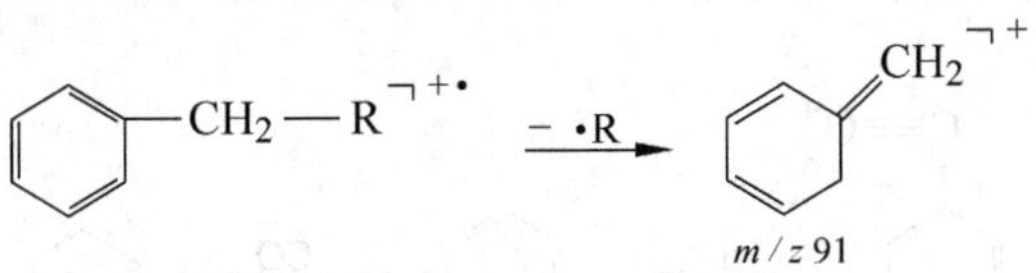

2. 醇和酚

醇含有杂原子,所以容易发生 α 断裂,形成 m/z 31 离子和 $(M-1)$ 离子:

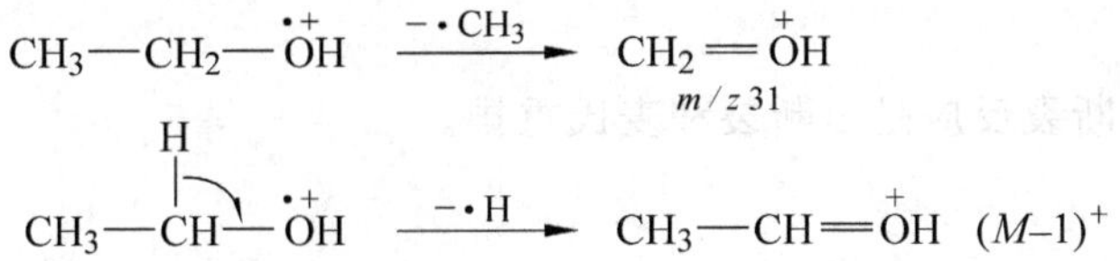

醇类也易发生失水反应生成 $(M-18)$ 离子:

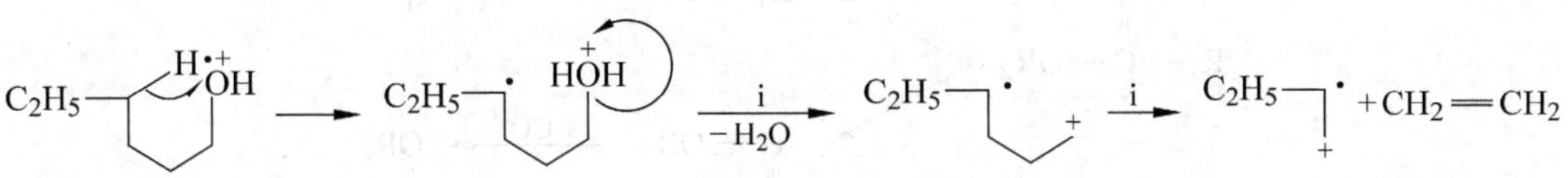

酚类一般有较强的分子离子,其质谱除具有苯的特征外,还会生成 $(M-28)$ 离子:

$$\text{[structure } m/z\ 94\text{]} \xrightarrow{\text{异构化}} \text{[structure]} \xrightarrow{-CO} \text{[structure } m/z\ 66\text{]} \xrightarrow{-H} \text{[structure } m/z\ 65\text{]}$$

3. 醛和酮

由于羰基的存在,醛和酮的离子化能量较低。即使带有支链的醛、酮,其分子离子也有一定的丰度。醛、酮的质谱特征在于 α 断裂和麦氏重排所产生的离子:

$$C_3H_7\text{-CH(O}^{+\cdot}\text{)-CH}_3 \begin{cases} \xrightarrow{\alpha} CH_3CO^+ \\ \xrightarrow{\alpha} C_6H_{13}CO^+ \longrightarrow C_6H_{13}^+ \\ \xrightarrow{\text{重排}} C_3H_7\text{-CH=CH}_2 + \text{HO}^+\text{=C(CH}_3\text{)}_2 \end{cases}$$

$$\underset{m/z\ 122}{\text{[HO-C}_6\text{H}_4\text{-CHO}]^{+\cdot}} \xrightarrow{-H} \underset{m/z\ 121}{\text{[HO-C}_6\text{H}_4\text{-C}\equiv\text{O}^+\text{]}} \xrightarrow{i} \underset{m/z\ 93}{\text{[HO-C}_6\text{H}_5\text{]}^+} \xrightarrow[-H]{-CO} \underset{m/z\ 65}{\text{[C}_5\text{H}_5\text{]}^+} \xrightarrow{-C_2H_2} \underset{m/z\ 39}{C_3H_3^+}$$

4. 酯和酸

酯和酸的特征断裂反应是 α 断裂和麦氏重排。

α 断裂:

$$R_1\text{-C(=O}^{+\cdot}\text{)-OR}_2 \begin{cases} \longrightarrow R_1\text{-C}\equiv\text{O}^+ \xrightarrow{-CO} R_1^+ \\ \longrightarrow {}^+\text{O}\equiv\text{C-OR}_2 \xrightarrow{-CO} OR_2^+ \end{cases}$$

酯容易产生 $R\text{-}C\equiv O^+$,酸容易产生 $^+O\equiv C\text{-}OH$。

麦氏重排:

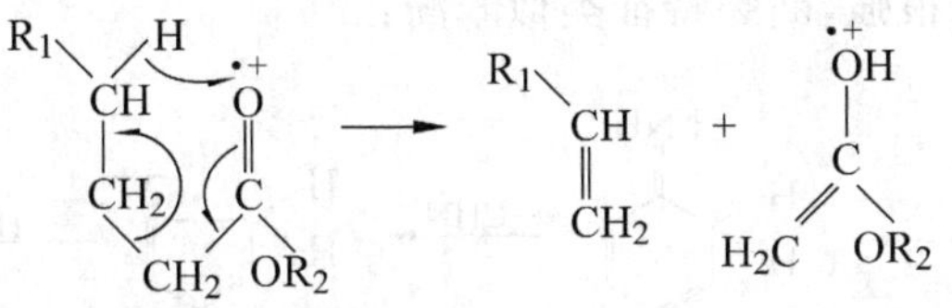

[反应机理示意图：McLafferty 重排]

丁酸酯以上的脂肪酸酯都会发生这种重排。甲酯产生 $m/z\,74$，乙酯产生 $m/z\,88$，后者再经过重排又产生 $m/z\,60$ 的离子。脂肪酸也会发生这种重排。

芳香酯也会发生类似上述的反应。又因为芳香环能降低键的离解能，能稳定离子和游离基中心，并且可以提供重排所需的不饱和中心，所以芳香酯的各种反应途径都是可能的。在芳香酯中最常见的是邻苯二甲酸酯，它是在质谱分析中普遍存在的杂质。邻苯二甲酸酯具有很特征的基峰 $m/z\,149$，其形成机理如下：

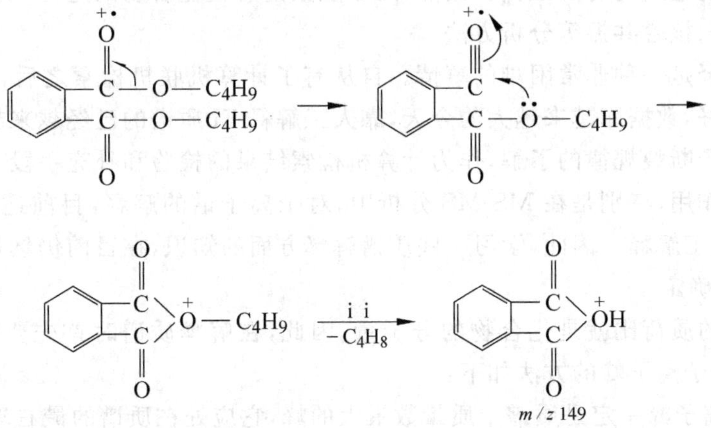

[邻苯二甲酸二丁酯裂解机理图，产生 $m/z\,149$]

5. 胺

脂肪胺容易发生 α 断裂。伯胺有很强的 $m/z\,30$ 和 $m/z\,44$ 峰，仲胺和叔胺除 α 断裂外，碎片离子还会进一步发生电荷引发的重排：

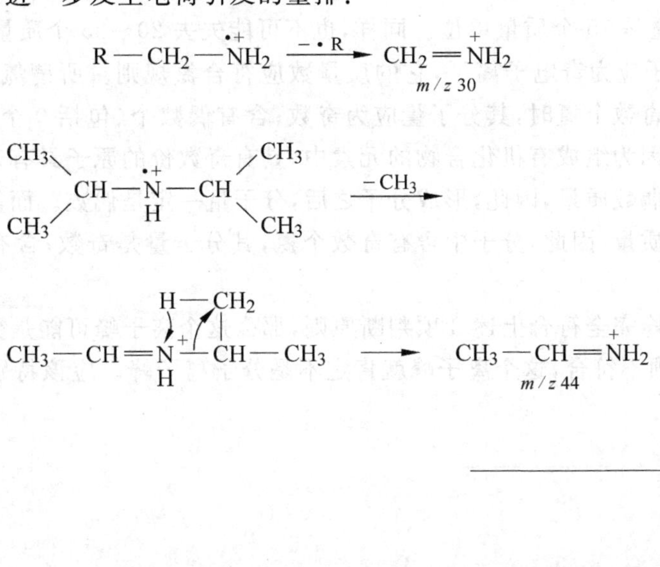

$$R-CH_2-\overset{+\cdot}{N}H_2 \xrightarrow{-\cdot R} CH_2=\overset{+}{N}H_2 \quad (m/z\,30)$$

[仲胺/叔胺的重排反应示意图，产生 $m/z\,44$]

芳胺的分子离子峰很强,断裂特征类似苯酚:

9.3.3　EI 质谱的解释

化合物的质谱包含着有关化合物的很丰富的信息。在很多情况下,仅依靠质谱就可以确定化合物的分子量、分子式和分子结构。而且,质谱分析的样品用量极微,因此,质谱法是进行有机物鉴定的有力工具。当然,对于复杂的有机化合物的定性,还要借助于红外光谱、紫外光谱、核磁共振等分析方法。

质谱的解释是一种非常困难的事情。自从有了计算机联机检索之后,特别是质谱仪可靠性越来越好,数据库越来越大的今天,靠人工解释 EI 质谱的已经越来越少。但是,作为对化合物分子断裂规律的了解,作为计算机检索结果的检验和补充手段,质谱图的人工解释还有它的作用,特别是在 MS-MS 分析中,对子离子谱的解释,目前还没有现成的数据库,主要靠人工解释。因此,学习一些质谱解释方面的知识,在目前仍然是有必要的。

1. 分子量确定

分子离子的质荷比就是化合物的分子量,因此,在解释质谱时首先要确定分子离子峰,通常判断分子离子峰的方法如下:

(1) 分子离子峰一定是质谱中质量数最大的峰,它应处在质谱的最右端。

(2) 分子离子峰应具有合理的质量丢失。也即在比分子离子小 4～14 及 20～25 个质量单位处,不应有离子峰出现,否则,所判断的质量数最大的峰就不是分子离子峰。因为一个有机化合物分子不可能失去 4～14 个氢而不断键。如果断键,失去的最小碎片应为 CH_3,它的质量是 15 个质量单位。同样,也不可能失去 20～25 个质量单位。

(3) 分子离子应为奇电子离子,它的质量数应符合氮规则。所谓氮规则是指有机化合物分子中含有奇数个氮时,其分子量应为奇数;含有偶数个(包括 0 个)氮时,其分子量应为偶数。这是因为组成有机化合物的元素中,具有奇数价的原子具有奇数质量,具有偶数价的原子具有偶数质量,因此,形成分子之后,分子量一定是偶数。而氮则例外,氮有奇数价而具有偶数质量,因此,分子中含有奇数个氮,其分子量是奇数;含有偶数个氮,其分子量一定是偶数。

如果某离子峰完全符合上述 3 项判断原则,那么这个离子峰可能是分子离子峰;如果 3 项原则中有一项不符合,这个离子峰就肯定不是分子离子峰。应该特别注意的是,有些

化合物容易出现 $M-1$ 峰或 $M+1$ 峰,另外,在分子离子很弱时,容易和噪音峰相混,所以,在判断分子离子峰时要综合考虑样品来源、性质等其他因素。如果经判断没有分子离子峰或分子离子峰不能确定,则需要采取其他方法得到分子离子峰,常用的方法有:

(1) 降低电离能量

通常 EI 源所用电离电压为 70V,电子的能量为 70eV,在这样高能量电子的轰击下,有些化合物就很难得到分子离子。这时可采用 12eV 左右的低电子能量,虽然总离子流强度会大大降低,但有可能得到一定强度的分子离子峰。

(2) 制备衍生物

有些化合物不易挥发或热稳定性差,这时可以进行衍生化处理。例如有机酸可以制备成相应的酯,酯类容易汽化,而且容易得到分子离子峰,可以由此再推断有机酸的分子量。

(3) 采取软电离方式

软电离方式很多,所用的离子源有化学电离源、快原子轰击源、场解吸源及电喷雾源等,要根据样品特点选用不同的离子源。软电离方式得到的往往是准分子离子,然后由准分子离子推断出真正的分子量。

2. 分子式确定

利用一般的 EI 质谱很难确定分子式。在早期,曾经有人利用分子离子峰的同位素峰来进行分子组成式的测定。有机化合物分子都是由 C,H,O,N 等元素组成的,这些元素大多具有同位素,由于同位素的贡献,质谱中除了有质量为 M 的分子离子峰外,还有质量为 $M+1,M+2$ 的同位素峰。由于不同分子的元素组成不同,不同化合物的同位素丰度也不同,Beynon 将各种化合物(包括 C,H,O,N 的各种组合)的 M、$M+1$、$M+2$ 的强度值编成质量与丰度表,如果知道了化合物的分子量和 $M,M+1,M+2$ 的强度比,即可查表确定分子式。例如,某化合物的分子量为 $M=150$(丰度 100%),$M+1$ 的丰度为 9.9%,$M+2$ 的丰度为 0.88%,求化合物的分子式。根据 Beynon 表可知,$M=150$ 化合物有 29 个,其中与所给数据相符的为 $C_9H_{10}O_2$。这种确定分子式的方法要求同位素峰的测定十分准确,而且只适用于分子量较小,分子离子峰较强的化合物。如果是这样的质谱图,利用计算机进行库检索得到的结果一般都比较好,不需要再计算同位素峰和查表。因此,这种查表的方法已经不再使用。

利用高分辨质谱仪可以提供分子组成式。因为碳、氢、氧、氮的原子量分别为 12.000000,10.07825,15.994914,14.003074,如果能精确测定化合物的分子量,可以由计算机轻而易举地计算出所含不同元素的个数。目前傅里叶变换质谱仪、双聚焦质谱仪、飞行时间质谱仪等都能给出化合物的元素组成。

3. 分子结构的确定

从前面的叙述可以知道,化合物分子电离生成的离子质量与强度,与该化合物分子的本身结构有密切的关系。也就是说,化合物的质谱带有很强的结构信息,通过对化合物质谱的解释,可以得到化合物的结构。下面就质谱解释的一般方法做一说明。

(1) 谱图解释的一般方法

一张化合物的质谱图包含有很多的信息,根据使用者的要求,可以用来确定分子量、验证某种结构、确认某元素的存在,也可以用来对完全未知的化合物进行结构鉴定。对于不同的情况,解释方法和侧重点就不同。质谱图一般的解释步骤如下:

① 由质谱的高质量端确定分子离子峰,求出分子量,初步判断化合物类型及是否含有 Cl,Br,S 等元素。

② 根据分子离子峰的高分辨数据,给出化合物的组成式。

③ 由组成式计算化合物的不饱和度,即确定化合物中环和双键的数目。计算方法如下:

$$不饱和度\ U = 四价原子数 - \frac{一价原子数}{2} + \frac{三价原子数}{2} + 1$$

例如,苯的不饱和度

$$U = 6 - \frac{6}{2} + \frac{0}{2} + 1 = 4$$

不饱和度表示有机化合物的不饱和程度,计算不饱和度有助于判断化合物的结构。

④ 研究高质量端离子峰。质谱高质量端离子峰是由分子离子失去碎片形成的。从分子离子失去的碎片,可以确定化合物中含有哪些取代基。常见的离子失去碎片的情况有:

$M-15(CH_3)$ $M-16(O,NH_2)$
$M-17(OH,NH_3)$ $M-18(H_2O)$
$M-19(F)$ $M-26(C_2H_2)$
$M-27(HCN,C_2H_3)$ $M-28(CO,C_2H_4)$
$M-29(CHO,C_2H_5)$ $M-30(NO)$
$M-31(CH_2OH,OCH_3)$ $M-32(S,CH_3OH)$
$M-35(Cl)$ $M-42(CH_2CO,CH_2N_2)$
$M-43(CH_3CO,C_3H_7)$ $M-44(CO_2,CS_2)$
$M-45(OC_2H_5,COOH)$ $M-46(NO_2,C_2H_5OH)$
$M-79(Br)$ $M-127(I)$ 等等

⑤ 研究低质量端离子峰,寻找不同化合物断裂后生成的特征离子和特征离子系列。例如,正构烷烃的特征离子系列为 m/z 15,29,43,57,71 等,烷基苯的特征离子系列为 m/z 91,77,65,39 等。根据特征离子系列可以推测化合物类型。

⑥ 通过上述各方面的研究,提出化合物的结构单元。再根据化合物的分子量、分子

式、样品来源、物理化学性质等,提出一种或几种最可能的结构。必要时,可根据红外和核磁数据得出最后结果。

⑦ 验证所得结果。验证的方法有:将所得结构式按质谱断裂规律分解,看所得离子和所给未知物谱图是否一致;查该化合物的标准质谱图,看是否与未知谱图相同;寻找标样,做标样的质谱图,与未知物谱图比较等。

(2) 谱图分析举例

例 1 由元素分析测得某化合物的组成式为 $C_8H_8O_2$,其质谱图如图 9.27 所示,确定化合物结构式。

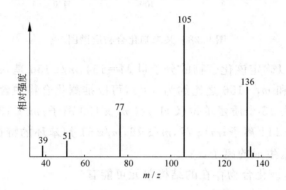

图 9.27 某未知化合物的质谱图

解

(1) 该化合物分子量 $M=136$

(2) 该化合物的不饱和度 $U=8-\dfrac{8}{2}+1=5$

由于不饱和度为 5,而且质谱中存在 m/z 77,51 等峰,可以推断该化合物中含有苯环。

(3) 高质量端质谱峰 m/z 105 是 m/z 136 失去质量为 31 的碎片(—CH₂OH 或 —OCH₃)产生的,m/z 77(苯基)是 m/z 105 失去质量为 28 的碎片(—CO,—C₂H₄)产生的。因为质谱中没有 m/z 91 离子,所以质量为 28 的碎片是 CO 而不是 C₂H₄。

(4) 推断化合物的结构为

$$\text{C}_6\text{H}_5\text{—CO—CH}_2\text{OH} \quad \text{或} \quad \text{C}_6\text{H}_5\text{—CO—OCH}_3$$

最后,由红外光谱进一步确证未知物属于哪种结构。

例 2 图 9.28 是某未知物质谱图,试确定其结构。

解

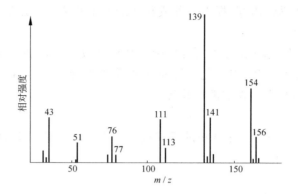

图 9.28 某未知化合物质谱图

(1) 由质谱图可以确定该化合物的分子量 $M=154$，m/z 156 是 m/z 154 的同位素峰。

(2) 由 m/z 154 和 m/z 156 之比约为 3∶1，可以推测化合物中含有一个 Cl 原子。

(3) m/z 154 失去 15 个质量单位(CH_3) 得 m/z 139 离子；m/z 139 失去 28 个质量单位(CO，C_2H_4) 得 m/z 111 离子；m/z 77，m/z 76，m/z 51 是苯环的特征离子；m/z 43 可能是—C_3H_7 或—$COCH_3$ 生成的离子。

(4) 由以上分析，该化合物存在的结构单元可能有

$$Cl,\ \bigcirc,\ >C=O,\ C_2H_4,\ —OCH_3,\ —C_3H_7$$

根据质谱图及化学上的合理性，提出未知物的可能结构为

$$CH_3CO-\bigcirc-Cl\ (a),\quad n\text{-}C_3H_7-\bigcirc-Cl\ (b),\quad i\text{-}C_3H_7-\bigcirc-Cl\ (c)$$

上述 3 种结构中，如果是(b)，则质谱中必然有很强的 m/z 125 离子，这与所给谱图不符；如果是(c)，根据一般规律，该化合物也应该有 m/z 125 离子，尽管离子强度较低，所以这种结构的可能性较小；如果是(a)，其断裂情况与谱图完全一致。

$$Cl-C_6H_4-\overset{O^{+\cdot}}{C}-CH_3 \xrightarrow{-\cdot CH_3} Cl-C_6H_4-\overset{+O}{C} \xrightarrow{-CO} Cl-C_6H_4^{+}$$
$$m/z\ 153 \qquad\qquad m/z\ 139 \qquad\qquad m/z\ 111$$

如果只依靠质谱图的解释，可能给出(a)和(c)两种结构式。然后用下面的方法进一步判断：① 查(a)，(c)的标准质谱图，看哪个与未知谱图相同。② 利用标样做质谱图，看哪个谱

图与未知物谱图相同。

9.3.4 软电离源质谱的解释

1. 化学电离源质谱

化学电离可以用于 GC-MS 联用方式,也可以用于直接进样方式,对同样的化合物,二者得到的 CI 质谱是相同的。化学电离源得到的质谱,既与样品化合物类型有关,又与所使用的反应气体有关。以甲烷作为反应气,对于正离子 CI 质谱,既可以有$(M+H)^+$,又可以有$(M-H)^-$,还可以有$(M+C_2H_5)^+$,$(M+C_3H_5)^+$;异丁烷作反应气可以生成$(M+H)^+$,也可以生成$(M+C_4H_9)^+$;用氨作反应气可以生成$(M+H)^+$,也可以生成$(M+NH_4)^+$。

如果化合物中含电负性强的元素,通过电子捕获可以生成负离子,或捕获电子之后又经分解形成负离子,常见的有 M^-,$(M-H)^-$ 及其分解离子。

CI 源也会形成一些碎片离子,碎片离子又会进一步进行离子-分子反应。但 CI 谱和 EI 谱会有较大差别,不能进行库检索。解释 CI 谱主要是为了得到分子量信息。解释 CI 谱时,要综合分析 CI 谱、EI 谱和所用的反应气,推断出准分子离子峰。

2. 快原子轰击源质谱

快原子轰击质谱主要是准分子离子,碎片离子较少。常见的离子有$(M+H)^+$,$(M-H)^-$。此外,还会生成加合离子,最主要的加合离子有$(M+Na)^+$,$(M+K)^+$ 等,如果样品滴在 Ag 靶上,还能看到$(M+Ag)^+$;如果用甘油作为基质,生成的离子中还会有样品分子和甘油生成的加合离子。

FAB 源既可以得到正离子,也可以得到负离子。在基质中加入不同的添加剂,会影响离子的强度。加入乙酸、三氟乙酸等会使正离子增强;加入 NH_4OH 会使负离子增强。

3. 电喷雾质谱

电喷雾源既可以分析小分子,又可以分析大分子。对于分子量在 1 000Da 以下的小分子,通常是生成单电荷离子,少量化合物有双电荷离子。碱性化合物如胺易生成质子化的分子$(M+H)^+$,而酸性化合物,如磺酸,能生成去质子化离子$(M-H)^-$。由于电喷雾是一种很"软"的电离技术,通常很少或没有碎片。谱图中只有准分子离子,同时,某些化合物易受到溶液中存在的离子的影响,形成加合离子,常见的有$(M+NH_4)^+$,$(M+Na)^+$ 及$(M+K)^+$ 等。

对于极性大分子,利用电喷雾源常常会生成多电荷离子,这些离子在质谱中的"表观"质量为 $m/z=\dfrac{M+nH}{n}$,式中 M 为真实质量,n 为电荷数。在一个多电荷离子系列中,任何两个相邻的离子只相差一个电荷,因此

$$n_1 = n_2 + 1$$

如果用 M_1 表示电荷数为 n_1 的离子的质量，M_2 表示电荷数为 n_2 的离子的质量，则

$$M_2 = \frac{M + n_2 H}{n_2}$$

$$M_1 = \frac{M + n_1 H}{n_1}$$

解联立方程可得

$$n_2 = (M_1 - H)/(M_2 - M_1)$$

n_2 值取最接近的整数值。只要 n 值已知，原始的质量数就可以计算得到：

$$M = n_2(M_2 - H)$$

现在，上述计算都有现成的程序进行，因此，只要得到了多电荷系列质谱，即可由计算得到分子量。

大气压化学电离源（APCI）得到的主要是单电荷离子，通过质子转移，样品分子可以生成 $(M+H)^+$ 或 $(M-H)^-$。

9.4 质谱分析方法

质谱仪种类很多，不同类型的质谱仪的主要差别在于离子源。离子源的不同决定了对被测样品的不同要求，同时所得到信息也不同。因此，在进行质谱分析前，要根据样品状况和分析要求选择合适的质谱仪。目前，有机质谱仪主要有气相色谱-质谱联用仪、液相色谱-质谱联用仪，基质辅助激光解吸飞行时间质谱仪和傅里叶变换质谱仪。现就应用最广的前两类仪器的分析方法叙述如下。

9.4.1 GC-MS 分析方法

9.4.1.1 分析条件的选择

在 GC-MS 分析中，色谱的分离和质谱数据的采集是同时进行的。为了使每个组分都得到分离和鉴定，必须设置合适的色谱和质谱分析条件。

色谱条件包括色谱柱类型（填充柱或毛细管柱）、固定液种类、汽化温度、载气流量、分流比、温升程序等。设置的原则是，一般情况下均使用毛细管柱，极性样品使用极性毛细管柱，非极性样品采用非极性毛细管柱，未知样品可先用中等极性的毛细管柱，试用后再调整。当然，如果有文献可以参考，就采用文献所用条件。

质谱条件包括电离电压、扫描速度、质量范围，这些都要根据样品情况进行设定。为

了保护灯丝和倍增器,在设定质谱条件时,还要设置溶剂去除时间,使溶剂峰通过离子源之后再打开灯丝和倍增器。

在所有的条件确定之后,将样品用微量注射器注入进样口,同时启动色谱和质谱,进行 GC-MS 分析。

9.4.1.2 质谱数据的采集

有机混合物样品用微量注射器由色谱仪进样口注入,经色谱柱分离后进入质谱仪离子源,在离子源被电离成离子。离子经质量分析器、检测器之后即成为质谱信号并输入计算机。样品由色谱柱不断地流入离子源,离子也由离子源不断地通过分析器,进行质量分离,不断地得到质谱。只要设定好分析器扫描的质量范围和扫描时间,计算机就可以采集到一张一张的质谱,计算机可以自动将每张质谱的所有离子强度相加,得总离子强度,总离子强度随样品浓度变化而变化,而样品浓度又随时间而变化,因此,总离子强度也随时间变化,这种变化曲线就是总离子色谱图,总离子色谱图的每一时刻都对应一张质谱图。

9.4.1.3 质谱定性分析

由计算机采集到的质谱数据,利用简单的指令就可以得到总离子色谱图、质谱图、质量色谱图和库检索结果等。目前色质联用仪的数据库中,一般贮存有近 30 万个化合物标准质谱图。如果得到未知化合物质谱图,可以利用计算机在数据库中检索。检索结果,可以给出几种最可能的化合物,包括化合物名称、分子式、分子量、基峰及符合程度。表 9.2 是某化合物的检索结果表,该表按符合程度大小列出了 8 种(如果需要还可列出更多)可能的化合物。除此之外,还可以给出检索结果的质谱图。图 9.29 是未知物的质谱图(a)和在检索结果表中排在第一位的化合物的质谱图(b)及其结构式(c)。由检索结果可知,该组分可能为对甲氧基桂皮酸乙酯。

表 9.2 某化合物的检索结果表

	Name	MolWt	Formula	Qual
1.	2-Propenoic acid, 3-(4-methoxyphenyl)-,	206	C12H14O3	98
2.	2-Propenoic acid, 3-(4-methoxyphenyl)-,	206	C12H14O3	96
3.	Ethyl p-methoxycinnamate	206	C12H14O3	94
4.	Thiazole, 5-phenyl-	161	C9H7NS	45
5.	Thiazole, 4-phenyl-	161	C9H7NS	43
6.	Cyclohexanone, 2,6-bis(2-methylpropylide	206	C14H22O	38
7.	Benzoic acid, p-[[(dimethylamino)methyle	206	C11H14N2O2	30
8.	Benzoic acid, m-[[(dimethylamino)methyle	206	C11H14N2O2	30

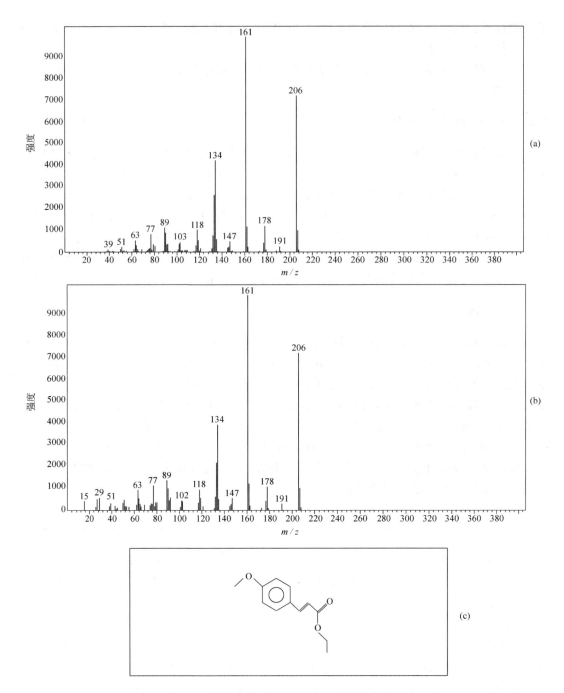

图 9.29 某未知物质谱图和检索结果的质谱图

利用计算机进行库检索是一种快速、方便的定性方法。在利用计算机检索时应注意以下几个问题：

（1）数据库中所存质谱图有限,如果未知物是数据库中没有的化合物,检索结果也给出几个相近的化合物。显然,这种结果是错误的。

（2）由于质谱法本身的局限性,一些结构相近的化合物其质谱图也相似。这种情况也可能造成检索结果的不可靠。

（3）由于色谱峰分离不好以及本底和噪声的影响,使得到的质谱图质量不高,这样所得到的检索结果也会很差。

因此,在利用数据库得到结果之后,还应根据未知物的物理、化学性质以及色谱保留值、红外、核磁谱等综合考虑,给出定性结果。绝对不能将每一个检索结果都作为分析结果。

9.4.1.4 GC-MS 定量分析

GC-MS 定量分析方法类似于色谱法定量分析。由 GC-MS 得到的总离子色谱图或质量色谱图,其色谱峰面积与相应组分的含量成正比,若对某一组分进行定量测定,可以采用色谱分析法中的归一化法、外标法、内标法等不同方法进行。这时,GC-MS 法可以理解为将质谱仪作为色谱仪的检测器,其余均与色谱法相同(具体方法参见第 7 章)。与色谱法定量不同的是,GC-MS 法除可以利用总离子色谱图进行定量之外,还可以利用质量色谱图进行定量。这样可以最大限度地去除其他组分的干扰。值得注意的是,质量色谱图由于是用一个质量的离子做出的,它的峰面积与总离子色谱图有较大的差别,在进行定量分析过程中,峰面积和校正因子等都要使用质量色谱图。

为了提高检测灵敏度和减少其他组分的干扰,在 GC-MS 定量分析中,质谱仪经常采用选择离子扫描方式。对于待测组分,可以选择一个或几个特征离子,而相邻组分不存在这些离子。这样得到的色谱图,待测组分就不存在干扰,信噪比会大大提高。用选择离子得到的色谱图进行定量分析,具体分析方法与质量色谱图类似,但其灵敏度比利用质量色谱图会高一些。这是 GC-MS 定量分析中常采用的方法。

9.4.2 LC-MS 分析方法

1. LC 分析条件的选择

LC 分析条件的选择要考虑两个因素:使分析样品得到最佳分离条件并得到最佳电离条件。如果二者发生矛盾,则要寻求折中条件。LC 可选择的条件主要有流动相的组成和流速。在 LC 和 MS 联用的情况下,由于要考虑喷雾雾化和电离,因此,有些溶剂不适合于作流动相。不适合的溶剂和缓冲液包括无机酸、不挥发的盐(如磷酸盐)和表面活性剂。不挥发性的盐会在离子源内析出结晶,而表面活性剂会抑制其他化合物电离。在 LC-MS 分析中常用的溶剂和缓冲液有水、甲醇、甲酸、乙酸、氢氧化铵和乙酸铵等。对于选定的溶剂体系,通过调整溶剂比例和流量以实现好的分离。值得注意的是,对于 LC 分离的最佳流量,往往超过电喷雾允许的最佳流量,此时需要采取柱后分流,以达到好的雾化效果。

质谱条件的选择主要是为了改善雾化和电离状况,提高灵敏度。调节雾化气流量和干燥气流量可以达到最佳雾化条件,改变喷嘴电压和透镜电压等可以得到最佳灵敏度。对于多级质谱仪,还要调节碰撞气流量和碰撞电压及多级质谱的扫描条件。

在进行 LC-MS 分析时,样品可以利用旋转六通阀通过 LC 进样,也可以利用注射泵直接进样,样品在电喷雾源或大气压化学电离源中被电离,经质谱扫描,由计算机可以采集到总离子色谱和质谱。

2. LC-MS 定性分析

与 GC-MS 类似,LC-MS 也可以通过采集质谱得到总离子色谱图。此时得到的总离子色谱图与由紫外检测器得到的色谱图可能不同。因为有些化合物没有紫外吸收,用普通液相色谱分析不出峰,但用 LC-MS 分析时会出峰。由于电喷雾是一种软电离源,通常很少或没有碎片,谱图中只有准分子离子,因而只能提供未知化合物的分子量信息,不能提供结构信息。单靠 LC-MS 很难用来做定性分析。利用高分辨质谱仪(FTMS 或 TOFMS)可以得到未知化合物的组成式,对定性分析十分有利。

为了得到未知化合物的结构信息,必须使用串联质谱仪,将准分子离子通过碰撞活化得到其子离子谱,然后解释子离子谱来推断结构。对于单级质谱仪,也可以通过源内 CID 得到一些结构信息。如果有标准样品,利用 LC-MS-MS 可以自己建立标准样品的子离子质谱库,利用库检索进行定性分析。利用高分辨质谱仪(FTMS 或 TOFMS)可以得到未知化合物的组成式,对定性分析十分有利。

利用 LC-MS-MS 和蛋白质的酶解技术可以进行蛋白质的序列测定。限于篇幅,在此从略。

3. LC-MS 定量分析

用 LC-MS 进行定量分析,其基本方法与普通液相色谱法相同。但由于色谱分离方面的问题,一个色谱峰可能包含几种不同的组分,如果仅靠峰面积定量,会给定量分析造成误差。因此,对于 LC-MS 定量分析,不采用总离子色谱图,而是采用与待测组分相对应的特征离子得到的质量色谱图。此时,不相关的组分将不出峰,这样可以减少组分间的互相干扰,其余的分析方法同普通液相色谱定量分析法。

然而,有时样品体系十分复杂,比如血液、尿样等。即使利用质量色谱图,仍然有保留时间相同、分子量也相同的干扰组分存在。为了消除其干扰,最好的办法是采用串联质谱法的多反应监测(MRM)技术(见 9.2.3.3 节)。这样得到的色谱图就进行了 3 次选择:

LC选择组分的保留时间,一级MS选择分子量,第二级MS选择子离子,这样得到的色谱峰可以认为不再有任何干扰。然后,根据色谱峰面积,采用加有内标的外标法进行定量分析,这是复杂体系中进行微量成分定量分析常用的方法。

关于基质辅助激光解吸飞行时间质谱仪和傅里叶变换质谱仪的分析方法,此处从略。

9.5 质谱技术的应用

近年来质谱技术发展很快。随着质谱技术的发展,质谱技术的应用领域也越来越广。由于质谱分析具有灵敏度高,样品用量少,分析速度快,分离和鉴定同时进行等优点,因此,质谱技术广泛应用于化学、化工、环境、能源、医药、运动医学、生命科学、材料科学等各个领域。

质谱仪种类繁多,不同仪器应用特点也不同。一般来说,在300℃左右能汽化的样品,可以优先考虑用GC-MS进行分析,因为GC-MS使用EI源,得到的质谱信息多,可以进行库检索。毛细管柱的分离效果也好。如果在300℃左右不能汽化,则需要用LC-MS分析,此时主要得到分子量信息,如果是串联质谱仪,还可以得到一些结构信息。如果是生物大分子,可以利用LC-MS和MALDI-TOF分析,主要得到分子量信息;如果是蛋白质样品,还可以测定氨基酸序列。高分辨质谱仪,如磁式双聚焦质谱仪、傅里叶变换质谱仪和具有高分辨功能的飞行时间质谱仪等还可以给出化合物的组成式。

进行GC-MS分析的样品应是有机溶液。水溶液中的有机物一般不能直接测定,须进行萃取分离变为有机溶液。有些化合物极性太强,在加热过程中易分解,例如有机酸类化合物,此时可以进行酯化处理,将酸变为酯再进行GC-MS分析,由分析结果可以推测酸的结构。如果样品不能汽化也不能酯化,那就只能进行LC-MS分析了。进行LC-MS分析的样品最好是水溶液或甲醇溶液,LC流动相中不应含不挥发盐。对于极性样品,一般采用ESI源;对于非极性样品,可采用APCI源。

习 题

1. 质谱仪是由哪几部分组成的,各部分的作用是什么?
2. 质谱仪离子源有哪几种,叙述其工作原理和应用特点?
3. 质谱仪质量分析器有哪几种,叙述其工作原理和应用特点?
4. 某单聚焦质谱仪使用磁感应强度为0.24T的180°扇型磁分析器,分析器半径为12.7cm,为了扫描15～200质量范围,相应的加速电压变化范围是多少?
5. GC-MS和LC-MS分别能提供哪些信息?

6. 什么是 SIM 扫描方式和 MRM 扫描方式？什么情况下应用？

7. 什么是质谱仪的分辨率？分辨率如何表示？某质谱仪能够分开 $C_2H_4^+$ 和 N_2^+ 两个离子峰，该仪器的分辨率至少是多少？

8. 某化合物的质谱图如图 9.30 所示，请确定其分子量和分子式，并说明为什么？

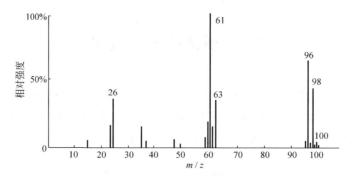

图 9.30　某化合物的质谱图

9. 解释下列化合物质谱中某些主要离子的形成途径：
(1) 丁酸甲酯质谱中的 $m/z\,43, m/z\,59, m/z\,71, m/z\,74$；
(2) 丙基苯质谱中的 $m/z\,91, m/z\,92$；
(3) 庚酮-4 质谱中的 $m/z\,43, m/z\,71, m/z\,86$；
(4) 三乙胺质谱中的 $m/z\,30, m/z\,58, m/z\,86$。

10. 某化合物分子式为 $C_8H_8O_2$，质谱图如图 9.31 所示，请解释质谱图，给出化合物的结构式并解释 $m/z\,121, m/z\,93$ 和 $m/z\,65$ 是如何形成的。

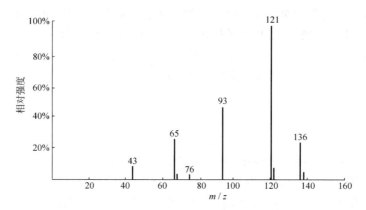

图 9.31　某化合物的质谱图

11. 某化合物分子式为 $C_5H_{10}O_2$，质谱图如图 9.32 所示，请解释质谱图，给出对应化合物的结构式。

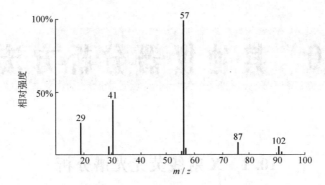

图 9.32　某化合物的质谱图

12. 某化合物分子式为 $C_6H_{14}O$,质谱图如图 9.33 所示,请解释质谱图,给出对应化合物的结构式。

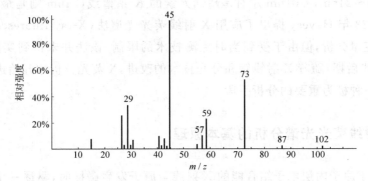

图 9.33　某化合物的质谱图

参考文献

1　邓勃,宁永成,刘密新. 仪器分析. 北京:清华大学出版社,1991
2　F. W. Mclafferty 著. 质谱解析(第三版). 王光辉等译. 北京:化学工业出版社,1987
3　Chapman J R. Practical organic mass spectromentry. Second Edition. UK:John Wiley & Sons. 1995
4　Niessen W M A. Liquid chromatography-mass spectromentry. Second Edition. New York:Marcel Dekker Inc,1999
5　Douglas A,Skoog. Principles of instrumental analysis. Fifth Edition. U. S. A:Harcourt Brace & Company,1998
6　宁永成. 有机化合物结构鉴定与有机波谱学. 第二版. 北京:科学出版社,2000

10 其他仪器分析方法

10.1 X射线荧光光谱分析

X射线是一种电磁辐射,其波长介于紫外线和γ射线之间。它的波长没有一个严格的界限,一般来说是指波长为0.001~50nm的电磁辐射。对分析化学家来说,最感兴趣的波段是0.01~24nm,0.01nm左右是超铀元素的K系谱线,24nm则是最轻元素Li的K系谱线。1923年Hevesy提出了应用X射线荧光光谱法(X-ray fluorescence spectromentry)进行定量分析,但由于受到当时探测技术的限制,该法并未得到实际应用,直到20世纪40年代后期,随着X射线管和分光技术的改进,X荧光分析才开始进入蓬勃发展的时期,成为一种极为重要的分析手段。

10.1.1 X射线荧光光谱分析的基本原理

当能量高于原子内层电子结合能的X射线与原子发生碰撞时,驱逐一个内层电子而出现一个空穴,使整个原子体系处于不稳定的激发态,激发态原子寿命约为10^{-12}~10^{-14}s,然后自发地由能量高的状态跃迁到能量低的状态。这个过程称为弛豫过程。弛豫过程既可以是非辐射跃迁,也可以是辐射跃迁。当较外层的电子跃迁到空穴时,所释放的能量随即逐出较外层的另一个电子,此称为俄歇效应,亦称次级光电效应或无辐射效应,所逐出的次级光电子称为俄歇电子。它的能量是特征的,与入射辐射的能量无关。当较外层的电子跃入内层空穴时,所释放的能量是以辐射形式放出,便产生X射线荧光,其能量等于两能级之间的能量差。因此,X射线荧光的能量或波长是特征性的,与元素有一一对应的关系。图10.1给出了X射线荧光和俄歇电子产生过程示意图。

K层电子被逐出后,其空穴可以被外层中任一电子所填充,从而可产生一系列的谱线,称为K系谱线:由L层跃迁到K层辐射的X射线叫K_α射线,由M层跃迁到K层辐射的X射线叫K_β射线……同样,L层电子被逐出可以产生L系辐射(见图10.2)。如果

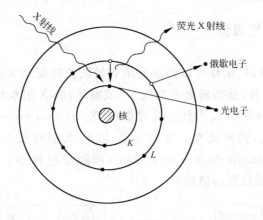

图 10.1　X 射线荧光和俄歇电子产生过程示意图

入射的 X 射线使某元素的 K 层电子激发成光电子后，L 层电子跃迁到 K 层，此时就有能量 ΔE 释放出来，且 $\Delta E = E_K - E_L$，这个能量是以 X 射线形式释放，产生的就是 K_α 射线。同样，还可以产生 K_β 射线、L 系射线等。莫斯莱（H. G. Moseley）发现，荧光 X 射线的波长 λ 与元素的原子序数 Z 有关，其数学关系如下：

$$\lambda = K(Z-S)^{-2} \tag{10.1}$$

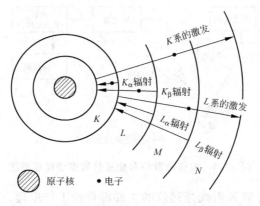

图 10.2　产生 K 系和 L 系 X 射线的示意图

这就是莫斯莱定律。式中 K 和 S 是常数，因此，只要测出荧光 X 射线的波长，就可以知道元素的种类，这就是荧光 X 射线定性分析的基础。此外，荧光 X 射线的强度与相应元素的含量有一定的关系，据此，可以进行元素定量分析。

10.1.2 X射线荧光光谱仪

用X射线照射试样时,试样可以被激发出各种波长的荧光X射线,需要把混合的X射线按波长(或能量)分开,分别测量不同波长(或能量)的X射线的强度,以进行定性和定量分析,为此使用的仪器叫X射线荧光光谱仪(X-ray fluorescence spectrometer)。由于X光具有一定的波长,同时又有一定的能量,因此,X射线荧光光谱仪有两种基本类型:波长色散型(wavelength dispersive system)和能量色散型(energy dispersive system)。图10.3是这两类仪器的原理图。

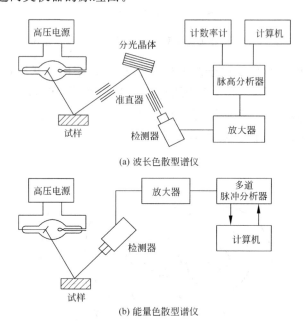

(a) 波长色散型谱仪

(b) 能量色散型谱仪

图 10.3 波长色散型和能量色散型谱仪原理图

下面介绍这两种类型X射线光谱仪的主要部件及工作原理。

10.1.2.1 X射线管

两种类型的X射线荧光光谱仪都需要用X射线管(X-ray tube)作为激发光源。图10.4是X射线管的结构示意图。灯丝和靶极密封在抽成真空的金属罩内,灯丝和靶极之间加高压(一般为40kV),灯丝发射的电子经高压电场加速撞击在靶极上,产生X射线。X射线管产生的一次X射线,作为激发X射线荧光的辐射源。只有当一次X射线的波长稍短于受激元素吸收λ_{min}时,才能有效地激发出X射线荧光。大于λ_{min}的一次X射线其能量不足以使受激元素激发。

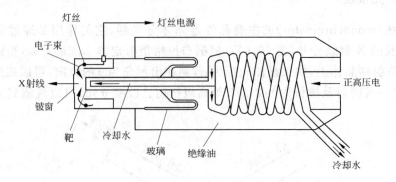

图 10.4　端窗型 X 射线管结构示意图

X 射线管的靶材和管工作电压决定了能有效激发受激元素的那部分一次 X 射线的强度。管工作电压升高，短波长一次 X 射线比例增加（图 10.5），故产生的荧光 X 射线的强度也增强。但并不是说管工作电压越高越好，因为入射 X 射线的荧光激发效率与其波长有关，越靠近被测元素吸收限波长，激发效率越高。

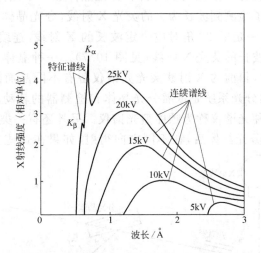

图 10.5　钼靶的 X 射线谱与管电压的关系

X 射线管产生的 X 射线透过铍窗入射到样品上，激发出样品元素的特征 X 射线。正常工作时，X 射线管所消耗功率的 0.2% 左右转变为 X 射线辐射，其余均变为热能使 X 射线管升温，因此必须不断地通冷却水冷却靶电极。

10.1.2.2 分光系统

分光系统(monochromator)的主要部件是晶体分光器,它的作用是通过晶体衍射现象把不同波长的 X 射线分开(图 10.6)。根据布拉格衍射定律 $2d\sin\theta = n\lambda$,当波长为 λ 的 X 射线以 θ 角射到晶体上,如果晶面间距为 d,则在出射角为 θ 的方向,可以观测到波长为 $\lambda = 2d\sin\theta$ 的一级衍射及波长为 $\lambda/2, \lambda/3$ 等高级衍射。改变 θ 角,可以观测到另外波长的

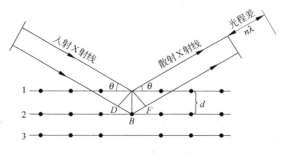

图 10.6　晶体对 X 射线衍射作用示意图

X 射线,因而使不同波长的 X 射线可以分开。分光晶体靠一个晶体旋转机构带动。因为试样位置是固定的,为了检测到波长为 λ 的荧光 X 射线,分光晶体转动 θ 角,检测器必须转动 2θ 角。也就是说,一定的 2θ 角对应一定波长的 X 射线,连续转动分光晶体和检测器,就可以接收到不同波长的荧光 X 射线(见图 10.7)。一种晶体具有一定的晶面间距,因而有一定的应用范围,目前的 X 射线荧光光谱仪备有不同晶面间距的晶体,用来分析不同范围的元素。上述分光系统是依靠分光晶体和检测器的转动,使不同波长的特征 X 射线按顺序被检测,这种光谱仪称为顺序型光谱仪。另外还有一类光谱仪,分光晶体是固定的,混合 X 射线经过分光晶体后,在不同方向衍射,如果在这些方向上安装检测器,就

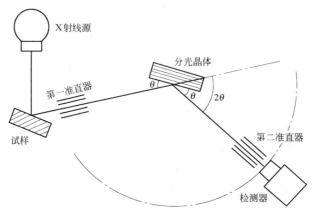

图 10.7　X 射线荧光的分光和检测示意图

可以检测到这些 X 射线。这种同时检测不同波长 X 射线的光谱仪称为同时型光谱仪。同时型光谱仪没有转动机构,因而性能稳定,但检测器通道不能太多,适合于固定元素的测定。

此外,还有的光谱仪的分光晶体不用平面晶体,而用弯曲晶体,所用的晶体点阵面被弯曲成曲率半径为 $2R$ 的圆弧形,同时晶体的入射表面研磨成曲率半径为 R 的圆弧。第一狭缝、第二狭缝和分光晶体放置在半径为 R 的圆周上,使晶体表面与圆周相切,两狭缝到晶体的距离相等(见图 10.8)。用几何法可以证明,当 X 射线从第一狭缝射向弯曲晶体各点时,它们与点阵平面的夹角都相同,且反射光束又重新会聚于第二狭缝处。因为对反射光有会聚作用,因此这种分光器称为聚焦法分光器,以 R 为半径的圆称为聚焦圆或罗兰圆。当分光晶体绕聚焦圆圆心转动到不同位置时,得到不同的掠射角 θ,检测器就检测到不同波长的 X 射线。当然,第二狭缝和检测器也必须做相应转动,而且转动速度是晶体速度的两倍。聚焦法分光的最大优点是荧光 X 射线损失少,检测灵敏度高。

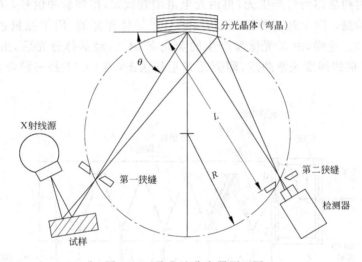

图 10.8 聚焦法分光器原理图

10.1.2.3 检测记录系统

X 射线荧光光谱仪所用的检测器有流气正比计数器和闪烁计数器。图 10.9 是流气正比计数器结构示意图。它主要由金属圆筒负极和芯线正极组成,筒内充氩(90%)和甲烷(10%)的混合气体。X 射线射入管内,使 Ar 原子电离,生成的 Ar^+ 在向阴极运动时,又引起其他 Ar 原子电离,雪崩式电离的结果,产生一脉冲信号,脉冲幅度与 X 射线能量成正比。所以这种计数器叫正比计数器,为了保证计数器内所充气体浓度不变,气体要一直保持流动状态。流气正比计数器适用于轻元素的检测。

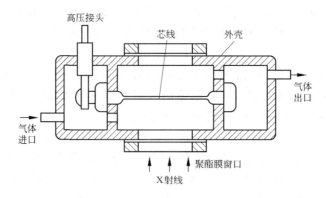

图 10.9　流气正比计数器结构示意图

另外一种检测装置是闪烁计数器(图 10.10)。闪烁计数器由闪烁晶体和光电倍增管组成。X 射线射到晶体后可产生光,再由光电倍增管放大,得到脉冲信号。闪烁计数器适用于重元素的检测。除上述两种检测器外,还有半导体探测器,用于能量色散型 X 射线的检测(见下节)。这样,由 X 光激发产生的荧光 X 射线,经晶体分光后,由检测器检测,即得 2θ-荧光 X 射线强度关系曲线,即荧光 X 射线谱图,图 10.11 是一种合金钢的荧光 X 射线谱。

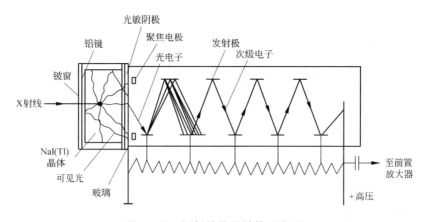

图 10.10　闪烁计数器结构示意图

10.1.2.4　能量色散谱仪

以上介绍的是利用分光晶体将不同波长的荧光 X 射线分开并检测,得到荧光 X 射线光谱。能量色散谱仪是利用荧光 X 射线具有不同能量的特点,将其分开并检测,不必使用分光晶体,而是依靠半导体探测器来完成。这种半导体探测器有锂漂移硅探测器、锂漂

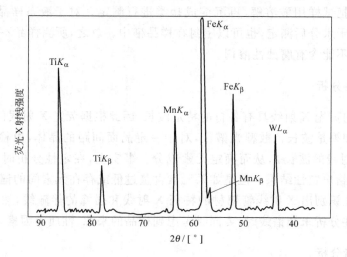

图 10.11 一种合金钢的荧光 X 射线谱

移锗探测器、高能锗探测器等。X 光子射到探测器后形成一定数量的电子-空穴对,电子-空穴对在电场作用下形成电脉冲,脉冲幅度与 X 光子的能量成正比。在一段时间内,来自试样的荧光 X 射线依次被半导体探测器检测,得到一系列幅度与光子能量成正比的脉冲,经放大器放大后送到多道脉冲分析器(通常要 1 000 道以上)。按脉冲幅度的大小分别统计脉冲数,脉冲幅度可以用 X 光子的能量标度,从而得到计数率随光子能量变化的分布曲线,即 X 光能谱图。能谱图经计算机进行校正,然后显示出来,其形状与波谱类似,只是横坐标是光子的能量。

能量色散的最大优点是可以同时测定样品中几乎所有的元素。因此,分析速度快。同时,由于能谱仪对 X 射线的总检测效率比波谱高,因此可以使用小功率 X 光管激发荧光 X 射线。另外,能谱仪没有光谱仪那么复杂的机械机构,因而工作稳定,仪器体积也小。缺点是能量分辨率差,探测器必须在低温下保存,对轻元素检测困难。

10.1.3 定性定量分析方法

10.1.3.1 样品制备

进行 X 射线荧光光谱分析的样品,可以是固态,也可以是水溶液。无论什么样品,样品制备的情况对测定误差影响都很大。对金属样品要注意成分偏析产生的误差;化学组成相同,热处理过程不同的样品,得到的计数率也不同;因此,成分不均匀的金属试样要重熔,快速冷却后车成圆片;对表面不平的样品要打磨抛光;对于粉末样品,要研磨至 300~400 目,然后压成圆片,也可以放入样品槽中测定。对于固体样品如果不能得到均匀平整的表面,则可以把试样用酸溶解,再沉淀成盐类进行测定。对于液态样品可以滴在滤纸上,用红外灯蒸干水分后测定,也可以密封在样品槽中。总之,所测样品不能含有水、油和挥发性成分,更不能含有腐蚀性溶剂。

10.1.3.2 定性分析

不同元素的荧光 X 射线具有各自的特定波长,因此根据荧光 X 射线的波长可以确定元素的组成。如果是波长色散型光谱仪,对于一定晶面间距的晶体,由检测器转动的 2θ 角可以求出 X 射线的波长 λ,从而确定元素成分。事实上,在定性分析时,可以靠计算机自动识别谱线,给出定性结果。但是如果元素含量过低或存在元素间的谱线干扰时,仍需人工鉴别。首先识别出 X 射线管靶材的特征 X 射线和强峰的伴随线,然后根据 2θ 角标注剩余谱线。在分析未知谱线时,要同时考虑到样品的来源、性质等因素,以便综合判断。

10.1.3.3 定量分析

X 射线荧光光谱法进行定量分析的依据是元素的荧光 X 射线强度 I_i 与试样中该元素的含量 W_i 成正比

$$I_i = I_s W_i \tag{10.2}$$

式中,I_s 为 $W_i=100\%$ 时,该元素的荧光 X 射线的强度。根据式(10.2),可以采用标准曲线法、增量法、内标法等进行定量分析。但是这些方法都要使标准样品的组成与试样的组成尽可能相同或相似,否则,试样的基体效应或共存元素的影响,会给测定结果造成很大的偏差。所谓基体效应是指样品的基本化学组成和物理化学状态的变化对 X 射线荧光强度所造成的影响。化学组成的变化,会影响样品对一次 X 射线和 X 射线荧光的吸收,也会改变荧光增强效应。例如,在测定不锈钢中 Fe 和 Ni 等元素时,由于一次 X 射线的激发会产生 NiK_α 荧光 X 射线,NiK_α 在样品中可能被 Fe 吸收,使 Fe 激发产生 FeK_α,测定 Ni 时,因为 Fe 的吸收效应使结果偏低,测定 Fe 时,由于荧光增强效应使结果偏高。但是,配置相同的基体又几乎是不可能的。为克服这个问题,目前 X 射荧光光谱定量方法一般采用基本参数法。该办法是在考虑各元素之间的吸收和增强效应的基础上,用标样或纯物质计算出元素荧光 X 射线理论强度,并测其荧光 X 射线的强度。将实测强度与理论强度比较,求出该元素的灵敏度系数。测未知样品时,先测定试样的荧光 X 射线强度,根据实测强度和灵敏度系数设定初始浓度值,再由该浓度值计算理论强度。将测定强度与理论强度比较,使两者达到某一预定精度,否则,要再次修正。该法要测定和计算试样中所有的元素,并且要考虑这些元素的相互干扰效应,计算十分复杂。因此,必须依靠计算机进行计算。该方法可以认为是无标样定量分析。当欲测样品含量大于 1% 时,其相对标准偏差可小于 1%。

X 射线荧光光谱法有如下特点:

(1) 分析的元素范围广,从 ^{4}Be 到 ^{92}U 均可测定。

(2) 荧光 X 射线谱线简单,相互干扰少,样品不必分离,分析方法比较简便。

(3) 分析浓度范围较宽,从常量到微量都可分析。重元素的检测限可达 ppm 量级,轻元素稍差。

(4) 分析样品不被破坏,分析快速,准确,便于自动化。

10.2 电子能谱分析

本节所涉及的分析方法属于固体表面分析方法。表面分析法的基本原理都可以看作是由一次束(电子束、X 射线、光)辐照固体样品产生二次束(电子、离子、X 射线),分析带有样品信息的二次束,可以实现对样品的分析。因为样品本身的吸收作用,在样品深处产生的二次粒子不能射出固体表面。只有在"表层"样品中产生的粒子才有可能被检测,因此,这类分析方法称为表面分析方法。常见的表面分析方法有:X 光电子能谱法(X-ray photoelectron spectroscopy,XPS,或者 electron spectroscopy for chemical analysis,ESCA)、俄歇电子能谱法(auger electron spectroscopy,AES)、紫外光电子能谱法(ultraviolet photoelectron spectroscopy,UPS)、二次离子质谱法(secondary ion mass spectrometry,SIMS)、激光微探针质谱法(laser microprobe mass spectrometry,LMMS)、电子探针(electron microprobe,EM)。本节主要介绍电子能谱分析方法。

10.2.1 电子能谱分析的基本原理

10.2.1.1 X 光电子能谱分析的基本原理

一定能量的 X 光照射到样品表面,和待测物质发生作用,可以使待测物质原子中的电子脱离原子成为自由电子。该过程可用下式表示:

$$h\nu = E_k + E_b + E_r \tag{10.3}$$

式中,$h\nu$ 是 X 光子的能量;E_k 是光电子的能量;E_b 是电子的结合能;E_r 是原子的反冲能量。其中 E_r 很小,可以忽略。对于固体样品,计算结合能的参考点不是选真空中的静止电子,而是选用费米能级,由内层电子跃迁到费米能级消耗的能量为结合能 E_b,由费米能级进入真空成为自由电子所需的能量为功函数 Φ,剩余的能量成为自由电子的动能 E_k,式(10.3)又可表示为

$$h\nu = E_k + E_b + \Phi \tag{10.4}$$

$$E_b = h\nu - E_k - \Phi \tag{10.5}$$

仪器材料的功函数 Φ 是一个定值,约为 4eV,入射 X 光子能量已知。这样,如果测出电子的动能 E_k,便可得到固体样品电子的结合能。各种原子、分子的轨道电子结合能是一定的。因此,通过对样品产生的光子能量的测定,就可以了解样品中元素的组成。元素所处的化学环境不同,其结合能会有微小的差别,这种由化学环境不同引起的结合能的微小差别叫化学位移。由化学位移的大小可以确定元素所处的状态,例如某元素失去电子成为离子后,其结合能增加;如果得到电子成为负离子,则结合能降低。因此,利用化学位移值可以分析元素的化合价和存在形式。

X 光电子能谱法是一种表面分析方法,提供的是样品表面的元素含量与形态,而不是样品整体的成分。其信息深度约为 3~5nm。如果利用离子作为剥离手段,利用 XPS 作为分析方法,则可以实现对样品的深度分析。固体样品中除氢、氦之外的所有元素都可以进行 XPS 分析。

10.2.1.2 俄歇电子能谱基本原理

入射电子束和物质作用,可以激发出原子的内层电子。外层电子向内层跃迁过程中所释放的能量,可能以 X 光的形式放出,即产生特征 X 射线,也可能使核外另一电子激发成为自由电子,这种自由电子就是俄歇电子。对于一个原子来说,激发态原子在释放能量时只能进行一种发射:特征 X 射线或俄歇电子。原子序数大的元素,特征 X 射线的发射几率较大;原子序数小的元素,俄歇电子发射几率较大;当原子序数为 33 时,两种发射几率大致相等。因此,俄歇电子能谱适用于轻元素的分析。

如果电子束将某原子 K 层电子激发为自由电子,L 层电子跃迁到 K 层,释放的能量又将 L 层的另一个电子激发为俄歇电子,这个俄歇电子就称为 KLL 俄歇电子。同样,LMM 俄歇电子是 L 层电子被激发,M 层电子填充到 L 层,释放的能量又使另一个 M 层电子激发所形成的俄歇电子。

对于原子序数为 Z 的原子,俄歇电子的能量可以用下面的经验公式计算:

$$E_{WXY}(Z) = E_W(Z) - E_X(Z) - E_Y(Z+\Delta) - \Phi \tag{10.6}$$

式中,$E_{WXY}(Z)$ 是原子序数为 Z 的原子,W 空穴被 X 电子填充得到的俄歇电子 Y 的能量;$E_W(Z) - E_X(Z)$ 是 X 电子填充 W 空穴时释放的能量;$E_Y(Z+\Delta)$ 是 Y 电子电离所需的能量。

因为 Y 电子是在已有一个空穴的情况下电离的,因此,该电离能相当于原子序数为 Z 和 $Z+1$ 之间的原子的电离能。其中 $\Delta = \frac{1}{2} \sim \frac{1}{3}$。根据式(10.6)和各元素的电子电离能,可以计算出各俄歇电子的能量,制成谱图手册。因此,只要测定出俄歇电子的能量,对照现有的俄歇电子能量图表,即可确定样品表面的成分。

由于一次电子束能量远高于原子内层轨道的能量,可以激发出多个内层电子,会产生多种俄歇跃迁,因此,在俄歇电子能谱图上会有多组俄歇峰,虽然使定性分析变得复杂,但依靠多个俄歇峰,使定性分析准确度很高,可以进行除氢、氦之外的多元素的一次定性分析。同时,还可以利用俄歇电子的强度和样品中原子浓度的线性关系,进行元素的半定量分析。俄歇电子能谱法是一种灵敏度很高的表面分析方法,其信息深度为 1.0～3.0nm,绝对灵敏可达到 10^{-3} 单原子层,是一种很有用的分析方法。

10.2.2 电子能谱仪

电子能谱仪(electron spectrometer)通常由激发源(X 射线枪和电子枪)、离子枪、样品室、电子能量分析器、检测器和真空系统组成。XPS 的激发源为 X 射线枪,AES 的激发源为电子枪,除此之外,其他部分相同。图 10.12 是电子能谱仪的组成框图。

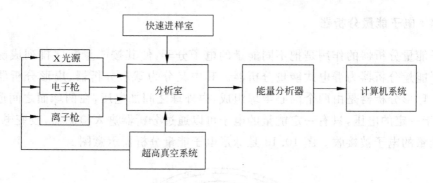

图 10.12　电子能谱仪结构框图

10.2.2.1　样品室

样品室可同时放置几个样品,既可以对样品进行多种分析,又可以对样品进行加热、冷却、蒸镀和刻蚀等。并且,依靠真空闭锁装置,可以使得在换样过程中对真空破坏不大。

10.2.2.2　激发源

1. X 射线枪

X 射线枪是 X 光电子能谱仪(XPS)的激发源。XPS 用 X 射线枪的靶极材料为镁和铝,产生的 MgK_α 和 AlK_α 射线,经晶体分光后照射样品,激发产生光电子。MgK_α 能量为 1 253.6eV,AlK_α 能量为 1 486.6eV,分光后的谱线宽度为 0.2～0.3eV。

2. 电子枪

电子枪是俄歇电子能谱仪(AES)的激发源。由阴极产生的电子束经聚焦后成为很小的电子束斑打在样品上,激发产生俄歇电子。灯丝阴极材料一般用六氟化镧(LaF_6),六氟化镧灯丝比钨丝亮度大。现在的电子能谱仪也采用场发射电子枪,它可以提供比钨丝和六氟化镧丝更小的电子束斑,束流密度大,空间分辨率高,缺点是易损坏。电子枪又分为固定式和扫描式两种,扫描式电子枪的电子束在偏转电极控制下可以在样品上扫描,电子束斑直径大约 $5\mu m$,这种电子能谱仪又叫俄歇探针,利用俄歇探针可以进行固体表面元素分析。

10.2.2.3 氩离子枪

氩离子枪的作用有两个:清洁样品表面和进行样品剥离。氩离子枪分固定式和扫描式两种。固定式氩离子枪只用于清洁表面,而扫描式氩离子枪可以用于深度分析。氩离子枪的能量为 $0.5\sim5keV$。离子束斑直径为 $1\sim10mm$。

10.2.2.4 电子能量分析器

电子能量分析器的作用是把不同能量的电子分开,使其按能量顺序排列成能谱。常用的电子能量分析器为静电式能量分析器。其中又分为球形分析器、扇形分析器和筒形分析器。球形分析器是由两个同心半球组成,内外球之间加电压,在两球面之间形成径向电场,对于一定的电压,只有一定能量的电子可以通过分析器进入检测器,改变电压,可以使另外能量的电子被接收。图 10.13 是球形电子能量分析器示意图。

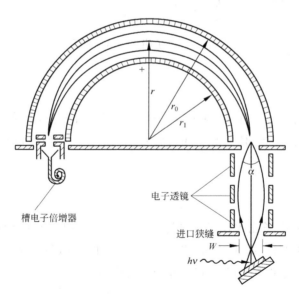

图 10.13 球形电子能量分析器示意图

10.2.2.5 检测器

电子能谱仪的检测器多使用单通道电子倍增器，由于串级碰撞作用，电子打到倍增器后可以有 $10^6 \sim 10^8$ 的增益，在倍增器末端输出很强的脉冲，脉冲放大后经多道分析器和计算机处理并显示。

10.2.2.6 真空系统

电子能谱仪需要超高真空。因为，电子能谱仪是一种表面分析仪器，如果真空度没有足够高，清洁的样品表面会很快被残余气体分子所覆盖，这样就不能得到正确的分析结果；另外，光电子信号一般很弱，光电子能量也很低，过多的残余气体分子与光电子碰撞，可能使光电子得不到检测。因此，电子能谱仪要求 $10^{-7} \sim 10^{-8}$ Pa 的真空度，为了达到这么高的真空度，电子能谱仪的真空系统由机械泵、分子涡轮泵、离子溅射泵和钛升华泵组成。

10.2.3 电子能谱分析的应用

10.2.3.1 样品制备

一般情况下，电子能谱仪只能对固体样品进行分析。如果是粉体样品，可以采用压片法制成薄片，也可以用粘胶带把样品固定在样品台上。样品中不能含有挥发性物质，以免破坏真空。样品表面若有污染，必须用溶剂清洗干净，或利用离子枪对表面进行清洁处理。

10.2.3.2 XPS 的应用

X 光电子能谱（XPS）主要是通过测定电子的结合能来实现对表面元素的定性分析。图 10.14 是高纯铝基片上沉积 $Ti(CN)_x$ 薄膜的 XPS 谱图。所用 X 射线源为 MgK_α，谱图中的每个峰表示被 X 射线激发出来的光电子，根据光电子能量，可以标识出是从哪个元素的哪个轨道激发出来的电子，如 Al 的 $2s$，$2p$ 等。由谱图可知，该薄膜表面主要有 Ti，N，C，O 和 Al 元素存在。这样就可以实现对表面元素的定性分析。定性的标记工作可以由计算机进行。但由于各种各样的干扰因素的存在，如荷电效应导致的结合能偏移、X 射线激发的俄歇电子峰等，因此，分析时需要加以注意。

XPS 谱图中峰的高低表示这种能量的电子数目的多少，也即相应元素含量的多少。由此，可以进行元素的半定量分析。由于各元素的光电子激发效率差别很大，因此，这种定量结果会有很大的误差。需要特别强调的是，XPS 提供的半定量结果是表面 3～5nm

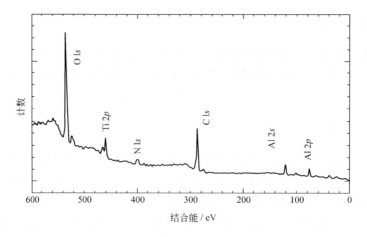

图 10.14　高纯 Al 基片上沉积 Ti(CN)$_x$ 的 XPS 谱图

的成分,而不是样品整体的成分。在进行表面分析的同时,如果配合 Ar 离子枪的剥离,XPS 谱仪还可以进行深度分析。依靠离子束剥离进行深度分析,X 射线的束斑面积要小于离子束的束斑面积。此时最好使用小束斑 X 光源。

元素所处化学环境不同,其结合能也会存在微小差别,依靠这种微小差别(化学位移),可以确定元素所处的状态。由于化学位移值很小,而且标准数据较少,给化学形态的分析带来很大的困难,因此需要用标准样品进行对比测试。图 10.15 是 PZT(钛酸锆铅

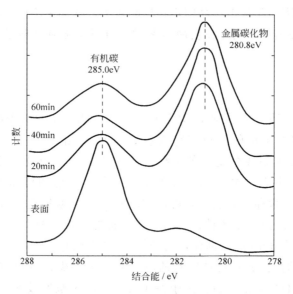

图 10.15　PZT 薄膜中碳的化学形态谱

压电陶瓷)薄膜中碳的化学形态谱。图中结合能为 285.0eV 和 281.5eV 两个峰分别是有机碳和金属碳化物的 C1s 峰。由图可以看出,薄膜表面有机碳信号很强,随着离子溅射时间的增加,有机碳逐渐减少,金属碳化物逐渐增加。这说明在 PZT 薄膜中的碳是以金属碳化物的形态存在的。薄膜表面的有机碳是由于表面污染所致。

10.2.3.3 AES 的应用

俄歇电子能谱(AES)最主要的应用是进行表面元素的定性分析。AES 谱的范围可以是 20~1 700eV。因为俄歇电子强度很弱,用记录微分峰的办法可以从大的背景中分辨出俄歇电子峰,得到的微分峰十分明锐,很容易识别。图 10.16 是银原子的俄歇电子能谱,其中,曲线 a 为各种电子信息谱,b 为曲线 a 放大 10 倍,c 为微分电子谱,$N(E)$ 为能量为 E 的电子数。利用微分谱上负峰的位置可以进行元素定性分析。图 10.17 是金刚石表面 Ti 薄膜的 AES 谱。分析 AES 谱可知道,该薄膜表面含有 C,Ti 和 O 等元素。当然,在分析 AES 谱时,要考虑绝缘薄膜的荷电位移效应和相邻峰的干扰影响。与 XPS 相似,AES 也能给出半定量的分析结果。这种半定量结果是深度为 1~3nm 表面的原子数百分比。

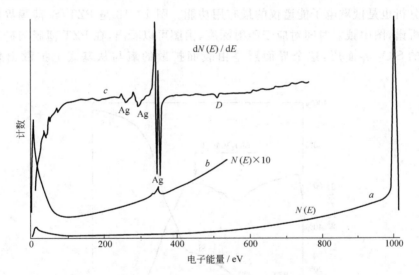

图 10.16 银原子的俄歇电子能谱

AES 法也可以利用化学位移分析元素的价态。但是由于很难找到化学位移的标准数据,因此,谱图的解释比较困难。要判断价态,必须依靠自制的标样进行。

由于俄歇电子能谱仪的初级电子束直径很细,并且可以在样品上扫描。因此,它可以进行定点分析、线扫描、面扫描和深度分析。在进行定点分析时,电子束可以选定某分析

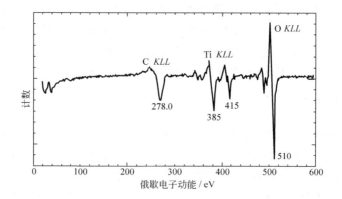

图 10.17　金刚石表面 Ti 薄膜的 AES 谱

点,或通过移动样品,使电子束对准分析点,可以分析该点的表面成分、化学价态和元素的深度分布。电子束也可以沿样品某一方向扫描,得到某一元素的线分布,并且可以在一个小面积内扫描获得元素的面分布图。利用氩离子枪剥离表面,俄歇电子能谱仪同样可以进行深度分布。由于它的采样深度比 XPS 浅,因此,可以有比 XPS 更好的深度分辨率。进行深度分析也是俄歇电子能谱仪的最有用功能。图 10.18 是 PZT/Si 薄膜界面反应后的深度分析谱,图中溅射时间对应于溅射深度,由图可以看出,在 PZT 薄膜与硅基底间形成了稳定的 SiO_2 界面层,这个界面层是由表面扩散的氧与从基底上扩散出来的硅形成的。

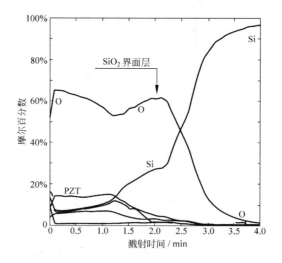

图 10.18　PZT/Si 薄膜界面深度分析谱

10.3 无机质谱分析

无机质谱法(inorganic mass spectrometry)是利用质谱技术对样品所含元素进行定性、定量分析的方法。与有机质谱法相似,无机质谱法同样需要将样品离子化,经质量分离和检测得到质谱,只是样品离子化的方式与有机质谱法有很大的差别。根据离子化方式的不同,无机质谱仪包括以下几种类型:①感应耦合等离子体质谱仪(inductively coupled plasma mass spaectrometer, ICP-MS)。②微波感应等离子体质谱仪(microwave induced plasma MS, MIP-MS)。③火花源双聚焦质谱仪(spark source MS, SS-MS)。④热电离质谱仪(thermol ionization MS, TI-MS)。⑤辉光放电质谱仪(glow discharge MS, GD-MS)。⑥激光微探针质谱仪(laser microplobe MS, LM-MS)。⑦二次离子质谱仪(secondary ion MS, SIMS)。

限于篇幅,本节将主要介绍目前应用最为广泛的感应耦合等离子体质谱仪及其分析方法。

10.3.1 感应耦合等离子体质谱仪的组成及工作原理

ICP-MS 是利用感应耦合等离子体作为离子源,产生的样品离子经质量分析器和检测器后得到质谱,因此,与有机质谱仪类似,ICP-MS 也是由离子源、分析器、检测器、真空系统和数据处理系统组成。

10.3.1.1 电离源

ICP-MS 所用电离源是感应耦合等离子体(ICP),它与原子发射光谱仪所用的 ICP 是一样的,其主体是一个由 3 层石英套管组成的炬管,炬管上端绕有负载线圈,3 层管从里到外分别通载气、辅助气和冷却气(3 种气体都是氩气),负载线圈由高频电源耦合供电,产生垂直于线圈平面的磁场。如果通过高频装置使氩气电离,则氩离子和电子在电磁场作用下又会与其他氩原子碰撞产生更多的离子和电子,形成涡流。强大的电流产生高温,瞬间使氩气形成温度可达 10 000K 的等离子焰炬。样品由载气带入等离子体焰炬会发生蒸发、分解、激发和电离,辅助气用来维持等离子体,需要量大约为 1L/min。冷却气以切线方向引入外管,产生螺旋形气流,使负载线圈处外管的内壁得到冷却,冷却气流量为 10~15L/min。

最常用的进样方式是利用同心型或直角型气动雾化器产生气溶胶,在载气载带下喷入焰炬,样品进样量大约为 1mL/min,是靠蠕动泵送入雾化器的。

对于一些难以分解或溶解的样品,如矿石、玻璃、合金等,还可以利用激光烧蚀法(laser ablation)进样,将脉冲激光束聚焦到几个平方微米的固体样品表面,固体表面可受到高达 10^{12} W/cm^2 的能量,在高强度能量辐照下,大多数材料会很快蒸发,然后,依靠氩气将汽化的样品吹到 ICP 焰炬,在那里进行原子化和电离,最后离子进入质谱仪进行质量分离。

在负载线圈上面约 10mm 处,焰炬温度大约为 8 000～10 000K,在这么高的温度下,电离能低于 7eV 的元素完全电离,电离能低于 10.5eV 的元素电离度大于 20%。由于大部分重要的元素电离能都低于 10.5eV,因此都有很高的灵敏度,少数电离能较高的元素,如 C,O,Cl,Br 等也能检测,只是灵敏度较低。

综上所述,ICP-MS 的离子源有如下特点:
(1) 样品在大气压下进样,不需要真空。
(2) 样品在高温下完全汽化和分解,离子化效率极高。
(3) 大多数元素产生的是单电荷离子,离子的能量分散比较小。

10.3.1.2 接口装置

ICP 是在大气压下工作,而质量分析器是在真空下工作,为了使 ICP 产生的离子能够进入质量分析器而不破坏真空,在 ICP 焰炬和质量分析器之间有一个用于离子引出的接口装置,图 10.19 是这种接口装置的示意图。

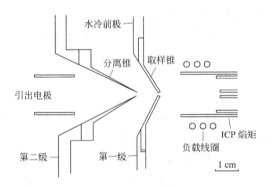

图 10.19　ICP-MS 接口装置示意图

该装置主要由两个锥体组成,靠近焰炬的称为取样锥,靠近分析器的为分离锥,取样锥装在一个水冷挡板上,锥体材料为镍,取样孔径为 0.5～1mm。分离锥与取样锥类似,经过两级锥体的阻挡和两级真空泵的抽气,使得分离锥后的压力可以达到 10^{-3} Pa。等离子体的气体以大约 6 000K 的高温进入取样锥孔,由于气体极迅速的膨胀,等离子体原子碰撞频率下降,气体的温度也迅速下降,等离子体的化学成分不再变化。通过分离锥后,依靠一个静电透镜将离子与中性粒子分开,中性粒子被真空系统抽离,离子则被聚焦后进入质量分析器。

10.3.1.3 质量分析与离子检测

经过离子透镜的离子能量分散较小,可以用四极滤质器进行质量分离。目前,也有的仪器采用离子阱。分析器的质量范围大约为3~300,具有一个质量单位的分辨能力,为了提高分辨率,也可以应用磁式双聚焦质量分析器。关于质量分析器进行质量分离的原理,请参见第9.2.1节。离子的检测主要应用电子倍增器,产生的脉冲信号直接输入到多道脉冲分析器中,得到每一种质荷比的离子的计数,即质谱。

10.3.2 ICP-MS 的分析方法及应用

10.3.2.1 分析条件的设置

ICP-MS 由 ICP 焰炬、接口装置和质谱仪 3 部分组成。若要使其具有好的工作状态,必须设置各部分的工作条件:

(1) ICP 工作条件

主要包括 ICP 功率、载气、辅助气和冷却气流量以及样品提升量等,ICP 功率一般为 1kW 左右,冷却气流量为 15L/min,辅助气流量和载气流量约为 1L/min,调节载气流量会影响测量灵敏度。样品提升量一般为 1mL/min。

(2) 接口装置工作条件

ICP 产生的离子通过接口装置进入质谱仪,接口装置的主要参数是采样深度,也即采样锥孔与焰炬的距离,要调整两个锥孔的距离和对中,同时要调整透镜电压,使离子很好地聚焦。

(3) 质谱仪工作条件

主要是设置扫描的范围。为了减少空气成分的干扰,一般要避免采集 N_2,O_2,Ar 等离子。进行定量分析时,质谱扫描要挑选没有其他元素及氧化物干扰的质量。同时还要有合适的倍增器电压。

事实上,在每次分析之前,需要用多元素标准溶液对仪器整体性能进行测试,如果仪器灵敏度能达到预期水平,则仪器不需要再调整;如果灵敏度偏低,则需要调节载气流量、锥孔位置和透镜电压等参数。

10.3.2.2 ICP-MS 定性定量分析

由 ICP-MS 得到的质谱图,横坐标为离子的质荷比,纵坐标为计数。根据离子的质荷比可以确定存在什么元素,根据某一质荷比下的计数,可以进行定量分析。

1. ICP-MS 定性和半定量分析

判断一个样品中是否含有某种元素,不能只看该元素对应的质荷比的离子有没有计数,因为存在着各种干扰因素和仪器的背景计数。例如,测定污水中是否含铅,如果只依靠样品与去离子水比较,那么,对样品的测试只能得到铅离子的计数,不能得到大致含量,当计数较低时,甚至有没有铅也难确定。因此,为了有明确的结果,可以使定性和半定量同时进行,方法如下:将一定含量的多元素标样在一定分析条件下进行测定,此时可得各元素离子的计数。同样条件下测定待测样品,得到未知元素计数。根据标样测定的计数与浓度的关系,仪器可以自动给出未知样品中各元素的含量。这种方法可以理解为单点标准曲线法。这种方法没有考虑各种干扰元素,因而存在较大的测定误差,因此是半定量分析。

2. ICP-MS 定量分析

与其他定量方法相似,ICP-MS 定量分析通常采用标准曲线法。配制一系列标准溶液,由得到的标准曲线求出待测组成的含量,为了定量分析的准确可靠,要设法消除定量分析中的干扰因素,这些干扰因素包括:酸的影响、氧化物和氢氧化物的影响、同位素影响、复合离子影响和双电荷离子影响等。

(1) 样品中酸的影响

当样品溶液中含有硝酸、磷酸和硫酸时,可能会生成 N_2^+,ArN^+,PO^+,P_2^+,ArP^+,SO^+,S_2^+,SO_2^+,ArS^+,ClO^+,$ArCl^+$ 等离子,这些离子对 Si、Fe、Ti、Ni、Ga、Zn、Ge、V、Cr、As、Se 的测定产生干扰。遇到这种情况的干扰,可以通过选用被分析物的另一种同位素离子得以消除,同时,要尽量避免使用高浓度酸,并且尽量使用硝酸,可减少酸的影响。

(2) 氧化物和氢氧化物的影响

在 ICP 中,金属元素的氧化物是完全可以离解的,但在取样锥孔附近,由于温度稍低,停留时间长,于是又提供了重新氧化的机会。氧化物的存在,会使离子减少,因而使测定值偏低,可以利用硝酸铈样品测定其中 Ce^+ 和 CeO^+ 强度之比来估计氧化物的影响,通过调节取样锥位置来减少氧化物的影响。

同时,氧化物和氢氧化物的存在还会干扰其他离子的测定,例如 ^{40}ArO 和 ^{40}CaO 会干扰 ^{56}Fe,$^{46}CaOH$ 会干扰 ^{63}Cu,^{42}CaO 会干扰 ^{58}Ni 等,因此,定量分析时要选择不被干扰的同位素。

(3) 同位素干扰

常见的干扰有 $^{40}Ar^+$ 干扰 $^{40}Ca^+$,^{58}Fe 干扰 ^{58}Ni,^{113}In 干扰 $^{113}Cd^+$ 等,选择同位素时要尽量避开同位素的干扰。

(4) 其他方面的干扰

主要有复合离子干扰和双电荷离子干扰等。复合离子包括 $^{40}ArH^+$,$^{40}ArO^+$ 等。对于第二电离电位较低的元素,双电荷离子的存在也会影响测定值的可靠性,可以通过调节载气和辅助气流量,使双电荷离子的水平降低。

考虑到上述影响因素之后,调整仪器工作状态,选定待测元素的 m/z,利用标准曲线法可以进行准确的定量分析。可以一次给出多个元素的测定结果。

ICP-MS 对整个周期表上的元素有比较均匀的灵敏度,因而,对大多数元素,其检测限是比较一致的,大约为 $10^{-10}\sim10^{-11}$ g/mL。对有些元素的检测限要低得多。

10.3.2.3 ICP-MS 的应用

ICP-MS 具有灵敏度高,多元素定性定量同时进行等优点,因而已成为广泛应用的分析仪器。其主要应用领域有:

(1) 环境样品分析,包括自来水、地下水、地表水、海水以及土壤、废弃物的分析;

(2) 半导体行业所用各种材料,如高纯试剂、超纯金属中超痕量杂质的分析;

(3) 生化、医药、临床研究,如头发、血液、尿样、生物组织的分析,毒理分析,元素形态分析及药品质量控制等;

(4) 钢铁、合金、玻璃、陶瓷等样品的分析;

(5) 地质学及同位素比的研究。

此外,在食品工业、石油化工、核工业等领域都有广泛的应用。

10.4 拉曼光谱法

光通过介质会发生散射现象。当介质中含有大小与光的波长差不多的颗粒聚集体时,肉眼可观察到丁铎尔(Tyndall)效应。当散射的粒子为分子大小时,发生瑞利(Rayleigh)散射。这种散射使光的传播方向改变但并未改变光的波长。瑞利散射的强度与入射光波长的 4 次方呈反比,这正是晴天天空呈现蔚蓝色的原因。由于组成白光的各色光线中,蓝光的波长较短,因而其散射光的强度较大。

1928 年,印度物理学家 C. V. Raman 将太阳光用透镜聚光并照射到无色透明的液体样品上,然后通过不同颜色的滤光片观察光的变化情况。他在实验中发现了与入射光波长不同的散射光,因此于 1930 年获诺贝尔奖。为了纪念这一发现,人们将与入射光不同频率的散射光称为拉曼散射。拉曼散射的频率与入射光不同,频率位移称为拉曼位移。拉曼散射光与入射光的频率之差与发生散射的分子振动频率相等,通过拉曼散射的测定可以得到分子的振动光谱。频率位移与发生散射的分子结构有关。采用显微测定等手段可以进行非破坏、原位测定以及时间分辨测定等。

10.4.1 拉曼光谱法简介

把一束单色光照射到有机物分子上,会观察到拉曼散射,图 10.20 是 CCl_4 的拉曼散射光谱。从图 10.20 可见,拉曼光谱的横坐标为拉曼位移,以波数表示。$\Delta\bar{\nu}=\bar{\nu}_s-\bar{\nu}_0$,其中 $\bar{\nu}_s$ 和 $\bar{\nu}_0$ 分别为 Stokes 位移和入射光波数。纵坐标为拉曼光强度。

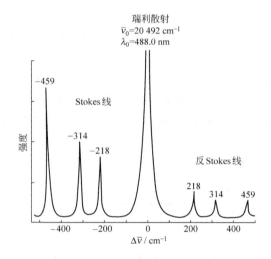

图 10.20　CCl_4 的拉曼光谱

拉曼位移与激发光无关,一般仅用 Stokes 位移部分。对于发荧光的分子,有时用反 Stokes 位移。

拉曼光谱有如下特点:

(1) 波长位移在中红外区。有红外及拉曼活性的分子,其红外光谱和拉曼光谱近似。

(2) 适用于各种溶剂,尤其是能测定水溶液,样品处理简单。

(3) 容易测定低波数段(如金属与氧、氮结合键的振动 $\nu_{M\text{-}O}$,$\nu_{M\text{-}N}$ 等)。而红外光谱的远红外区不适用于水溶液,选择窗口材料和检测器很困难。

(4) 由 Stokes 线、反 Stokes 线的强度比可以测定样品体系的温度。

(5) 显微拉曼的空间分辨率很高,为 $1\mu m$。

(6) 时间分辨测定可以跟踪 10^{-12} s 量级的动态反应过程。

(7) 利用共振拉曼、表面增强拉曼可以提高测定灵敏度。

拉曼光谱的不足之处在于,激光光源可能破坏样品;一般不适用于荧光性样品的测定,需改用近红外激光激发,等等。

10.4.2 拉曼及瑞利散射机理

1. 拉曼和瑞利散射的产生

测定拉曼散射光谱时,一般激发光的能量选择在大于振动能级的能量差但低于电子能级间的能量差,并且激发光要远离分析物的紫外-可见吸收峰。当激发光与样品分子作用时,样品分子即被激发至能量较高的虚态(图 10.21 中用虚线表示)。左边的一组线代表分子与光作用后的能量变化,粗线表示出现的几率大,细线表示出现的几率小,原因是室温下大多数分子都处于基态的最低振动能级。中间一组线代表瑞利散射,光子与分子间发生弹性碰撞,碰撞时只是方向改变而未发生能量交换。右边一组线代表拉曼散射,光子与分子碰撞后发生了能量交换,光子将一部分能量传递给了样品分子或从样品分子获得了一部分能量,因而改变了光的频率。能量变化所引起的散射光频率的变化称为拉曼位移。由于室温下基态最低振动能级的分子数目最多,与光子作用后返回同一振动能级的分子也最多,所以上述散射出现的几率大小顺序为:瑞利散射>Stokes 线>反 Stokes 线。随温度升高,反 Stokes 线的强度增加。

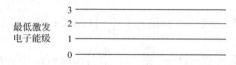

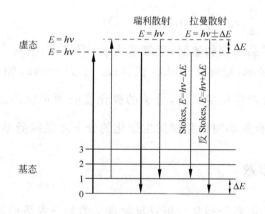

图 10.21 拉曼和瑞利散射产生示意图

2. 拉曼活性

入射光可以看成是互相垂直的电场和磁场在空间的传播。其电场强度 E 可用下述交变电场描述:

$$E = E_0 \cos(2\pi\nu_0 t) \tag{10.7}$$

其中，E_0 为交变电场波的振幅；ν_0 为激发光频率。

样品分子键上的电子云与入射光电场作用时会诱导出电偶极矩 P：

$$P = \alpha E_0 \cos(2\pi\nu_0 t) \tag{10.8}$$

式中，α 为键的极化度。只有当键的极化度是成键原子间距离的函数，即分子振动产生的原子间距离的改变引起分子极化度变化时，才产生拉曼散射，分子才是拉曼活性的：

$$\alpha = \alpha_0 + (r - r_{eq})\frac{d\alpha}{dr} \tag{10.9}$$

式中，α_0 为分子中键处于平衡位置时的极化度；r_{eq} 为分子中键处于平衡位置时的核间距；r 为分子中键处于任意位置时的核间距。若核间距改变时产生的振动频率为 ν，与平衡位置比较的最大核间距为 r_m，则

$$r - r_{eq} = r_m \cos(2\pi\nu t) \tag{10.10}$$

代入(10.9)式

$$\alpha = \alpha_0 + \frac{d\alpha}{dr} r_m \cos(2\pi\nu t) \tag{10.11}$$

所以

$$\begin{aligned} P &= \alpha E_0 \cos(2\pi\nu_0 t) \\ &= \alpha_0 E_0 \cos 2\pi\nu_0 t + E_0 r_m \left(\frac{d\alpha}{dr}\right)(\cos 2\pi\nu t)(\cos 2\pi\nu_0 t) \\ &= \alpha_0 E_0 \cos 2\pi\nu_0 t + \frac{E_0}{2} r_m \left(\frac{d\alpha}{dr}\right) \cos 2\pi(\nu_0 + \nu)t + \\ &\quad \frac{E_0}{2} r_m \left(\frac{d\alpha}{dr}\right) \cos 2\pi(\nu_0 - \nu)t \end{aligned} \tag{10.12}$$

上式第一项对应样品的瑞利散射，其频率为 ν_0；第二、三项对应样品的拉曼散射。其中，$\nu_0 + \nu$ 为反 Stokes 频率，对应反 Stokes 位移；$\nu_0 - \nu$ 为 Stokes 频率，对应 Stokes 位移。

(10.12)式表明，要产生拉曼散射，分子的极化度必须是核间距的函数，即 $\frac{d\alpha}{dr} \neq 0$ 时才会观察到拉曼线，只有振动时极化度发生变化的分子才是拉曼活性的。

10.4.3 拉曼光谱参数

从拉曼光谱可以获得对于样品分析有重要意义的如下参数信息：

1. 频率

即拉曼位移，一般用 Stokes 位移表示。拉曼位移是结构鉴定的重要依据。

2. 强度 I

拉曼散射强度

$$I = K(\nu_0 - \nu)^4 I_0 \left(\frac{d\alpha}{dr}\right) \tag{10.13}$$

式中,I_0 为光源强度;K 为常数。当样品分子不产生吸收时,I 与激发波长的 4 次方成反比。因此选择较短波长的激光时灵敏度高。拉曼散射强度与样品分子的浓度成正比。

3. 去偏振度 ρ

去偏振度(depolarization)ρ 对确定分子的对称性很有用。

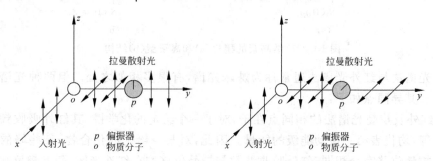

图 10.22 样品分子对激光的散射与去偏振度的测量

拉曼光谱的入射光为激光,激光是偏振光。见图 10.22,设入射激光沿 xy 平面向 o 点传播,o 处放样品。激光与样品分子作用时可散射不同方向的偏振光。若在检测器与样品之间放一偏振器,便可分别检测与激光方向平行的散射平行光 $I_{/\!/}$(yz 平面)和与激光方向垂直的散射垂直光 $I_\perp$(xy 平面)。定义去偏振度:

$$\rho = I_\perp / I_{/\!/} \tag{10.14}$$

去偏振度与分子的极化度有关。如分子的极化度中各向同性部分为 $\bar{\alpha}$,各向异性部分为 $\bar{\beta}$,则

$$\rho = \frac{3\bar{\beta}^2}{45\bar{\alpha}^2 + 4\bar{\beta}^2} \tag{10.15}$$

对球形对称振动,$\bar{\beta}=0$,因此去偏振度 ρ 为零。即 ρ 值越小,分子的对称性越高。若分子是各向异性的,则 $\bar{\alpha}=0$,$\rho=\frac{3}{4}$,即非全对称振动的 $\rho=0\sim\frac{3}{4}$。因此通过测定拉曼谱线的去偏振度,可以确定分子的对称性。如前述 CCl_4 的拉曼光谱,459 cm^{-1} 是由 4 个氯原子同时移开或移近碳原子所产生的对称伸缩振动引起,$\rho=0.005$,去极化度很小。459 cm^{-1} 线称为极化线。而 218 cm^{-1},314 cm^{-1} 源于非对称振动,$\rho=0.75$。

据文献报导,结晶紫有醌式(a)和离子型(b)两种结构,如图 10.23 所示。在(a)式中 3 个苯环处于同一平面。(b)式中 3 个苯环因位阻关系不处在同一平面,彼此稍许错开,形成类似螺旋桨状。测定结晶紫水溶液(5×10^{-4} mol/L)的拉曼谱,214 cm^{-1}(结晶紫分子中心碳原子的呼吸振动)的 ρ 值接近零,可见分子的对称性很高,说明在该实验条件下结晶紫分子为离子型结构。

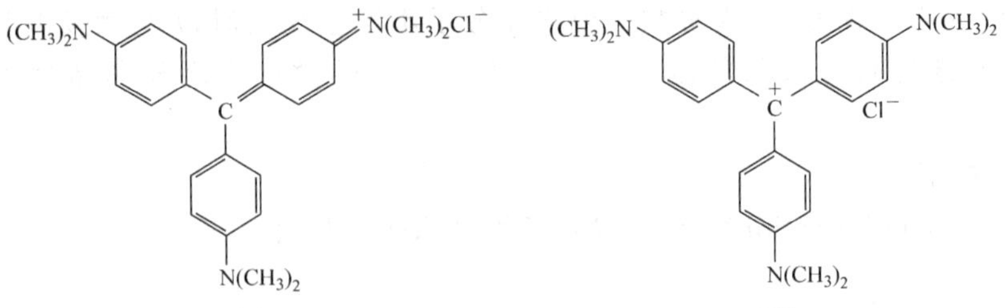

图 10.23　结晶紫的醌式(a)和离子型(b)结构

拉曼光谱法与红外光谱法通常称为姊妹光谱,有很多相似之处。但两种光谱法又有明显差别。其异同点如下:

(1) 红外及拉曼光谱法的相同点在于,对于一个给定的化学键,其红外吸收频率与拉曼位移相等,均代表第一振动能级的能量。因此,对某一给定的化合物,某些峰的红外吸收波数与拉曼位移完全相同,红外吸收波数与拉曼位移均在红外光区,两者都反映分子的结构信息。

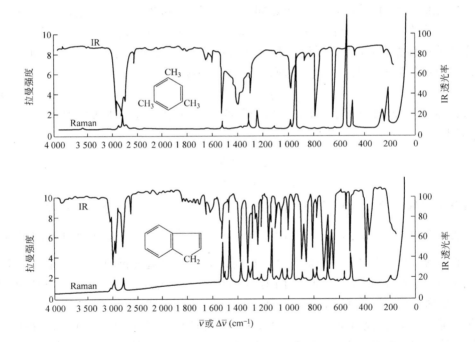

图 10.24　1,3,5-三甲苯与茚的红外及拉曼光谱比较

从图 10.24 可以看出,同一物质,有些峰的红外吸收与拉曼散射完全对应,但也有许多峰有拉曼散射却无红外吸收,或有红外吸收却无拉曼散射。因此,红外光谱与拉曼光谱

互补,可用于有机化合物的结构鉴定。

(2) 红外光谱的入射光及检测光都是红外光,而拉曼光谱的入射光大多数是可见光,散射光也是可见光。红外光谱测定的是分子对光的吸收,横坐标用波数或波长表示;而拉曼光谱测定的是分子对光的散射,横坐标是拉曼位移。

(3) 两种光谱的产生机理不同。红外吸收是由于振动引起分子偶极矩或电荷分布变化产生的;拉曼散射是由于键上电子云分布产生瞬间变形引起暂时极化,产生诱导偶极,当返回基态时发生的散射。散射的同时电子云也恢复原态。

例如同核双原子分子 $N \equiv N$,$Cl-Cl$,$H-H$ 等无红外活性,却有拉曼活性。原因是这些分子平衡态或伸缩振动引起核间距变化但无偶极矩改变,对振动频率(红外光)不产生吸收。但两原子间键的极化度在伸缩振动时会产生周期性变化:核间距最远时极化度最大,最近时极化度最小。由此产生拉曼位移。

二氧化碳分子的对称伸缩振动($O \leftarrow C \rightarrow O$)无红外活性,但可以产生周期性极化度的改变(距离近时电子云变形小,距离远时电子云变形大),因此有拉曼活性。而其非对称伸缩振动($O \rightarrow C \rightarrow O$)有红外活性无拉曼活性。此时一个键的核间距减小,另一个键的核间距增大,总的结果是无拉曼活性。

10.4.4 拉曼光谱仪

拉曼光谱仪一般由光源、单色器(或迈克尔逊干涉仪)、检测器以及数据处理系统组成,各部分的特点简述如下:

(1) 拉曼光谱仪的光源为激光光源。由于拉曼散射很弱,因此要求光源强度大,一般用激光光源。有可见及红外激光光源等。如具有 308,351 nm 发射线的紫外激光器;Ar^+ 激光器一般在 488.0,514.5 nm 等可见区发光;而 Nd:YaG 激光器则在 1 064 nm 的近红外区使用。

(2) 色散型拉曼光谱仪有多个单色器。由于测定的拉曼位移较小,因此仪器需要具有较高的单色性。一般色散型拉曼光谱仪中有 2~3 个单色器。在傅里叶变换拉曼光谱仪中,以迈克尔逊干涉仪代替色散元件,光源利用率高,可采用红外激光,目的是避免分析物或杂质的荧光干扰。

(3) 拉曼光谱仪的检测器为光电倍增管、多探测器,如电荷耦合器件 CCD(charge coupled device)等。

(4) 微区分析装置的应用。微区分析装置是拉曼光谱仪的一个附件,由光学显微镜、电子摄像管、显像荧光屏、照相机等组成。可以将局部样品的放大图显示在荧光屏上,用照相机拍摄样品的显微图像。可用于人眼球晶体中白内障病变部位的观测等。

10.4.5 拉曼光谱的应用

用通常的拉曼光谱可以进行半导体、陶瓷等无机材料的分析。如剩余应力分析、晶体结构解析等。拉曼光谱还是合成高分子、生物大分子分析的重要手段。如分子取向、蛋白质的巯基、卟啉环等的分析。直链 CH_2 碳原子的折叠振动频率可通过下式确定：

$$\nu = \frac{2\,400}{N_C}$$

式中，N_C 为碳原子数。此外，拉曼光谱在燃烧物和大气污染物分析等方面有重要应用。图 10.25 为各种碳材料的拉曼光谱。可以看出，不同的碳材料其拉曼光谱不同，因此可用以进行定性鉴定。

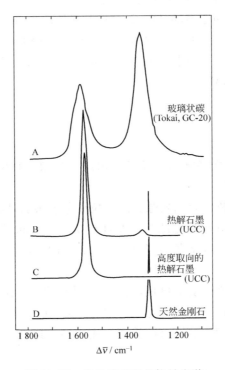

图 10.25 各种碳材料的拉曼光谱

共振拉曼散射（resonance raman scattering，RRS）是拉曼光谱法的一种。见图 10.26，以分析物的紫外-可见吸收光谱峰的邻近处作为激发波长时，样品分子吸光后跃迁至高电子能级并立即回到基态的某一振动能级，同时产生共振拉曼散射。该过程很短，约为 10^{-14} s。一般荧光发射是分子吸光后先发生振动松弛，回到第一电子激发态的最低振动能级,在返回基态时产生的发光现象,荧光寿命一般为 $10^{-6} \sim 10^{-8}$ s。应注意两者的区别。

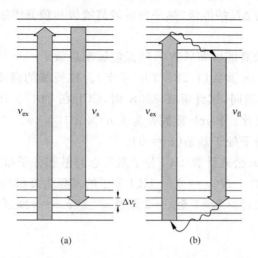

图 10.26　共振拉曼散射(a)与荧光发射(b)能级图(弯线表示非辐射失活)

共振拉曼强度比普通的拉曼光谱法强度可提高 $10^2 \sim 10^6$ 倍,检测限可达 10^{-8} mol/L,而一般的拉曼光谱法只能用于测定 0.1 mol/L 以上浓度的样品。因此 RRS 法常用于高灵敏度测定以及状态解析等,如低浓度生物大分子的水溶液测定。共振拉曼的主要不足是荧光干扰。

表面增强拉曼散射(surface-enhanced raman scattering,SERS)是用通常的拉曼光谱法测定吸附在胶质金属颗粒如,银、金或铜表面的样品,或吸附在这些金属片的粗糙表面上的样品。尽管原因尚不明朗,人们发现被吸附的样品其拉曼光谱的强度可提高 $10^3 \sim 10^6$ 倍。如果将表面增强拉曼与共振拉曼结合,光谱强度的净增加几乎是两种方法增强的和。检测限可低至 $10^{-9} \sim 10^{-12}$ mol/L。表面增强拉曼主要用于吸附物种的状态解析等。

习　题

1. 什么是 X 射线荧光,它是如何产生的,与原子结构有何关系。
2. X 射线荧光光谱仪有哪两种类型？简述其主要工作原理。
3. 利用 X 射线荧光光谱仪进行定性和定量分析的原理是什么？定量分析中有哪些干扰？如何消除？
4. 简述 XPS 和 AES 两种分析方法的原理？
5. XPS 和 AES 为什么是表面分析仪器？它们如何进行深度分析。

6. ICP-MS 是由哪两部分组成的？简述其工作原理。

7. 利用 ICP-MS 进行定量分析，可能有哪些干扰因素？如何克服？

8. 两个能量间距为 ΔE 的能级，热平衡时较高能级和较低能级的布居数之比由 Boltzmann 分布描述：

$$较高能级布居数 / 较低能级布居数 = e^{-\Delta E / kT}$$

式中，k 为 Boltzmann 常数（1.38×10^{-23} J/K）。拉曼线的强度正比于跃迁起始态的分子数。如果各种因素相同，试计算在 300K 时，CCl_4 在 218 和 459 cm^{-1} 处的反 Stokes 线和 Stokes 线的强度之比。Plank 常数 h 为 6.63×10^{-34} J·s。

9. 25℃下大多数分子处于基态（$v = 0$）。

（1）利用 Boltzmann 公式计算 HCl 分子激发态与基态分子布居数之比：$N(v = 1) / N(v = 0)$ 及 $N(v = 2) / N(v = 0)$。HCl 分子的基频为 2 885 cm^{-1}。

（2）利用(1)的结果计算 $v=1$ 至 $v=2$ 以及 $v=2$ 至 $v=3$ 跃迁时相对于 $v=0$ 至 $v=1$ 跃迁的强度。

参考文献

1 陈培榕，邓勃. 现代仪器分析实验技术与方法. 北京：清华大学出版社，2000
2 F. Adams 等编著. 无机质谱法. 祝大昌译. 上海：复旦大学出版社，1987
3 Douglas A Skoog. Principles of instrumental analysis. U.S.A：Saunders College Publishing，1998
4 邓勃，宁永成，刘密新. 仪器分析. 北京：清华大学出版社，1991

缩 略 语

AAS　atomic absorption spectrometry　　原子吸收光谱法
ABS　absorbance　　吸光度
AES　atomic emission spectrometry　　原子发射光谱
AES　auger electron spectroscopy，　俄歇电子能谱法
AFS　atomic fluorescence spectrometry　　原子荧光光谱法
ANS　8-anilino-1-naphthalene sulfonic acid　　8-苯氨基-1-萘磺酸
APCI　atmospheric pressure chemical ionization　　大气压化学电离源
API　atmospheric pressure ionization　　大气压电离源
ATR-IR　attenuated total reflectance infrared spectroscopy　　全反射红外光谱法
CAD　collision activated dissociation　　碰撞活化分解
CCD　charge-coupled devices　　电荷耦合器件
CD　cyclodextrin　　环糊精
CE　capillary electrophoresis　　毛细管电泳
CEC　capillary electrochromatography　　毛细管电色谱
CETP　capillary isotachophoresis　　毛细管等速电泳
CGC　capillary gas chromatography　　毛细管气相色谱
CGE　capillary gel electrophoresis　　毛细管凝胶电泳
CI　chemical ionization　　化学电离源
CID　collision induced dissociation　　碰撞诱导分解
CIEF　capillary isoelectric focusing　　毛细管等电聚焦
CRF　chromatography response function　　色谱响应函数
CT　charge transfer absorption　　电荷转移吸收
DF　diffusive reflection　　扩散反射法
DME　dropping mecury electrode　　滴汞电极
DMF　dimethylformamide　　N,N-二甲基甲酰胺
DMSO　dimethyl sulfoxide　　二甲亚砜
DNA　deoxyribonucleic acid　　脱氧核糖核酸
DNS　dansyl, 1-dimethylaminonaphthalene-5-sulfonyl　　丹酰基,1-二甲氨基萘-5-磺酸
EC　electrochemical detector　　电化学检测器
ECD　electron capture detector　　电子捕获检测器
EDL　electrodeless discharge lamp　　无极放电灯
EI　electron ionization　　电子电离源
ELSD　evaporative light scattering detector　　蒸发光散射检测器
EOF　electroosmotic flow　　电渗流

ESI   electrospray ionization   电喷雾电离源
ETAAS   electrothermal atomic absorption spectrometry   电热原子吸收光谱法
FAB   fast atomic bombardment   快原子轰击
FIT   fluorescein isothiocyanate   异硫氰荧光素原子轰击源
FID   free induction decay signal   自由感应衰减信号
FID   flameionization detector   火焰离子化检测器
FIR   far-infrared   远红外
FPD   flame photometric detector   火焰光度检测器
FTICR   Fourier transform ion cyclotron resonance analyzer   傅里叶变换离子回旋共振分析器
FTICRMS   Fourier transform ion cyclotron resonance mass spectrometer   傅里叶变换离子回旋共振质谱仪
FT-IR   Fourier transform infrared spectroscopy   傅里叶变换红外光谱
FTMS   Fourier transform mass spectrometer   傅里叶变换质谱仪
GC   gas chromatography   气相色谱法
GC×GC   comprehensive two-dimensional gas chromatography   全二维气相色谱法
GC-MS   gas chromatography-mass spectrometer   气相色谱-质谱联用仪
GFAAS   graphite furnace atomic absorption spectrometry   石墨炉原子吸收光谱法
HCL   hollow cathode lamp   空心阴极灯
HGAAS   hydride generation atomic absorption spectrometry   氢化物原子吸收光谱法
HPLC   high performance liquid chromatography   高效液相色谱法
HSCCC   high speed counter current chromatography   高速逆流色谱
IC   Ion chromatography   离子色谱法
ICP   inductively coupled plasma   电感耦合等离子体
ICP-MS   Inductively coupled plasma mass spaectrometer   感应耦合等离子体质谱仪
IR   infrared spectroscopy   红外光谱法
ISC   intersystem crossing   系间窜跃
KRS-5   mixed crystal of thallium bromide/thallium iodide   TlBr/TlI 混晶
LC-MS   liquid chromatography-mass spectrometer   液相色谱-质谱联用仪
LIF   Laser induced fluorescence   激光诱导荧光
LIF   laser-induced fluorescence detector   激光诱导荧光检测器
LOC   lab on chip   芯片实验室
MALDI   matrix assisted laser desorption ionization   基质辅助激光解吸电离源
MALDI-TOF   matrix asisted laser desorption ionization-time of flight mass spectromenter   基质辅助激光解吸-飞行时间质谱仪
MCT   mercury cadmium telluride detector Hg-Cd-Te   光电导检测器
MECC 或 MELC   micellar electrokinetic capillary chromatography   毛细管胶束电动色谱法
MRM   multiple reaction monitoring   多反应监测

OEE	capillary zone electrophoresis	毛细管区带电泳
PAS	photoacoustic spectroscopy	光声光谱法
PDAD	photo-diode array detector	光电二极管阵列检测器
PET	photo-induced electron transfer	光诱导电子转移
PID	photoionization detector	光离子化检测器
PLOT	porous layer open tubular	多孔层开管柱
PMT	photomultiplier	光电倍增管
PTV	programmed temperature vaporizer	程序升温蒸发器
RAS	reflection absorption spectroscopy	反射吸收法
RRS	resonance raman scattering	共振拉曼散射
RTP	room temperature phosphorescence	室温磷光
SCE	saturated calomel electrode	饱和甘汞电极
SCOT	support coated open tubular	涂载体空心柱
SERS	surface-enhanced raman scattering	表面增强拉曼
SIM	select ion monitoring	选择离子监测
SIMS	secondary ion mass spectrometry	二次离子质谱法
SSMS	spark source mass spectrometry	火花源质谱法
TCD	thermal conductivity detector	热导检测器
TGS	triglycine sulfate detector	硫酸三甘氨酸酯检测器
TID	thermionic ionization detector	热离子检测器
TISAB	total ionic strength adjustment buffer	总离子强度调节缓冲剂
UPS	ultraviolet photoelectron spectroscopy	紫外光电子能谱法
UV	ultraviolet radiation	紫外光
UV-VIS	ultraviolet and visible radiation	紫外-可见光
VR	vibrational relaxation	振动松弛
WCOT	wall coated open tubular	涂壁空心柱
XPS	X-ray photoelectron spectroscopy	X光电子能谱法